也许还有其他的方式来讲述和结束这段历史，

也许还有其他的人物、

隐喻和方法描绘艺术、

自然、化学和工业的相遇。

刘兵　主编

Synthetic Worlds

Nature,
Art
and the
Chemical
Industry

合成的世界

自然，艺术与化学工业

[英] 埃丝特·莱斯利　著
燕子　译

By

Esther Leslie

知识出版社

图书在版编目（CIP）数据

合成的世界：自然，艺术与化学工业 /（英）埃斯特·莱斯利著；燕子译 . -- 北京：中国大百科全书出版社，2021. 1

（艺术与科学译丛 / 刘兵主编）

书名原文：Synthetic Worlds: Nature, Art and the Chemical Industry

ISBN 978-7-5202-0860-4

Ⅰ. ①合… Ⅱ. ①埃… ②燕… Ⅲ. ①化学工业—技术哲学 Ⅳ. ① TQ-05

中国版本图书馆 CIP 数据核字（2020）第 231064 号

著作权合同登记号 图字：01-2020-1226

出 版 人 刘国辉
丛书策划 李默耘
责任编辑 姚常龄
责任印制 陈　凡
出版发行 中国大百科全书出版社
地　　址 北京阜成门北大街 17 号
邮　　编 100037
网　　址 http://www.ecph.com.cn
电　　话 010-88390739
印　　刷 保定市铭泰达印刷有限公司
开　　本 660 毫米 ×930 毫米　1/16
字　　数 357 千字
印　　张 26.25
版　　次 2021 年 1 月第 1 版
印　　次 2021 年 1 月第 1 次印刷
定　　价 65.00 元

构建艺术与科学的坚实基础

——总序

科学与艺术成为跨越科学与人文领域的热点问题已经有许多年了。我们不时地看到一些相关的活动、项目、展览等举办，其中一些还有非常高端的人士参与。在基础教育、大学通识教育的改革中，对科学教育和艺术教育来说，科学与艺术之关联和素养也成为被关注的焦点之一。然而，如果仔细观察，就会发现，在这个议题成为热点的同时，其成果在表现形式和质量水准上，还存在诸多的问题和不足。例如，除了少数意识到其重要性的真正热心者之外，许多高端人士的参与，往往只是被临时拉进来，发表一些朴素的感想，或是做些基于其本职工作的联想和发挥，但这些参与、观点和言论，却并未基于扎实的学理性研究。许多相关的作品的完成，经常也只是在科学与艺术之间建构了比较表面化的关联，甚至只有相对牵强的对接。这些不足的存在，使得科学与艺术这一领域的发展并不理想。造成这种局面的重要原因之一，则是在此领域中深入、扎实、系统的学理性研究的缺乏。或者说，虽然已经经历了许多年的发展，但现在科学与艺术在国内在很大程度上依然还只是一个被提出的问题，或者被关注的主题，还没有形成一个成熟的研究领域。

将近20年前，本人曾主编了一套名为“大美译丛”的翻译丛书，在那套译丛的总序中，我曾写道："广义的科学美学的内容，也即对于自然之美与科学之美的认识和审美提升，应属于科学文化的一部分，而且是其非常重要的一部分。鉴于国内对此领域的深入研究之缺乏，我们选择了引进翻译国外有关重要论著的方式。不过，即使在国外，这些研究也是非常分散的，也还没有像其他一些相关领域——如一般美学和科学哲学等——的研究那样形成规模。因此，我们在策划此套丛书和确定选题时，对原著的选择余地会受到很大的限制，要从文献海洋的边边角角中将科学美学的重要代表作筛选出来，难免会有明显的遗漏，再加上获取版权的困难，又不得不再次对一些初选的佳作割爱，这使得本丛书涉及的范围和规模受到不少影响。尽管如此，在本丛书现有的选题中，还是涵盖了几个最重要的方面，如关于自然界和艺术之中美的典型体现之一——螺旋——的研究，关于美与科学革命之关系的科学哲学研究，关于人们对所认识的天体与音乐、数学与音乐共同之规律和美感的研究，关于艺术与物理学之关系的研究等等。"

这套译丛当时只出版了第一批5种，分别是《艺术与物理学——时空和光的艺术观与物理观》《生命的曲线》《美与科学革命》《心灵的标符——音乐与数学的内在生命》，以及《天体的音乐——音乐、科学和宇宙自然秩序》。虽然后来由于种种原因，这个译丛没有能继续延续出版下去，但已经出版的几种书还是产生了一定的影响。原本我们设想其主要读者应该是跨学科领域的科学人文研究者，后来却意外地发现在艺术领域中对此译丛关注的读者远远超出了我们原来的想象。这也说明，艺术与科学的问题，确实是一个会在更大范围内引起人们兴趣的话题。

将近20年后，艺术与科学仍然还是学界的一个热门话题，但如前所述，这些年来在此领域中更有影响的著作和研究工作依然还是为数不多。而另一方面，随着科学文化及与之相关的各领域的发展，例如像教育领域中"STEAM"（即科学、技术、工程、艺术与数学多学科融合的综合教育）的兴起，以及中国基础教育改革中对核心素养的强调、大学中通识教育的广泛开展等，更不用说在科学、艺术和科学人文教育中对跨学科研究的关注，无论在理论上还是在实践上，对艺术与科学这一主题（或者说研究领域）的需求却日益增长。而以前的“大美译丛”因系多年前出版，现在早已脱销。中国大百科全书出版社敏锐地意识到这类选题的价值，找到我，希望能重出“大美译丛”并继续增加新的品种。

正是在这样的情况下，才有了新的这套“艺术与科学译丛”。有些遗憾的是，原来“大美译丛”中几种非常优秀的作品（如《艺术与物理学——时空和光的艺术观与物理观》等），多年后已经联系不上版权。现在在这套新的“艺术与科学译丛”中，我们除了重版可以解决版权的几种著作之外，将陆续组织翻译更多的新作品，而选择的标准，则是在广义的艺术与科学这一领域中有特色、有新意、有重要学术价值的各类作品。我们将以开放的方式将这套丛书持续地做下去。

希望“艺术与科学译丛”能够为国内相关的理论研究和实践转化应用提供有益的借鉴！

刘　兵

2020年9月20日于清华园荷清苑

引 言

闪光之点，多种层面与事物本体

对立面与本源

人们在导弹爆炸以后才会听到呼啸而至的爆炸声，在托马斯·平钦（Thomas Pynchon）的小说《万有引力之虹》（*Gravity's Rainbow*）[①]中，有一位主人公对这种现象发表了一番见解：一枚火箭所引起的恐怖感不仅仅源自它那令人恐惧的破坏力，更在于它会造成事物间存在的自然规律的逆变。科学颠覆了整个世界。依据平钦偏执的战时理念，这样的逆变恰恰是科学一般作用的结果，“逆变论”赋予了技术发展更多的活力。[②] “逆变论”是《万有引力之虹》这部小说所探寻的存在于科学世界的本质，同样也奠定了那些生产合成染料，随后又成为第三帝国征战中枢的化学巨擘们的科学基础。化学反应将不同的对立物聚合在一起，通过物质性质的变换，生成新

① 托马斯·平钦（Thomas Pynchon，1937— ），美国后现代主义文学的代表作家。代表作有《V》《拍卖第49批》《葡萄园》和《万有引力之虹》。1973年《万有引力之虹》的出版奠定了平钦“20世纪最杰出的作家之一”的地位。译者注

② 托马斯·平钦：《万有引力之虹》（1973年；伦敦，1995年），第48页。（括号内为原书出版时间和再版地点与时间，后同。译者注）

的物质。更确切地说，彩虹色的人工合成物均出自其对立体——炭黑。将黑色变为彩色的转换过程是另一个对立过程的组成部分：运用化学方法变废为宝。这种努力使反向作用的范围更加广泛：如同在实验室里再造自然物质一样，可将所有天然物质转换成人造的对应物质。一切现在存在的和能够存在的物质都是自然的，然而通过化学反应提取复杂化合物的过程，则会生产出这些自然物质的替代品、相似品、仿制品及复制品，由于它们是经过合成加工制成的，所以看起来终究是合成品。

在《万有引力之虹》描述的一场亡灵追思会上，亡故的德国前外交部部长沃尔特·拉特瑙①是一名“卡特尔化国家的倡导者和设计师”，正在墓穴向一群纳粹成员②和一位法本公司（IG Farben）③的董事发表演说。他谈到工业革命的两种基础性材料——煤和钢，他认为它们在性质上是相互对立的。他说道：

> 想一想煤和钢，二者一定会在某个地方相遇的，而彼此接触的中介物质就是煤焦油。想象一下煤炭，它深埋在地下，那里一片黑暗，没有一丝光亮，分明就是死亡的物质。远古、史前死亡的物种，我们再也看不到了。它们在一层又一层的永恒的黑暗之中变得更老、更黑、埋得更深。在地面上，炽热而铮亮的钢材源源不断地走下生产线。然而，生产钢材所需要的颜色更黑、浓度更高的煤焦油必须从原煤中提取。地球上的废弃物通过净化以后，升华成光洁的钢材……④

在冶炼高光洁度钢的过程中，蕴藏在煤当中的被废弃了的黑色精华被提

---

① 沃尔特·拉特瑙（Walt [h] er Rathenau，1867—1922），德国实业家、政治家。1915年起开始领导由其父亲创建的德国通用电气公司。1918年协助创建德国民主党。1921年任建设部长，后改任外交部部长，与苏联谈判签署了《拉帕洛条约》。1922年遭德国极端民族主义者暗杀。译者注

② 纳粹成员（Nazis），即德国国家社会主义工人党（简称纳粹党）的成员，或称之为纳粹分子。译者注

③ IG Farben，法本化学工业联合体（集团），本书中，一般简称“法本公司”。译者注

④ 平钦：《万有引力之虹》（1973年；伦敦，1995年），第164页。

取了出来。这种残余物却能产生更多意料之外的转化物，例如世界第一种合成染料——珀金紫（Perkin's mauve）[①]。拉特瑙关于地球深处活动的光鲜的描述，在许多化学史的记录中得到了回应，其中的一些成了平钦写作的素材。[②]拉特瑙所谈论的似幽灵般的煤焦油，其意义可谓诡异。他说：

> 上千种不同的分子在古老的粪便中聚集等待。这是昭示重生的信号、展现自我的信号。珀金紫的一个重要意义是：作为世界上第一种新颜色，它从千万年的深穴冥府里腾跃到地球的光明之中。[③]

拉特瑙从死亡王国说起，也谈论了死亡本身。这些上千种不同的分子会适时变身为各种替代物。这些物质所展现的是化学工业如何推动着：从“死亡到理想化的死亡”到“生命模拟体”的转化过程。变废为宝是炼金术中的一项有价值的活动，而对于破晓生命密码本身却不是这样。拉特瑙因此提醒人们，迄今在破解生命密码方面所有的成果不过是对几个死亡分子的聚合。拉特瑙曾警告说，法本公司仿佛附着在一个有机体上而生长着，它“既深埋且僵死”[④]。死亡效仿着生命并固牢其领地。它那拔地而起的烟囱，连最新的爆破手段也奈何其不得，或更确切地说，法本公司拥有一种青睐死亡的体系：

> 死亡转化为更多的死亡。死亡在完善其王国，正如地下的煤层变得越来越密实，一年又一年的层层叠加，一座城市建立在一座毁灭的城市之上。这正是死亡演绎者的标志。[⑤]

---

① 珀金紫（Perkin's mauve），学名“苯胺紫”，是世界第一种人工合成的化学染料。译者注

② 威廉姆·海恩斯在《化学时代：人造材料的奇迹》（纽约，1942 年）中围绕化学主题的漫谈，是了解化学历程细节的一个重要信息来源。还可参阅理查德·萨苏利著的《法本化学工业联合体》（纽约，1947 年）。（括号内为本书出版地与出版时间，后同。译者注）

③ 平钦：《万有引力之虹》（1973 年；伦敦，1995 年），第 166 页。

④ 同上，第 167 页。

⑤ 同上，第 167 页。

煤炭、钢铁、煤焦油、技巧、合成、替代、实力、战争、死亡——这些因素聚合起来组成托马斯·平钦的化学卡特尔中黑色科技的链条。科学是其中的参照物，魔法是其中付诸使用的黑色力量。通过煤炭的碳化学作用及其废弃物——煤焦油，一个合成的色彩王国和物质世界，会从一个深厚、古老而原始的黑暗中被释放出来。第一个魔法是将煤焦油变成颜料色彩，成为数千种替代物中的第一个。这种魔力便是黑色的力量。《万有引力的彩虹》在叙事中不受缩写词与新词、虚构与真实世界的羁绊，这些丁零当啷的东西听上去就像巫师的咒语书中那些令人讨厌的一连串咒语，这些浓缩的辞藻传递出的是与军事、经济和技术实力同等强大的能量。这套神秘公式中最重要的缩略语创造了这样的"彩虹"并追寻着它的弧形印迹，成就了法本公司这个色彩工厂和第二次世界大战期间人们熟知的德国火箭武器：V-1，V-2或A4。平钦将法本公司的色彩工厂和德国二战的导弹这两种工业技术力量与魔法、玄学和炼金术相提并论，他的观点与阿多诺（Adorno）和霍克海默（Horkheimer）[①]的主张有相同之处。当炸弹落到欧洲时，阿多诺和霍克海默曾写道："启蒙的过程、启蒙的合理性和启蒙的技术正确性，有一个辩证对立面，也就是说，启蒙同样是自己的对立面。启蒙假借科学的名义大行其道，但它的本质是经过神话装饰后的非理性魔幻。"[②]这种隐藏着的魔力只不过被压制在工业的现代化中，它似乎正转化成一股有害的势力。

本书——《合成的世界》所追寻的对立面、替代物和逆转性是多种多样的，其主题如同《万有引力之虹》中所描述的那样，任性地不断积淀，相互

① 阿多诺（Theodor Adorno，1903—1967）和霍克海默（Max Horkheimer，1895—1973），两人均为德国哲学家，都曾领导过德国法兰克福社会研究所，霍克海默是创建人之一，该所是德国研究马克思主义的中心和法兰克福学派（Frankfurt School）诞生地，两人又同是该学派的代表人物。纳粹统治期间，阿多诺为逃避纳粹迫害移居英国和美国，霍克海默则随同研究所一同迁往纽约。1947 年两人合著出版《启蒙的辩证法》。译者注

② 特奥多·W. 阿多诺和马克斯·霍克海默：《启蒙的辩证法》（1947 年；伦敦，1995 年）。

折射。在歌德、菲利普·奥托·朗格（Philipp Otto Runge）[①]等18—19世纪梦想家们脑海中的彩色车轮，即合成色彩构成的彩虹与V-2导弹的弹道弧线之间，人们也可以发现关联的轨迹和结合的瞬间。

从煤炭到色彩

德国人掌握化学方面的技术由来已久，可以从对炼金术心神向往、兴趣盎然的科学家所使用的瓶瓶罐罐和玻璃试管再往前追溯。制造合成色彩的化学方式是一种变废为宝的现代炼金术的第一步。当炼金师在将铅块炼成黄金的过程中，促使性质相反的物质结合时，化学家正将试管中化学反应所产生的相互对立且密切相关的能量，用来制造所期望的物质。在19世纪初叶，化学家们寻求制造这样一些物质，诸如红色和蓝色的合成颜料色彩、经廉价处理产出的金属材料和宝石，或工业化生产的苏打粉和人造鸟粪肥料，等等。他们由此发起了一场对自然现实的战争，在当时，合成物品的收益高于自然本身的产出。时间的界限也被化学反应所产生的加速力量所打破——现代魔法的魔力在于自然循环周期的缩短、在于产出速度的提高、在于产成品成本的降低。最终，技术将再造时间本身，将时间从一个自然的节奏变为一个抽象的一般概念。在德国铁路公司的要求下，通过引入欧洲中部时间，自1893年4月1日起，德国各个地区才被整合为一体。此前德意志帝国不同地方的时差最大相差60分钟，现在不同地区不再根据太阳的运行位置确定当地时间了。标准时间确定后，编组列车这种融合了钢铁和蒸汽机力量的新型交通工具，以史无前例的速度穿梭于这个帝国的不同地区。空间被重新组合、分

① 菲利普·奥托·朗格（Philipp Otto Runge，1777—1810），德国画家，被誉为德国最优秀的浪漫主义画家兼艺术理论家。建立了彩色球的观念，试图通过颜色、形状和数字表达宇宙的和谐。曾就绘画和颜色等主题与歌德展开讨论。译者注

解、再联通并受控于技术。而在空间不足的地方，或者说合适的空间、合适的土地不足的地方，科学能介入予以补偿。德国基本上没有殖民地，除了煤炭以外，其他必要的自然资源十分匮乏，在整个19世纪，德国人通过对人造财富的追逐，给迅猛发展的工业提供了支撑。因此，本书用较大篇幅讲述德国在替代化学方面的专门故事，因为替代化学曾经是德国化学工业的主旨。

德国化学工业的第一笔财富来自煤焦油染料。德国化学工业专注于生产相似品和替代品：用苯胺基色彩替代茜草色素和靛青；用塑料和赛璐珞替代象牙、兽角和兽骨；用人造丝替代丝绸；用人造肥料代替鸟粪；用塑料和表层涂料替代各式各样的自然物质；合成油及合成橡胶。每一家德国主要化工企业的发展都遵循着一个相近的模式。例如，后来广为人知的赫斯特（Hoechst AG）公司[①]1863年建立时（当时的名称为“迈斯特尔及卢修斯有限公司”）生产苯胺染料，它的第一个产品是红色苯胺染料，接着又生产出其他颜色的染料。在20世纪20年代，随着赫斯特公司开始生产氯、苛性钠和氢，其产品迅速多样化。1925年，赫斯特公司成为德国化学工业联合体——法本公司的成员。在第二次世界大战期间，法本公司通过强制劳动、征召女工和使用战俘，满足了德国战时经济的需求。这期间，法本公司新的研究和生产领域涵盖了丁钠合成橡胶、甲醇、合成燃料、轻金属合金及合成纤维等领域。战后，经过一段时期的美国占领，1951年，法本公司最初的一些成员进行了重新组建，生产集中到了无机及有机化工产品、化肥、塑料、人造纤维、染色材料和药品等方面。20世纪90年代期间，赫斯特公司转型到了生命科学领域。

这类大同小异的故事在巴登苯胺苏打公司（巴斯夫公司）（Badische Anilin- & Soda-Fabrik）[②]不断重复上演。1865年，该公司成立并开始生产

---

① 赫斯特公司（Hoechst AG），与杜邦公司、拜耳公司和巴斯夫公司等均为世界最大的化学公司，也是世界最大的制药公司之一。译者注

② 巴登苯胺苏打公司（Badische Anilin- & Soda-Fabrik），即巴斯夫公司（BASF AG）的德文全名，又称德国化学和塑料制造公司，1865 年成立，1925 年至 1945 年是法本化学工业联合体的成员，战后被盟军解散。1952 年重建，产品有石油、天然气、化肥、合成纤维、染料和颜料、油墨、药品和电子零件等。译者注

煤焦油染料，苯胺染料是其生产的第一类产品。因为搭上了当时纺织业成功的顺风车，巴斯夫生产的苯胺染料旗开得胜。该公司1871年合成的红色染料茜草色素问世，在随后生产的合成颜料中，商业价值最大的是靛蓝。20世纪初叶，颜料的生产逐渐转向化肥生产，而在所谓的“稳定年代”中，作为德国化学工业合理布局的一部分，巴斯夫公司与赫斯特、拜耳[①]以及其他一些公司一起组成了法本化学工业联合体，生产也随之集中到合成橡胶、燃料、作用剂、表层涂料并进军录音技术领域（著名的永磁录音设备所用的磁带）。二战后，巴斯夫开始重点生产塑料产品。1953年至1959年期间，联邦德国的塑料产量增长了三倍多。聚酰胺纤维，又称贝纶和聚苯乙烯，又名泡沫塑料成为最畅销的两种产品。曾几何时，煤炭一度是所有产品的基础，如今，石油作为碳的另一种衍生物变成了这些商品的基础，而塑料则是这种新物质最有意义的形式。从20世纪60年代中叶开始，巴斯夫将生产重点转向了表层涂料和石油化工产品方面。

人类在19世纪的发明革新令人叹为观止。从那时开始，化学所创造出的新颜色和表层物质、新物质、新涂料和新纤维层出不穷，化学还发明了自然界一些自然材料的模拟品和替代品。在一个被无数版图割裂、经济竞争加剧的世界，这些模拟品和替代品经常被作为一些匮乏的自然资源的补充。有些时候，这些新颖奇妙的复制品或许是来自于意外事故或污染事件的副产品。还有些时候，这些发展进步使早期的炼金术和科学与自然的浪漫主义哲学陷入了困惑，但在另一些场合，部分富有活力和重要的化学反应理论又与早期化学教科书的正统概念相契合。例如，歌德和菲利普・奥托・朗格的彩色车轮、黑格尔[②]的精神理念和物质匹配的浪漫理念等，对19世纪30年代一些化学工业的实验产生了影响，这些实验促进了德国刚刚兴起的化学工业的发展。

---

① 拜耳公司（Bayer AG），德国化学医药公司，1863 年由 F. 拜耳创立，1899 年首先研制出阿司匹林。第二次世界大战前，成为法本化学工业联合体的成员，1945 年被盟军解散。1951 年重建，公司总部设在德国勒弗库森。译者注

② 黑格尔（Georg Wilhelm Friedrich Hegel，1770—1831），19 世纪德国古典哲学家，客观唯心主义者，辩证法大师。被西方社会视为最后一位伟大哲学体系的创立者。译者注

反过来，化学领域的逻辑推理又渗透到了哲学、文学和艺术之中。本书从工业资本主义发端入手，探究工业生产技术与科学、哲学、政治学、美学的结合及相互影响。书中的故事紧扣德国的发展，在更广泛的意义上，也是针对工业资本主义的一项研究。下面几段反映的是从19世纪之初到千禧年之交这一时期的艺术家、作家、哲学家和化学家之间的相互关系，并透过他们及相互的关联进行一项调查，重点探讨化学家们所合成的自然界中的物质对艺术和美学所产生的影响。因为在很长一段时间里，正是艺术家和作家以绘画、诗歌和雕塑的形式对自然界进行了重新塑造，而哲学家则对自然界的意义和内在联系进行了阐释。合成的科学一旦开始应用，也就是通过合成或人工方式对一些物品进行再生产，如颜料，或塑料、兽角、象牙、珍珠和钻石，等等，这些将对自然界的艺术表现产生什么影响？哲学对自然界的解释又将受到何种影响，尤其是当一种新的科学语言声称已经用深奥的方式探寻到了哲学对自然解释的奥秘的时候。

在马克思和恩格斯看来，替换的过程、对立的过程、取代和转化的过程，正是现代工业资本主义的机制所在。之所以如此，举例来说，机器在助力产品生产的过程中，也将机器的价值逐步转移到产品之中。随着机器的不断磨损和老化，其可利用的价值便丧失殆尽，进而变成了一具徒有其表的僵尸。在物体改变的过程中，它的价值从一个物体转移到了另一个物体上。这种转移是一个踪迹可寻的物理过程。染料变成了布料上的颜色，原材料以其他的形式呈现了出来，煤炭在释放出能量之后便消散在空气当中。然而，在资本主义的生产中也会产生一些在化学意义上无法追溯的东西：交换价值。这便是资本最具魔力的形变，即交换价值的发明。在一种蒸发作用下，“一切固态物质都融入空气之中”，这是《共产党宣言》中经常被引用的一句名言，描述了资本主义的深刻影响力。“一切固定和静置的物质都会蒸发掉”，这句从德文中直接翻译过来的话，如果缺少几分诗意的话，其所蕴涵的情感却是相同的。“一切固定和站立的东西都会蒸发掉”，对于马克思和恩格斯而言，这种蒸发昭示着人们用“清醒的头脑”去面对世界的可能性。

这是一个启迪的过程。当新的经济和社会秩序形成的时候，旧有的生产体系被推翻了，陈旧的原则和习惯不能再束缚人们的手脚了。马克思和恩格斯为这样的进程而欢呼，同时也承认其固有的矛盾性：围绕着价值的来源和价值生产的困惑，以及各组成部分（自然、工人和机器）之间的割裂和误判。随着资本主义工业生产体系的演进，马克思、恩格斯和其他一些人多次审视着这个“凝固和呆板的景致”，这里没有历史事件的发生；同时审视着一个没有色彩的世界，映入眼帘的尽是发展停滞中的踯躅与蹉跎或者前进中的逆转，所呈现的是“一层又一层的灰暗”，恰如马克思在《路易·波拿巴的雾月十八日》[①]中所描述的那样，在这里，人和事如同没有身躯的影子一般。

本书以矿藏为起点，在那里，当浪漫主义者们沉浸在其矿藏版“芝麻开门”童话般的憧憬里，以及道德衰败的梦魇时，他们邂逅了地质学、地球成因学和记录地质学等新的科学，从此便开启了第一批化学实验者们探索的先河，他们在自然哲学和黑格尔辩证法的影子里努力地耕耘着。为什么化学的梦想会在德国现实中得以宣示得如此之好呢？这也许是因为德国哲学的思辨性反映了化学反应的对立过程。幻想和大脑的运动使人们萌生了对自然的穿透、改良和离弃的愿望，而化学的辩证法则会让使人们梦想成真。由此，由马克思和恩格斯所倡导的自然辩证法，在劳动力和价值的评判中开始显露头角。商品拜物教[②]与肖像复制技术被放置在一起，这是因为二者同是一个世界的组成部分，在这个世界里，自然之美和宇宙的意义得以在工厂和相纸上轻松地进行复制。在一个新的世纪里，艺术家们以漩涡派画家[③]、未来派画家、

---

① 卡尔·马克思：《路易·波拿巴的雾月十八日》（1852 年）（伦敦，1984 年），第 36 页。

② 商品拜物教（Commodity Fetishism）：在以私有制为基础的商品经济中，人与人的社会关系被物与物的关系掩盖，从而使商品具有一种神秘的属性，似乎能够支配人的命运，具有令人敬畏的神力。马克思把这种现象和观念比喻为拜物教，称为商品拜物教。译者注

③ 漩涡派画家（Vorticists），是指 1913 年至第一次世界大战期间流行于英格兰的文学与艺术运动的思想流派持者，创始人是英国艺术家和作家 W. 刘易斯（Wyndham Lewis，1882—1957），该流派的主要特点是将艺术与工业革命相结合，崇尚机器和机器产品的活力，强调抽象与敏锐，反对 19 世纪多愁善感。译者注

表现派作家和达达主义者[①]的面目，展现在人们的视线当中，面对这个新的世界，他们创立了一种反自然的审美学并展现出对合成物和复合材料的崇尚之情。像恩斯特·荣格尔（Ernst Jünger）[②]那样的军国主义者却做出了不同寻常的反应，他从战时对自然的恣意妄为中获得快乐并发明了一种新的电声音乐播放器。这一切都出现在革命的巨变时期，有些就发源于那些正在以合成的形式重新塑造世界的工厂里面。然而，随着纳粹上台执政，这些艺术实验和染料色彩工厂里的阶级斗争很快就受到了重创，戛然而止。这便是德国化学工业最悲催时期的故事，更确切地讲，它是一个关于工业资本主义的故事。鉴于霍克海默的观点，他在1939年发表的《犹太人和欧洲》这篇文章中声言，“不愿谈论资本主义的人亦应对法西斯主义保持沉默”，这篇研究文章把法西斯主义解读成资本主义的一个类型。[③]纳粹对发动战争和操控第三帝国生活条件的追求，进一步助推了化学替代与合成项目的实施。这种项目实施的一个地点就是法本公司建在奥斯威辛（集中营）附近的莫诺威辛工厂，这是另一种实验性的、现代派的、变态堕落的旨在检验合成材料的实践，它打着工业研究的旗号煞费心思地紧张进行着。德国的工业在战争结束时遭受了暂时的重创，所以焦点就转到了同盟国的身上，续写着艺术家、作家和哲学家们热情备至的化学合成物、新的双重自然本质以及合成色彩的故事，这一切都可以从环境污染的加重，医药产业以及冷冻储藏技术的发展中折射出来。

---

① 达达主义者（Dadaist），一批青年艺术家于 20 世纪早期盛行于柏林、科隆和汉诺威、巴黎和纽约的文艺运动。以嘲讽社会和艺术传统为特征，思想根源源自对资产阶级价值观念的憎恨及对第一次世界大战的绝望，他们对 20 世纪的艺术产生了较大影响，其追求偶然性和机遇性的创作技巧后来被超现实主义和抽象表现主义、概念艺术和波普艺术所采用。译者注

② 恩斯特·荣格尔 (Ernst Jünger，1895—1998)，德国作家和思想家。曾参加两次世界大战，是狂热的军国主义者。其早期作品大多美化战争、支持民族主义。后又转而反对希特勒和军国主义。主要作品有《钢铁的暴风雨》(1920 年)、《在大理石的悬崖上》(1939 年)、《赫里奥波里斯》(1949 年) 等。后期作品有《玻璃蜜蜂》(1957 年)。他是法西斯统治时期有影响力的一位作家。

③ 马克思·霍克海默的这篇文章刊登在史蒂芬·布若纳和道格拉斯·科勒编辑出版的英语版《批判理论与社会：一位读者》(纽约，1989 年)，第 77 ~ 94 页。相关引言详见第 78 页。

多层面：一本集合了多元视角的书

在过去的这200年当中，各种自然灾难愈发频繁，撕扯着大自然以及合成的世界。人与自然之间存在的对应关系经常被（情有可原地）解读为一种人类滥用自然的关系，特别是在科学技术牵涉其中的情况下尤为如此。然而，有些人把人与自然的关系构想为一种同一性而不是一种对立的关系，至少是具有情感共鸣的关系。在人与自然互动发展历史进程中的某些时刻，表现出的强取豪夺的自然属性让渡给了人与自然之间的移情互动。有的时候，这种观念展现出了浪漫和神秘的色彩，它断定自然对于人而言只是外部的存在，诚如植物、岩石和闪耀的星星所表现出来的那样，自然是人类主观性和能动性的拥有者。在另外一些时候，这种观念会以科学理念的形式出现，认为人与植物、岩石和星星如出一辙，都是由相同物质构成的。在对人与自然关系的这两种看法中，至少能推论出一个统一的世界是有可能存在着的。世间存在的一些时刻，科学理性的时刻，充满诗情画意的时刻，被归因于人类所具有的一种矿物意识。这样的意识出现在19世纪的德国，那时对自然的研究具有主观主义的色彩和浓郁的浪漫情节，这种研究与重要的科学和技术发现呈现出一种弧形的关联。一种以物力论和辩证法为前置条件的自然哲学所展示的浪漫观点，给大自然以及人与自然、人类自身，乃至人与动物、植物和矿物之间的移情作用赋予了生命。在这样的一个完整体系之中，人类与矿物，精神与物质，极点与力量之间富有魔力的交换便发生了。在这样的境界中，一切都是有生命的，一切都是历史性的，一切都随着变化和运动的节奏而改变着。历史寓于自然之中，而自然是一个充满活力的统一体。在论述当中所使用的模拟、反映等措辞，会在主体和客体之间的差异面前轰然倒塌而失去意义，这是因为一个客体不仅仅只是人们所意识到的一个客观存在，而且还是主观能动的拥有者。这曾是一种富有诗意和哲理的观念，却也在科学调查之中发挥了作用。有人经常宣称，正如科学思想和诗情画意之间的千差万别一样，自然和技术之间是脱节的。与之形成鲜明对照的情形却是，相似性或同一性占主导地位的时刻是存在着的。世间存在着诗人或艺术家与科学或科学家的邂逅——虽然在浪漫的故事中诗人和科学家很可能是同一个人。

弗里德里布·费迪南德·伦格（Friedlieb Ferdinand Runge）①是一位钟情于化学美感的化学家。作为一名称职的化学家，他于1833年制成了第一种合成颜料色彩。作为一名实验者，他得益于自己浓厚的浪漫主义哲学思想和歌德的形态学方法，为关注化学的人们制作了若干壮美的图案及一些颇具美感的小饰物。在图案中，各种元素在其间呈旋转翻滚的状态，新颖而神奇，令人叹为观止。伦格认为这一切所展示的正是各种化学成分的内在意愿。同时，逆向思维和拥戴事物转换的能力，对伦格所进行的实践活动具有至关重要的意义。他的科学实践是在乐观和民主的氛围中进行的，其撰写的教科书将化学知识传播给了工匠和家庭主妇。通过将内在的意愿赋予化学成分的表述，他的化学实验在某种意义上可以被视为将民主的恩泽“淅沥”到了物质上面。

化学的产业化催生了许多工厂和劳动者大军，他们的民主权力仍然是当时争论的焦点。马克思和恩格斯则把重点聚焦于对物质问题的研究，以及政治代表性的问题这一方面。他们对唯物主义加以分析，从而提出了自己的历史唯物主义理论观点。在如何看待人与自然的关系问题上，历史唯物主义为人们开启了一个特殊的视角。历史唯物主义认为，自然本身就是一部历史。人们拓展了对技术的探索和使用，自然便有了历史和社会属性，从某种意义上说也就具有了人的属性。在恩格斯看来也是如此，对茜草色素的提取与合成颠覆了人与自然之间的界限关系，作为“自在之物”的不可知的自然存在，变成了可以再造、可以塑造的“为我之存在”，并被赋予了人性的光芒。

资本主义将包括人类在内的自然的各个组成部分作为榨取价值的来源，

① 弗里德里布·费迪南德·伦格（Friedlieb Ferdinand Runge，1794—1867），德国分析化学家。在柏林大学获得博士学位，并继续在布雷斯劳大学教授化学，1831 年他去一家化学公司工作到 1852 年。完成的其他工作包括第一种煤焦油染料（苯胺蓝）和第一次提取喹啉，这间接带来了衍生物奎宁，这是一种用于治疗疟疾的药物，拯救了难以数计的病患。译者注

马克思和恩格斯一直都在探寻该制度实现此目标的方式和方法。为了攫取价值，这种经济制度会将其利爪伸向任何地方和任何事物，甚至工业垃圾。马克思和恩格斯依据其关于化学工业的早期循环理论，得出了资本主义经济本质的结论。从唯物主义者的视角来看（恩格斯本身就是一位纺织工业家之子，他自己也曾当过纺织厂老板，对相关情况了如指掌），合成染料的问题是一个尤为典型的例证，它进一步阐释了纺织工业（工业革命的动力源泉）的发展之路，透过美学和文化的角度，对时尚、消费者权益保护以及人们所向往商品的生产等问题进行梳理，从而对经济研究辅之以有益的补充。

代用品与合成工业产品在经济上和政治上产生了共鸣。在马克思那里，黄金、白银、珍珠和钻石在他建立其价值理论的尝试中，以及在他的商品拜物教论述中扮演了重要角色。在石蜡、玻璃或珍珠之母得以模仿珍珠光泽的情况下，价值理论将何去何从？或者，如同在19世纪中，人们把中空的玻璃珠吹大，然后将液态氨与来自鱼鳞的白色物质进行混合后作为填充物，从而制成了人造珍珠，而珍珠的精华物质则是通过碾碎的青鱼鳞获得的。在模拟某种物质的开发以及对某种垃圾进行处理的情形中，价值又是什么呢？举一个例子，苯胺油漆和染料在一开始是作为高价值产品进行销售的，因为它们看似更加“真实”。这种“真实”品质的基础是它们不会褪色。同样，塑料作为不因时间和自然而退化的物质，它是戴着这顶桂冠被推向市场的。这种情况引发了关于人造物的影响及其与真实物质彼此关系的各种问题。这些问题由来已久，比如，在有些情况下，熟练运用白色和黄色颜料模仿并制成黄金，比起黄金本身更有价值。①合成物质的时代为这场辩论增添了新的活力。将黄金和煤炭进行比对是一件很有趣的事情，金光闪闪与黑暗无光，一个作为自然状态下真实和纯净的尺度，另一个则是进行合成的工具。

马克思对黄金货币功能的作用方式进行了细致的观察。由于材料特性及稀缺性，黄金便成了价值的担保物。黄金必须实至名归，合乎规格且值得信

① 莱昂·巴蒂斯塔·阿尔贝蒂的观点援引自米歇尔·巴克斯安达著的《意大利 15 世纪的绘画与经验》（牛津，1988 年），第 16 页。

赖。作为货币使用时，黄金的自然属性转化为社会属性，它的价值与其提取的成本密切相关。于是，黄金异化成了别的东西，不再是它自己了。一种自然生成的金属转化成货币，货币变成一个符号、一张本票、一张代金券。这样，一种替代便产生了。

另一种替代定义了资本主义工业生产的时代，马克思对此作了相应论述。商品拜物主义是一种过程，此间，连接一位生产者与其他生产者之间的纽带，并没有体现出劳动的个体与无生命的物体之间所存在着的直接的社会关系。每一位生产者被转化为一种事物或物体，为服务于机器和资本而出卖着劳力。在这个过程中，每一位生产者对其他生产者而言不是什么主体，而是其他具体的、有竞争力的劳动力集合体这一类客体。[①]商品拜物主义绝不会对生产成品置若罔闻。当生产者被讥讽为仅仅是机器的附属品（而不是价值和能量的来源）之时，他们所生产出的东西却显示出神奇般的力量，它们在市场大潮中沉浮，改变着生命，创造出大量的财富。描述商品拜物主义最简单的方式应当是——销售的产品总是令人惊奇，仿佛魔力附体。马克思对资本主义的一种与生俱来的特有魔法进行了详细的论述：

> 在我们涉足其他生产形式的时候，只要劳动产品以商品的形式出现，商品的一切秘密以及环绕于劳动产品身上的所有魔力，便随之消失得无形无踪。[②]

这种不可思议的魔力高调地亮相于新型的商业竞技场上，比如长廊商场（长廊形式的商场）或世界博览会，二者均超前于百货商店和当今的购物商城。长廊商场最先把商品展现出来，晚上时，它的玻璃天窗在摇曳的煤气灯光照耀下，让一切都愈发富丽堂皇。玻璃、钻石、镜子及金光闪闪的珠宝交相辉映，进一步强化并渲染了长廊商场里的灯光效果。这些光鲜的外表和美观艳丽伴随着偶像般的商品，确保了其不可思议的胜利。接下来，玻璃纸作

---

① 详见卡尔·马克思著的《资本论》第 1 卷（纽约，1906 年），第 84 页。

② 同上，第 87 页。

为商品的第二层闪光的皮肤粉墨登场，张开双臂拥抱着商品。

随着长廊商场的衰败，它逐步让位于宽阔的林荫大道，另一种替代它的技法应运而生：摄影。太阳、月亮、星星及自然中的这些小玩意儿在城市的灯光下逐渐地消失了，但是在地球上，摄影照片的纸张却为我们捕捉到了它们的影子。对宇宙如此这般的“驯化”展现出了它的理想主义面孔。例如，保罗·希尔巴特（Paul Scheerbart）[①]梦想着居住在昼夜明亮的玻璃大都市之中，用比星星和月亮更胜一筹的电灯照亮整个大都市。科学是实现双重世界梦想的手段，科学能丰富自然，改善自然而不会去破坏它。在科学和工业时代的现实当中，电灯所点亮的这些科学和工业时代的大都市，是由从自然界中挖掘出的煤炭而供能。而被有些人赞誉为具有世界意义和民主性的化学，已经在为国家创造财富的项目中一展身手。德国的化学工业，特别是其先进的替代化学在世界上是最为强大的，有关的研发活动与其军事野心紧紧地拴在了一起。电影和摄影这两个艺术种类的居中调和，粉饰了战争期间对自然的劫掠。化学工业涉及各个方面，它生产了炸弹、毒气以及摄影材料等。正是在第一次世界大战的背景之下，法本公司——著名的化学工业联合体的建立首次被提上了议事日程。化学工业受到了致命的战争和商业竞争的羁绊。部分原因在于，化学工业在战争中有着良好的表现，强大而集权的组织机构为了继续推进战争也推崇企业联合的形式。然而，在战争中原材料的匮乏以及随后1918年德国的战败，阻碍了化学工业的发展进步，同时强化了联合形成卡特尔的必要性，进一步激发了追寻合成替代物的努力。

科学和技术的发展引发了在艺术主旋律上的共鸣，在新世纪里也反映到了材料方面。如今，自然得以在实验室中被发明创造出来，艺术也找了新的形态，呈现出金属质感、金光闪闪、工业化、合成材料和便于解析等特质。在一些现代派作品当中存在着某些使用污秽色彩和化学色彩的嗜好。对于漩涡派画家和达达派广告艺术而言，包装、廉价合成品、塑料以及一切粗俗的

---

① 保罗·希尔巴特（Paul Scheerbart，1863—1915），德国诗人、小说家。表现主义风格的主要支持者。主要作品有《荒诞的文学与绘画》。译者注

东西，催生了新的创作质地和物质。这些新颖的艺术实践并没有简单地欢庆这个新世界。尤其是柏林的达达派艺术家们，他们对帝国和军国主义秩序进行了鞭挞和评判，运用影像和言辞诋毁来自资产阶级报刊以及军事和工业领域的某些诉求。这些艺术上的发展出现在阶级斗争和革命的大背景之下，他们自然也就不能置身于事外了。弗兰茨·容是一位达达派艺术家和革命者，他例证了在当今时代中，艺术、美学和政治是怎样地相互搅和在了一起，从一个领域到另一个领域。他于1923年出版了小说《机器的征服》，该书揭示了新型能源和经济如何结合在一起，从而形成了一股强大力量的过程，以及工人们如何进行着抗争或抗争失败的画面。1923年是一个转折点：在经济处于一片混乱和困顿之中，法西斯主义作为一支耀眼的力量登上了历史舞台。在1925年的时候，法本公司整合了主要的化学工业力量，而化学工业则通过抱团取暖共度时艰。这时，工人们高呼着“团结就是力量”的口号，却愈发地于事无补了。

在法本化学工业联合体形成的时候，齐格弗里德·克拉考尔（Siegfried Kracauer）[①]的连篇报道已把宣传的声调调到最高。克拉考尔展示了一副可怕的画卷，人们深陷于人造长袜的诱惑之中，深陷于魏玛共和国时期抄抄写写和忙于打字的日常的枯燥生活之中。克拉考尔尤其对电影和电影院充满了兴致，一个是以戏剧般的梦幻形式拓展着人生，清晰演绎着观众们与身边业已形成的替代世界之间神奇的邂逅，而另一个则是光与幻境的建筑体。恩斯特·布洛赫（Ernst Bloch）[②]撰写了一部战争间歇时期的文化辞典，他描述了一个所谓的“人为的中间地带”，在这个时空当中，幽灵般的白领工人们是没有心智的。在这个“中空地带”，城市中处于中间阶层的工人会接受一种文化，他们的娱乐消遣、欺骗和诺言会使他们梦游般地奔向纳粹主义。

第三帝国的本质，从意识形态上来说可以归结为一句话，即“德意志种

① 齐格弗里德·克拉考尔（Siegfried Kracauer，1889—1966），德国著名作家、记者、社会学家、文艺批评家和电影理论家。译者注

② 恩斯特·布洛赫（Ernst Bloch，1885—1977），德国著名马克思主义哲学家。译者注

族和德意志土地”。尽管有歌唱自然的赞歌和对现代化的谴责、诋毁充斥其间，合成研究仍旧在新德国的实验室和工厂中继续进行着。其中，最令人向往的是合成油与合成橡胶，这是由于它们在军事上具有重要意义。当大众科学和公司的历史在促成合成生活的奇迹之时，化学却被拖进了意识形态的窠臼之中。第三帝国是一个建立在死亡、军国主义、军人理想和死亡集中营之上的社会。从广义上讲，死亡发生在自主权的丧失之中，因为每一个人都将自我置于绝对的官僚权利的桎梏之中，而所谓标准的“模范市民”是在肉体上无法企及的“超人”，也许大理石雕像是更合适的“人选”。这是一个迷恋合成替代品的世界。在这里，在这个帝国中，法本公司对自然的形态进行人工模仿（有些是为了延长生命），实际上是在从事着武器装备的生产，有些是在奴隶工厂里进行的，用形象一些的话说，法本公司在拥抱死亡。正如平钦所说的那样，这是青睐死亡的架构。[①]而这些架构因科学、商业、军事、政治阶层和官僚主义的相互联结而得以强化。V-2导弹这个承载着20世纪20年代飞向月球并探索其他星球梦想的计划，走向了自己的对立面，呈现给我们的现实是对这个世界的破坏。

化学在经济价值的意义上超越了自然，化学家们不再任由自然摆布。教科书对化学家们如何决定着分子的特性夸夸其谈，科学的魔力非凡且不可思议。科学昭示着其他可能的未来，激发了浪漫主义者头脑中乌托邦的火花，描绘了一张人与自然和宇宙共建统一体的蓝图。例如，在第三帝国的一个角落里，一些被人们视为变态且已堕落的艺术家们，在一个工厂里找了个地方，他们要对自然状态下的调制、铜绿和艺术开展实验性的研究活动，并对自然及合成漆、油漆、染料的特性进行研究。这些实验者把自然当作避难所，当作价值的容器，这些价值却让自然用自己的声音说话，而不是清晰地传达自然力量的指令。这些实验者并不能包打天下，自然能做到的一切，合成漆也能做到，因为自然力也要通过它们发挥作用。有两个人的活动给实验

---

① 详见平钦著的《万有引力之虹》，第 167 页。

者的工作带来了启示，一位是浪漫主义者菲利普·奥托·朗格，另一位是化学家弗里德里布·费迪南德·伦格。然而，光学实验者的色彩之环在V-2导弹尾部所留下的弧形痕迹面前，不免黯然失色了。

纳粹同其敌手一样，宣称他们通过自身的努力已经抵达了遥远的星际。这些星星被装扮成“救星希特勒”的模样并通过好莱坞的魔术师，先用照相纸捕捉到，然后带回地球。正如20世纪30年代沃尔特·本杰明（Walter Benjamin）[①]的文章《技术上可复制时代的艺术作品》所写的那样，摄影作品的一致性，对所有事物进行描绘的可能性和正确性，都已经蜕变为对领袖范儿的过度演绎。在这种环境中，每一个社会真相都有可能从镜头中被“榨取”出来，用化学的方法加以固定，然后放入衣服口袋里或相册之中，或者在各地进行展演。摄影艺术开始将一种令人眼花缭乱的肖像文化展示于世，宣传对少数人的偶像崇拜，其过度使用的冷光“致盲”了那些旁观者。在一个更美好的世界里，主体和客体之间在本质上会处于紧张状态。根据阿多诺在其战后反思录《否定之辩证法》中提出的观点，主体对客体的完全侵入对双方而言都是灾难性的。[②]存在于主体之外的客体需要防止被同化，防止自身悄无声息的消失。艺术家的工作就是要让存在于客观物质材料中固有的天性“开口说话”。艺术作品的这种表现力也要把主观意念反映出来；而主体是难以侵入的，这就给观察者提供了一个开展工作或仔细研究的外立面，并能对此做出反应。在法西斯主义那里，只有“绝对透明”的媒体和艺术作品，才能清晰地传递着权力的信息，正如它们用人造自然或其他的自然方式向那些全神贯注于物质材料的受众们所灌输的那样，其结果便是非人性在各个领域里的回潮。而滥用自然不仅仅限于法西斯主义。阿多诺对滥用的尖锐抨击

---

① 沃尔特·本杰明（Walter Benjamin，1892—1940），德国文学评论家，犹太裔。1920—1933年在柏林学习哲学，从事文学评论和翻译。1933年为躲避纳粹迫害逃到法国，1940年纳粹占领法国后自杀。遗作的出版，使其赢得20世纪前半叶德国著名文学评论家荣誉。其中《启迪》《反思》影响较大。他是最早探讨电影和摄影艺术的作家，其文艺评论体现了对马克思理论的理解。译者注

② 阿多诺撰写的《否定之辩证法》出版于1966年，但他在该书中的某些内容酝酿于20世纪30年代。可参阅阿多诺在该书的德语第二版的编者按。

更多地指向了美国及其文化产业。1937年，在迪士尼的动画短片《米奇的爱好者》中，为了极力争取一个角色的扮演资格，唐老鸭把这种闪耀谱写成了一部大规模谋杀的序曲。唐老鸭得以进入米老鼠系列的天才表演之中。他很想成为一个明星，于是便唱到“一闪，一闪，小星星”。然而他一直失败，不得不重新开始，遭遇到的却是嘲笑的嘘声。他又做了第三次徒劳的尝试，用自己特有的风格唱起这首星星闪烁之歌。这次他又把事情搞砸了，被一个大钩子拽下了舞台，观众们不由自主地捧腹大笑起来。然而，在克拉·拉克和克拉贝拉进行表演之后，他又折返回来，这次他把自己用机枪武装了起来。他又尝试着朗诵“一闪，一闪，小星星”，观众们的笑声再次爆棚。唐老鸭的反应则是朝他们射出两梭子机枪子弹。屠杀的场面没有展示出来，但即便如此，这一幕还是从发行的版本中删除了。在《滚石大骗局》（1980年）中，锡德·维舍斯演唱了《我的道路》，在表演过程中他猛然掏出一把手枪向台下的资产阶级观众们猛烈射击，从而把演唱推向了高潮，在这样的可怕场景之中，这个表演向我们展示了文化产业与生俱来的对暴力的“热衷”。完成这样的“放血行动”之后，锡德·维舍斯把枪扔到地上，迎着抛洒而来的玫瑰和镁光灯的闪耀，在粉丝们的簇拥中上了楼梯，走向他的归宿。而唐老鸭在实施了谋杀行动之后，转身回来，从高飞狗的帽子中怦然而出，鼓起嘴巴，清脆地吟唱着“一闪，一闪，小星星”，自鸣得意地哼着小曲“原来你在这儿”，而在片子结束时它的脖子却卡在了落幕的彩虹当中。正如阿多诺自20世纪40年代以来有关文化的几篇文章所提出的那样，作为对欺骗大众的形象，唐老鸭必须总是被追打着[①]。自然和自然的冲动被关进了“畜栏之中”，人们所获得的经验教训是，生活就是围绕着接受惩戒和屈辱而展开的，同时还要学会向聚光灯照耀下的少数人“点头哈腰”。

按照纳粹分子们的设想，科学、技术和人力能够帮助他们赢得战争，而法本公司则构想战争能帮助自己赢得战后的美好企业前景。法本公司的第一

① 参阅阿多诺和霍克海默合著的《启蒙的辩证法》，第 138 页。德语版《启蒙的辩证法》收录在阿多诺《文集》第 3 卷（法兰克福，1986 年），第 160 页。

位历史学家理查德·萨苏利记录了联合体在巴伐利亚森林清理出的一片空地上建设一座巨型防弹飞机厂的情况。工程在1944年8月份才动工，那时德国的战争努力其实已经快被粉碎了。1945年4月战争快结束时，奴工们还在继续建设着这个工厂。萨苏利推测，这是某些机构头脑发热的疯狂之举，或者是德国和西方准备战后针对东方并摧毁苏联的一项军备计划。[①]然而，事情完全不是如此。一场新的战争迅即开始了，这就是冷战。法本化学工业联合体被拆分掉了，按照相应的组成部分恢复了原来的状态，由各盟国划分控制。与此相应的是，在本书最后一章，关注点也远离了德国。欧洲成了一片废墟，它的“化学色彩”荡然无存。这个故事在一个新的地缘政治框架中画上了句号。德国杰出的化学工业处于窘迫不安之中。无论如何，煤炭的时代也许真的结束了，取而代之的是，石油愈发地主导着由汽车引领的战后经济。美国引领着前进的方向，这里有轿车和车内膳食、汉堡及其他合成食品[②]，用于支付的货币也变成了信用卡。1964年在纽约举办的世界博览会上世人对技术的推崇与热忱，再次激发了乌托邦式的太空旅行梦想。在德国前火箭科学家韦恩赫尔·冯·布劳恩（Wernher von Braun）[③]的帮助下，这个梦想变成了现实。“化学让生活更美好”成为二战后一个令人乐观的口号。这时，生命永恒的梦想开始进入了人们的脑海之中。冷战的阴云笼罩着各国政府的政治行为之上。冷战的“冷”作用在美国却摇身一变成为医生们的声援者，它推动了低温学的一项应用，即“以冷柜为中心的社会”，推广在人类死后用人工的方法延展生命的技术，这是一项值得用诗歌艺术进行讴歌的转变。

然而，在欧洲那些用最恶毒的语言对战后政治及诗歌艺术进行抨击的人，也得经受寒冷的隐喻和环境破坏的后果。在20世纪50年代的法国，出

---

① 萨苏利：《法本化学工业联合体》，第 4 ~ 5 页。

② 详见埃里克·斯克劳斯所著的《快餐民族：美国人的膳食对世界的影响》（哈蒙斯沃斯，2001 年），第 17 页。有关麦当劳鸡块等的最新状况可参阅第 139 页。

③ 韦恩赫尔·冯·布劳恩（Wernher von Braun，1972—1977），德裔美国工程师，火箭技术和太空探测技术权威。1936 年任纳粹德国军用火箭试验室主任，研制出纳粹有名的远程弹道导弹（V-2）和超音速防空导弹“瀑布”等。二战结束后他投降美国。之后，为美国研制出潘兴导弹、首颗人造卫星（1958 年）、“土星”一号、“土星”IB 等运载火箭。译者注

现了境遇主义者的评论，他们把战后消费者社会刻画成刚成长的冰河时代。科学拯救不了我们，只有炽烈的革命热情才能让世界再次转动起来。境遇主义者们坚持认为，时间被冷冻在一种冰冷的社会安排之中——资本乌托邦的等待游戏——原本被窃取了的时间又被那些希望生活在当下的人们收了回去。在英格兰，自20世纪60年代起，J. H. 普林就开始用科学的语言赋予诗歌新的意境，让它们为愈发显现的政治化主题发声：全球变暖、环境毒化和污染、全球贸易和农业综合性企业等。普林诗论（诗歌式论述）的中心是一个受着科学的支配，饱受毒害的身躯（人）。以帕梅拉·左林妮的短片故事为代表的批判性科幻小说，为人工合成与毒物之间的遭遇提供了一套面向大众市场的版本，只是菲利普·K. 迪克（Philip. K. Dick）[①]，或许已经取代了左林妮的位置，他俩的作品呈现了一个充满荧光的世界，各种商品到处喧嚣叫卖着。在20世纪70年代，对科学的抨击、否定和盗用演变为朋克群体（punk）[②]的大众市场。朋克们痴迷荧光的色彩，而这种色彩主要是用在20世纪60年代商品包装和广告里面。从1913年开始，《狂飙》杂志中出现的漩涡派画家，播放的乙烯基唱片发出的激进刺耳声充斥在大街上，给人以炫目、唐突和粗俗之感。

最后，也就是最近所记录的遭遇，便是莱恩·辛克莱及其所绘的城市风景画。就发展意义而言，人与自然之间存在的裂隙，在辛克莱审视伦敦的理念中得到了完美的体现；他从公路上一个行人的视角，展示了其深处于污染之中、因科技而发育不良、遭受着噪音和心理压抑折磨的窘况。在20世纪80年代及以后的时期当中，辛克莱发展了一种消极的浪漫主义。他独辟蹊径，从城市的垃圾碎片、废弃物和颓废堕落之中寻找虚构的故事、城市特质和其他一些目标。在辛克莱的作品当中，经常呈现的外观形状是所谓的贝克

---

① 菲利普·K. 迪克（Philip. K. Dick，1928—1982），美国科幻题材小说家。代表作《高堡奇人》等。译者注

② 朋克（punk），这里指20世纪70年代晚期流行于英国的一种音乐和时尚运动，代表乐队包括“性枪手”（The Sex Pristols）等，该音乐声音喧闹、节奏快而强烈，表达对社会的愤慨情绪。译者注

特山，这座山是由工业生产之后的焦炭废弃物构成的，黑黢黢的一大堆，在表面覆盖人造白雪，装扮成一座山峰，供人们开展临时性的娱乐活动。

在这最后的一个章节里，所有之前的话题在这里“堆积”“扭动”和“闪烁”着：科学的理想王国，化学的致命性，人与自然的关系，我们对矿物体本身的梦想，新颜色的发明，价值所在及其度量，物质的易变性，化学的脆弱性和艺术技法，无机物与污染的诗论，科学与艺术、批判与化学、货币与物质的邂逅，以及浪漫主义者的遗产。也许还有其他的方式来讲述和结束这段历史，也许还有其他的人物、隐喻和方法描绘艺术、自然、化学和工业的相遇。这些就是萦绕在我眼前的画面和我的所思与所想。

有关方法的说明

沃尔特·本杰明和特奥多·阿多诺在主导着这项研究。回望既往，会使我们事半功倍。如同之前的马克思和恩格斯那样，阿多诺和本杰明被视为化学与诗歌邂逅故事的一部分，这个故事在慢慢地这样展开：他们是角色、表征，是一个更宽泛历史的证明人。然而，他们同时又引导着故事的发展脉络：他们是解说者、局中人、黑暗现实之中的光点。双方都持有辩证的观点，在试图将对立面联结在一起的同时，也承认现实中存在着分离。阿多诺和本杰明提出了参照星座定位的方式进行思考的方法——即通过工业资本主义时代定位艺术、科学、技术、自然以及它们之间的相互结合。在《启蒙的辩证法》中，霍克海默和阿多诺把艺术和科学作为推论的两极，二者均源自具有魔力的“前现代”的统一体之中，后来分离开来，科学便试图通过抽象过程掌控自然，而艺术则继续进行着对具体事物的模仿。科学和自然之间存在着一种确定的关系，将其质量转换为数量上的等价物。与此同时，通过顺应其数量特性，艺术对于维持与自然质量的相应关系，给予了充分的尊重。

在困境之中的这些替代方案禁锢了我们，这就是我们要突破的关键点。在一个热衷于突破与实现的世界当中，科学会再次充满神奇力量，这种力量曾经栖息于科学和艺术之中。科学不会让大众成为技术的牺牲品，而是要服务于他们的各项具体需要。卢卡奇①对于资产阶级科学和知识所产生的具体效果发表了评论文章。受其影响，大众逐步形成了一种认识，他们对将自然分解为没有生命、沉默不语的自然与鲜活的人类这两个部分的必要性提出了质疑。基于这样的认识，人与自然之间的中介物便是因技术伤害而受到污染的这些工具。对人和自然这二者而言，这些工具都是客观外在的，而且它们既掳掠着地球也伤害着工人。这就是资本的现状，但它并不因此就成了唯一的运作方式。作为一种观念，它会依赖于社会导致的一种梦幻思想。阿多诺纠正了一种错误的观念，他认为：

> 如果我们认为一些事物，特别是自然当中的某些方面，例如高山上的冰碛石和碎石堆等——这些丝毫没有见识过人类雕琢之作的东西，看上去也与那些工业废物形成的垃圾堆一般毫无用处，而这些工业废物是为满足社会审美需要而从自然中分离出来的。基于这样的认识，对于工业技术和自然之间的庸俗对照，其荒谬性就不言而喻了。的确，也许有那么一天，一个有着"工业外表"的由无机物构成的外层空间真的会出现在人们的面前，即便是延伸到整个地球之上并完全处在全方位的技术影响之中，人们具有的田园诗般的自然观念仍会是一如既往的。据说技术具有"被蹂躏"的自然秉性——一种源自资产阶级性道德的措辞。在一个有着不同生产关系的社会架构之中，同样的技术也许能够不违反自然的特性，而是帮助自然在这个旧有世界中实现

① 格里高里·卢卡奇（Gyorgy Lukacs，1885—1971），匈牙利著名哲学家和评论家。生于一个富有的犹太家庭，1918 年加入匈牙利共产党。1923 年出版的《历史与阶级意识》发展了马克思的历史哲学。1956 年参与匈牙利政变，后被驱逐到国外，1957 年获准回国。主要作品还有散文集《灵魂与形式》《小说理论》和《历史小说》。译者注

其目标。[①]

阿多诺注意到，在我们眼中，自然如画且具有永恒性，这种有限的认知实际上是一种幻想，是一种思想观念上的产物。从自然的角度看，那些杂乱无章的顽石堆与工业废物之间在外观上是没有区别的，而这些废弃物是我们既往对自然采取行动后的产物。从表面看，工业和自然并不是相互对立的，在观念上也是如此。它们之所以被如此构想是源于一种压抑。让自然保持纯洁、无暇，不受历史与发展的影响，这种态度更多地与人们男女授受不亲的传统观念有更多的联系，此间自然就像女人一般，不能发出自己的声音，自由的行动也受到限制。如果把技术解读为人与自然之间在一定历史阶段上的调解者，而不是作为一直存在着的但在观念上又是模糊不清的劳动和利润工具，技术就会赋予自然以历史的意义并使之深入人心，这样，技术便会让自然以及作为自然的一部分的人类来创造历史。

第二次世界大战假科学之手给世界造成了巨大的破坏，本杰明和阿多诺二人正是在这样的背景下完成了自己的著作。回望过去，本杰明的视线穿越了本书所涉及的历史范围。他拒绝了一种消极科学运动的悲观展望，取而代之的是他推出了一种方法，从而使过去的理想主义蓝图得以保留，即便是在最黑暗的时刻也是如此。本杰明让理想主义闪现在当今的世界上。1921年，在他关于浪漫主义艺术评论概念的博士论文中，以及1939年有关波德莱尔（Baudelaire）[②]的文章中，本杰明分别引用了诺瓦利斯（Novalis）[③]的论

---

① 特奥多·W. 阿多诺:《美学理论》(伦敦，1984年)，第100～101页；德语版《美学理论》收录在阿多诺《文集》第7卷（法兰克福，1986年），第107页。

② 波德莱尔（Charles Pierre Baudelaire，1821—1867），十九世纪法国著名诗人。早年生活放荡不羁，1844年爱上一黑人女子，灵光闪现，创造出一批优美诗歌。诗集《恶之花》（1857年）备受推崇，《散文诗集》（1868年）被认为是散文诗的革命性尝试。46岁因梅毒感染去世。被誉为法国最早的和最优秀的现代派诗人。译者注

③ 诺瓦利斯（Novalis，1772—1801），德意志浪漫派诗人和理论家，弗里德里希·冯·哈登贝格（Friedrich von Hardenberg）的笔名，他出身于贵族家庭，代表诗作《夜颂》（1800年）优美典雅，表达了对年轻未婚妻的爱与悲。在生命的最后几年，他用美丽的诗作在唯心主义的基础上建立起了一个哲学体系，其中描写一位年轻诗人的神秘浪漫追求的《亨利希·冯·奥弗特丁根》（1802年）赢得极高赞誉。译者注

述：“可感知性就是一种专注力。”本杰明在1939年的记录中写道，这是一种理解预感的方式，通过让客体回望既往并赋予其观察的能力，则预感便会破解客体和主体之间的差异。

> 正如诺瓦利斯解读的那样，“可感知性就是一种专注力”。在他的头脑中，可感知性只能是对于预感的可感知。在人类关系之间的特殊反应被转换成人与无生命的自然客体之间的关系时，预感便产生了。好比我们观看的人或那个感觉有人在注视着自己的人，会随之反观我们。为了体验对一个客体的预感，我们需要发挥回望自我的能力作用。①

这是一个代表了商品拜物教的乌托邦作品。正如浪漫主义者声称的那样，没有生命的自然或其他事物所呈现出的生机勃发，不应被视为疏远的对象，它是一种移情的前兆，而移情恰是诗歌的创作源泉。人与自然之间存在着同一性、一种沟通和一种相互关联，但不是利用和滥用。

阿多诺对人与自然的现状并不乐观。他只是消极地为乌托邦社会标注了一个空间。他经历了世界上最糟糕的两次战争，阿多诺只能紧紧地抓住乌托邦理想中闪现的一丝希望，在这里，也许能够找到人与自然进行真正交流的可能性，而这种交流是以非压迫性技术作为媒介的。“世界比地狱更糟糕，而这里要好得多”，他在《否定之辩证法》中这样写道。②希望处于冷藏之中，寓于艺术之中，艺术不是别的，就似沙因（Schein）③的作曲，它远离生活，有时会用无法辨认的形式把自己隐匿起来。因为，那些代表黑暗并盛行着的虚无主义艺术，正占据着主导地位，期待着一切事物的认可。

---

① 沃尔特·本杰明：《文选》第4卷：1938—1940年（剑桥，马萨诸塞，2003年），第338页。

② 详见特奥多·W. 阿多诺所著的《否定之辩证法》（伦敦，1973年），第403页。德语版《否定之辩证法》收录在阿多诺《文集》第6卷（法兰克福，1986年），第395页。

③ 沙因（Johann Hermann Schein，1586—1630），德国路德教派作曲家。1616年任莱比锡圣托马斯教堂乐监，这一重要职位后由J. S巴赫担任。首次将意大利巴洛克风格引入德国音乐的作曲家。译者注

世界是可以转换的，在其变换的过程中遇到的难以消弭的抗争来自于人们的眼睛，它不愿看到这个世界的色彩毁于一旦。没有光亮的（没有外表的）事物在光亮（外表）的映照之下为自己做着承诺。[①]

眼睛坚守着希望，希冀一睹眼前的绚丽和色彩，这就是为什么艺术既要挣脱其苍白沉闷的外表，同时也要对其进行加密隐匿的原因所在。直至新的世界黎明到来之前，世间只有一些理论上的探索，正如阿多诺在《否定之辩证法》中所阐明的那样，哲学就似一部棱镜，用于捕捉那些尚不能展露真容的色彩。

持久不衰的色彩并不是天然存在着的。思想是它的奴仆，将些许存在进行延伸，然而却是消极地延伸至这个存在发生了改变，不再是自己了。最远的地方可能就在身边；哲学便是捕获其色彩的棱镜。[②]

哲学如同开采前处于自然状态下的煤炭，保持着自身的各项潜能。我们还没有合适的工具将其“色彩”取出，应用到我们的日常生活当中。

本杰明和阿多诺的理想主义思想和悲观情结所引发的共鸣，贯穿于《合成的世界》这本书并指导着对历史事件的解读。与此同时，在承认现实世界给我们带来了伤害的同时，人类还要通过认真思考以及能够发挥思考潜能的哲学，努力地修补人类、宇宙秩序和社会纪律约束之间的分裂局面，而在这些努力当中，人们能够找到它们的“足迹”。分裂后的缝隙在这里被连续地撕裂开来，这多少有其合理的一面。

---

① 详见特奥多·W. 阿多诺所著的《否定之辩证法》（伦敦，1973 年），第 404 ~ 405 页（译文有更改）。德语版《否定之辩证法》收录在阿多诺《文集》第 6 卷（法兰克福，1986 年），第 396 页。

② 同上，第 57 页（译文有更改）；德语版，第 66 页。

有关碳的诗论：起源

人类梦幻中的奇迹是从铅当中提炼出黄金，这是炼金术士们孜孜以求的，正通过工业和化学手段得以大规模地变为现实。本书以浪漫的想象力开篇，从大自然中发现并提取矿物，继而转化为梦寐以求的财富。在神话故事的宝库中，有黄金的矿脉和遍地的珠宝，一部矿业诗论就此萌发了。在这座富有的矿洞里，化学、合成以及围绕着碳的美学故事开始演绎了。在本书的第一章中，人们通过本杰明的想象之门进入这个矿藏宝库。这个矿——确切地说是一个缩小版的模型——作为承载欲望和承诺之物浮现在他儿时的记忆里。本杰明的回忆录成稿于20世纪30年代，那是一个最黑暗的时期，该回忆录从工业资本主义的中心点回望过去，揣度着工业主义梦想家们心中魂牵梦绕的夙愿。它从本杰明这类孩童般的视角出发并加以调适，使之适应巫术和劳动的意境，重新唤起神话中的梦境，里面有着从魔法和工业中释放出来的数不清的财富以及事物转化所带来的巨大能量。工业的大量介入以期重新获得煤炭，从而开始改变着世界的景观并释放出进一步改变它的能量，与此同时，浪漫主义作品中的宝石与财富神话与正在勃勃升起的化学和地质科学有异曲同工之意。煤炭是工业革命的力量之源。通过早期的实验，对煤炭进行精炼、提取并利用了煤焦油，从而成就了工业革命。

在矿中找到的碳呈现出了无数种不同的形式——煤炭、钻石，乃至于生命。这种原始的物质激发了化学乌托邦的想象空间，试图去打造一个亲和、灿烂和美丽的王国。以前，人们借用美学的特质来讲述——诸如彩色与黑色、明亮与暗淡、透明与模糊、光亮与闪烁等，最终从如此众多的专业视角讲述了这段历史，这是可能的吗？从物质本身的立场——煤、钻石、黄金、金属、玻璃、染料、玻璃纸、冰和霜的立场讲述历史，这是可能的吗？换句话说，那些物质能以无常的、瞬间的、暂时的、多样的方式，或是历史永恒的方式存在吗？劳作于这些物质上的工人们能出来发声吗？透过物质、材料、品质和外观，这些类似于经验的东西可以表达出来吗？通过关注这些不同的看法，能把事物、主体、客体及专业之间的界限联系起来吗？经验和实验共同分享着一个语言学上的词根，就是拉丁语的“*experiri*”，即“尝试”。本书讲述了很多合成实验，而这些实验积累了工业时代的合成经验。这是一部关于实验的著作，看似杂乱无章的主题其实一直围绕着煤炭而展开。

CONTENTS ·目　录

Chapter 1

Substance and Philosophy, Coal and Poetry

· 第一章　物质和哲学，煤炭与诗歌

拼读

沃尔特·本杰明在20世纪30年代写的《1990年前后柏林的童年》这本回忆录中，有一部分讲述了“施蒂格利茨和冈斯茵勒街角”这个故事。[1]本杰明回忆了拜访一位姨妈的往事。每一次去看她的时候，她都身着同一件丝绸上装，头戴一顶从下巴处系带的深色旧式帽子，她总是会从屋子飘窗后的同一把扶手椅上起身迎接他。他想象着，在那些从不离家的人中，莱曼姨妈便是其中的一个。然而，就像神话故事一般，虽然自己不必亲自在现场，但他们好似为所居住的街道施加了魔法。巫术和神话的色彩弥漫在本杰明回忆录中的这段趣闻轶事之中。他讲述了一位和蔼可亲，总是关心别人的老女仆，住在柏林一座漂亮公寓中一架陡峭的农舍式楼梯之后，以及一位神秘地蜷缩于住宅深处的羸弱的小老太太，深藏着知识、秘密和财富。他那位姨妈的寓所位于两条街道的交汇处，所以在这个孩子看来，姨妈的魔力更强，是加倍的。这些街道上的语言文字对那些着迷的人有很强的诱惑力。作为一个孩子，本杰明把一条以德国一个郊区城镇名称命名的施蒂格利茨街（Steglitzer Street），改叫成了施特格利茨（Stieglitz），即金翅雀。借助着自身的语言天赋，本杰明在回忆录中经常改动那些描写他童年环境中的一些词语和各种趣闻轶事。由于误听或是故意等原因，这个孩子经常修改措辞，省略词句，赋予它们多重意义，让这些语言重获魔力，从这些老生常谈的词语中发掘出新咒语。孩子在语言方面天真且富于想象的运用，让这些词的原意受到了“侵蚀”，比如，将“Markt-Halle”拼读为“Mark-Thalle”，孩子们还把作为他们自己“调味品”的老姨妈瑞勒恩（Aunt Rehlen）拼读成荒诞的穆姆瑞勒恩（Mummerehlen）[2]，其实这是孩童时期的本杰明专门为某一个鬼魂起的名字。可见，孩子们对语言的侵蚀是多么意味深长。在一个拼错名称的交易大厅里，经常会发生一些与正常业务无关的事儿：对这个孩子而言，这个交易大厅是放飞想象力和大胆投机的家园，让自己置身于平庸无聊的讨价还价之外。虚构的鬼魂精灵穆姆瑞勒恩，向本杰明传授了用语言装扮或包装自己的意义并从中迷失或找到自我。这便是孩子们的诗歌意境。魔力就蕴藏于词语的变化及其可变性之中。同样，任何词语都可能是咒语。本杰明长期以来一直坚信，词语或其最小的单位——字母，具有神奇的力量。他在博士论文的脚注里就提出字母和魔力之间所存在的关联性。施莱格尔（Schlegel）[3]在给诺瓦利斯的信中写道：“字母（Buchstab）是真正的魔棍（Zauberstab）。”[4]拼写和魔力被再次摆放在一起。从施蒂格利茨到施特格利茨，从郊外到金翅雀，在杂乱的客厅里这是一种恰当的转换，因为本杰明的姨妈就像一只笼中饶舌的鸟儿一般，叽叽喳喳地聊着往事。然而，鸟儿似的莱曼姨妈在角落里喋喋不休的时候，总会有其他游戏分散着这个小孩子的注意力，激发着他丰富的想象力。本杰明描述道：

> 实际上，我刚一进来，她就叫人在我的前面放了一个大玻璃方盒，里面是一个完整的矿区，其中有微缩的矿工、石工、检查员等，他们使用小独轮车、锤子和矿灯等准时而有秩序地忙碌着。这个玩具——如果人们能这样称呼它的话——来自于这样的一个时代，那时人们不会因看一眼劳作场所和机器设备而感到不快，即便对出身于富裕的资产阶级家庭的孩子们也是如此。整个矿区都因时代久远而受到推崇，因为它不仅展示了人们辛勤劳作所获得的财富，而且也展现了矿脉中闪闪发光的银子——正如我们能从让·保罗（Jean Paul）[5]、诺瓦利斯、蒂克（Tieck）[6]和维尔纳（Werner）[7]的作品中看到的那样，而这一切都令比德迈流派（Biedermermeier）[8]的艺术家们眼花缭乱。[9]

这个微缩奇观让我们得以回望早期的原始积累时代。它提示我们，当劳动和魔法都在经历变化的时候，二者仅有一步之遥：劳动转化为财富，自然转化为价值，紧凑密集的黑色转化为“灿烂炽热之美”。本杰明唤起人们对矿区两面性的认识，它一方面是劳作的场所，另一方面也是能激发人们幻想的“尤物”。作为煤矿，它是所有其他工业生产的基础，作为金属或其他类型的矿区，人们能从吝啬的地球手中获取那些集中储藏于此的宝藏。有的时候，作为对这笔宝藏的回馈，恶名昭彰的塌方和爆炸夺去了许多鲜活的生命。在为这个小插曲做准备的札记中，本杰明草草地写道：“餐厅桌子上的法伦矿。出于恐惧，我就这样站在桌旁，一点一点儿地弯下腰去观看。”[10]法伦是位于瑞典的一个矿区所在地，它所产的铜是从硫铁矿中提炼出来的，闻名于世；同时它的金、银、铅、硫磺和绿矾也很著名，这些矿藏埋藏在绵延数公里的坑道、横道和竖井之中，并用滑石和云母粉分别标注出来。法伦的矿区因致命的塌陷而声名狼藉，有关的事故常被文学或音乐作品以荒诞的形式表现出来。[11]法伦与其他地方一样，伴随着矿区隆隆的爆破声，财富在人们的辛勤劳作中滚滚而来。最明亮耀眼的宝石和金属就蕴藏在最阴森黑暗的隧道深处。矿区是一个光芒四射的地方，里面有金灿灿的珠宝，光亮的金属，还有天鹅绒一般的黑色煤炭，其光泽犹如本杰明姨妈的百褶裙子一般。这种艳丽四射的光芒和奢华唤起了人们的欲望，让人倍感欢愉。于是，许多人的心便迷失在煤矿及其财富中，淹没在它的灵魂和神秘之中。人们还在按照自身设想努力地开采着地下的矿藏。挖掘中的各种风险、随时面临的塌方和迷失方向会导致不同的结局，让人一时不知所措并误入歧途。作为工业和欲望交汇的地方，这个矿区经常现身于神话故事或浪漫的调查报告中。本杰明列数了几位用诗歌来宣扬和再现该矿区的人物，如让·保罗、诺瓦利斯、路德维希·蒂克以及弗里德里希·路德维希·扎哈里亚斯·维尔纳等。对他们而言，矿藏是一片极具诱惑力的沃土。

巫师的门徒

德国的浪漫主义者们梦想着一个新世界的到来。他们幻想着德国也能拥有大自然那富饶、唾手可得的自然资源，在这块坚硬地壳下面到处都是宝石、钻石和金银。他们对一个流行于民间的传说极为珍视并为此进行过勘校，分享着其中的梦幻。这个传说多数是格林兄弟（Brothers Grimm）[12]从一些年轻女人的口中采集而来，相关的故事或来自于她们的仆人、女家庭教师或保姆滔滔不绝的讲述，口口相传。[13]格林兄弟的神话故事《思默里山》则是一种对轻松积聚财富的憧憬。[14]每当念到“思默里山，思默里山，请开门”时，石头就会裂开，一堆又一堆金银珠宝如同玉米累在一起，闪现在眼前。虽然风险很大，死亡早晚会来临，但通过魔法的力量，可以不采取非正当手段就能得到数不清的财富。《哈尔茨山中的修道士》是格林兄弟在《德国传说》[15]中所勘校的一个故事，它讲述的是一些矿工们在灯油用尽之后所发生的轶事。一时间，矿井出现了一个巨大的幽灵，除了灯油之外，它还给矿工们带来了更多的东西。在帮助矿工们干活的过程中，它用了不到一个小时所挖掘的矿石比矿工们一个星期挖的还要多。它只有一个命令：绝不许把所看到的一切透露出去。幽灵用拳头猛击矿穴边上的墙壁，一道缝隙随之骤然裂开，里面塞满了金银。矿工们全部的艰苦劳作所挖掘的财宝也抵不上这么多啊。此情此景一时遮蔽了矿工们的视线，待他们再去观望时，一切都消失得无影无踪，裂缝又封闭起来。这个似梦一般的场景昙花一现，只能留在人们的记忆之中。如果当时有人楔入一个工具让缝隙无法关闭，结果就会完全不同，他们就会变得终身富有了。矿工们虽然失去了财富，但幽灵的油灯却保留了下来，且不会熄灭。虽然失去了许多，但只要保守秘密，他们至少还能继续干活。有一天，在酒馆多喝了几杯，他们就把这个奇遇一五一十地告诉给了朋友们。

结果，从那天开始一切都恢复了常态，工人们每天早上不得不为矿灯填满油。殊不知，地球中心的秘密，它的富饶、慷慨、无尽的美丽和它的守护之神是不应被出卖的。而这不是一种偶然的泄露。矿藏之中蕴含的珍贵内容反映了人们心中的所爱、欲望和记忆，它们是生活的动力，却在理性的冷静和明智面前消失得无影无踪。

浪漫主义者和讲述这些神奇故事的人们梦想着拥有财富和宝石，却迷失在另外的一个世界里，而通向这个世界的道路险象环生。当有一天他们中的一些人更深地实际置身于矿物开采和地质学的研究时，他们会想尽办法让地球把财富拱手让出，即便这些财富不如故事中想象的那般耀眼和明亮。有几位德国浪漫主义诗人对采掘技术知之甚多。19世纪早期，克莱门斯・布伦坦诺和约瑟夫・冯・艾兴多夫（Joseph von Eichendorff）[16]学习了矿业和地质学，这在当时的德国属于时尚的新兴学科，他们紧步歌德后尘，亦步亦趋。歌德曾于1776年主持了伊尔梅瑙[17]一个银矿的再次开采活动，该矿坐落于一位公爵的领地里。歌德在那里工作了20年，他不想做一名官僚政客，所以加紧努力，学习掌握了采矿方面的诸多技术。如同地质学者一样，对诗人而言，相关的技巧如出一辙：仔细观察，对所看到的事物进行体验并找出内在的联系，攀登高山，深入洞穴，在知识的海洋里进行探险活动。丹麦的炼金术士皮特罗斯・塞维里努斯（Petrus Severinus）[18]把他的忠告分享给学习地球和岩石知识的学生们，告诫他们要买结实的鞋子，攀登高山、峡谷，穿越沙漠、海岸和深渊，去探查一切未知的地方；要把矿藏找出来，对其特性做好记录，对原始出处进行标记。学习自然的学生们要购买煤炭，建造熔炉，不停地观察和实验，只有这样才能获取自然知识并了解事物的特性，知识来自于经验。

就整体而言，自然知识就是一种探索，因为只有脱掉它们神秘的外衣才能取得进步。1799年，弗里德里希・尤斯蒂・贝尔图赫（Friedrich Justin Bertuch）[19]注意到自然历史知识对农业、制造业、贸易、手工、国家及私营经济所具有的重要意义。但对于他自己，自然历史还没有发挥其应有的作用。贝尔图赫认为，自然历史不应成为知识分子独享的财产，而应当与日常生活紧密地结合起来，并被“那些没有熟练技能的人、中产阶级和农民们”所了解，就如同玉米和小麦的培育，圆规和犁的使用等已经进入普通人的日常生活之中。所以，必须让自然历史“大众化”。贝尔图赫列举出妨碍大众化普及的各种障碍，其中最主要的障碍之一便是对理性分类体系的要求。关于自然的化学语言必须要更加符合理性的要求。所有的化学教科书只会使困惑进一步增加。其实人们在自然历史语言或归类的类型方面并没有形成共识。德文的表述被应用于矿物王国，拉丁语的表述用于植物，一些语言的混合体包括流行于特定区域的称呼则用来描述动物的王国。[20]由于缺少优质的图像，贝尔图赫也感到惋惜。他注意到，不用深入的去理解，只通过眼睛的观察，便可开展全部自然历史的教育活动。一个没有受过良好教育的人，只需了解物体或物体画图上所体现出来的特性，就可以“在内心获得了它的影像”。[21]贝尔图赫在进行知识普及的各种努力中就包括了样本图谱的制作，这些图谱分别来自动物、植物和矿物王国，如长颈鹿、骆驼、水果、花朵和闪光的贝壳等，极其详尽。在这一时期，人们通常按照感官特征对物体进行命名、排序和描述。

亚伯拉罕·戈特洛布·维尔纳（Abraham Gottlob Werner）[22]自1775年以后在弗莱堡[23]矿业学院进行教学活动长达40年之久，在这段时间内他对自然及物质特性等系统性知识进行了深入的探索，他对地质学最重要的贡献就是对矿物进行了分类。经过仔细观察，他根据物质的不同性质，对矿物进行分级，包括浊度、颜色、光泽、硬度、比重、化学成分、劈理（cleavage）[24]和晶体结构等。那时，新进入化学领域进行实用性活动的实验者们坚持认为，在矿物王国中一切有用的知识都是化学知识；恰在此时，维尔纳为矿物世界制定了一套专业命名的表册。运用化学知识，就能让自然的某一部分讲述自己的历史和成分。人们在化学领域着手进行了对有机物的发现、命名和分类工作。截至1888年，已经认定的物质有33种，很快就会有更多的物质涌现出来并加以命名。维尔纳不仅对矿物进行描述，而且还要为它们撰写历史。地质学也称作地质构造学，如同仔细观察与命名那样，它对矿物和地球的起源进行推测。在此期间，有些人通过自然观察，推测出地球和星体的年龄。地球拥有悠长的历史。乔治-路易斯·德·布丰（Georges-Louis de Buffon）[25]于1778年撰写的《自然的年代》中把地球的历史划分为七个主要阶段：太阳系的形成；物质的冷却；遍布的海洋；海洋的下沉；火山的出现；动物的到来和人类的出现。地球形成于灾变中，但不是一蹴而就。地球从形成到形态的一次次改变，经历了漫长的岁月，地球上蕴含的物质把它的历史记录了下来，记录在每一块石头和宝石、每一条山脉和海床、每一种植物以及人类的历史中。地球在形成的时候都发生了些什么，世间对此存在着不同看法。维尔纳是一位水成论者。他认为矿物来自一百万年前淹没整个地球的海洋所形成的沉积，后来海水逐步退去，在此过程中海水推出了高山，切开了峡谷。地表上的岩石和石头就是来自这个巨大海洋的沉积物或沉淀物。矿物和人类出现在这片海洋，可能就来自摩西的洪水之中。维尔纳的这番描述在当时就遭到持其他论点的人一片反对。火山理论认为热度和火山活动才是决定性的因素。火山爆发时的炙热火焰我们今天仍能看到，它早在久远以前就加热并熔化了地球，这才塑造了地球今天的形态。火成学派的领军者詹姆斯·赫顿（James Hutton）[26]主张，岩石是从更为古老的岩石中风化而来的，这些脱落在海底的碎片在巨大的压力作用下固结在一起，然后在具有弹性的地下热能作用下碎裂。随着这种能量一阵阵地反复作用，大堆熔岩便注入到了互不相连的位于地层之间的缝隙中。一旦新的岩石裸露于大气之中，风化腐蚀的过程则再次启动，碎片又沉积到海床上，新的火山喷发再次搅动了这些废弃物。在赫顿看来，世界就是一种循环着的产品，无始无终。

歌德的小说《威廉·迈斯特的漫游时代》（1828年）简要地叙述了近来一些关于地球及其各组成部分起源的理论。该书的主人公参加了一个采矿节的活动。在那儿，四周的山峦给人以神秘感，宾客们兴致勃勃地谈论着矿山的竖井、山峰以及挖出的金属。最后，在来宾们中间终于引爆了一个鲜活的话题，即地球及其形态是如何生成的呢？有些来宾宣称，世界现有的形态是随着水位的逐步退去后形成的；另有一些人则推测，地球是由在表面燃烧随后又退入地表以下的火焰烧蚀而形成的，这些火焰仍在火山及很深的地球内部肆虐，地球上炙热的熔岩形成了山脉；另有一些人则主张，山脉是在不可抗拒的弹力作用下，地球的内部向外爆裂而形成的；还有一些人坚称，地球是天上的大气层沉积而成；有些来宾声称，以前存在一个冷冻期即“冰的时代”，岩石散落到平原上和冰河之中，到处都是。一旦冰层融化，这些岩石便沉入地表深处。根据这些理论，地球及其所有的一切都是在极寒或极热的条件下伴随着各种灾难事件产生的。每一种理论都把历史时期的问题引入对自然的研究中。地球已经走进工业转化的磅礴时代，人们的关注点已经转移到将地球锻造成型的时代，地球是如何起源的。

煤炭的诗歌

弗里德里希·冯·哈登贝格（Friedrich von Hardenberg）[27]是一位地质学家，同时他也是个诗人，从1798年开始，他与维尔纳一起在位于弗莱堡的一所矿业学院学习地质学。学习期间，他涉猎了化学、物理、数学以及医学、矿物学和采矿等学科。他于1800年编辑完成了一部德国中部地区烟煤地层的目录。[28]离开学院以后，他作为一名检验人员在几家盐厂和盐矿工作，于1801年不幸英年早逝。他所撰写的关于提取褐煤的方法及流程，助推了德国工业革命的形成与发展。在此之前，褐煤只是偶然当作引火材料，过了一段时间才在德国被确立为一种重要的能源。农民和农工们时常不用花费任何费用，非法从树林里捡拾那些掉落下来的树枝充作燃料，马克思在其第一篇政论性新闻述评中记述了这种情况。偷盗木材在19世纪的萨克森地区是最常见的犯罪行为，该述评对这一现象的深层意义进行了审视和剖析。[29]工业也是如此，人们并不情愿改变其能源结构，继续使用风车或水车，因为那时煤炭的分销渠道差强人意。后来，火车的问世给世界带来了巨大的变化，煤炭成为德国化学工业以及人工替代科学的关键。一旦得以进行大量开采，煤炭就可用来生产钢铁，而钢铁则会用于开采和运输煤炭。钢铁和煤炭相得益彰，推动了工业化的深入开展。在19世纪中叶的德国，科学和工业需求交织在一起，大量的能源用于新奇的化学工业。工厂里创造出的奇迹在河边和林间不断涌现，使德国的面貌焕然一新。这些丰裕的能源恰好发轫于一个充满想象和实验时期之后，这当中包含了许许多多诗人和科学家的互动和交流。科学家与诗人一样分享着各种创意，他们为这个世界，为推测出来的世界形态不断著书立说。

夜幕降临，这位地质系的学生及盐矿检验员——哈登贝格便以“诺瓦利斯”这个写作诗歌时使用的笔名开始伏案写作。在他的小说和作品中经常可以找到关于矿山和矿工的描写。1802年出版的《亨利希·冯·奥弗特丁根》讲述的是一个老矿工的故事。这个矿工从一位有传奇色彩的矿工那儿学会了采矿的技巧，这个传奇人物叫维尔纳，现在成了他的岳父。他曾想尽办法专门找到维尔纳，学习他的“罕见而神秘的技艺”。[30]这个老矿工很奇葩，他衣着怪异，讲着让人匪夷所思的故事，唱着离奇的歌谣。其中一首的歌词“就像音乐本身那般含糊不清又晦涩难懂，而这也正是歌曲引人入胜令人向往之处，让人感觉宛如游走在梦境中”。这种奇特的劳动让他得以进入地球的中心，在那里，他凭借神秘的标记和语言来确定方位，四处搜寻着财富，他实际上把这些财富视为一种神秘艺术的组成部分。在《亨利希·冯·奥弗特丁根》这本书中，矿工们推崇一种生存方式，或者说就是如何在世界上与客观事物的相处之道。矿工们之间分享着一种奇特的幸福感，这让交换的机理难以发挥作用。这个矿工珍视这些闪闪发光的宝石和矿藏，采掘不过是为了体味它们的艺术魅力：

> 这个矿工出身贫寒，又在贫病交加中离世。他知道这些金属财富就在那儿，知道怎样找到它们，对此他已经感到欣慰和满足；那些耀眼的光芒于他的朴素之心无足轻重。没有那种冒险的痴狂，他倒是寄情于它们那奇妙的构成、本真的特性和原始的状态，他不想把自己称为它们的所有者。如果当成财富来看待，它们在他面前便失去了魅力，他更愿在千难万险之中，在埋藏于地球深处那块神秘的地方去寻觅。他不想追随它们在世间的使命，或者祭出狡诈和欺骗的手段在地球表面去追逐它们。[31]

诺瓦利斯描述了该矿工的贫困状态，但他坚持认为，在货币交换的世界之外也有精神财富存在。这个矿工与物质世界的关系仅限于审美和感官上的互动。对这个矿工来说，只要知晓这些闪烁着光芒的矿藏蛰伏在什么地方并可以找到它们，他就心满意足了。它们着实令他着迷。知识让人获得满足感，人们从观赏矿物形态的快乐中可以享受到更多的愉悦。货币的价值是无形的，就连这些财富的使用也无关紧要。然而，依据宝石的美艳和奇异程度，世上便有了审美价值或称之为魔幻价值。这是一些只能体会却不能拥有的东西。这位老矿工告诫人们，矿工好比诗人，要专注于美，远离生活的束缚。他在黑暗和与世隔绝中艰辛地劳作。他的想法就是要看透这个自然的世界，并自始至终满怀对宇宙和谐的敬畏之心。金属和矿物因具有天然的社会主义特性而被精心挑选出来，备受人们瞩目。如果自然遭到破坏，它们便怒怼那些肇事者，将对手掀翻在地以雪其耻：

> 自然永远不会被任何个人所拥有。如果把它当成财产，它就会变成一杯可怕的鸩酒，毁掉其他的一切，激活将招致灭顶之灾的欲望，从所有者的溃口中攫取一切，让他背负着缕缕的痴狂和无尽的悲伤。它会在无形中蚕食所有者的根基，把他埋葬于脚下裂开的深渊中，将其传送给另一个地狱，从而成就了自然将自身归结于万物的本真。[32]

与这位矿工相遇之后，诗歌达人亨利希（Heinrich）[33]凝望着星光闪闪的夜空，向世界敞开了自己的心扉。长久以来被分隔开的自然融为了一体。

> 月亮在山坡上闪烁着柔和的光泽，让万物徜徉于美妙的梦乡。它看似太阳的梦中之物，心事重重地独自在梦境中蛰伏，把一个支离破碎的自然带回到那个神话般的世界。就在那个时辰，每一粒种子都沉睡着，寂寥无扰，徒劳地向往着那无可比拟的暗色丰裕。就在那个夜晚，希利斯头脑中萦绕着的便是这神话的梦境。他感觉这个世界犹如躺卧在他的面前，敞开自我，展示着它全部的财富，又好似迎接客人一般，隐藏着内心的愉悦。这个宏大而简约的奇观深深地打动了他，品味着，一切都亲切自然，易于理解。自然在他看来是深不可测的，只是因为，自然在用人们身边各种过于繁杂的形式去承载如此众多的相近或相似的事物。

亨利希已经闯入另一种意境，当然这是在夜晚的时候发生的，此时正是鬼怪和梦幻出没的时刻。浪漫主义者极力进入一个世界之外的世界，这便是生命的一个黑暗的侧面，只在幻觉中惊鸿一现，展露芳容。诺瓦利斯写道：“正是自身器官的局限使我们无法在神话世界里看到自己。”[34]伯纳尔（J. D. Bernal）[35]是一位晶体学家和共产主义者，他在一百多年以后的1929年用更具科学性的术语抒发了类似的情感。他写道：

> 我们急需一个小型的感知器官去侦测无线电频率，一双慧眼去捕捉红外线、紫外线和X射线；一双倾听超声的耳朵，用探测设备去测量温度的高低以及电势和电流的强度，还需要具有多种多样的化学器官。我们也许可以训练出更多的能感知冷、热和疼痛信号的神经去控制这些功能。[36]

神奇的王国就在那里，但是单靠我们正常的感知是无法进入这个王国的。歌德坚信，可以对眼睛进行训练，让它看到更多的东西；这就是眼睛要面对的难题，因为目力所及的恰是事物所展现出来的那些东西。在感知世界的过程中，眼睛是积极而活跃的。人们所看到的东西会受到观看效果的影响，就像观看的时机和条件那样，对色彩的感知同样取决于观看时眼部的条件和精神状态，比如周边的光线和物体的距离等。色彩并不是既定的，它们更可能是从一个透明气泡上反射过来的光线，一只绿色中泛着金色光芒的昆虫，抑或是过度暴露于光线或其他色彩之下，从而导致生理或心理感知的色彩。世界期待着让人们一览无余，人们则用眼睛迎候着世界。我们所看到的有可能是一种增强的画面。

自然的哲学

相对于受到抑制的感知，有些人在设想，人的感官已经充分地进化，具有超强的感知力，它们触及并塑造了一个世界，随后这个世界又营造并塑造了人类的视觉。诺瓦利斯将世界与感知器官之间的这种相会解读为：“星星在望远镜中闪现并穿透过来。”[37]也就是说，星星“积极主动”地请求视觉器官的接纳。它的确是如此这般主动，自身变成了视觉的一个向量。或者如诺瓦利斯表述的“就其所有的本质特性而言，我们看到了化石，化石也看到了我们。”[38]星星是决然的并且具有感知的能力。化石回望着人们并置身于相应的智力活动中，使自己可以被人的目力所及。按照浪漫主义自然哲学，万物皆有思想，都有哲学的内涵——无论星星、化石、人类还是望远镜。在浪漫主义者看来，反映遍及万物，存在着的一切必然都要反映。同类在相互的反映中看到了自己。思考或观察则反映出它们自身存在的环境：

> 思想只能靠思想和思维活动的各项功能来充实，正如视力只能来自观看和光亮。眼睛只看到了眼睛，看不到其他，思考的器官只会想到自身或与这些器官相关的部分，别无其他。[39]

在浪漫主义的认识论中，超级反射会转向内部，去思考自我。[40]感知和认知就成了自我感知和自我认知的问题，它们适用于自然中的一切事物。这种自我认知是让他人了解的一个前提条件。诺瓦利斯问道：“也许我们所看到的每一个身影就是它所看到的自己，我们只看到了我们自己。是这样吗？”[41]作为自我反映的聚焦之地，每一个物体都会将自我的认知向外扩散，以便这种自我认识能被其他事物分享。在映照出的全景中，各个碎裂的局部之间存在着你来我往的纠合，令人眼花缭乱。[42]这种反射过来的认知需通过神奇的实验和“观察”才能获得。只有被了解的客观事物懂得了自我的时候，认识才会形成。知之者便是一片映射的池塘，通过观察，感同身受，就能涉足其他事物的映射池塘。观察本身不会向自然提出问题，而是用自己的认识和意念进行观察。通过意识的强化去实现“有魔力的观察”，实验者得以接近实验对象，并把它揽入自己的怀抱。关于这个过程，诺瓦利斯写道，自然“借助实验者展示自我，展示得越彻底，自然与他的关系就越协调。实验者就是一个仅仅对物体进行拉伸、区分、多元化和扩张的人”。[43]费希特（Fichte）[44]在《科学理论》中，把要了解的客体当成“一些积极而充满活力的事物，从它的身上或仅凭它自己就能获得认知，而哲学家只需对其进行简单的观察”。实验者“让实验开展起来，但客体如何表达自己则是它自己的事情”。[45]经验一词具有感觉和磨砺的意境，而科学程序则是对自然行为进行检测的过程，费希特采用了实验这个介乎于二者之间的一个词汇。这种实验并没把应由理性科学家揭示的自然界假定为被动消极的因素，而是要从这些被观察的事物中唤起自我意识和自我认知。同样，要想弄懂人类的头脑，就必须厘清人类头脑与有机世界和无机世界的关系，人类头脑既是这个世界的一部分，也是对它的反映。

在这种自然哲学的方法中存在着一些美学的元素。也就是说，基于对自然的这种认识，我们对美学的意义就有了充分的感知：美感作为感官上的体验，它就是一种感觉。起源于希腊语的“Aistheta”一词，指的就是能够被感官觉察到的事物，也就是能被看到的事物。它源自名词“Aisthesis”，是指知觉或感知，而其动词形式则是指觉察、感到或感觉。美是可以感知的，体验在人们的感观之中。这个词也保留了“Aistheticos”一词的痕迹，“Aistheticos”是亚里士多德用以描述那些进行感知的“敏感部分”。审美体验的前提是，要有一个承载感知的主体，它应该是一个自然科学知识的接收者。亚历山大·鲍姆加腾（Alexander Baumgarten）[46]在其《美学》第一部（1750年）和第二部（1758年）中，提出了美学的概念。与笛卡儿（Descartes）[47]的理性主义和牛顿（Newton）[48]的机械科学不同的是，鲍姆加腾坚信，来自于感觉和感悟的知识都是有效的。一个事物如能让观赏者享受到生动的体验，它的这种能力就可以用来衡量美的价值。这个观察者则被视为感官印象的接受者。

浪漫主义的自然哲学把自然理解为一个变化中的动态实体。人类就处在这个自然之中，无法与它分开，人们通过所有的感知器官以及头脑中的直觉与自然不断进行交流。神秘而不可思议的力量流经这个精力充沛的自然，构建了一切现存事物，留下了可破解的痕迹。就其中的一些而言，对语言或符号的释义较之数学计算更有意义。这些力量就是普遍的规律，它们囊括了两极性、合成法以及诸如电力、磁力、热力以及化学亲和力等动力。这些力量透过自然在各个层面发挥着它们的作用，从矿物世界到动物及人类王国等，不一而足。两极性存在于酸碱、南北、正负电极、氧化和脱氧、冷热以及雌雄之中。两极性催生了对立统一的思想，自然就是一个被赋予了活力的整体。

弗里德里希·威廉·冯·谢林（Friedrich Wilhelm von Schelling）[49]是最有影响的浪漫主义自然哲学家。他的《自然哲学》一书成稿于1797年，第二版于1803年完成。在这本著作中，他对与力相关的整体宇宙构建进行了描述，比如吸引力、膨胀、主动和被动的内聚力、正负极等。由物质构成的宇宙就是一个无限的磁体。谢林承认自然中的节律与理想中的节律是一致的，据此他重新构想了认识自然的方式。自然是客观方式的精神投影，如同在精神层面上一样，谢林认为自然就是一种对立与调和的运动。在他看来，在我们所掌握的知识当中，全部的客观内容就是自然，而全部的主观内容则是自我意识或称之为领悟。确切地说，两极是统一的而不是割裂的，在考虑一方的时候不能脱离另一方。世间有一种超越各种对立的绝对观点。这是因为，如果有对立存在，则从逻辑上讲，在某一点上必然是统一的。从这个有利的角度看，可以将这些对立看成是统一的。哲学只有接受了这样的观点才会感知这一切。按照这样的观点，思想在积极发挥作用，它自身就是一种力量，而且只能在主观和客观之中寻觅到它的足迹。正如黑格尔在关于谢林的一篇演讲中解读的那样：

> 自然科学的极致是将所有的自然法则完美地升华为直觉感知和思想的法则。现象（物质要素）必须完全消失，只有法则（形式要素）保留下来。因

而，那些与法则相适应的事物越是在自然中凸显出来，其外在的遮盖物便越会消失。现象自身越发具有精神的特性，最后会完全地停息。完美的自然理论应该是将整个自然归结为一种智慧。[50]

透过人类理性这种最高级的反映，自然还原为已知的状态，因为自然与我们称之为领悟或有意识的头脑是相同的。同样，对自然的研究就成了自然哲学。这种自然哲学从本质上说是要探寻自然中的理念，它在进行理论推测时，更多地依赖于康德[51]的理性而不是实验室。谢林这样写道："一切物质的品质完全且只能取决于其基础力量的强度。"[52]如同在《自然通史》和《天堂理论》那样，康德在《自然的形而上学》中，认为这些基本的力量就是吸引力和排斥力。在1803年完成的《自然哲学》第二版中，谢林为这两种力量添加了"Schwerkraft"，即重力，表示物质充斥于空间的程度。重力把吸引力与排斥力聚合在了一起。谢林宣称化学不过就是感官动力学而已，有了化学才会有感觉。化学活动存在于一切自然中，因而感觉也必然是普遍存在的。从这种化学动能的观点来看，物体本身通过吸引力、排斥力以及集中量作用于这个世界上，正如我们运用全部感官和知性去理解它们那样。在理想的形态和力量中，这个令人动心的自然便会与我们的智慧契合在一起。自然急于让世界了解它，并把我们的智慧反映给我们自己。

这种自然哲学读起来啰啰嗦嗦，在进行科学实验的时候也有类似的情况。对物质的物理性分析需要将力量控制在一定的条件之下，许多实验者要在假设的基础上进行实验。浪漫主义诗人、哲学家以及自然化学方面的研究人员都会受到关系网和各种意见的束缚。[53]自然哲学在业内人士的积极努力下得到了全面的检验。约翰·威廉·里特尔（Johann Wilhelm Ritter）[54]就是这样的一个例子，他是一位实验者，1800年的时候生活在耶拿（Jena）[55]，当时有许多浪漫派人士聚集在那里：费希特、费尔巴哈、黑格尔、荷尔德林（Hölderlin）[56]、施莱格尔兄弟（Schlegel brothers）[57]、谢林、诺瓦利斯、布伦坦诺、蒂克、席勒、歌德，等等。里特尔在那儿帮他们建立了一个科学实验室。里特尔所使用的媒介就是光和电。自然哲学中的两极观点先于里特尔的研究问世。F. W. 赫舍尔（F. W. Herschel）[58]在彩虹图谱的红色彩条之外发现了红外线，里特尔马上想到，肯定还有一个同等物，就存在于不可见光当中，位于光谱相反一端的对应极上。这项假设是依据两极概念进行推测的结果。1801年，他在紫色之外又发现了紫外线，或称化学射线。他利用氯化银进行了相关试验，这是一种能被光分解的化学物质。一经分解，所释放出的银便从无色变成了黑色（这种科学方法日后成了化学摄影的基础）。棱镜把经过它的一束阳光分解成彩虹的不同颜色，里特尔在观察氯化物变黑的速度过程中，对每一种彩色光线的效果进行了研究。深紫色光能让物质更快地分解。人们看不见的紫外光是最有效的，它使物质更快地变暗、变黑。里特尔在一本期刊中发表了题为“光线中的化学极性”的文章中，将他的研究结果公之于世。他写道：阳光处于未分开的状态时，它会中和所有化学活动的两个终极决定因素，即氧化和脱氧或还原。棱镜让这两种决定因素相互背离，红色处于氧化一端，而紫色则处于脱氧的一端。红和紫的最大值位于可见光谱之外，但它们的中和值却可以在光谱的绿色中心区域找到。极性并不限于光的领域，它是一个非常重要的概念。里特尔在电学领域对极性进行了探索并提出了电化学的理论，他利用充电时的吸引力和排斥力让化学元素结合在一起。1800年，里特尔通过将金属附着在铜制材料上，从而开启了电镀的先河。他发现电极之间的距离对这一过程有很大的影响。他对伽伐尼（Galvani）[59]的电学理论进行了测试。有一项实验，是将金制薄片附在两根电线的每一端，然后把这两根电线与一个伏打电堆连接起来。如果将二者放在相近的位置，这些薄片会相互吸引，而一旦相互接触电路就会关闭。1800年，里特尔用电解的方式将水“刺激”成氢和氧，并收集到氢气和氧气；他的结论是，一种是从负极收集的氢气，另一种则是从正极获得的氧气。里特尔还仔细审视了电流流经植物根部的效果，以探索电与生长之间的关系。当然，他还用自己的身体进行实验，这对于浪漫主义派科学家来说不足为奇。他亲历了这项实验，并对肌肉刺激与电流进行深入的研究。他将自己的手放在实验的中心位置，用手抓住正负极，观察在充分接触不同刺激物时，肌肉是如何收缩的。他让自己的感觉器官接受猛烈的电击，让电和试验的身躯置于自然当中。1808年，在写给哲学家弗朗茨·冯·巴德尔（Franz von Baader）[60]的信中，里特尔写道，他看中的“并不在于仅仅了解，而是这些亲历的过度兴奋以及将这项研究付诸实践的重要意义”。[61]电能够“将生命赋予没有生命的物质”，正如弗兰肯施泰因博士（Frankenstein）[62]后来在1818年用他的怪兽所展示的那样。[63]但物极必反，任何事物过了头就会走向自己的反面。1810年1月，里特尔去世了，享年33岁；他的身体饱受试验的伤害，自己的财物也因实验室的高额成本而“崩溃”。诺瓦利斯在1799年写给卡罗琳·施莱格尔（Caroline Schlegel）[64]的信中写道：“里特尔就是里特尔，而我们就是一些乡绅而已。”他借用了“里特尔”之名的字面意思[65]，暗示浪漫主义者对他的敬仰之情，同时表明他与浪漫主义者似有不同之处。然而，要想参透事物的那些无形的、隐秘的一面，则要采用不同的思路和方法。

星星与自我：自然科学之夜

在诺瓦利斯的《亨利希·冯·奥弗特丁根》中，一伙探矿的旅行者发现隐匿在洞穴中的一位隐士。这位隐士就历史的重要意义进行了一番说教。他在服完兵役之后，就用全部的身心去思考这个物质世界。他看起来既不年轻，也不老迈，“除了平整的银灰色头发，看不出什么岁月的痕迹”。[66]另一个人物，霍亨索伦伯爵（The Count of Hohenzollern）[67]补充说，历史学家应该是诗人。今天的事件与以往之间的关联性是令人好奇的，而诗人则能更好地传承这种关联：面对一系列长期事件，诗人得以发现“将过去绑缚于未来的神秘锁链”，他们学会了撕开用希望与记忆编织起来的这块历史布片。[68]历史和记忆、过去、现在和将来，所有这一切都以不同的方式联系在一起，跃然出现在矿物中。隐居者递给亨利希一本画册，在洞穴深邃的空间里，能展现出来的就是时间。这是在叙事中的又一次披露，地球被穿透，面纱被揭开，帷帐被拉起，神秘之门被打开了。现在，一个看似神秘的未来世界和一个看似隐匿着连接未来与现在纽带的王国，袒露在了我们的面前。在这本画册里，时间开启了自己的历程，时钟之摆在该画册中左右摇动。亨利希看见了洞穴和隐居者的图像，看到了父母及老师的画面，过去的一切历历在目，未来的生活场景也映入了眼帘。比方说，他怀抱着一位苗条的姑娘，与暴徒搏斗的场面也跃然纸上。向后翻阅，画册中的图像逐渐暗淡下来且让人费解，但故事却没有结尾。过去的事就在那儿，画面指向了将来，但模糊不清。在矿藏宝库里，历史成了焦点，但跨度被放大了。这位隐居者提示大家，要远离当前的“琐碎”，开启地质学意义上的时间之窗去邂逅真正的历史。隐士告诉人群中的那位老矿工，他和他的兄弟们近乎就是“反其道而行之的占星家”：

> 当他们不停地仰望着星空，徘徊于那无垠的苍穹的时候，你们将目光转向地球，探索着它的构造。占星家们钟情于星星的力道和影响，而你们却正在发现岩石和山峦的能量以及地球和岩层的多重特性。对于他们而言，更高阶的世界是一本关于来世的书籍，对你们，地球就是一份来自于远古世界的纪念品。[69]

在洞穴里，过往的一切都展现在眼前，远古时期水和热的作用，动植物的分解，成就了岩石、煤炭和宝石。“反其道而行之”的占星家揭示了自然的历史真相。地质学的确被看成是一种密码语言，一种书写类型。自然所书写的一切堪比人类的作品，如果进行深度解读，就会发现，我们的语言就反映在地下世界里。在《赛斯的门徒和其他信众》一书的前言中，诺瓦利斯首先使用了这种把自然的各个方面统一起来神秘语言和图案，不论所涉及的是有机物还是无机物，是更高形态还是较低的形态：

> 人们各行其道。那些沿着他们的道路前行并注意进行比较的人才会一睹那些冉冉升起的美妙图景；这些图景在飞鸟的翅膀上，蛋壳上，在云端，在皑皑白雪中，在晶莹剔透的水晶之中，在岩石中，在山上的结冰之中，在日光里，在动植物中，在人的身上，在受到碰撞或挤压的沥青或玻璃板之中，在磁铁周边的聚合物之中，在非凡的机缘巧合当中；它们就像伟大的《图案手稿》（*Manuscript of Design*）里的杰作，随处可见。从这些事物当中，我们看似找到了打开这部手稿的钥匙，领会了它的要义。但这种要义不会把自己固定在任何不变的观念上，到发挥作用的时候，它看起来并不愿成为一把打开更高阶事物之门的钥匙。[70]

每一个事物都会遮蔽在加密的语言中，象形的图画文字可以在有机体上也可以在无机体上找到，它们存在于动植物和人的身上，存在于机巧的制品和自然物品之中，无论这些东西是科学力道的结果还是命运的安排。

帕拉切尔苏斯（Paracelsus）[71]和雅各布·伯麦（Jacob Bohme）[72]认为，这种思想与上帝在自然中的地位，也就是启示的标志与这类中世纪流行的观念有密切的联系，而此前，在《圣经》中就有了“一切肇始于福音”的概念。在诺瓦利斯看来，任何物质都可以在运用方法论进行假设的基础上，用一个棱镜加以观察，而对各种感官活动进行的常规分工则是不可取的。诺瓦利斯为了完成他梦中的那本称作《热纳拉草图》的百科全书，勤奋地做着记录，笔耕不辍。这本百科全书对知识的每一分支都会加以比拟，因而就出现了诸如精神物理学、诗歌生理学、化学音乐、道德天文学等。

物质的密码语言如磁石一般吸引着浪漫主义者。着手破解密码的人便是戈特蒂尔夫·海因里希·冯·舒伯特（Gotthilf Heinrich von Schubert）[73]。他于1799年完成了在魏玛的学业，通过了约翰·戈特蒂尔夫·赫尔德（Johann Gottfried Herder）[74]校长的结业考试之后来到了耶拿，与谢林一起学习。后来，他成了一名内科医生，由于经济窘困，他靠给别人代写文章补贴。1805年他决定回归学术界，在弗莱堡听了维尔纳讲授的有关地球构造学和矿物学的课程后，便将注意力转移到自然科学上面。此后，在海因里希·冯·克莱斯特（Heinrich von Kleist）[75]、亚当·弥勒（Adam Muller）[76]和卡尔·奥古斯特·伯蒂格（Karl August Bottiger）[77]的鼓励之下，他将谢林的自然哲学和自己的宗教信仰结合起来，在德累斯顿为一些非专业人士教授了一段时间的课程。从舒伯特这本书的标题当中可以看出他的研究具有何等的启示性和现实意义。他于1808年出版了《天体中量与离心率关系新解》，1812年完成了《论精神与物质的本质》，或称为《从哲学的视角解读事物的自然属性及其存在的目的，人们应以此答疑解惑》；1813年，他为《地球构造学和采矿科学》这本专著撰写了说明手册；1814年他又完成了一篇有影响的研究成果——《梦的象征》。[78]在《梦的象征》中，舒伯特强调，在睡眠中和睡前的精神错乱状态下，灵魂所操的语言是完全不同的。这种“梦中的语言”来得更快，更富联想力；对图像进行的剪辑和定影，则能把自然物体或事物的特性转移到人的身上，反之也是这样，就如同把一组画面整合为一幅图画的“象形文字”。这种画面语言的暂时性与处于清醒状态的时间不存在任何关系，用几个小时进行的讲述在转瞬之间就能表达出来，能在短暂的梦境中重温那些需要几天才能做完事情。这样的语言就是一种精神，具有无限的表现力而且更全面、更完整，它超然于普通的语言表述，不受时间的羁绊。它是每个人都会拥有的诗情画意，是先天的，靠后天的努力学不来；它是命运的语言。它把今天的活动与昨天的活动联系在一起，把未来的事件与过去的事件相衔接，从而运用更高阶的代数运算艺术形式来展现一种预知的能力。它比我们通常的语言更简洁、更轻松，只有深藏在我们内心的诗歌才懂得怎样去驾驭。在舒伯特看来，我们就是两面人。伴随我们的是一个长着相同面孔的人（三重身），他生活在另一个世界，在梦境中现身。我们常会在睡梦中捕捉到自己身影，让人惊愕不已。这种另类语言，也就是浮现在梦中的图像文字，在其他的地方也可以找到——那就是在大自然当中。舒伯特探寻着宇宙中的一种上苍神授的意义，它隐迹于自然之中，在无机元素当中，在活着的动物和人类的身上，在支配着他们的无形力量之中。而灵魂就栖息在里面。人与动物有相似的灵魂，但人是由三个互相关联的维度构成的：身体、灵魂和精神。灵魂和身体受精神的支配或者说是浸淫在精神当中。人类还远没有发挥出全部的潜能。人类仍是一种“预见未来的象形文字”，由一根无形的细绳将这种文字与世上所有活着的人们与过去和未来的人系在了一起。舒伯特在授课的过程中对异性相吸、洞察力、梦游症和睡梦等现象作了详细地论述。这些现象出现在被他称为“自然之夜”的阶段。在这里，极性再次被明确地展现出来——这就是自然中的白天与黑夜，光明与黑暗。

舒伯特于1808年发表的著作《自然科学之夜的景色》拥有广泛的读

者，作品描写的是一个自然王国，但在我们的视野里却看不到。[79]他对当代的自然科学进行了深入的探讨，重点放在那些用机械论或因果关系无法解读的现象上。那些充满着真挚内涵的象形文字在高耸的自然金字塔上正襟危坐，凝视着我们，对这些古老的符号，如经过合理的处置，就能唤起观察者对其一探究竟的渴望。曾几何时，观察者一度更加接近破解这些象形文字及隐匿其中的意义。然而，在眼前这片一览无余的白日里，夜色被遮蔽了，宛如在滚滚的洪水中，大地变成了一望无际的茫茫海洋。这些缺乏情感的文字，虽然有些地方被抹掉了，但还是有可能被复活。舒伯特期待着找到地球上的生命之源，在他看来，有关的证据指向了两极，因为极性对这位自然哲学家而言具有决定性的意义。他猜想着，如果两极地区植被茂盛，无机物便会转化为有机的生命，而在热带地区却不会如此[80]。这说明来自天堂的寒冬降临大地。他写道，世界比以前覆盖了更多的冰雪。南极地区一度植被茂盛，郁郁葱葱，动物奔突其间。而今阿尔卑斯山上的冰川在不断扩大，绿色的草场正在被冰雪覆盖。舒伯特坚信，一旦这些离地球而去，人类将会独自留在这片废墟上，因为爱能让光秃秃的石块变得美丽婀娜，人的精神会为这景致增色添香。[81]正是人类精神投向这个世界那闪亮的一瞥，顷刻间黑夜就被分辨出来；而从一个更晦暗的角度观察自然，相较于理性的科学视角，能看到的东西会更多。《自然科学之夜的景色》所讲述的故事让人们知道，宇宙的各个方面就在我们的身边。一切事物都是统一的，每一个事物之间都是相互反映的。舒伯特曾写道，从矿物王国过渡到植物和动物王国要经历金属阶段，也就是说我们自身来自于金属：

> 整个金属王国就坐落在两个世界的交界处，形成于无机物的衰败与退化中，却为新的有机时代孕育了良种。[82]

这个黑暗的王国离我们并不遥远，从某种意义上说，它就是我们脱胎于泥土时过往经历的一种记忆，把它再次带进白昼重见光明是可能的。舒伯特在论述自然之夜一书的第七章里，对被他称之为“所谓的无机世界”进行了深入的探讨，他认为这个看似最稳定和无效的自然曾经异常的活跃。他通过类比，对从无机特性到有机本质的连续性进行了追踪和考证。在这当中，花岗岩发挥了特殊的作用，它是磁性和矛盾的象征，同时也代表着一种边缘的现象，从花岗岩颇像树木那样的柱形结构可以看出，花岗岩呈现出一种介乎于有机世界的无机形态，这一点在水晶的形态中更加显而易见。石英来自花岗岩岩浆的冷却和固化，是一种拥有六面的柱状锥形结晶，闪闪发光。舒伯特认为，这些特性让它看上去颇像一种植物。[83]上层世界的形态在金属的王国里得到了反映。在人们关注着希伯来文和阿拉伯字母的时候，火山学家赫顿独辟蹊径，在石英中目睹了这个“上层世界”，他看到了记录着世界历史的神秘符号。[84]那些最美丽的色彩，从石榴石的紫红色、红宝石的粉红色以及翡翠的翠绿色等，都不约而同地呈现在石头的世界中，出现这种现象的原因就在于有金属混杂其间的缘故。在金属中有可燃物，这就证明它们与有机物之间存在着的化学联系。特别是纯金属所特有的这些像树木、树叶、编织和细胞状的外表，它们类似于较高级的有机世界，而我们的眼睛却无法轻易识别出来。舒伯特一直在寻找着从无机生命到有机生命之间的接续点。他选择了金属，但后来的科学家们却发现了碳这种“有机成分”，把它作为纽带与我们联系在一起。实际上与它联系更紧密的则是碳的最浓缩形态——钻石，还有以碳的结晶体形式存在的花岗岩，以及作为碳、氢、氧、氮、硫及几乎自然界中各种元素的综合体的煤炭。光彩夺目的宝石、艳丽的色彩、天鹅绒一般的煤矿令人心驰神往，这就似对昔日情人和久无音讯的亲友们的一种称赞：看一看我们钻石般的眼睛，煤炭一般的黑发，我们这副用碳与其他矿物神奇地融合而成的躯体，珍珠般的牙齿，红宝石色的嘴唇等，不一而足。磁学思想也有异曲同工之妙。化学家弗里德里布·费迪南德·伦格在他1821年撰写的专题论文《人类魅力的起源》中，论述了一种力量，一种栖身于世间万物之中的磁力：

> 人类从动物进化而来，动物依赖植物生存，而植物是以矿物（无机物）为基础的，这些都是在元素之间相互作用下产生的。如果这一切是成立的，那么人类身上的魅力基因的演化发展，必然是沿着同一路径进行的。然而，人类的魅力不能停止在动物的魅力上，即动物之间的互动，不能是植物，即植物之间的互动，亦不能是矿物。确切地说，这个赤裸的星球，即地球上的基本元素，大地、水、空气以及它们之间的相互作用，就是这种磁性初生的沃土也是它回归本真之地，无论它始于上层（的人类）还是下层（的星体）。[85]

这是一种沿着纵向坐标发展的进化论，显得有违常理。我们脱胎于低等形态，而它也有一个横向的平面。我们都是由同样的东西、同样的元素构成的。从宇宙星球到我们自己，都是同样的物质之间相互作用的杰作。历史就在自然之中，自然则是一个生机勃勃的统一体。

这些自然哲学的观点认为，无机世界的力量会在更高阶的有机世界里所展现的磅礴力量中再现自己，或者说同样的基础力量会在一切自然中把自己展示出来。磁、电和化学是自然中的三种力量。浪漫主义者认为，较高层的世界与较低层的世界之间是相互映照的，你中有我，我中有你，这两个世界被一种神秘的、多种模式的语言捆绑在一起。具有浪漫主义倾向的地质学家们相信，矿物世界与我们自身所处的世界是平行的。地球上的一切均产生于地球繁杂的交合行为，从那时起，地球也在一路奋力精进，只不过其速度比我们的步伐稍慢了一些。金属是可燃的，说明与有机物有着相近的化学关系，而它们的颜色和形态与更高层的世界里所具有的颜色和形态十分相似。矿物和金属在力争栖息于更高层世界的过程中映照着我们，就像我们努力更进一步靠近上帝那样。这种倡导统一性原则或者用单一起因定义宇宙的理念虽然表达起来颇具神秘感，但却预示着进化科学的到来。萨穆埃尔·克里斯托夫·瓦格纳在1828年出版了《地球生命与整个世界，1828年基于实际的新见解和结论》[86]，这本入门书论述了地球的起源，天体、彗星和行星的形成以及火山、洪水等灾变。其中有一章专门讲述了一个修建在火山口上的城市最终化为灰烬的故事。瓦格纳写道，我们越是置身其中，便会越发地被它的魅力所感染，从而得以揭示出人与地球之间的类同关系。地球有表皮、一副骨架、一颗心脏和若干感觉器官，它会呼吸、睡觉、出汗，甚至流血。就像人类从泪管和毛孔分泌液体那样，地球存储并释放出含油物质，比如矿物和煤炭。瓦格纳认为，所有的自然现象都具有一种原始自然力，这种力量把石块聚拢到地球上，把地球的体液吸吮到树木里；这种力量催生出化学的魅力，使彗星和行星军团围绕太阳运转，引发了物质的运动并成就了智慧的蓬勃发展，“一切自然行为通过这个伟大而无形的带电链条而连结为一体”。[87]无机世界的电、有机世界的氧以及人脑中的思绪，便是这个原始力量的自我宣示。[88]

这就是略带神秘主义色彩的自然哲学。把自然视为“统一的有机体”这种观点曾受到黑格尔的批判，实际上他大量地运用了哲学方法，把它压缩为几种表现形式：极性、循环和分层。谢林学派的形式主义，把一切事物归结为一个连续的系列，以及“没有必要而且很肤浅地去确定事物的性质”，并以此为基础将一个预设的体系强加于宇宙的内容之中，黑格尔在他的《哲学史讲义》（1805—1817年）中对这些观点和做法进行了鞭挞。[89]这种哲学颇为偏激，在最极端的情况下，它会在任何地方找到平行的事物和连续的系列，把任何事物都压缩成一个连续的系列，比如在有机体中，再生和复制表现了物质的化学组成、急躁易怒是电流的表现、敏感性则是磁性在发挥作用。[90]由于哲学方法的缺失，这种哲学只是源自“知性的直觉”，而不进行充分的逻辑推导，把一切归结为某个原理的外在表现。绝对真理的“效力”蕴藏在每一事物中，黑格尔宣称这些力量对科学而言不过是个“轮廓”，也就是在表面上对康德的先验图式进行随意的涂装。黑格尔评论道：“自然哲学所犯的错误是将一个外在的体系应用到自然领域，而这个体系却来自于想象。”最糟糕的是，这种体系导致谢林的一些最愚钝的追随者们沉溺于类比反射的游戏中。举例来说，由于外形相似，核桃被视为大脑，木材纤维被描述为植物的神经和大脑。所有的差别就消失在奉献给绝对真理的赞歌之中，这种真理窒息了万物，失去了与现实特性的联系，而这些特性恰恰是每个领域所固有的。[91]真理就蕴含于这个任性和无序的自然之中，在探寻的过程中，黑格尔秉持严格的哲学方法，实现了思想和物质的统一。这样一来，观念在自然中就未必完全符合实际（考虑到自然中的偶发事件和恶魔的出现）。[92]为了得出有关自然及其精神化的结论，黑格尔在他的鸿篇巨著《自然哲学》（1817—1830年）中，从精神的角度对新兴的自然科学所提供的模拟和证据进行了仔细斟酌并逐一列表进行拷问。[93]

宝藏里的生与死

世间最奇特的事就是生命的出现，它来自何方呢？黑格尔接受了维尔纳的观点，即生命是数百万年前从非生命的物质中自然产生的。黑格尔的《自然哲学》一书对地球成因学的相关问题所持的辩证观点是很典型的。他认为，水成论者和火成论者之间的争论都同样具有片面性，失之偏颇。但必须认识到，这两家的原则都是必要的。[94]黑格尔认为维尔纳至少比其他水成论者具有更强烈的历史意识，所以他在《自然历史》中采用了维尔纳的地球成因学。地球成因学将历史引入到地质学中。黑格尔认为，它最大的贡献之处正是这一点。地球成因学表明，地球是一种历史形态，它当前的状态是连续不断变迁的结果。

> 地球的构成便可一目了然，它是有历史的，其状态是一种连续变化的结果。地球上可以找到一系列剧烈变迁的痕迹，它们发生在遥远的过去，也许与宇宙有着某种关联，因为就地球所处位置而言，它的中心轴与运行轨道之间的角度可能被改变过。[95]

坚硬而死气沉沉的岩石呈现了历史的形态，它们所具有的特殊品质便是它们形成时代和形成模式的一种结果。不要把自然界再看成一个永恒的王国，它们不会在音律调节的过程中以及构建和重构人类世界的关键乐章中独善其身。黑格尔哲学在强调暂时性、过程、发展和变化的同时，侧身朝着进化论的方向走去。

即便是按照不同的速度，黑格尔的路径与自然哲学家们的路径可谓殊途同归，他们来到了同一个平台，这就是正在展开的人类与自然的历史画卷。人类的时代与自然的时代相互重叠，交相辉映。时间在矿藏中被看成是扭曲的，这种困惑正是对人类时代和自然时代的一种臆想。舒伯特《自然科学之夜的景色》中关于“有机世界”一章里所讲述的一个真实故事牢牢地抓住了许多人的想象力。1719年，在法伦铜矿130米深处，人们发现了一具保存完好的年轻人的尸体。这个年轻矿工在1670年死于采矿中，被发现时他的身体位于两个矿井之间，已经躺在渗入的绿矾中长达半个世纪之久。起初这具尸体还是柔软的，抬到地面上就变得像石头一样坚硬，身体也就固定在死时的姿态。时间在矿穴中变得扭曲了。这具尸体如白雪一般，被放在玻璃罩下面以防外界分子的侵蚀，但这种努力却归于失败。一位拄着拐杖走过的白发老妇偶然认出这就是她未婚夫年轻时的模样，尸体随后便化成一堆粉末。舒伯特对这具有讽刺意味的一幕感慨道：把一个保持着年轻面孔的死者从墓穴中抬了出来，一个行将就木的衰老身躯也被其青春模样的恋人紧紧吸引。[96]

舒伯特的这个故事服务于这样的一个科学目的：设想将一个躯体变成石头并运用化学手段进行还原，表明从无机物到有机物是不可分割的统一体。设想这种情形也意在表明，要知晓恐龙时代人类是否已出现在了地球上是一件多么困难的事情。这篇文章对发现的一些大型动物骨骼进行了论述，这些动物所处的年代在大洪水吞噬有机生命之前，属于地球上的另一个生命时期。与这些骨骼相比，人类骨骼含有更多磷的成分，所以分解得更快。人类的身体可以制成木乃伊，但一遇水或受潮便化为粉末。

霍夫曼（E. T. A. Hoffmann）[97]于1819年精心编写了一篇介绍法伦铜矿的故事，当中充满了许多浪漫主义情怀。后来死于矿穴的人物埃利斯·弗勒伯姆原是一位水手，他在一个老矿工的鼓励下离开原来的工作，放弃了在地球外表的只有一些商贸活动的海上生活。而矿工的生活则相反，要通过诚实的劳动，努力深入到地球的心脏。在地球深处昏暗的光线中，矿工们最终得以认识这些奇特的石头，它们作为镜像反射物，揭开了那些隐藏在云端的神秘面纱。地球的内部，这些矿井就像通往“神奇花园”的廊道，花园里鲜活的石头、栩栩如生的化石、令人炫目的宝石和水晶随处可见。人们发现这位老矿工就是“地层下掌控一切并营造金属的神秘力量”的联盟者，他申斥埃利斯不能全力以赴投入到矿井里的工作上，过于留恋地表上的爱情。埃利斯进入到矿井深处去找寻那块令他魂牵梦绕的“闪耀着樱桃红的铁铝榴石”，这种成分为铁铝硅酸盐的石榴石，通常包裹在氯化物和云母（德国人称之为Glimmer）中。最终，矿井夺去了埃利斯的生命。而那块宝石是他为自己的新娘预定的，而这个可怜的女人却在五十多年后见到了他保存完好的遗体，一具已经硫酸盐化的尸身。当尸身变成粉末那一刻，老妇人也咽下了生命的最后一口气。

时间在矿井里中断了。洞穴里的时间慢了下来，几近停息，或许这就是那种超越人生和发展的时间，比常规慢半拍。这就是说时间具有历史性，它是自然的历史，超脱于人类的发展速度和历史，却仍处于自己的摇篮中。这种时间的困惑也见诸于格林兄弟的《德国传说》中的第一个故事即《库腾贝格的三个矿工》里面。故事讲述了几个矿工，每一天他们都为养家糊口而辛勤又诚实地劳作。有一天，他们发现自己被困在矿井里，手头只剩下一天的吃食和灯油，于是他们开始祷告，祈求上天能把他们救出去。即便如此，矿工们还是继续着自己的工作，因为他们不想闲待着等死。然而，他们的面包却从未吃完，灯油也从未被用罄。他们的胡子长得老长，时间仿佛完全停下来，外面的家人们都以为他们已经死在矿井里。他们劳作了七年之久，但感觉并不超过一天的时间，除了头上和脸上的毛发，其他的生理活动都在按人类的时间进行着。一个矿工忍不住大哭起来，说道，若能再见一次阳光就是死了也值；第二个矿工许的愿是，如能与妻子吃上一顿饭就死而无憾了；第三位企盼与妻再共度一年的幸福时光，便此生足矣。三人刚许完愿，矿井突然裂开，每个人都如愿以偿，并在精准的时间死去。上天和帮助还愿的神灵们有一副铁石般的心肠，太过直白，不知变通。世间有恶，而人们对此熟视无睹，即使许愿也只顾眼前，不计长远。这就是赋予矿藏中的神秘语言。魔咒隐伏于话语中，话语转化为愿望，而愿望得以实现。这看起来恰如自然界中不断进行着的转化过程，有机物自我异化，植物变成了煤炭，这个过程极其缓慢，奇妙异常。

煤炭的诗论

要使机器的轮子转动起来或加热水箱以产生蒸汽，煤炭是关键的物质。这种密结的物质形成于久远的时代，埋藏在地球的深处，被人类挖掘出来进而加速了地球面貌的改观。哲学家们对地球的起源和构成做了诸多的推测。自然哲学家摇身一变，成了自然史学家，整日里忙着探测、观察、拨弄、抚摸着地球上的物质。炼金术士则变成了化学家，这个世界的各个组成部分逐步为人所知，而且从理论上讲也可以对它们进行改造并在实验室里重塑。一种最令人惊叹的改变就发生在19世纪30年代。煤炭拱手交出了它全部的色彩图谱，释放出深锁于黑暗之中的积存，一时间大放异彩。这便是一种魔法。染色和魔法长期以来就是密切联系在一起的。在流行于威尼斯的自然色染时期，色染的过程本身就笼罩在一种神秘感中。为了防止泄密，那时的染坊不允许搬到其他城镇。而且，威尼斯的染坊之间为守住制作鲜红色威尼斯绒的秘密而沆瀣一气，到处传播鬼魂经常出没染坊的故事，人为制造恐怖气氛。他们还绘声绘色地讲，有个巨人身披黑色斗篷，头戴宽檐帽，手提着灯笼在黑暗中出没无常，时常光顾染坊。[98]但秘密的时代正在让位给科学协会、期刊、专利、百科全书及论文的时代，正如安托万·洛朗·拉瓦锡（Antoine Laurent Lavoisier）[99]于1789年这个大革命之年在巴黎出版的《在新秩序下并依据当代发现提出的化学技术协定》那样[100]，对神奇的化学转换已经进行了规范。煤炭再次给化学带来惊喜，它所变换出来的各种混合物并不来自于表象。煤炭中那些显而易见的神奇力量来自于它向对立面转化的能力。煤炭就是一切物质沉积的结果，它们富有诗意地集中呈现在眼前，看似就是那个“世界之夜”[101]，它取代了那些已经消失的东西——温暖、阳光和色彩，而它的对立面就隐含在自己的身上。法本公司于1938年出版了一本介绍有机化学，即碳化学及其化合物历史的书籍，里面写道：“在闪烁着黑色光泽的煤炭沉积内部，锁住的是生命世界的前身以及它全部的色彩。”[102]这种沉寂的混合物，黑黢黢中透着斑斓，看似死气沉沉，但原来的生命一朝充斥其间，就会再次绽放生命的活力，正如歌德在《浮士德》中所描述的，“生命存在于充满色彩的反射之中”。转变的过程的确就像炼金术，就好比把垃圾变成金子，腐烂的物质变成煤炭，随后变成煤焦油。黑色的煤炭成了有机化学的原料，也成了工业的原料。人们正在进行的工作是对废物进行循环使用；对于这套变化系统而言，一切都没有什么不同，确切地说，就是一个如何再循环的问题。作为一门正在冉冉升起的产业科学，这就是化学今后要做的事情：用最廉价的材料再造世界。化学家F. F. 伦格率先走出了第一步，用诺瓦利斯废弃的煤焦油绘出了一架合成的彩虹。

第一章注释：

1 详见沃尔特·本杰明的《1900年前后柏林的童年》（1938年）一文，该文收录在本杰明《文选》第7卷第1部分（法兰克福，1991年），第398~400页；该文的另一个版本可参阅《1932年柏林年鉴》，本杰明《文选》第6卷（法兰克福，1991年），第472页。英文版《1900年前后柏林的童年》收录在沃尔特·本杰明《文选》第3卷：1935—1938年（剑桥，马萨诸塞，2002年）；登载该文的《柏林年鉴》（1932年），可参阅沃尔特·本杰明《文选》第2卷：1927—1934年（剑桥，马萨诸塞，1999年）第600~601页。

2 孩子们利用德语中元音、辅音及连读的拼读规则，故意将“Markt-Halle”和“Aunt Rehlen”分别拼读为“Mark-Thalle”和“Mummerehlen”。这些通常是顽皮孩子们在语言上玩弄的小把戏。“Thyme”指植物百里香，这里为调味品，意指孩子们将和蔼可亲的翁妪作为捉弄的对象和调味品。

3 施莱格尔（August Wilhelm von Schlegel，1767—1845），德国学者、批评家，耶拿大学教授。德国浪漫主义文学奠基人之一。其翻译的莎士比亚作品，成为莎剧的德语范本。其《戏剧艺术和文学讲演录》推动了浪漫主义艺术在欧洲的传播。译者注

4 参阅沃尔特·本杰明《文选》第1卷：1913—1926年（剑桥，马萨诸塞，1996年），第90页。

5 让·保罗（Jean Paul，1763—1825），德国浪漫主义小说家，代表作有《金星》（1795年）《巨人》（1800年）等。译者注

6 蒂克（Johann Ludwig Tieck，1773—1853），德国作家、评论家。最初的作品受早期浪漫主义影响，注重感情而非理智。他最具代表性的短篇小说《金发的艾克贝尔特》收录在其《民间童话集》（1797年）中，分别发表于

1800年和1804年的《神圣的格诺菲娃的生与死》《奥克塔维安皇帝》代表了他浪漫主义风格的创作顶峰。之后，他转入了写实主义。在担任德累斯顿剧院顾问期间（1825—1842年），他所写的文学评论影响巨大，并发表40多部小说。20世纪60年代，该风格一度复兴。译者注

7 弗里德里希·路德维希·扎哈里亚斯·维尔纳（Friedrich Ludwig Zacharias Werner，1768—1823），德国诗人、剧作家和牧师。译者注

8 比德迈流派（Biedermermeier）是19世纪上半叶流行于德国、奥地利的艺术创作风格，主要体现在艺术、家具及装饰方面。该流派的绘画注重展示世态、历史和情感，家具和装饰则简洁实用。"比德迈"一词源自漫画《比德迈老爹》中的一个虚构的人物，是中产阶级追求享受、注重家庭生活的形象代表。译者注

9 沃尔特·本杰明：《1900年前后柏林的童年》，本杰明《文选》第3卷，第358~359页。

10 沃尔特·本杰明：《柏林年鉴释文》，本杰明《文选》第6卷，第800页。

11 1819年，E. T. A. 霍夫曼撰写了一部发生在1670年法伦矿难中一名罹难矿工的故事。一些人从这一真实故事中获得了灵感。海因里希·海涅酝酿出了一首民谣，理查德·瓦格纳勾勒出了歌剧《法伦矿山的死亡》的剧情梗概。后来格奥尔格·特拉克尔和费朗兹·富尔曼将其作为诗文题材。

12 格林兄弟（Brothers Grimmn），指雅科布·格林（Jacob Grimm，1785—1863）和威廉·格林（Wilhelm Grimm，1786—1859），兄弟俩均是德国民间文学家、语言学家。代表作《儿童与家庭童话集》（1812—1815年），英文版名为《格林童话》。译者注

13 格林兄弟撰写的第一部民间故事的想法是由克莱门斯·布伦坦诺首先提议的，布伦坦诺在汇编其民歌集《男童的神奇号》（1805年）的续集时得到了格林兄弟的帮助。

14 《思默里山》的故事——阿拉伯《一千零一夜》中"芝麻开门"故事的译本，收录在格林兄弟1812年至1815年期间所著的童话集中。

15 《德国传说》，是格林兄弟在1816年至1818年期间出版的两本德国民间故事集，共收入了585篇德国民间传说故事，这些故事不仅来自欧洲德语的族裔，还涉及德意志早期历史。译者注

16 克莱门斯·布伦坦诺（Clemens Brentano，1778—1842），德国诗人、小说家和剧作家，海德堡浪漫派主要创立者，该派艺术风格重视德国民间文学和历

史。《哥克尔和亨克尔的童话》（1815—1816年）是其童话故事的代表作，他和他的妹夫阿尔尼姆合著的民歌集《男童的神奇号》对德国著名作曲家G. 马勒产生了重要影响。

约瑟夫·冯·艾兴多夫（Joseph von Eichendorff，1788—1857），德国诗人、小说家。最重要的散文作品《一个无用人的生涯》（1826年）被认为是德国浪漫派小说的杰作。部分诗歌被谱写成为受欢迎的民歌，并受到R. 舒曼、F. 门德尔松、J. 勃拉姆斯、H. 沃尔夫、R. 施特劳斯等著名作曲家的青睐。译者注

17 伊尔梅瑙（llmenau）是德国著名城镇。译者注

18 皮特罗斯·塞维里努斯（Petrus Severinus，1542—1602），丹麦医生，炼金术士。其《医学理念》（1571年）对病理学产生过一定影响。译者注

19 弗里德里希·尤斯蒂·贝尔图赫（Friedrich Justin Bertuch，1747—1822），德国出版商、艺术赞助商。译者注

20 摘自F. J. 贝尔图赫：《论自然历史的手段》（魏玛，1799年），第8～10页。

21 同上，第10页。

22 维尔纳（Abraham Gottllob Werner，1750—1817），德国地质学家，地质水成派创立者。他认为地球过去曾一度全部被海水覆盖，各种矿物都是在水中沉淀形成，花岗岩和其他很多岩石都不是火成来源的观点。同时还反对地质学中的“均变论”。在弗莱堡矿业学院任教期间倍受学生爱戴和尊敬。译者注

23 弗莱堡（Freiberg）位于德国西南部著名历史地区布赖斯高（Breisgau），1120年弗莱堡成为该地区的集市。现属巴登—符腾州。译者注

24 劈理（cleavage），又称解理，地质矿物学术语，指岩石物质劈裂成以平面为界的碎片的倾向。译者注

25 乔治–路易斯·德·布丰（Georges–Louis de Buffon，1707—1788），法国博物学家。曾攻读医学、植物学和数学，管理过皇家自然历藏品，后来编撰完成50卷巨著《自然史》（1749—1804年），生前出版了36卷。译者注

26 詹姆斯·赫顿（James Hutton，1726—1797），英国地质学家，经典地质学的奠基者，“火成论”的创始人，著有《地球的理论》。译者注

27 弗里德里希·冯·哈登贝格（Friedrich von Hardenberg，1772—1801），即“诺瓦利斯”（Novalis）。本书前言部分脚注已介绍过。译者注

28 详见弗里德里希·冯·哈登贝格撰写的《亚伯拉罕·戈特洛布·维尔纳1800年4月28日》（弗莱堡，1992年）。

29 卡尔·马克思：《关于木材偷盗行为适用法律的讨论》（1842年版），马克思

《著作选集》第1卷（伦敦，1975年），第224 ~ 263页。

30 诺瓦利斯：《亨利·奥弗特丁根》，即英语版的《亨利希·冯·奥弗特丁根》（剑桥，马萨诸塞，1842年），第86页。

31 同上，第91页。

32 同上，第92页。

33 亨利希（Heinrich）是弗里德里希·冯·哈登贝格（Friedrich von Hardenberg）作品《亨利希·冯·奥弗特丁根》中的一位追求神秘浪漫的年轻诗人。译者注

34 引自洛塔尔·皮克里克：《浪漫是一种不正常的表现》（法兰克福，1979年），第296页。

35 约翰·德斯蒙德·伯纳尔（John Desmond Bernal，1901—1971），英国物理学家。在分子生物学领域首先尝试使用X光对晶体进行研究的先驱并为科学知识普及发挥过个人作用。共产主义原则的政治拥护者。译者注

36 约翰·德斯蒙德·伯纳尔：《肉欲》，该文收录在《世故、肉欲和魔鬼：对理性世界三个大敌前景的一项调查》（伦敦，1929年）。

37 引自本杰明《文选》第1卷，第147页。

38 同上，第145页。

39 同上。

40 本杰明对浪漫主义认识论的正式阐释，详见本杰明《文选》第1卷，第144页。对该问题研究的意义在于，他将艺术与科学结合在一起，又重新回到浪漫主义理论方面。他在目睹了第一次世界大战中科学技术的滥用及其所造成的灾难之后，于1919年完成了博士论文。

41 同上，第145页。

42 如本杰明所概括："被他人知晓的人与其自我认知一致，与知之者的自我认知相符，以及与知之者被其知晓者所知之相一致。"引自本杰明《文选》第1卷，第146页。

43 同上，第148页。

44 费希特（Johann Gottlieb Fichte，1762—1814），德国哲学家。在发展康德的理论和伦理观点的基础上，建立了德国的唯心主义哲学并在政治哲学方面有所建树，还被认为是德国民族主义的先驱之一。其重要著作为《科学理论》或译《知识学》。译者注

45 同注释37，第147页。

46 亚历山大·鲍姆加腾（Alexander Baumgarten，1714—1762），德国哲学

家。译者注

47 笛卡儿（Reno Descartes，1596—1650），法国哲学家、自然科学家和数学家。最有影响的作品是《哲学的原理》《几何学》和《方法论》。译者注

48 牛顿（Isaac Newton，1643—1727），著名物理学家，数学家。西方世界视其为“公认的有史以来最伟大的科学家之一”。译者注

49 弗里德里希·威廉·冯·谢林（Friedrich Wilhelm Joseph von Schelling，1775—1854），德国客观唯心主义哲学家、教育家。深受康德、费希特和斯宾诺莎的影响，也是后康德唯心主义哲学的重要代表，对浪漫主义产生了极大影响。主要著作包括《先验唯心论系统》（1800年）《论人类的自由》（1809年）。他关于“绝对”在所有的存在中以主观和客观结合的形式表达出来的观点，曾受到黑格尔的批判。译者注

50 G. F. W. 黑格尔：《哲学史讲义》（1805—1817年）（伦敦，1896年），第517页。

51 康德（Immanuel Kant，1724—1804），著名哲学家。被西方世界认为是历史上最伟大的哲学家之一。德国古典哲学的奠基人，启蒙运动重要思想家。译者注

52 F. W. 谢林：《自然哲学的概念》（剑桥，1988年），第216页。

53 沃尔特·本杰明在1936年《德国人民》一书中谈了该观点，《德国人民》是他收集并编辑的从1783年至1883年期间一些人的信件集，他的相关看法收录在其《文选》第3卷，第195页。

54 约翰·威廉·里特尔（Johann Wilhelm Ritter，1776—1810），德国化学家、物理学家和哲学家。

55 耶拿（Jena），德国中部城市。1806年普法战争主战场。译者注

56 荷尔德林（Johann Christian Hölderlin，1770—1843），德国浪漫主义文学家，最著名的抒情诗人之一。1805年不幸患精神分裂，因此也被称为“疯子诗人”。译者注

57 施莱格尔兄弟（Schlegel brothers），两人合办的期刊《雅典娜神殿》（1798—1800年）是德国浪漫主义运动的宣传工具。译者注

58 赫舍尔（Frederick William Herschel，1738—1822），德裔英国著名天文学家，43岁时发现天王星。因其胞妹、儿子均在天文学领域有所成就，被西方世界誉为“赫舍尔天文学家族”。译者注

59 伽伐尼（Luigi Galvani，1737—1798），意大利动物学家、医生。其对“动物

电”的研究成果为伏打电堆的发明奠定了基础。译者注

60 弗朗茨·冯·巴德尔（Franz von Baader，1765—1841），德国天主教哲学家、神学家、物理学家和矿物工程师。译者注

61 这封信收录在《德国人民》中，详见本杰明《文选》第3卷，第184～186页。

62 弗兰肯施泰因博士（Frankenstein），是英国女作家玛丽·雪莱1818年创作的《弗兰肯施泰因》小说中的主角，弗兰肯施泰因博士是一个创造的人形怪物。译者注

63 玛丽·雪莱：《弗兰肯施泰因》或《现代普罗米修斯》（哈蒙斯沃斯，1985年），第53页。

64 卡罗琳·施莱格尔（Caroline Schlegel，1763—1809），德国学者。被称为18至19世纪德国“五名最活跃的女学者之一”。译者注

65 在德语中，里特尔（Ritter）即骑士。

66 诺瓦利斯：《亨利·奥弗特丁根》（剑桥，马萨诸塞，1842年），第103～104页。

67 霍亨索伦伯爵（The Count of Hohenzollern），通常指霍亨索伦王室成员，该王室1415年至1701年统治勃兰登堡，1701年起统治普鲁士，1871年至1918年统治德意志帝国。译者注

68 同注释66，第107页

69 同注释66，第111页。

70 诺瓦利斯：《赛斯的门徒和其他信众》（伦敦，1903年），第91页。

71 帕拉切尔苏斯（Philippus Paracelsus，1493—1541），瑞士医师、炼金术师，发现并使用多种化学新药并在梅毒的研究方面做出过贡献。译者注

72 雅各布·伯麦（Jacob Bohme，1575—1624），德国神秘主义哲学家。代表作包括《到基督之路》《伟大的神秘》。译者注

73 戈特蒂尔夫·海因里希·冯·舒伯特（Gotthilf Heinrich von Schubert，1780—1860），德国医师、自然主义者。主要研究领域包括：梦境、动物注意力透视等。译者注

74 约翰·戈特蒂尔夫·赫尔德（Johann Gottfried Herder，1744—1803），德国评论家、哲学家。他所著的《形象性》（1778年）和《论语言的起源》（1772年）使其成为德国狂飙主义的引领者。1770年与歌德结识后，共同奠定了德国浪漫主义的基础。译者注

75 海因里希·冯·克莱斯特（Heinrich von Kleist，1777—1811），德国戏剧

家、作家。迄今仍被西方世界视为19世纪德国最伟大的剧作家，其代表剧作《破翁记》（1808年）《海尔布隆的小凯蒂》（1810年）《赫尔曼战役》和《洪堡王子弗利德里希》（1821年）。但因作品当时未得到认可，34岁时以自杀结束了生命。译者注

76 亚当·弥勒（Adam Müller，1779—1829，1827年将姓名改为“Ritter von Nitterdorf”），德国政治评论家、文学批评家、政治经济学家和经济浪漫主义先驱。译者注

77 卡尔·奥古斯特·伯蒂格（Karl August Böttiger，1760—1835），德国考古学家、古典主义者，魏玛和耶拿文学艺术圈中的主要人士。译者注

78 G. H. 舒伯特：《梦的象征》（班贝格，1814年）。该书对霍夫曼、尤斯蒂努斯·克纳、普拉腾和黑贝尔等浪漫主义者产生了影响。舒伯特后期影响较大的著作之一是1830年出版的一套关于心路历程的书，分上、下两册。他还写了一些游记、宗教人士传记和教育方面的著作，此外，舒伯特还撰写了一些传说故事等。

79 G. H. 舒伯特：《自然科学之夜的景色》（德累斯顿，1808年）。柯尔律治在阅读时所做的旁注（原书藏于大英图书馆）表明，英国浪漫主义作家们当时也对《自然科学之夜的景色》给予了肯定。

80 G. H. 舒伯特：《自然科学之夜的景色》，第210页。

81 同上，第216~217页。

82 同上，第201页。

83 同上，第199页。

84 详见费奥多尔·焦乌科夫斯基：《德国浪漫主义及其轶事》（普林斯顿，新泽西，1990年），第33页。

85 引自贝特霍尔德·安夫特：《弗里德里布·费迪南德·伦格：源于生活和事业》（柏林，1937年），第58页。

86 萨穆埃尔·克里斯托夫·瓦格纳：《地球生命与整个世界，1828年基于实际的新见解和结论》（柏林，1828年）。

87 同上，第4部分。

88 同上，第16页。

89 G. W. F. 黑格尔：《哲学史讲义》，第543页。

90 这段描述源于黑格尔对自然哲学方面一些偏激观点的批判，详见《哲学史讲义》，第542~543页。

91 同上，第543页。

92 详见G. W. F. 黑格尔：《自然哲学》，由M. J. 彼得里编辑和翻译（伦敦，1970年），第1卷，第215～216页。

93 黑格尔对自然哲学的研究表明，他对科学资料阅读的透彻及对德语、法语和英语文献把握的精确。

94 G. W. F. 黑格尔：《自然哲学》第3卷，第17页。

95 同上，第18页。

96 G. H. 舒伯特：《自然科学之夜的景色》，第215～216页。

97 恩斯特·霍夫曼（Ernst Theodor Amadeus Hoffmann，1776—1822），德国作家、作曲家和浪漫主义的重要代表。其文学和剧作作品及46岁死于全身瘫痪的不幸激发了部分大师的创作灵感，如柴可夫斯基的《胡桃夹子》、奥芬巴赫的《霍夫曼的故事》、L. 德利布的《葛蓓利雅》等。译者注

98 佛朗哥·布律内洛：《在人类历史中的染色艺术》（威尼斯，1973年），第183～184页。

99 安托万·洛朗·拉瓦锡（Antoine Laurent Lavoisier，1743—1794），法国化学家，被视为现代化学之父。其对燃烧、氧化还原反应和气体方面的研究，颠覆了支配一个多世纪的"燃素理论"，系统阐明了化学反应中的质量守恒定律，推动了化学术语现代体系的建立。他为化学领域的革命性变化发挥了重要作用。译者注

100 马拉将拉瓦锡描述为："一个土地掠夺者的儿子、学徒式的化学家、日内瓦股票经纪人内克尔的小学生、农场承包人、火药和硝石委员会的委员、贴现银行的主管、国王的弄臣、国家科学院的成员、沃维利耶氏的密友、巴黎食品委员会无诚信的管理者和我们这个时代最大的阴谋论者"，拉瓦锡1794年被处决。

101 黑格尔对煤炭的这番描述出自其所著的《耶拿实在哲学》。

102 出自阿农：《我们的工作成果》（法兰克福，1938年），第25页。

Chapter 2

Eyelike Blots and Synthetic Colour

· 第二章　眼状墨纹与合成色彩

毒药博士的合成术

1819年的一天，F. F. 伦格身着一件黑色外套，头上戴着他那顶最好的帽子，怀抱着一只小猫，行走在前往歌德家的路上，他还随身带着自己研制的毒药。[1]伦格生于1794年，1818年在柏林从事医学研究之前，他曾于1810年至1816年在吕贝克[2]的一家药房当学徒。[3]后来，他来到耶拿，从事有毒的茄属植物的研究并于1819年5月获得医学博士学位。在耶拿，相关专业的学生们都戏称他为毒药博士。他曾师从约翰·沃尔夫冈·多贝莱内尔（Johann Wolfgang Döbereiner）[4]学习分析化学方面的课程。多贝莱内尔是一位“化学物质析出技术的艺术家”，伦格对他敬仰备至，于是集中精力学习化学。伦格对多贝莱内尔的一个实验过程进行了细致的描述，这项化学实验就如同一场精彩的法术表演。多贝莱内尔把最轻的元素——氢与当时已知最重的元素——铂进行化合，产生了炽热的火焰。伦格发现自己就像站在魔法师的厨房里面。此外，有毒植物也令伦格着迷，一天，伦格告诉多贝莱内尔，他已经找到了一种识别饮食或尸体中存在有毒植物痕迹的简便方法。如今人们已经掌握了识别砷和汞的方法，所以谋杀者转而使用有毒的植物。伦格证明他可以从几个瓶子中找出装有莨菪、颠茄和曼陀罗的瓶子，其方法就是将可疑的溶液滴进猫的眼睛里。这时猫的瞳孔会放大并保持扩张的状态，即便有阳光照射也是如此。出现这种现象是由于毒液麻痹了眼部虹膜的肌肉。多贝莱内尔在第二天晚上将这个实验的细节告诉了歌德，于是歌德请伦格过去做个演示。当伦格将猫的头部对着光线，歌德“惊讶地”看到了猫的瞳孔上出现的差异。“哈，以后就该轮到投毒者去做噩梦了。”歌德警示道。此外，歌德还向他询问了其他植物的药性。伦格告知，卡尔·海泽（Karl Heise）是他所熟悉的一位医生，这位医生发现了另外一种能起到相反作用的植物。歌德于是敦促伦格继续进行试验，验证一下该植物是否能是一种解药，而伦格也想知道将两种物质同时使用会有什么结果。歌德问伦格为什么对有机化学这么感兴趣，伦格便讲述了自己1810年在吕贝克当学徒时发生的一桩往事——他曾帮助一个年轻人用人工的方法致盲，以逃避到俄国服兵役。此前的几个星期，他就已经知晓了莨菪的效用，起因是在一次配药的时候不小心将莨菪水溅到自己的眼睛里。他的视觉几乎消失了，眼睛看起来跟瞎了一般，不过没几天就恢复了正常。这次演示给歌德留下了深刻的印象，于是他给伦格一罐咖啡豆去做实验。后来，伦格从对咖啡豆的分析中又发现了咖啡因。

伦格本打算在柏林大学做一名导师，但需要一个哲学博士学位的头衔。为了这个目标，他对靛蓝以及将其与金属盐和金属氧化物进行化合的问题进行了认真研究。他也把这项研究报告及两本关于植物化学的专著提交给有关方面，大量自然哲学的专业术语充斥在这些著作当中。在伦格看来，植物化学为解释化学形态的连续性提供了佐证，因而“植物化学便是矿物化学在更高层次上的再现”。

> 没有矿物化学便没有植物化学，正如没有矿物便没有植物一样——矿物化学在植物中也被提升至一个更高阶的存在形式，而植物化学则试图去破解这个存在。[5]

伦格对经过抽丝剥茧[6]以后跃升至一种“更高阶的存在”的特性进行了描述。处于这样一种存在的状态中，矿物的特性即由质量和形态存在的持久性决定，植物的特性则由能量和形态存在的可变性决定，所以矿物化学就是要研究物质材料及耐久性问题，而植物化学则要针对植物动能和形态演化方面。伦格制作了一个（化学形态）图表，其中人类的矿物属性排在第四位。[7]基于歌德和奥肯（Oken）[8]的观念，伦格在其植物学著作中对植物的蜕变进行了论述，同时也对歌德和奥肯二人不彻底的辩证观念进行了鞭挞，因为在这些理论家的眼里只有进化而没看到退化。伦格写道，植物生命进程轨迹如同星球运行轨迹一样，也是呈椭圆形演进的。植物的存在要么表现为主动和被动的发展、进步和进化，要么在逆变、退化和巨变中被否定。水果就是植物革命性变化的结果，因为它使自己成为一种独立的存在。同时，它也是一种植物界的倒退，因为它不是从根部而是从花朵中成长起来的，即肇始于枝叶终结于根茎。

1822年，伦格去黑格尔那里接受口试。口试的最后几个问题涉及伦格的植物学研究在科学认知的规范性和严谨性，黑格尔对伦格在使用恰当的哲学方法进行理论归纳方面的能力提出了批评。[9]尽管如此，伦格最终还是通过了考试，成为柏林大学中第一批有自然科学背景的哲学教师之一。用德语授课是成为一名导师的前提条件，为此他向包括黑格尔在内的全体教师讲授了植物的颜色和材质之间相互作用的课程。除此之外，他还必须用拉丁语授课，为此他讲授了语言学，都是些表现语言学能力的老生常谈，敷衍了事。在此后的一段时间里，他教授了工艺与植物化学课程并继续从事研究与写作。他在第一次尝试研究无机化学时就从金鸡纳中分离出了奎宁，并对纯碱及碳酸钾进行了仔细的研究。他于1824年发表了一篇关于动物生命协调问题的论文。按他的设想，每一个器官就像动物体内的一个动物，它的嘴连接着另一个动物的肛门，将它的排泄物作为营养来维持生长，其排泄物则供养着另一个器官，以此类推。[10]伦格去巴黎后，进入奎斯内威耶博士的实验室从事研究工作。此后，他转到费罗茨瓦夫大学[11]任教，后来又到实验室和工厂工作。他对工业和社会发展方面产生了越发浓厚的兴趣，尤其是纺织工业和城市卫生问题。在有些情况下，某些偶然的机遇会打开通往前方的道路。为了应对1830年爆发的霍乱疫情，伦格推荐用氯作为消毒剂，此前有一次伦格不小心将氯泄漏在实验室里，他因此有所体悟。来自工业的需求对伦格的实验科学有着积极的促进作用。这种实验科学保持了与哲学的联系，这也意味着对前工业时代的印记和炼金术奇思妙想的传承。这种实验科学也会秉持对美的追求，用最广博和本真的审美情怀传递着我们的感知，通过我们的感官发声并传达给它们。他的实验科学是一种有效的实验科学。伦格取得了许多科学突破，其中包括奎宁、苯胺染料和鸟粪石等的合成生产，这对于没有殖民地因而缺乏自然资源的国度来说意义重大。

伦格于1832年在一家位于奥拉宁堡[12]的化工厂担任技术经理一职。这家工厂是普鲁士王室的海上贸易社于1832年并购的国有企业，这一时期，为了加强集中控制从而扩大生产规模，政府正在收购若干制造厂、纺织厂和化工厂。[13]伦格就是在这里完成了他最重要的发现。工厂要求他对现有的大量废弃材料的特性进行研究，这些废弃材料就是煤焦油，一种来自炼铁厂和煤气生产企业的残渣，看上去令人作呕。炼铁过程中，通过高炉将矿石还原成铁需要使用煤炭，这个过程便产生了煤焦油。在煤气工业中，使用富含沥青的煤炭烧制焦炭的过程就会产生煤焦油。煤炭是许多物质的极佳来源。通过将煤分解蒸馏，可以获得四种不同且用途很广的产品。把焦炭放在金属容器中，部分煤气从容器中压出后被收集起来，作为照明用气输送出去。部分煤气流经冷凝器后并被制成碳酸铵水溶液，从这种溶液中可分离出煤焦油，就是一堆黏稠黢黑、刺鼻的残渣。伦格所在的工厂主要生产氯化氨，这样工厂就需要大量氨水，这些氨水是从柏林焦化厂的煤气清洗水中提取出来的。这些氨水是被装进一种老旧的装焦油的容器里运输过来的，这种容器用于装煤焦油的时候比装氨水的时候要多，黏稠的煤焦油因此附着在容器壁上。[14]有些人认为即使伦格能降低这些废物的气味，也仍需要采取进一步的措施进行处理。这时只有一个人在应对眼前这么多的焦油材料，他就是卡尔·弗赖赫尔·冯·赖兴巴赫。赖兴巴赫从这些材料中发现了焦油的若干副产品，例如，他在1830年发现了石蜡，1831年发现了萘（naphtalin）[15]，1832年在木焦油中发现了杂酚油。[16]伦格认为煤焦油还会给人们带来更多的惊奇。伦格于1833年通过对煤焦油进行高温干馏制成一种挥发性液体，通过继续用蒸汽对这种液体进行蒸馏，最后获得了清油和深褐色的胶状残渣。为了去除难闻的气味，伦格将它们与氯化钙溶液放在一起摇动，结果许多氯气释放了出来，但气味却依然如故。作用于动植物材料上的氯会破坏它们的颜色或让它们脱色，然而通过这次实验，他发现氯也可以起到相反的作用。[17]他注意到氯化钙溶液在稳定状态下会呈深蓝色，这就表明有一种新的未知物质存在其中。于是他开始行动起来，进一步开展提取和分析工作。最后他把这种物质命名为Kyanol，又称蓝油，这就是第一种合成的蓝色。[18]

合成的蓝色终于变成了现实。蓝色在色染方面有一种特殊的意义，这是由于蓝色是天空的颜色，因而就是天堂的颜色，人们因此而趋之若鹜。奥托·翁弗多尔本于1826年从靛蓝中分离出一种被称为Krystallin（意即结晶，其实就是苯胺——译者注）的物质；C. J. 弗里切用氢氧化钾精制靛蓝时发现了一种油性物质，而木蓝是一种含有靛蓝的植物，因此他参照该植物的名称于1841年将这种油性物质命名为苯胺。奥古斯特·霍夫曼在1843年确认了Kyanol（蓝油）与上述两人发现的是同一种物质。蓝色仅仅是新的合成彩虹中的一道弧线。密码已经解开，伦格发现，如添加不同的物质，苯胺便会变换不同的色彩。苯胺自身是无色的，它会在松木上留下黄色的印渍，却不会对其他树木或织物染上颜色。一旦将油去除，这种无色的水溶液便呈深红色并沉淀结晶。这种结晶体可以作为染料使用。他还从母液中制造出了一种酸性物质，即苯酚。当苯胺与诸如氯、硝酸、铬酸或氯化铜等氧化剂相遇时，就会生成蓝、紫、黑和红等颜色。从污浊的黑色废弃物中可以放飞一个色彩斑斓的世界，但作为厂长的恩斯特·爱德华·考齐乌斯认为这样做风险太大，拒绝尝试这个发现。实际上，任何商业行为都会存在一定的风险。由于伦格对其他企业进行过指导，这被视为对工厂的不忠行为，伦格在工厂里备受冷遇。1840年工厂发生了一次火灾，他的住处毁于大火却没得到补偿。此外，工厂拒绝与他签订终身合同，并对他的许多建议置若罔闻。[19]

伦格是一位科学普及者，他将大量的精力投入到教材的编写上面。随着时代的前进，劳动技能的产业化也在不断发展，因而指导工人和学生们进行技术实践的各种指南和手册在社会上广受欢迎。这期间，一些教学实验室已经逐步建立起来，比如在吉森的李比希实验室[20]（1828年）、哥廷根[21]的韦勒实验室（1830年代）和马尔堡的本生[22]实验室（1840年）等。化学是与新的生产方式关系最为密切的科学，它承载着推出未来材料的希望。德国《莱比锡插图报》1844年5月报道称：

> 化学的影响是如此的壮观，令人信服，很少有人拒绝承认它的价值……而且每一个受过良好教育的人都向往着至少能了解一些有关的原理，看到化学作用的过程。[23]

伦格为每一个人进行写作。他于1839年翻译了一本化学书的第十三版，该书是由珍妮·马塞特女士用英文撰写的，书名为《与化学的对话》（1806年），通过该书，科学的基本原理在实验中得到清晰地解读和诠释。这本书采用了B小姐与两位好奇女孩沙龙对话的形式介绍了化学的相关内容。伦格对日常生活中涉及的化学问题很感兴趣，对营养、洗涤剂、染色、漂白剂、供热和照明等方面的化学知识了然于心。伦格17岁时成了孤儿，后来终身未娶，一直寄情于厨艺和家务。罗伯特·威尔黑尔姆·本生在1832年遇到了伦格并记下了他们相遇的情形：

伦格是一位很率真的人。他靠卧在一张沙发里，长长的卷发垂落于肩，活像一个皮匠。他一手过滤着沉淀物，另一只手则搅动着在酒精灯上加热的马铃薯。[24]

1866年，他面向家庭，用一系列信函为主妇们编写了一本书，同时还致力于为其他的目标人群写作：如1830年为医生、药剂师、农民、制造商和工艺师；1834年为染坊和印刷厂的工人；1837年为修理屋顶的工匠；1846年为学校里的孩子们。伦格的这种面向大众的普及性教学法前所未有。在德国，用德文介绍有关化学技能的各类小册子有着悠久的历史，比如，教人们如何烹饪、漂白、发酵等，介绍洗涤方面的书籍两百年前就有了，每家通常都有用方言写的相关书籍。一本有关金属合金、淬火、酸蚀法金属刻板、墨汁的制作等方面的书籍于1531年问世，书名为《炼金术的正确运用》。1532年出版了一本书，书名为《消除布料、立绒、丝绸、金线织物等衣物上的污渍》，主要谈及祛除污渍、染色和模仿材料等。伦格在这一领域的贡献契合了当时重拾起来的科学信心。伦格肩负起了让每个人都了解自然的重任。地质学教授古斯塔夫·比绍夫认为，资产阶级知识分子的一项责任便是教化人们了解自然。比绍夫在1848年撰写《就自然科学的各个领域致知识女性的信札》的初衷，就源自一种将自然科学知识传播给非专业人士的良好愿望。显而易见，妇女在学校接受的科学教育是十分有限的，就科学问题致信这些知识女性会使她们更好地处理家务。不仅如此，在比绍夫撰写这本书的那个特定时期，对自然的理解还具有重要的政治意义。比绍夫的序言部分完成于1848年3月，它昭示了1848年在世界范围内发生的纷繁喧嚣的革命运动，这是一个“特别有活力的时代”，几天甚或几小时的政治事件就改变和“激活了长期追求休闲的思想”。可能是“自然中这些更安逸和悠闲的日子提供了这种休闲场所”。然而，自然不只是避难所，它还是一个保证人。比绍夫指出，政治如同自然一样，通行的口令就是进步。岩石不断风化坍塌，变为尘土；有机的生命体不断侵蚀着残留物；凄凉而死气沉沉的无机王国被生机勃勃的有机体击败。生命总是在宣示着自我，前进是必然的，因为“有一个更磅礴的力量在指引着方向”。[25]

伦格的贡献就是这些精心构思的实用手册。他常把彩色或喷涂过的纸张或布料用手捏住一角放在里面，以确保上面的化学物质、色彩和效果能清晰可见。在他这里，对实验的结果没有描述而是当作事实。这些教科书的写作过程和字里行间无不彰显出那些助力他开展研究的哲学思想。在1836年所著的《适于每个人的工艺化学入门》一书的序言中，他对“教师团”的做法进行了抨击，似乎学生们都要被培养成像他们那样的化学教员。在1843年所著的《适于每个人的化学基础课程》一书的前言中，伦格对他不急于将结果加以阐明的做法做出了合理的解释，并鼓励人们亲自动手实验，“因为亲自观察和接触比从书本上学习的效果更佳”。[26]确实，他后来在1866年的《家庭经济学书信》一书中对那些能在家庭厨房中进行的各种试验进行了详细的描述。化学是一门感官艺术。伦格对于研究对象的整体及其各部分之间的相互关系非常敏感，从而逐步形成了自己的观念和方法。他的工作在本质上是合成而不是解析，也就是人工合成，即将不同的物质结合起来，并进一步观察它们之间的反应。《适于每个人的工艺化学入门》这本书的第一章讲述了“化学的概念和范畴”，他在其中写道，化学是关于我们这颗星球各个组成部分的科学：“Stoffe”，即构成矿物、植物、动物和人类各元素的结合体。目前已发现的元素有54种，每一个元素在与其他元素发生反应时都会显示出自身的特性。两种元素就会构成第三种元素。伦格用一种唤起人们对极性产生联想的语言写道：

在相互发生反应时，所表现出来的特性一定是对立的。进行化合所假设的前提条件则是元素之间具有相反的特性，通过它们之间内部的相互渗透和作用，从而与对立的一方达成了平衡。[27]

在伦格看来，所有的元素在进行实验时都会表现出自己的特性。他写道，进行染色的织物并不是一个简单地吸附颜色的“机械的载体”，而是一种组成要素，这就是为什么棉、亚麻、丝绸和羊毛对染料的反应如此不同的原因所在。[28]在《适于每个人的化学基础课程》中，有一部分内容是分析黄金的特性。伦格指出，黄金是最具有延展性的金属，仅用一个小颗粒便能拉出一根50英尺长的金丝。

这就证明了小小的黄金颗粒紧抱在一起，较之其他金属更加牢固。而更引人注目的是，诚如黄金填料这种分开的颗粒，在填充过程中并不趁机相互找寻并结合为一体，即便条件对它们有利时也是如此。这就是说，如果将黄金填料在碟中进行加热，各个颗粒不会凝结起来形成块。一旦被完全熔化了，这些细小的部分仍会单独存在，形成相应的金属液滴。[29]

伦格用的这些材料充满着生气，它们看似化合体或统一体，十分活跃，上演着结合与分离的一幕。伦格使用的科学语言是一种表达亲昵与憎恶的语言。在1834年发表的《建立在棉纱与盐、酸之间化学关系之上的化学——颜色化学》中，伦格举出实例用以说明棉布对不同染料成分的亲和力。这些特性——例如胭脂红的不稳定性就构成了一种个性。在1848年完成的《化学概论（1848）》中，伦格开门见山地指出，世界上有多达59种元素，每种都有自己的特点，表现出不同的特性：“一种元素的化学特性取决于它的化学活性，这种活性便是在遇到其他元素时其独特的生命表现形式。”[30]

《适于每个人的化学基础课程》从《智慧之旁经》一书中引用了一句

话：“你把一切事物的体量、数量和重量都安排得井井有条。”虽然这种言辞颇有些气势恢宏的感觉，却包含着科学的初衷。安托万·洛朗·拉瓦锡是一位税务官和科学爱好者，伦格出生那年他在法国大革命中被当作敌人处死，伦格是继他之后化学实验研究的一位继承者。拉瓦锡在教学活动中结合了精准的度量，从而使化学的面貌得以改观。与长期以来的科学观点相左，拉瓦锡细致的测量表明，纯净水是不会变质为泥土的，而从沸水的沉淀中收集的沉淀物是来自装沸水容器的损耗。拉瓦锡在空气中将磷和硫点燃，测量的结果表明，它们被燃烧后的重量比之前增加了。很明显，空气的质量减小了。由此拉瓦锡创立了质量守恒定律。在另一个实验中，拉瓦锡对放置在封闭容器里的生锈金属进行了测量。这些金属吸附了空气中的氧气并发生了氧化，因而重量就增加了。于是，拉瓦锡将这种元素命名为氧，从而摒弃了认为存在一种着火元素的燃素理论。度量对化学是至关重要的，然而在对化学基本性质的描写中，伦格自己却从化学的角度出发，专注于过程，而不是化学家们所关注的规程。于是，对立与统一的观念便凸显了出来。

> 化学是关于元素之间相互作用的学说，这种作用一方面表现为吸引和结合，另一方面则表现为排斥和分离，而载体是被冠以不同名称的两组元素：酸和碱。这两组元素分属不同的类型，作为对应物相遇在一起。在一组元素中失去的特性会出现在另一组身上，在这一组所缺少的则可以在另一组身上找到。因此，它们实际所代表的只有半数的化学功用，它们的活动则诠释了自己的努力和奋斗，以获得那缺失的一半，从而在化学意义上成了一个整体。[31]

这个理论按照辩证的逻辑继续阐释着。透过对应物之间的吸引作用形成了第三种物质，在这种情况下，这种物质通常称为盐。然而，酸碱之间的化合就是“争取统一，寻找满足”的过程，而且会付出相应代价，各组成部分的主要特性遭受了破坏。伦格写道，酸性物质的酸性不再显而易见，而碱性物质的浸滤性也同样变得不明显了，这些情况是伦格用自己的味觉系统亲身品尝之后才发现的。所谓斥力就是发生在原本相似的物质之间的排斥力。如果混入另一种“更强的”酸或碱，就能将某种酸碱化合物进行分离。相应的活动破坏了它们之间的结合并分离了原有的成分，从而形成了另一种盐，所以“就像别西卜（Beelzebub）[32]能将魔鬼逐出一样，一个魔鬼会被另一个魔鬼逐出，因此酸能将酸逐出，碱也会将碱逐出”。[33]

考齐乌斯于1850年收购了伦格从事研究的奥拉宁堡工厂。虽然伦格领取的津贴并不高，工厂的新东家还是在1851年底解雇了伦格。[34]正是在这一时期伦格出版了一本著作，展示了他对液态化学品的一些实验成果。

物质构成的动力

伦格将一种盐的溶液滴到了浸透过的纸上，伦格看到上面出现了环形和椭圆的形状。有的人说他发现这个过程也许是偶然的。这张纸此前已经浸染了其他的盐溶液。伦格用通常的试管方法分辨溶液成分时频频受挫，所以这样的尝试也许早就开始了。有些化合物或盐，在作用于其他物质时会产生特定的效应，因而可以用来测出现存成分或者让它以某种方式进行反应。比如亚铁氰化钾就可以用来显示铜或铁是否存在于溶液中，这要看产生的化合物是红色的还是蓝色的。通常的做法是，将被检测的物质溶解在水里并在试管里将它与检测材料的溶液进行混合。这种方法往往无法获取准确的数量，伦格对这一点耿耿于怀并决定弃之不用。[35]取而代之的是，他将溶液一滴滴地直接滴在浸透过的纸上进行混合。这种做法开启之后，伦格满怀热情地进一步发展了他的工艺，将不同的化学溶液滴到过滤纸上，仔细观察所生成的形态和颜色。他于1850年根据自己的实验结果出版了一本图像集。德语书名 *Zur Farben-Chemie*，即《论颜色化学》，全称译为《论颜色化学：谨以此献给那些创造美感的画家、装潢者、布染者的图示（通过化学的相互作用加以再现）》。这本书是为了展示对“人们最真挚的敬意”而献给弗里德里希·威廉四世（His Majesty Friedrich Wilhelm IV）[36]的礼物。书中共有120幅图像，尺寸为4×5厘米，用手工粘贴在书中。这本书将两种化学品作为后续化学品的“家长”置于开卷，一个是浅黄色，一个是蓝色，均呈鸡蛋的形状，以体现生命起源的意境。作为“家长”的化学品分别是亚铁氰化钾和硫酸铜。伦格用讲述爱情故事的手法描述了获取这对父母图像的过程，颇具戏剧性。两种液体都面临一个障碍，这便是另一种化学液体，这种化学液体的介入妨碍了前二者的快速结合。

> 于是他们认识到有必要采取迂回的方式找到通往真理之路。在此过程中，物质被留下来或被吸附，液体则蒸发掉了，一切都归于平静。四处游荡的化学品随之现身于图像中并被定格在纸上。[37]

这本书的副标题将这个过程命名为“化学的相互作用”。伦格运用辩证的方法进行了论述，这也是受过哲学熏陶的化学家应该具备的素质：

> 颜色在这儿被分离出来但并未孤立存在，各种颜色在分开时相互渗透，又在渗透中彼此分离。正如自然生长那样，这种事情只能由内而外的发展。那么这些图片是什么呢？它们就是经过化学相互作用的自然生成物。[38]

所形成的图像就是一张化学领地的“地图”，是一根空间轴线。每一个小图都为我们讲述了一段穿越时空形成自我的传奇故事，它们拥有自己小小的“自我成长故事”。伦格所描绘的一切让我们隐约看到了一个披着面纱的世界。

> 这里立刻会呈现出一个新世界，其构成、形状以及各种混合的颜色我以前从未曾想到过，它们的存在令我惊叹不已。怎样让这些图片以最美观和多样的方式显示出来并按需要的数量进行大量复制，有关的方法我很快就掌握了。这个发现对我尤其重要，因为除了其化学价值以外，还斩获了艺术上的价值，我因而得以把成千份的图像样片发往世界各地。[39]

只要所有的原始成分不变，图像就可以批量复制且效果是一样的：“在制作第一张图像时发挥了作用或承受了变化的所有力量、物质和环境，与制作第二张、第三张及后续的图像是一样的。”[40]要使用相同的纸张，以相同的比例和数量混合而成的液体，让同样大小的液滴从相同的高度滴下。制作图像的过程与相关化学品的特性是密切相关的。[41]

> 在这种人们称为分析或解析的化学实验中，首先要确定的事就是我们要处理的是什么，或者用化学术语表示，我们使用的量是多少以及混合体是由什么化学元素构成的，等等。要实现这个目标，人们要利用所谓的“反应工具”，就是人们（从传统或自身经验中）准确掌握的一些具有一定特点或特性的物质。它们所带来或承受的变化就是它们用语言进行的描述，向研究者指出在所研究的混合物中存在这样或那样的成分。[42]

此刻，化学制品的语言被开发出来，这种语言却是它用自己的行为进行表达的。这就好似化学家并没参与图像制作，而化学却在大声宣布“我也是个画家！”，要比米开朗基罗（Michelangelo）[43]更豪情满怀，其实它并没有动用画笔便完成了自己的作品。伦格写道，这里出现了一些以前从未见过的颜色和颜色组合[44]，艺术家们可以从中学到许多东西。这些形状和颜色遵循着一种超越人类变幻莫测习性的法则。

> 无论谁仔细审视书里的这些图案，很快就会发现它们并不是用笔画出来的。这些奇特的交融和影像明显没有绘画的任性痕迹，同样，图案里多姿多彩的色调也让随心所欲的画笔望洋兴叹。[45]

伦格对那些在反应中发挥作用的材料进行化学分析并不感兴趣，原因是他在之前便已了然于心，他所感兴趣的是在什么样的情形下这些图案会呈现最美丽的图景，这中间自然也包含了许多现实的利益。鉴于图案能大量地进行复制，这就意味着能用它们制造无法伪造的纸币。伦格写道，其他货币之所以被伪造，是因为用手工制作的东西，其他人也可以制作出来。在特定条件下所形成的事物，只有那些完全了解该条件的人才能模仿或复制。其他人或许能通过努力获得一些近似的物品，但绝不会是完全相同的。[46]

1855年伦格自费出版了《论颜色化学：谨以此献给那些创造美感的画家、装潢者、布染者的图示（通过化学的相互作用加以再现）》的续集——《物质构成的动力：直观自我生成的图景》。“Bildung”即“构成”，自18世纪80年代自然人类学家约翰·布卢门巴赫出版了《物质的构成》以来，这个词在科学界一直很流行。歌德曾在研究植物的时候采用了“Bildung”一词，他还批驳了牛顿所坚持的从数学的角度去理解自然的思维方式。康德坚称自然王国的“自身”是人类的理解力无法企及的，人类只能通过观念化的理性范畴才能有所了解，歌德对此持怀疑的态度。歌德希望进一步深入到自然当中。他发明了一种方法并在其1807年所著《形态学》一书的前言中，对该方法进行了命名并做出注解。形态学是通过聚焦动植物的形状，进而发现它们的同族关系、亲族关系以及形态的相似性。有些特征可以揭示出共同的祖先或原始形态。歌德认为，一种事物，它未来的历史可以从它初始的外观中揭示出来，而形态具有再生能力和动能。形态学所要探究的是内在的生成力而不是外在的特征。自然哲学假定，形态只是在表面上才有所不同，歌德对这种信条进行了批驳。在他看来，形态是从一幅总的蓝图中变异出来的，他所要强调的并不是相似性而是差异性。举某种植物的例子，把最古老到最年轻的形态排列在一起，它们看起来就是一个系列，在每一次的变化之间都能联想出从一种形态过度到下一种形态的运动过程。单个形态自身并不能展现出这种运动过程，但其形态却要受这个过程的支配。每一个组成部分都是这种变异过程中既定的一个阶段。运动是形成新形态的必然规律，而形态学则是这种运动的基本原理。形态学具有时空的特点，所谓“时”，就是用时间对运动的发展进行检验，“空”则是对各部分之间的关系进行研究。歌德在序言中对这些复杂自然现象的特点用两种方法进行了描述，意在表明运用这种形态学的必要性。“Gestalt”是用来描述一种现象的形状或形态的一个词，它让歌德认识到，它们（形状或形态）一经分离并被识别以后，便成为了一些呆板、固定并与其他一切现象相分开的东西。

> 然而，如果仔细观察现存的所有形态（Gestalten），特别是那些有机的形态，我们就会发现没有任何形态是静止、完整或分割的；确切地说，我们发现一切都在不断变化之中。[47]

有鉴于此，描述歌德所进行的这类观察行为，用一个更恰当的德文词便是“bildung”，即形成、成型或构成。他写道，这就指出了“产品和过程两方面”，表明事物不是静止的或者完全拘泥于概念中，而是在运动的过程中生成的。从一定意义上说，“bildung”这个词的使用暗合了康德的自然理念，即自然具有超然的动能而且总是在变化的过程之中，因此它是不能被完全了解的。然而，如能觉察到自然的激情与活力，便可运用一种更具能动性的方法从自然中汲取知识。理论是必要的，但为一个事物设置假设条件就会让人陷入谬误中。理论必须建立在细致观察的基础上。无论作为最大的还是最小的那一部分，自然都是一个整体。任何模糊不清的透镜也会映照出湛蓝色的天空。[48]歌德对那些受限最甚的部分进行了细致的观察并寻找到了无限。[49]他在1829年的一份手稿中再次对天空的湛蓝色进行了如此的描述：

> 最高的目标就是要认识到，现实世界中的一切就是理论。天空中的湛蓝色为我们揭示了色彩学的基本规律，我们不必去探究这种现象背后的东西，因为现象本就是理论。[50]

自然就是自身的理论家，是自己的喉舌。理论就是透过现象表达出来的。如果我们能认真地进行观察，自然便会向我们袒露一切。“科学家们”不应带着预设的假定条件去研究一个客体，否则就会窒息自然的声音。歌德则回归到希腊语中“理论”一词的原始意义：“注视”。新的发现肇始于敏锐的观察，这里所强调的就是视觉。歌德推崇一种温馨的经验论，即把自身与所探究的客体完全等同起来从而形成自己的理论。[51]在他的《色彩理论》第一版的序言中，他声言：

> 每一次凝视都会引发思考，然后是反映，继而加以综合。也可以说，对自然所进行的每一次观察，我们就已经进行了理论归纳。[52]

歌德补充道，虽然如此，我们应当时刻保持“头脑冷静”，不能忘记我们正在如此行事。我们在充分观察自然的时候，就很知性地融入到了其生生不息地营造新事物的过程之中。这种真实的观看呈现出眼前蓬勃热烈和富有活力的视野景观。当色彩出现在眼前的时候，或者当颜色出现时眼睛怎样去读取，在这当中，眼睛观看的过程以及颜色的随性等都是歌德所探究的问题。在观看的过程中，眼睛发挥着主动作用，而颜色则是分光的、短暂易逝并且是随性的。有些颜色特别是那些从油性物质或肥皂泡上反射过来的干扰色，它们的产生应归因于物体自身和人的眼睛，在程度上是相同的。所有的颜色都会发生变化，这取决于观看时的光线以及相关的眼部运动。有些颜色完全是因外部的刺激而在眼睛中产生出来的。这些颜色包含了“后影像”色彩，它是人们因接触了丰富的色彩和璀璨斑斓的光线或联想到记忆中的色彩之后从眼部投射出的颜色。对所有能看到的物体以及所有相关的元素，比如光线以及眼部特有的结构等，歌德都赋予它们观看或看到这些事物的力量。它们通过这些视野逐步形成自身的感受。这里描述了一个交汇点，即一个事物反射于另一个事物。歌德认为，所有颜色在一定意义上都是暂时的，但令他尤为感兴趣的则是那些彩虹色、分光色和外围的光学效应，它们的存在说明了两点：变化莫测而又生机勃勃的自然界，以及那个具有生成能力——又可加以教导的——眼睛所做出的种种努力。

被观察的事物往往也能在观看的过程中发挥作用。歌德认为，人类的思想会深入到现象的本质中并倾听它的声音。自然是按照各种意念进行运动的，同时它也具备心灵睿智和表情丰富的特质。观察者的思维可以感知自然的意念活动。歌德的观察独具洞察力，他于1784年在人类的颌骨中发现了上颌骨，这个发现让人们得以高调地宣布那个早已明了的观念：人与其他高级动物之间共享着一个基本的解剖学模型，也就是说自然之间存在着统一性。歌德于1829年完成了《分析与综合》一文。[53]他在文章中写道，分析作为科学方法的通例毫无意义，因为它只着眼于对局部的感知，对事物进行综合性的了解则要纵观全局并在此基础上加以理解。在进行分析时，化学进入了误区，因为这种做法会把自然已经统一起来的事物分开。歌德为我们提供了这样一个画面，里面是一个含有金粒的沙堆。为了找出沙堆里的东西，就要将里面较轻的部分淘洗出去，从而分离出较重的部分，这样就能进行相关的分析。这样一来，自然的综合体就变得残缺不全了。要理解自然就得力求在通晓局部的基础上回归综合。综合是直观的，它脱胎于分析工作同时也受其支撑。

这些朦胧的感觉让我们好似身处另一个世界，与占主导地位的科学传统相去甚远。自然的整体性、主客体地位的变移性、实验者融入实验中的程度以及科学探索中强烈的美学意识等，便是这些感觉的兴致所在。这些感觉属于身体上的功能，它们与周边世界及自然共同成长。由于有了光线，眼睛便长成现在的样子，客观的世界则把它的痕迹留在了我们的身体和记忆里。我们的进化发展就是自然与我们进行对话的结果，这样的对话是通过我们的感观进行的，我们需要“聆听”自然的声音。[54]对自然的观察需要运用的不仅仅是视觉。歌德坚持认为应当与世界进行更广泛的感观互动，这对知识的形成意义重大。他注意到，如果不亲自动手操作，那么学会用眼睛看透事物便是一件极其困难的事情。有位矿工曾经谈到，歌德对那些引起他注意的岩石会用手去仔细摆弄，兴致盎然。在歌德看来，人类就是一部“精准的仪器”。

伦格结束了谈论他与歌德1819年的会谈情况，称赞歌德不仅是一位诗人，而且还是一位“敏锐的自然研究者”。[55]伦格注意到，自己在进行演示的过程中歌德始终精神饱满，全神贯注。伦格得以引导歌德那具有穿透力的视线去观察这些对他而言十分新颖的事物，他很快就理解了它们的意义。[56]看来伦格从歌德那里拿走的，除了咖啡豆还有研究自然的方法。伦格从歌德“温馨的经验主义”中所继承的，便是把注意力放在对现象的体验上面。从一种自然构成“Bildung”的观念出发，通过细致入微的观察，就能感知并理解自然的构成。伦格从歌德那里学到了自然易变这一概念。

《物质构成的动力》一书记载了32个实验，并附有12×40厘米的图像。每一个实验都有相应的注释，阐明形成这些图案的化学机理。伦格把形成这些图案的过程称作“Darstellung”，即“表现”。图像本身便是过程，过程则是图像。这些反应的细节之处，以形态和颜色的形式展现了出来。每一张照片都是重叠的，以展现自我形成这一过程的规律性。鉴于纸张具有的张力，伦格认可纸张在图案形成过程中的积极作用。在第9个图案中，他提及了空气中氧气所发挥的作用。第11幅图案则是一种机缘巧合的结果。纸张被化学物质浸透后进行干燥时，从实验室其他地方生成的氨气漂浮过来，对图像造成了影响。第17幅图案同样也是一种偶然的结果。他说：

> 这是一次令人愉快的巧合（这种以前从未见过的图案出现了，毫无疑问，这样的力量发挥了作用），我拿着一瓶食盐溶液，准备将红色的氰化钾滴到锰盐上，在它的中心位置有一些磷酸二氢铵。

关于第20幅图像，伦格写道：“一个研究自然的伟大学者曾说过：自然的秘密可以从它的外表上找到答案。我想加上这样的话：特别是在这个外表的边缘地带。”

这些边缘地带令伦格心驰神往，因为它们代表着图像形成历史的最后时点。边缘就是故事的结尾，这是因为任何活动都是从中心开始的，同时它也是开始落幕的地方，而边缘在时空上则是最远的点。时间是一个必不可少的因素。在加入新的液滴之前必须要待纸张吸干每一滴溶液。不应对物质构成的活动进行干扰，应当向图像提供充分的养料让它充分地发展下去。伦格认为，在此过程中“选择性的亲和力”得到了体现，尽管这个措辞并不完全正确。选择的确在发挥作用，然而亲和力则代表着一种关系或

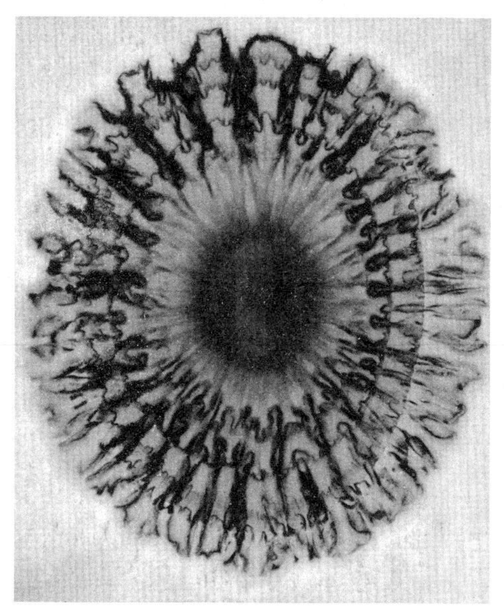

描自伦格实验中的一幅图像：化合物的亲和力

者新伙伴之间的相似性。

实际上，这就是对应物相互吸引的一个例证，于是伦格提出了一个术语“Wahlanziehung”，即“选择性吸引”。[57]进一步讲，时间和光线也是重要的因素，它们从未停止发挥自身影响力的步伐。这就意味着，这些图像即便在出版之后仍会继续演化。

> 经过一段时间，一个蓝色的晕圈正在第五幅图像周边形成（毫无疑问，读者扫视该图像时晕圈肯定已经形成了）。

伦格写道，第12幅图像颇似木材的纹理，相较于之前的图像应给予更多的关注。滴入第二滴氢氧化钾溶液不能立即施行，须待第一滴溶液被吸收之后才可以操作，以便为相应的化学反应留出必要的时间。

伦格在《对元素形成的驱动力的解释》一书的结束语中，对自己设计

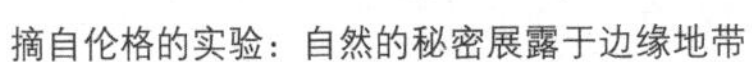

摘自伦格的实验：自然的秘密展露于边缘地带

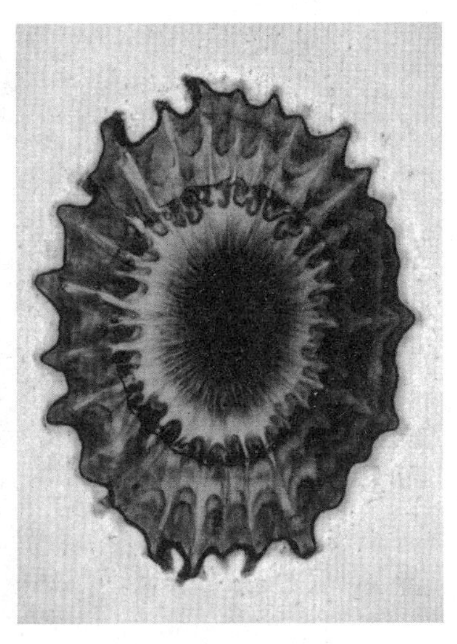

摘自伦格的实验：影像正在扩大

的化学实验中所设计的相关程序作出了解答。

所使用的仪器就是木框，用细绳编织的网系在一起，上面铺一层纸，此外还有一把木勺（用于处理溶液）。理解了化学反应的原理，一切都变得简单起来，这项活动是每个人都可以做。伦格曾自诩能在10小时内制成1000幅相同的图像。与之相对应的是，一个画家即使能模仿这样的图案，也需10天的光景才能完成一幅。物质构成的绘制与画家的方法大相径庭，不可同日而语。它“制成了自己的奇妙色彩，其色调无语伦比”，是画家们无从获得的。[58]这些图案让伦格想到了其他的图景——女士们带褶边的衣领、完美的花朵、巨大的雏菊等。他把第14幅图案描绘成依傍着褐色海岸的大海，超出“最有造诣画师水平”的风景画；第15幅图案运用了明暗光线的效果，颇具“绘画的特征”，他写道：“现在我的任务就是利用这种具有绘画特征的艺术，通过添加不同的物质获得更完美和更具表现力的图案。”

第31幅图案是一幅具有图画效果的化学杰作，它同时还表明，一个化学行为在某种情况下会起到破坏作用，而对于另一种情形却具有开创性意义。

> 尽管有人觉得里面没画什么东西或使用了画笔，而且所有的效果均是从中心点发散出来的（液滴的滴落处），但其边缘的形态颇具艺术性，或明或暗清晰了然，壮观华丽，值得细细地咀嚼。

但有时候也会出现“流产”的情况，在原书第24幅图案中所看到的杂乱无章的飞翼，伦格称之为“Schreckbild”（惊悚的画面），呈现出一幅令人恐惧的画面。即便如此，这幅图案还是被收录进来，因为它同其他图案一样为我们展示了规律性所发挥的作用以及中心点那令人惊奇的力量。关于第27幅图案，伦格很想知道将两幅相同的图案在形成过程中放在一起会是什么样。当两个相同的东西相遇时，它们的边缘又会怎样呢？它们会像老朋友一样热烈拥抱还是相互排斥呢？伦格发现后者才是真实的情况，它们之间相互搏斗以避免混合在一起。每个图案都维护了自己的“独立性”。

伦格从观察中获取化学知识。自然把自己的美呈现给世界。实验中每一种成分都有自己靓丽的表现，伦格很想把这一切，确切地说，把它们的“意志”都展示出来。各种成分相互之间都试图将对方甄选出来，并对各种障碍做出相应的反应。伦格注意到这个不可逆转的过程，就是说他将产生到完结的这一历史过程引入自然形态中。“有鉴于此，每一幅小小的图片都有自己的成长史并经受了化学法则的洗礼。”[59]

那本书里面最后的图案向我们展示了在形成过程中的三个阶段——萌芽、成长和完成。历史寓于图案之中，有了历史便有了生命。受化学力的驱动逐步形成自我的过程中，图案通过相互交换发挥着作用，所以我们可以说这个图案是有生命的。化学的过程继续演进着，直到图案形成才停歇脚步。伦格写道：“可以说，图案在墨迹未干之前仍然是活的，因为它还

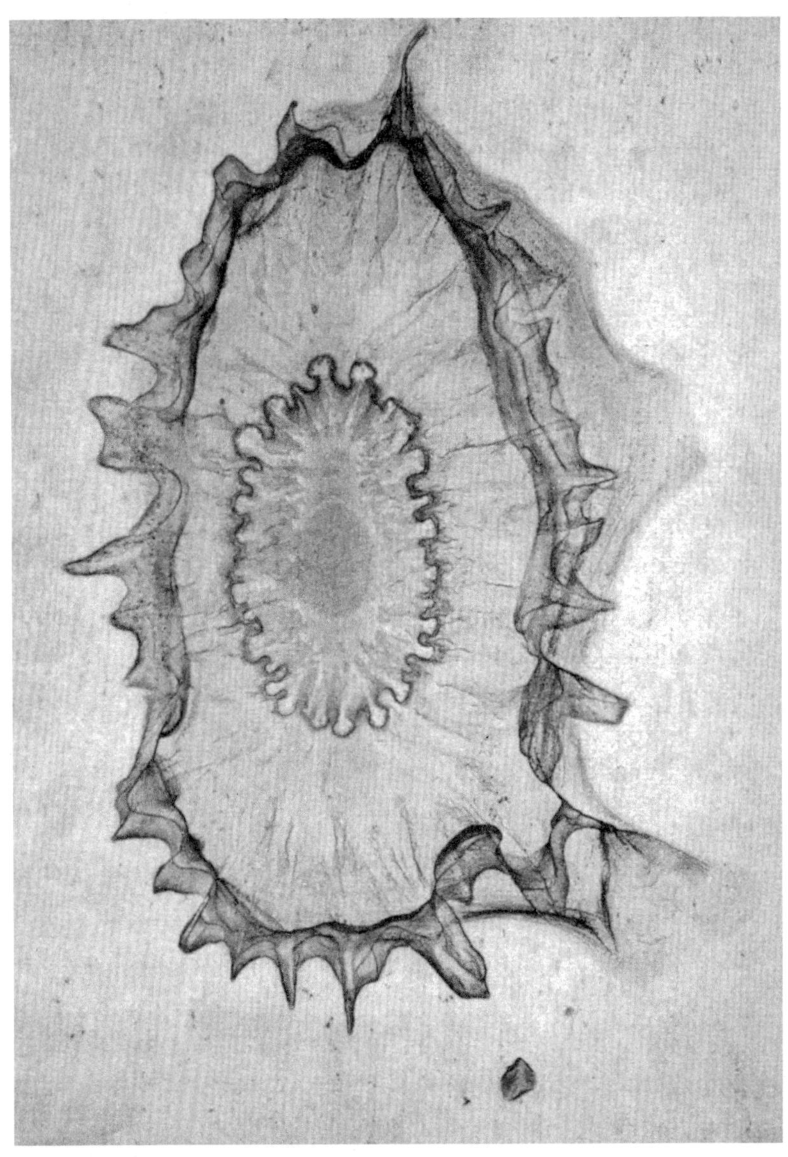

摘自伦格的实验：力量在发挥着作用，向我们讲述着它们与我们的自然秉性。

在生长（至少在边缘地带）。”[60]

伦格确信，他已经破解了如何“让图像成长”并选择自身的构成和命运的方法。[61]伦格坚持认为图案是有意识，可感知的。在吸水纸张的两面，图案几乎完全一样，这就意味着图案不是寄居在纸张的表面而是融化在了纸里。将图案对着光线并仔细观察，会发现图案变得比之前的色彩更深暗了，这个现象便足以说明这一点。伦格在《家庭经济学书信》的第一版就附上了他的“手臂的化学外衣”，他再次说明这不是人工制作而是自然生成的。将两种无色的液体滴在吸水纸上，让它们相互接触并结合在一起从而获得一幅色彩丰富的图案。与那些绘画和版画不同，这些图案是自然生成的，不是人类发明创造的结果。绘画只是一种“表观”，它附着于那些承载着它们的平面上。伦格评论道，所有的绘画都缺乏一种完整的体感。这些图案虽然只存在于外表的平面上，却有一副躯体，拥有“真实而完整的身体组成部分”。[62]这种由液体所形成的体感在人们的视觉中得到了反映。伦格之前不曾见过的图案却与最基本的感知媒介——眼睛有着某种相似之处，令人匪夷所思。如果在纸上进行叠加，图案看起来就更像眼睛了。伦格强调指出，这一过程所呈现出的魅力，在用眼睛进行观察时则是显而易见的。伦格将生命的力量看成一种自然及其元素所拥有的主观意志，这些颇似眼睛的图案看起来与伦格的观点相得益彰。也许这样的自我形成能“看见”或具有感知力。在图案形成的过程中有不同的力量在发挥着作用，向我们讲述着它们自己和人类的生动故事。

在伦格忙于和各种溶液打交道的时候，尤斯蒂努斯·克纳也看到了自然本身所要表达出的意念。一般情况下我们的感觉器官无法看到自然，用通常的科学方法也无法感知，但如果按照他的指引便可以做到这一点。尤斯蒂努斯·克纳是一位诗人同时也是一名医生，擅长采用磁疗并对鬼神颇有研究。他论及梦游症及其他的一些现象，将它们称为“自然的黑夜领地”和“中心王国的阴影”。[63]他的家里聚集了一些梦想家和中了邪的人，同时接待那些慕名前来的求教者。克纳在1857年将他的研究成果撰写成《墨渍图像》一书，他的儿子特奥巴尔德·克纳在他去世后于1890年将该书出版发行。在书中，克纳讲述了如何于偶然之间从飞溅的墨汁和墨渍中找到了乐趣。1851年开始他逐渐失明了。他写道：“墨汁滴落到纸上，墨渍横陈，自己却全然不知。”他会在墨渍干透之前将纸张叠起来，然后再铺开，特别是这些墨渍滴溅在折叠处时，便会形成对称的图案，如蔓藤花纹、动物和其他的图形。这使他想起了孩提时的一段经历，出于偶然也可能是刻意构思的趣事，他把带有颜色的浆果放在折叠好的纸里压碎，不用铅笔或画笔的帮助便会产生某种图形。兴奋之余，他继续着实验的工作，朋友们和来自斯图加特及德累斯顿的福利彩票组织者们也对这些图案感到惊叹并欢呼雀跃。学生们和艺术家们在这股“墨渍艺术”狂热的影响下纷纷推出自己的墨渍作品。克纳的墨渍，因偶然而成就了对称的图案，从中我们可以领略到原始的肖像、偶像、雕刻般的形象、水壶和木乃伊等图像，常常还有一般的人类骨架及男人和女人的形象。这些图案里存在着一些过时和复古的意境，但对孩子们却颇具吸引力。克纳还写道，重要的是不要把什么都表现出来。他在图案出来以后会不时用翎毛做些添加补充，但效果并不好。那些材料自身正在诉说和展示着自己的意志。没有意识的墨渍此时就似轻轻地叩响了世界黑暗一侧的门环。在这当中有不同的力量发挥了自己的作用，尚需我们逐步加以认识。这些实验——运用化学品、墨汁等，为我们铺设了一条通往另一个王国的道路。

伦格在《物质构成的动力》一书的结束语中就自然中蕴含的内在力量提出了自己的看法。他说：

最后，我要表达的观点是，在这些图案形成的过程中有一种迄今尚不知晓的力量在发挥着积极的作用，它与磁性、电或伏打电学毫无共同之处。这种力量不受外界的挑动和影响，从一开始就深植于各元素之中，在它们抵消化学对立物的过程（即通过选择性的吸引和排斥而进行结合与分离）中发挥着自己的作用。我把这个力量称为“形成的驱动力”，并将它视为活跃于动植物体内的生命力典范。[64]

从化学品到纸张，这个存在于图片各元素中的力量被伦格命名为Bildungtrieb，即“形成的驱动力”。自然各个组成部分的生成原理之间存在着诸多矛盾，伦格将这些不同之处搁置了起来。伦格眼中的“力”是生命中所固有的，是最本质的东西。这里只有另一位早期从事煤焦油研究的学者，在相同的路线上，他选择了一条更果决而神秘的小径向前摸索着。作为布兰科的一家钢铁公司董事，赖兴巴赫（Reichenbach）[65]收入颇丰。他听说有人在黑暗的房间里看到磁铁发出的色彩，于是购买了一座古堡，自19世纪50年代到60年代，在里面进行“od”（自然力）的研究。他发现石英也能释放出od，随后他又发现在电流、阳光、月光、化学反应、热、摩擦、声音以及所有生物中都能找到它的踪迹。任何事物，无论是生物体还是没有生命的物质都会散发出这种东西。赖兴巴赫的自然力是一种具有极性的力量，通常表现为两种颜色即红和绿，这取决于所处正负极、左右和上下的位置。然而，自然力存在于世的唯一记录者是另一种人，一种“感觉敏锐”的人，其身躯便是一部精准的仪器，适于感知自然力之光。赖兴巴赫为此做了许多尝试却未能把它拍摄下来。

伦格将生命的力量归结为化学作用的情结，是对浪漫主义自然哲学的承继，却与歌德的形态学和相关实验如出一辙。在伦格的自然哲学中，最普通的形式与现实世界和日常生活密切相关，这其中也包括防范劣质酒及醉酒的方法、用硫酸清洗厨房及在农业中应用的窍门。他的《家庭经济学书信》中，第24封书信虽充斥着歌德的《植物的蜕变》（1790年）中的理念，但它的语言和基调则最具自然哲学色彩。伦格将植物描述为一个“永远延展的链条，其各部分不停息地自我再生着。”植物是“长生不灭的”，它的过去和未来如日月同辉。[66]植物的各个方面都存在着矛盾，贯穿于从物种的出现到灭亡的全过程。

> 地球上的一切变化和发展都是两种矛盾着的力量相互作用的结果，一方面是太阳的活动，另一方面是地球的活动。两种活动相互结合便构成了这个有形的世界，成就了地球多姿多彩的外貌。[67]

这两种基本力量的共同作用在植物上体现的最为明显。其中，光转化为泥土而泥土则转化为明媚的阳光，这种转换得益于植物的两个身躯，一个是“地球身躯”，另一个是“太阳身躯”——一个根植于大地，感受着来自地球的力量：黑暗和重力；而太阳身躯则长出枝杈并伸向天空，享受着来自阳光的力量：光和温暖。[68]如此便开启了地球演化的进程：阳光照耀到岩石遍布的大地上，岩石在不断风化中逐步分解，植物便在地球上生长出来了。植物通过其根部与母亲（遍布石头的大地）联结在一起，亲密无间，因而它们的根系远离了光线，屈从于重力的支配。高高在上的太阳为大地带来了无尽的能量，植物的茎柄上不断生长出枝叶以最大限度地分享空气和阳光。植物的根部在地下四处找寻着水分，枝叶则争相呼吸着甘醇的空气。根茎没有颜色，叶子却是绿色的，好似点燃于初春又熄灭于深秋的“绿色火焰”。[69]随着叶子的出现，太阳便获得了相应的优势地位，它忙于将植物从地球上分离出去，于是变成了那些低矮和未发育之属的敌人。相互的争斗随之而来，结果是从一种植物中生出一种新的植物。这便是萌芽的诞生。太阳成功地催生出一种只附属于阳光的植物。它呼吸着阳光，花瓣时开时合。“它化作植物成了阳光的化身。”[70]地球发起了反击，只有“植物的灵魂”——花粉得以飞离，奔向太阳，获得了解放。[71]授粉是花粉所能进行的最放任恣肆的行为。“无比绚丽的阳光滋养，花儿体悟到自身的存在”[72]，但这种与地球的分离不会长久。花粉四处漂浮进行选择的方式并不是没有代价的。植物的灵魂纷纷逃离，地上幽暗的精灵在后面紧追不舍，而花朵必须配合，做出自己的一份努力。植物的柱头散发着迷人的气味，花粉接踵而来，授粉得以完成。从此鲜花开始走向衰落，芳香也随之飘散殆尽，美丽的色彩渐渐褪去，花瓣也开始干裂。花朵摇身变成丰硕的果实回到地上取代了温柔的花朵。这是发展的最高境界，同时也是一个转折点，植物向上的发展结束并开启了衰败的进程。地球的力道彰显无遗。果实是植物的翻转形态，外皮作为果实的叶子率先呈现出来，根部则包含在里面，隐匿在最中心的位置。植物会让自己伸展开来——茎柄自根部生出，叶子则从茎柄生长开来。而果实的生命历程则不同，它所经历的是一个压缩的过程，果叶或称外皮环绕着茎柄生长并将根部包裹在当中。伦格宣称，这是对果实根部的第一次认知。果实滋养了种子以及像手套一般呵护它的外皮，伦格在此对这一过程进行了生动的描述。果实裂开后，种子便洒落到地上，进入“黑暗和重力的王国”，植物重归土地的怀抱。[73]植物的生命会受到反向力的困扰，在每一点上都有矛盾、对立、反映和反转的发生。植物的青枝绿叶宏伟博大、婀娜多姿，而果实则单一呆板。就植物的各个部位及其多种多样的叶子而言，大量的绿色充盈其间，甚至让人觉得过多和奢侈。相反，果实则显得吝啬和寒酸许多，没有多余的果皮，果实赖以生长的各个部分也没有任何的多余。花朵与种子之间也存在着矛盾。最大限度的自由绽放成为花朵生命中的主旋律，而果实的一生却处在狭窄逼仄中。花朵结出过多的花粉颗粒，达数百万之多，而种子则硕果仅存。伴随花朵生活的是多姿多彩的外貌和对阳光、空气的追求。花朵身上散发出的缕缕芳香便是它的灵魂，超然于物质，从天而降。而种子经历的就似一种居家生活，平淡无奇；它坚硬的体质包裹在淀粉、蛋白质和胶脂当中，散发着泥土的气息。

伦格认为大自然中蕴含着辩证法。任何事物都有两极、对立和矛盾。歌德在从事颜色的研究中也承认存在着两极性，他坚持认为这一特质是由光亮与黑暗之间的矛盾相互作用而形成的。他对植物的研究取得了实质性的进展。伦格对歌德自1790年以来开展的关于植物蜕变的教学给予了肯定，他写道，这是一项重要的工作，但他的结论还远不够充分。伦格只承认渐进的形变，作为一个上升的阶段，对植物而言是必不可少的，并认为这是一种常规的状态。“收缩”和“膨胀”体现在植物的不同“叶瓣”上，从种子的花瓣到茎柄的叶片直至花萼、花冠、器官、风格和果实的形成之中。与这种极性一起发挥作用的是另一种极性力量，即循序渐进的运动，谓之“提升”。歌德并没有提及倒退或衰落的力量。如果他承认，这种力量就会被认定为非常规或不健全的力量。在歌德看来，植物如果正常健康地成长，则一切都在发展进步当中，从第一粒种子——叶片到果实成熟的过程中，植物在经历着形变，推动植物向前演进。[74]相反，伦格认为发挥作用的各种力量之间是相互矛盾的。在此过程中，存在着前进与倒退的辩证关系。形态的同源性并不是简单的形态展开，而是与形态的反转纠结在一起，各种矛盾着的力量之间上演着紧锣密鼓的戏剧，而植物便是这场演出的舞台。然而，就二者而言，所要追寻的不是形态本身而是形态的演进。

伦格关于植物生命周期的书信集是为家庭主妇们而写的。在尚未被正式确立为一门学科之前，伦格的这些书信就把化学知识传播到千家万户。这36封书信涉猎广泛，诸如氯、硫、硝石、醋、酒石酸、苏打、钾盐、肥皂、复活节彩蛋、咖啡和菊苣的神奇力量、潘趣酒、人工施肥、打理未成熟的葡萄等。他通过各种趣闻轶事惟妙惟肖地讲解化学反应的过程，比如他举了啤酒发酵和苹果酒引爆瓶子的事例，简单明了，趣味盎然。伦格还要应对当地妇人们就日常生活的经历所提出的问题，有些妇女对他的工作提出了意见和建议，一些人在书信还未出版前就给出了相应的评价。伦格记述了他与妇女们关于化学问题的对话以及她们在家里做的实验。[75]

卡尔·马克思与感知

当伦格向不同的人群传授化学原理时，其他的理论家们则忙于梳理新近获得的科学知识并加以整理归纳，借以从理论上解读社会的发展变化。自然的历史就是动力和运动，马克思的思想中充满了自然世界与人类世界之间的类比。马克思在早期的著作中坚持认为，自然科学确信在人类出现之前自然就已经营造了适宜的环境并一直在同步发展着。有机世界是自我产生的。马克思在《1844年经济学哲学手稿》中写道：

> 地球成因学认为地球的形成及其变化是一个自我生成的过程，地球创造论受到了来自该学科的巨大冲击。但只有generatio aequivoca（拉丁文：模糊生成）对地球创造论进行了强有力的批驳。[76]

直到1835年，马克思一直与亚伯拉罕·戈特洛布·维尔纳的一位追随者约翰·斯泰因格尔一起在特里尔[77]的高级中学里学习。在柏林的大学，他选修了海因里希·斯特芬斯教授的人类学课程。斯特芬斯教授不仅是一位有重要影响的地质学家、矿物学家，而且还是一位继承了谢林传统的自然哲学家。他曾在弗莱堡（Freiberg）[78]听了维尔纳的地质学讲座，在耶拿看望了费希特和谢林，并与诺瓦利斯、歌德以及奥古斯特·施莱格尔会面。马克思对自然科学的兴趣源于维尔纳和自然哲学。[79]在他的早期作品中马克思就断言人类与自然之间是个统一体。理解来自于感官，任何科学探索都需要它们的积极参与。在《神圣家族》（1844年）一书中，马克思和恩格斯在回顾唯物主义的发展时采取了一种批评的态度，认为它“失之偏颇”：

霍布斯（Hobbes）[80]是将培根[81]的唯物主义进行系统化的人。以感官为基础的知识失掉了自身诗情画意，变成了几何学家们的抽象体验。自然运动则成为机械和数学运动的祭品：宣告几何学为科学之王。唯物主义开始变得远离尘世了。[82]

与此相反，马克思和恩格斯坚持认为，客观世界的知识或“科学”来自于感知，这种唯物主义具有“诗情画意”并重视人类的判断力。在《1844年经济学哲学手稿》中，马克思运用了诺瓦利斯的方法，为我们描述了老矿工只为实现宝石的美学价值而在地下辛勤挖掘的画面。矿工了解矿物的特性并对其钟爱有加，而矿产的交易商却仅仅把它们看成财富而趋之若鹜，二者形成了鲜明的对照。由于认知上的局限，交易商仅看到商业上的价值，而没有看到这些矿物的美及其独特的品性；交易商缺乏矿物学方面的认识。马克思发展了一种感知理论。在面对一个客体的时候，感官只能承认它的存在并作出相应的反应，“在这个客体中，作为我的核心力量为主观能力而存在，因为对我而言一个客体的意义只能延伸到我的感官所及之处（来自于感官的望物生意）”。[83]比如，音乐的意境只能传递给一对会欣赏音乐的耳朵。“社会人”的感官不同于那些“非社会人”的，因为人类“基本能力”在经过社会化的洗礼后得以全面展开并受到启迪，作为意志和爱恋“精神感官”的五个人体感知器官便是如此。

五个感知器官的形成是迄今为止世界全部历史打造的结果。感官在满足本能需要的过程中受到了制约。对于一个饥肠辘辘的人而言，没有什么人类的食物形态，有的只是作为抽象的食物。这些食物很可能粗糙至极，你也许不会说这顿饭与动物吃的有什么不同。如果一个人穷困潦倒整天忧心忡忡，便不能领略阳春白雪的高雅。矿产交易商只看到商业价值而看不到自然矿物之美及其独特的品性：他没有矿物学方面的意识。[84]

一对孪生的对立物——贫困与对利润的追求，使人类的感官遭受重创。当看到手中可售卖的珠宝时，矿物交易商的眼睛里只看到了金钱，这是另一种生硬而又冷酷无情的物质，用金属作为自己的标记。在马克思看来，只有赋予自然以人性，对它施加影响并使它成为我们的客体，从而确定并实现我们的个性，唯此，客体得以回归自我，我们的感官才会看清它的面目。人类的本质在他的世界中是具体化的，这样才能“创造出契合人类全部精神财富和自然物质的人类的感官，让人类的感知富有人情味”。一旦我们进入了自由王国，珠宝和矿物的美和特质便会备受推崇，最重要的是，我们的感官才得以正确地认识这些事物。

在资本横行之际，即使对矿物学的感知受到了某种制约，这些宝石在交换的条件下仍坚守着一个承诺；感官受到制约的观念暗含着一种对抗的力量——一种奋力实现自我的感官需要。矿物的货币价值与它荣耀的美学价值有机地结合在一起，它的赏心悦目与柔滑凉爽的触感相互交织，客体不会完全逝去，仍会受到人们的喜爱。要完全达成这样的意境，则抽象的商品形态必须要让我们体验到愉悦和美感，必须要使其“人性化”。为了用人类特有的方式进行体验，人类就不能把一个客体当作一项交换的商品，而必须要适应客体，重视它们的特质，如此客体和感官之间便会相得益彰。提升美学价值和愉悦感是马克思唯物主义的内在要求，这与浪漫主义的愉悦观有异曲同工之处。我们与客体关系的真实写照则是，客体并没有被具体化，而是迎合了旁观者的感受。关于矿物和感官的段落是论述物种与劳动的巅峰之作。[85]人与动物一样都生活在自然中，然而人类是一种普遍存在的物种，他能改变有机和无机世界的方方面面。人的生命依赖于营养、温度、衣着、住所等自然产品。整个自然就是人的“无机的身躯”，既是人类直接赖以生存的手段又是生命活动的内容、对象和工具。

人类必须与这个“无机的身躯”保持对话，这样才不致死亡。[86]无论是以艺术形式再现出来的超凡脱俗的精神境界，还是被当作科学探索的目标，在这个对话中自然遭到了剽窃（由于人具有自然的属性，所以他是在剽窃自己）。这种富有成效的生命是一种“创造生命的生命”，它本身就是自由选择的结果，是一种创造性的活动，人类这一物种便是这样形成的。而创作出的东西就是人类思想和活动的客体化。这便是感官上的又一次剽窃。

> 所有人类与世界的联系——望、听、闻、尝、感觉、思考、揣度、企望、行为和爱恋等——总之，他所特有的感官各司其职与客体进行接触，进而完成了对客体的盗用。对人类的现实的盗用，即各种感官与客体接触，就是对人类现实的确认。这便是人类的效能和痛苦，因为人类所特有的痛苦就是人类自身的一种享受。[87]

对自然的剽窃是一项活动，可以直接进行亦或运用一些策略。在剽窃自然的过程中，人类享受着自身的创造能力对世界进行物化和再造。然而对私人财产的向往使我们变得“愚蠢而偏颇”，我们相信某个客体是归自身所有的，最终私欲毁掉了这一切。货币的出现扭曲了归属的意义。只要私人财产存在，人类的感官就会受到抑制，而自然对我们的反映也是不充分的。我们拥有的感官应当与各类客体一样的繁多，包括矿物、植物和动物等。自然的每一部分都不能用货币与我们交流，而应该用其自己和人类的语言与我们进行交流，因为货币仅是金属制成的象征性符号，已失去了表达自我的能力。在资本主义制度下，劳动是在分离的状态下进行的。劳动不是无偿提供的，产品不会简单地回到生产者的手中，确切地说，所返回的只是劳动对象的一部分价值，而劳动对象则被转换成货币。生产出的产品如今已变为陌生的东西，这里面包含着工人所倾注的精力，因而这份陌生感便愈发地令人不安了，就如同四肢被人切割了一般。在资本主义制度下的劳动是分离的，对劳动过程的关注远不如对产品的重视程度，而产品便是一种商品。人的身体与自然及自身的精神本质疏远了。[88]马克思的目的就是要让审美体验回归个体。他借鉴了费尔巴哈的感知唯物主义，坚持认为感知就是一切科学的基础。历史是人类作为感知意识的对象而进行准备和发展的历程，它将人类所需要的东西转化为一种必然的安排。

> 历史本身就是自然历史的一部分，也是人类发展史的一部分。正如人类科学要与自然科学相融合一样，自然科学会逐步与人类科学融合到一起：未来只会有一种科学。[89]

随着时间的推移，技术得到了进一步的开发以便与我们无机的身躯进行交流。通过运用技术与自然进行互动的过程，我们改变着自然，让自然的产出因“我们”而成为历史，而我们也是自然历史的一部分。人类的活动是一种自然的力量，同时也对自然发挥着影响，这便是自然与自然之间的相互作用，自然也随之改变了。历史寓于自然中，而自然也寓于历史中。在19世纪50年代初，马克思用“地质形成”这一术语来命名其“社会形成”的观念。

1858年7月，恩格斯曾写信给马克思，那时他正热衷于比较解剖学、生理学和有机化学。自然历史在1850年之前是大众科学的重要议题，但随着时间的推移，对自然历史的热情逐渐下降。自然的三个王国——矿物、植物和动物被分离出来，对它们的研究则分成了若干专业学科。恩格斯请马克思给他邮寄一本黑格尔的《自然哲学》，他很想知道这位长者是否早就能嗅出新的发展气息。他观察到，物理学已经证实了黑格尔的猜测，即力的相互作用。自然的力场受制于运动和转化。

下列给出的原理决定了机械的运动，这就是，机械力（比如由摩擦产生）转化为热，热转化为光，光转化为化学亲和力，化学亲和力（如在伏打电堆中）转化为电，电转化为磁性。这些转化也可有不同的形式，即可正向也可反向进行。[90]

对此，恩格斯写道："就思想意念之间的相辅相成而言，这不是一个极好的客观例证吗？"正如历史一样，自然中的一切都是辩证的，而辩证法则是体验这一切的明智方式。此外，恩格斯也涉猎了比较生理学的研究，他这样写道：

人类对其他动物的优越感令人鄙视。人与其他哺乳动物的机理结构几乎如出一辙，向前的每一步都是沿着这条路径颠簸前行，其主要特征可以延伸到所有的脊椎动物，甚至到昆虫、甲壳动物、蚯蚓等。[91]

从最原始的形态，最低级的植物到人类的卵子、精子以及身体的各组成部分，这一切都是由细胞组成的。自然科学在过去的三十年里取得了长足的发展，其中的一个原因便是显微镜的使用，恩格斯认为只是在近二十年这个仪器才得以推广使用。正是借助了显微镜才揭示出这个统一的源头：

所有的一切都是由一个个细胞组成的。细胞便是黑格尔的"自在主体"，其发育精准地沿着黑格尔所描述的过程展开，最终形成了"观念"，也就是每一个完善的有机体。[92]

显微镜让人们的视野进一步渗透到物质结构的内部，从而将这一切揭示了出来。在这里，人们的视力得到了提高。马克思在1867年出版的

《资本论》的序言中，将“简单价值”比作一个细胞。正如用显微镜观察细胞一样，只有通过一种更高级的力量进行抽象归纳，才能对简单价值加以分析。劳动产品的商品形态便是“经济的细胞形态”。[93]马克思认为，把经济体当作一个整体加以分析相对容易，而对资本进行剖析则要将经济体抽丝剥茧，让它回到最简单的形态，即所谓细胞或“商品的价值形态”。他观察到，对这些形态的分析取决于“与进行显微解剖相同的顺序”相关的技术细节，将自然科学的研究方法运用到经济分析上面。[94]通过运用敏锐的眼光在足够近的距离进行观察，自然历史业已揭示出直接感知背后的力量。然而，化学与其他新兴科学正在运用科学仪器和推理开展研究工作，发现了用肉眼看不到的元素，比如分子和原子。人们看到了未曾见过的事物，并能对它们进行分析、触摸和利用。这些方法反过来运用到了马克思对社会形成的分析上来，分析的目的则着眼于社会的变革。马克思的感知唯物主义和恩格斯的一元论与科学的发展进行着对话和互动。想象一下它们最具进步意义和理想主义色彩的一幕：如同从扭曲的资本主义现实中解放出来一样，让一切自然得到解放并从自然状态中解脱出来。

煤炭的颜色

19世纪的岁月不断流逝，化学家与其他领域的科学家们一直忙于对世界上各类元素的研究并做着相应的报告。尤斯图斯·冯·李比希这位德国最成功的化学普及者受《奥格斯堡大众报》[95]的约请，为该报撰写了一系列文章。第一封《化学来信》刊登于1841年，当年还刊登了另外的6封来信，此后的来信被装订成册出版发行。所涉猎的主题包括了动植物王国里物质的循环；农业均衡问题；骨骼及其肥料的用途；疾病与血液成分；动植物有机体的关系以及化学的意义等。到1859年《化学书信》第四版时，这本书得到了进一步拓展，分两集共收录了50封来信，它的成功彰显了化学在工业和社会领域的深入和普及。伟大的化学工厂时代业已来临，德国这时拥有许多研究、生产和贸易基地。[96]主要的研究领域是围绕着伦格发现的苯胺开展的，有些德国科学家移民到英国继续从事这一领域的研究。奥古斯特·冯·霍夫曼这位李比希的前助理与一批年轻的研究人员在那里开展了对苯胺的研究。同伦格一样，他们利用生产照明煤气的残渣，从中提炼出不同品位的煤焦油并加以分析。霍夫曼团队中的一名成员叫威廉·亨利·珀金，他于1856年时曾尝试从一种类苯胺物质中生产奎宁，这种药对殖民探险中经常罹患的疟疾有很好的疗效。但他制作出来的却是一种棕色油脂膏，继续加水进行搅拌后变成了一种紫色的溶液。后来他发现从溶液中能分离出蓝紫色的晶体，这种物质可以着色于丝绸，而且不褪色，明亮而鲜艳。虽然伦格是第一位人工合成蓝色染料的人，但人们把发现合成色彩的功劳归功于珀金，第一种合成色彩被命名为泰尔紫，后改名为珀金紫（Perkin's mauve），又叫苯胺紫。随后珀金放弃了研究工作，投身到色彩的工业化生产之中。伦格开启的这项研究工作在整个欧洲蔚然成风，化学家们开始抓紧工作，利用煤焦油制成了各种各样的颜色。那坦松与霍夫曼于1856年发现了两种提取品红的方法。1858年在法国里昂生产出品红，其鲜艳的色彩引起了一时的轰动。西拉德和德莱尔于1860年制成了苯胺蓝。1861年巴黎生产出紫罗兰色，1862年碱性蓝问世，1863年霍夫曼制成霍夫曼紫，珀金制成碱性红。1864年俾斯麦棕、帕尔马紫和里昂蓝问世。

霍夫曼从一本1862年伦敦世博会指南中注意到了一些色彩异常美丽的颜料，它们是从最令人生厌的焦油中获得的，他认为用人工的方法合成出各种动植物材料在技术上是可行的，从而使民众享受到那些基本生活福利，而这些福利此前只是少数人的特权。[97]这届世博会引发了英、法、德之间的激烈竞争。没有一家德国颜料工厂参加1862年的博览会。法国一直居于领先的地位，但到了1865年，英国的工厂在德国化学家的参与下实现了赶超，其中曼彻斯特黄和曼彻斯特棕引领了一波新的偶氮染料浪潮。将亚硝酸作用于苯胺生产出的这种染料，可以不通过媒染剂直接进行印染。1867年的世博会上有更多的色彩出现。此时，霍夫曼和其他德国化学家受感召回到德国继续从事研究工作。英国生产出丰富的色彩，当时的大英帝国，能从多处获得茜草属植物的红色或蓝色的根茎，从而获得胭脂红和靛蓝。法国从本地的茜草植物根茎中制取红色，英国从其殖民地印度获得了红色茜草植物。德国的帝国殖民地属地很少，但煤炭资源丰富，政府对染料工业的发展给予大力支持。沿着莱茵河与美因河两岸，工厂雨后春笋般地建立起来。麦斯特·卢修斯工厂于1863年建在靠近法兰克福的赫希斯特，专门从事苯胺的生产，出产的第一种着色材料就是品红染料。拜耳公司是1863年由一位颜料商和一位专业人士在巴曼创立的，那时公司只雇佣了一个工人。早期颜料的生产通常是在主人的厨房炉灶上炒制出来的。到了第一年年底的时候，公司里有了12个工人以及一位营销人员和一个学徒。在两年不到的时间里，拜耳便参加了在美国的第一届颜料生产博览会。拜耳公司的职工队伍在最初的四年里增长了5000%。巴斯夫公司由弗里德里希·恩格尔霍恩于1865年创立，主要生产煤焦油。到1875年时，德国的颜料工厂已远远领先于英国、法国和瑞士。1877年德国通过了一项法律，对德国在工艺流程方面的发明创造予以保护，从而进一步激发了探索合成相同产品的新方法。与此同时，许多技术学校逐步建立起来以强化化学知识的教育与学习。到1877年，德国生产的颜料占据了世界产量的半壁江山。1858年返回德国的弗里德里希·克库勒·冯·斯塔尔道尼茨于1865年发现了苯是由苯环和氢原子构成的。苯是一种无色略带芳香气味的易燃液体，是煤焦油及石油的一种成分，苯最初是由化学家麦克尔·法拉第于1825年分离出来的，霍夫曼于1845年在煤焦油中发现了它的存在。克库勒勾勒出了苯的原子结构，这一贡献归功于他的两个白日梦，一次是1854年在伦敦乘坐公共汽车时，他梦到原子翩翩起舞的场面，另一次是1860年代早期他梦到了一条蛇在吃自己的尾巴，身体呈六边形的环状体。这种现象解释了为什么碳的化学组合较之其他元素多出五至六倍。拜耳公司的卡尔·格雷贝和卡尔·利伯曼在这项发现的基础上进行茜草色素结构的研究以期将它复制出来。茜草红是茜草根茎中主要的红色染色剂。1869年他们两人花费了许多精力，试图在从蒽中获取二溴蒽醌的基础上人工合成茜草色素，而蒽就是从煤焦油中提炼出来的。他们与海因里希·卡罗进行合作，简化了工艺流程，使之适于工业化生产。来自蒽的茜草色素在化学结构上与茜草中的色素完全一致且不含杂质，生产成本则更低。从自然染料中生产出的产品，其品质无法实现标准化，例如，产自阿维尼翁的茜草因生长在一种粉质的土壤中，所以不需要像阿尔萨斯茜草那样，在生长的土壤中添加如此大量的黏土，而成长中的茜草较之成熟的茜草，提取染料的潜力要小一些。现在人们可以获得人工合成的材料，其品质是绝对可以预期的。拜耳于1870年开始生产茜草色素，1871在此基础上又新建了一家生产茜草色素的工厂，到1874年从事生产的工人达到64名。到1877年，拜耳公司雇佣了136名工人，日产6吨，世界上的多数茜草色素都是在这里生产出来的。这时，其他公司也进入了化学领域，例如巴斯夫公司在1871年开始销售茜草红染料，然后是曙红、金胺、亚甲基蓝等。与化学工业的建设和扩张巧合的是，就在这一年，25个德意志邦、州联合组成了德意志帝国。通过1871年签订的法兰克福协定，俾斯麦得以使法国购买德国生产的染料半成品，其价格比法国的更便宜[98]，法国的相关工业随之衰亡了。工业化带动了消费的增加，从1843年到1873年，德国的人均棉花消费上升了500%。[99]而这些材料都需要染色加工。

人们用了很长的时间才破解了靛蓝的秘密（这个过程耗费了1800万金马克及17年的艰苦努力）。产生靛蓝的植物必须经过两个星期的发酵，然后将所产生的绿黄色物质放入大桶里继续发酵，随后还要用棍棒反复戳打让它与空气接触。经过这个氧化过程，一种不能溶解的红色颜料沉淀到大桶的底部，将它干燥后加工成方形颗粒便可销售。这种产品并非总是纯净的，里面的杂质会对工厂的印染过程造成不利的影响。阿道夫·拜耳于1864年开始对靛蓝进行研究并于1868年发布了第一个配方。到1880年时，他又利用邻硝基肉桂酸首次成功合成靛蓝。但这种合成靛蓝的生产成本居高不下，没有什么实际价值。这种成本在世纪之交已今非昔比，大幅下降，合成靛蓝最终于1897年投放到市场，很快就摧毁了英国在印度的生产。到1913年，天然靛蓝就被合成靛蓝完全取代了。

人工合成的彩虹出现了。化学家们终于破解了色彩的化学结构，茜草色素的合成催生了数以千计的新色彩，甚至从软体动物体液中获取的富有传奇色彩的泰尔紫，也在德国的实验室中成功地复制出来。大自然缔造了平行的另一个世界——人工色彩，以及后来的纺织品和物质材料。在恩格斯的眼里，对茜草色素的提取与合成改变了世界的面貌：

> 动植物体内产生的化学物质仅是一种“自在之物”，直至有机化学开始逐一进行复制以后，这种“自在之物”便成为了“为我之存在”，举例来说，茜草色素这种染色物质，我们不必再费心劳神地到地里去种植，却能从煤焦油中提炼出来，即简单又便宜。[100]

有些哲学家如休谟和康德等，否认人类穷尽对世界认知的可能性，他们对神秘的固执己见遭遇了恩格斯的挑战，恩格斯坚持认为通过实践“也就是实验与勤奋”便可到达认知的彼岸。当化学家们有能力复制一种自然物质而且使它“服务于我们的需要”时，康德的令人费解的“为我之存在”便烟消云散了。至少，恩格斯希望一个人性化的自然现在可以为我们所用。

第二章注释：

1 伦格后来对与歌德的这次见面的记述，收录在他写的培养家庭主妇科学知识的信件集中。详见F. F. 伦格：《关于家政事务的信札》（1866年）（莱比锡，1988年），第153～156页。

2 吕贝克（Lübeck），德国北部港口城市。译者注

3 有关伦格生平的详情，参阅贝特霍尔德·安夫特：《弗里德里布·费迪南德·伦格：来自生活和事业》（柏林，1937年）。

4 约翰·沃尔夫冈·多贝莱内尔（Johann Wolfgang Döbereiner，1780—1840），德国化学家。译者注

5 同注释3，第51页。

6 "Sublation"，在哲学中为"扬弃"之意，在逻辑学中为"否定"。译者注

7 同注释3，第58页。

8 奥肯（Lorenz Oken，1779—1851），德国生物学家、自然哲学家。译者注

9 同注释3，第16页。也可参阅特霍尔德·安夫特著的《弗里德里布·费迪南德·伦格：来自生活和事业》中重印的大学期间的全套档案，第153～166页。

10 同注释3，第59页。

11 费罗茨瓦夫大学（Breslau University）位于波兰费罗茨瓦夫市。译者注

12 奥拉宁堡（Oranienburg），德国勃兰登堡州的一座小城。译者注

13 贝特霍尔德·安夫特对如何并购这家化工厂作了具体解释并补充道，这是政府寻求摆脱对"海外依赖"的举措。安夫特在他撰写《弗里德里布·费迪南德·伦格：来自生活和事业》时，对德国19世纪30年代初期和百年之后的国家经济政策进行了对比。因此，1850年当这家化工厂以私人交易方式卖给考齐乌斯时，安夫特进行了严厉抨击。详见

《弗里德里布·费迪南德·伦格：来自生活和事业》，第31页。

14 同上，第102页。

15 萘（naphtalin），还可拼写为naphthalene，是制造樟脑球、染料和炸药的原料。译者注

16 安夫特在其著的《弗里德里布·费迪南德·伦格：来自生活和事业》书里表明，伦格先于赖兴巴赫从溶液中提取了杂酚油并发现了杂酚油的防腐作用。

17 伦格在关于氯及其与家务关系致家庭主妇的第14封信里，介绍了他发现这种蓝色合成染料的经过。伦格：《关于家政事务的信札》，第22页。

18 在第一种合成的蓝色问世之前，相同的试验已在进行。1771年，英国化学家渥耳夫在靛蓝中加入硝酸，发现了一种能对羊毛和丝绸进行染色的黄色物质。1779年，对这一相同实验，韦尔特使用相同的试验方法，用硝酸对丝绸进行处理。这两个化学家都制造出了苦味酸，却都不知道它是什么物质。1776年，瑞典化学家舍勒使用硝酸对尿酸进行处理，并将在该反应中产生的物质进行蒸发，发现微红色的剩余物似乎可以对皮肤进行着色，舍勒把它命名为红紫酸。1818年，法国化学家普鲁斯特从红紫酸中提取出紫螺酸铵。当时这几位化学家并不完全理解这些实验的意义，但这些试验对颜料的合成无疑是一次在完全没有意识的状态下的探索。

19 伦格的这些发现和对这家工厂在管理方面所作的努力均没有得到相应的回报，安夫特在《弗里德里布·费迪南德·伦格：来自生活和事业》里对此作了叙述，详见第31～40页。安夫特认为，围绕伦格在待遇方面的争论，反映出管理层和企业主在对“技术人员”的价值问题上完全不同的态度。

20 李比希（Liebig），以德国化学家李比希（Justus von Liebig，1803—1873）命名的实验室，位于德国中西部城市吉森（Giessen）。李比希最早证明游离基的存在，还在有机化学早期的系统分类、生物化学、化学教育和农业化学做出过贡献。译者注

21 哥廷根（Gottingen）为德国中北部城市。译者注

22 本生（Bunsen），以德国化学家本生（Robert Wilhelm Bunsen，1811—1899）命名的实验室，位于德国中西部城市马尔堡（Marburg）。译者注

23 引自伦格：《关于家政事务的信札》，第15页。

24 同上，第3页。

25 古斯塔夫·比绍夫：《就自然科学的各个领域致知识女性的信札》，1848年），第3～4部分。

26 伦格：《适于每个人的工艺化学入门》（柏林，1836年），第7部分。

27 同上，第31页。

28 同上，第545页。

29 伦格：《适于每个人的化学基础课程》，第3版（柏林，1843年），第425页。

30 伦格：《化学概论》（慕尼黑，1848年），第1页。

31 伦格：《关于家政事务的信札》，第66页。

32 别西卜（Beelzebub），《圣经》中的鬼王，通常泛指魔鬼。译者注

33 同注释31，第69页。

34 考齐乌斯1855年自杀后，他的妻子接管了他的生意。同年，她和伦格发生了一次激烈地争吵。为此，伦格失去了住房，津贴也被消减。

35 详见伦格：《论颜色化学：谨以此献给那些创造美感的画家、装潢者、布染者的图示（通过化学的相互作用加以再现）》（柏林，1850年）。

36 弗里德里希·威廉四世（His Majesty Friedrich Wilhelm IV，1795—1861），1840年至1861年任普鲁士国王。被称为“浪漫主义国王”，在任期间在柏林和波茨坦组织建造了一批著名建筑而被人称道，科隆大教堂也是他的主要“遗产”之一。译者注

37 同注释35。

38 同注释35。

39 同注释35。

40 同注释35。

41 伦格在《论颜色化学》一书中表示，制作图像的这张纸实现了将液体中不同的元素分离出来的效果。根据伦格的这项观察，色谱分析法发明人应属伦格。

42 同注释35。

43 米开朗基罗（Michelangelo di Lodovico Buonarroti，1475—1564），被西方世界誉为文艺复兴时期理想中完美人类的最高典范。译者注

44 同注释35。

45 同注释35。

46 同注释35。

47 J. W. 歌德：《著作》（第14篇），第9版（汉堡，1981年）第8卷，第5~6页。

48 1859年，英国物理学家约翰·廷德耳论证了天空呈蓝色是尘埃对太阳光线散

射而产生的效应。在人的视觉系统中接受蓝色的视神经，也同样会受到散射的蓝色、靛青和紫罗兰的大束光线的强烈刺激。假设观察该现象的肉眼是蓝色的话，那么会产生同样的效应，肉眼的蓝色就如同宝石的乳光、松鸦羽翅的蓝色一样。

49 J. W. 歌德：《原则与反射》（莱比锡，1941年），第203页。

50 同上，第98～99页。

51 同上，第97页。

52 J. W. 歌德：《色彩理论》，查尔斯·洛克·伊斯特莱克翻译（剑桥，马萨诸塞，1970年），第6部分。

53 J. W. 歌德：《分析与综合》，参阅歌德《著作》（第14篇），第8卷，第49～52页。《分析与综合》一文在作者去世后的第二年（1833年）出版。

54 J. W. 歌德：《著作》（第14篇），第8卷，第36页。

55 伦格使用"sinning"一词对歌德在自然领域的研究给予赞许，"sinning"让人联想到"sinnen"一词，即"感觉""感知"（senses）。

56 伦格：《关于家政事务的信札》，第166页。

57 伦格在讨论第21幅图像时使用了这个术语，即"选择性吸引"，可参阅《物质构成的动力》。

58 伦格：《物质构成的动力》的结论部分。

59 同上。

60 同上。

61 同上。

62 伦格：《关于家政事务的信札》首页。

63 克纳致阿达尔贝特·冯·沙米索的一封信，引自奥托-约阿希姆·格吕斯纳：《尤斯蒂努斯·克纳，1786—1862年：医生、诗人、鬼神研究者》（海德堡，1987年），第217页。

64 伦格：《物质构成的动力》的结论部分。

65 赖兴巴赫（Baron Karl von Reichenbach，1788—1869），德国博物学家。创造了"od"一词，意思是自然力。他认为产生磁力、化学变化等的自然现象的自然界中普遍存在着一种力。译者注

66 伦格：《关于家政事务的信札》，第153页。伦格在1866年关于植物蜕变的理念回应了他19世纪20年代初期关于植物学的早期的部分著述。

67 同上，153～154页。

68 同上，第154页。

69 同上，第156页。

70 同上，第157页。

71 同上。

72 同上，第158页。

73 同上，第160~161页。

74 同上，第164~165页。伦格在这里引述了歌德的“植物的蜕变”的观点。

75 奥拉宁堡的妇女们为伦格写了一首诗，称赞他是家庭主妇、厨师和洗衣女工的顾问。伦格去世后，他人在其尚未出版文稿中发现了这首诗。

76 卡尔·马克思：《1844年经济学哲学手稿》（1844年），（伦敦，1975年），第356页。

77 特里尔（Trier），德国西部城市，马克思的故乡。译者注

78 弗莱堡（Freiberg），德国西南部城市。译者注

79 详见Y. M. 乌拉诺夫斯基：《马克思主义和自然科学》，收录在《马克思主义和现代思想》，该书由N. I. 布哈林等编辑（伦敦，1935年），第140页。也可参阅约翰·贝拉米·福斯特：《马克思的生态学：唯物主义和自然》（纽约，2002年）。

80 霍布斯（Thomas Hobbes，1588—1679），英国哲学家、政治思想家。提出社会契约论学说。主要著作《利维坦》《论物体》。译者注

81 培根（Francis Bacon，1561—1626），英国政治家、哲学家，现代科学方法论的建立者。译者注

82 卡尔·马克思和弗里德里希·恩格斯：《神圣家族，或对批判的批评所做的批判》（1844年；莫斯科，1975年），第151页。

83 卡尔·马克思：《1844年经济学哲学手稿》，第353页（译文有更改）。

84 同上。

85 同上，第322~357页。

86 同上，第328页。

87 同上，第351页。

88 同上，第329页。

89 同上。第355页。

90 卡尔·马克思和弗里德里希·恩格斯：《马克思和恩格斯的通信：通信选集，1846—1895年》（伦敦，1941年），第113页。乌拉诺夫斯基在《马克思主义

和自然科学》一文里写道，马克思读了格罗夫著的《自然力量的相互关系》，这本著作表明，在英国和德国科学研究者中，格罗夫是“最富哲学素养的自然科学家”。

91 马克思和恩格斯：《通信》，第114页。

92 同上，第113页。

93 卡尔·马克思：《资本论》德语第一版序言，第1卷（纽约，1906年），第12页。

94 同上。

95 奥格斯堡（Augsburg），德国南部城市。译者注

96 1868年以后，德国工厂通常都设有自己的实验室，而直到第一次世界大战前，英国和法国的工厂中都还没设立实验室。

97 引自沃尔特·格雷戈里：《化学征服世界》（柏林，1943年），第121页。

98 佛朗哥·布律内勒：《在人类历史中的染色艺术》（威尼斯，1973年），第284页。

99 详见弗里德里希·西堡：《无形的革命》（巴伐利亚，1963年）。

100 弗里德里希·恩格斯：《路德维希·福尔根和德国古典哲学成果》（1888年），（伦敦，1941年），第33页。

Chapter 3

Shimmer and Shine, Waste and Effort in the Exchange Economy

·第三章　昏暗和亮光，市场经济中的损耗与成就

受伤的大自然

是谁生产了颜色呢？化学家们破解了密码以后，工人大军按照指令在染桶和锅炉旁辛勤地劳作。这些劳动留下了诸多痕迹，正如以“红色工厂”而远近闻名的麦斯特、卢修斯和布吕林的工厂那样，残留在工人们手上的染料比比皆是。[1]这些化工产品还在肺部或皮肤上留下了其他的印记：溃烂、癌症、皮炎、再生障碍性贫血、上皮瘤、苯胺中毒、黄萎病及疮等。工厂24小时运转，每班18小时，中间没有休息，挥汗如雨的工人们没有防护服的保护，这种工作带来的另一个问题便是各种职业病的频发。[2]

马克思在《资本论》中用政府报告和其他类似材料揭露了英国纺织工业令人触目惊心的生产环境，称之为资本主义的“经典处所”。[3]纺织生产推动了工业革命的开展，劳动分工不断细化，生产场所愈发集中，生产体系逐步形成。纱厂里雇用了大批男人、妇女和儿童等“人手”，将美国奴隶们收获的原料进行抽纱、纺织和漂白，然后进行印染，为制作成衣做好准备。[4]在19世纪40年代，成人和儿童一周当中有6天在工作，年轻人和妇女的法定工作时间为一天10至11小时左右，不分昼夜；8岁至13岁儿童的工作时间为7至8小时；男人一天要工作12至15个小时。在丝织厂，儿童的条件比其他地方更为恶劣，他们被剥夺了所有其他工厂的儿童都享有的接受义务教育的权力。工厂给出的理由是，丝绸作为一种精致的纺织品，它的生产有赖于精致和娴熟的操作。1850年颁布的《工厂法案》对一些做法进行了限制，但有些特定的行业还是被排除在外。直到1860

年漂染企业才被置于该《法案》的规范之下，花边和袜子生产企业直到1861年才得以规范。1860年的法案规定，自1861年8月起，漂染企业的工作时间为每个工作日12小时，1862年8月起改为10小时，其中，周一至周五每天10小时30分钟，周六为7小时30分钟。工厂主们则力争将研光工和整理工的工作时间排除在这次时间调整之外。在那个时期，不论工作时间的长短，工作环境都是残酷的。在漂白和烘干车间干活的女孩子们要忍受高温的烘烤，汗流浃背，日复一日地挤在小屋里的热炉旁熨烫和整理，直到深夜。据检查人员反映，严重的肺结核、支气管炎、子宫功能异常、歇斯底里症以及风湿病等司空见惯。[5]马克思记录下了各种规避法律以及用不同借口排除法律管辖的行为。

时尚虽风靡一时，却带来了诸多的痛苦。马克思将时尚变化的节奏与资本主义生产的破坏性联系在一起，并在《资本论》中进行了有力的控诉。“致命且毫无意义的时尚变幻无常”，与之相伴的是随意雇佣和解雇工人，导致资本主义生产的“无政府状态”。马克思提到了“季节因素”，不同的季节会有“突然而至且必须在最短时间内交货的大量订单”。随着以铁路和电报为代表的交通和通信的发展，这种情形越发普遍了。马克思引用了一位英国生产商描述采购商如何“下达一个尽快交货的小订单，而不是像以前那样直接从库存中购买”。[6]在旺季尚未到来之前很难对需求做出准确的预测，而市场支配着劳动的节奏。机械设备是固定且昂贵的，生产系统中可变通的部分则是人工，解雇或雇佣取决于资本的兴致和需求。工人是用来精准测量资源有效利用程度的工具，他们每天按要求在工厂里辛勤地劳作。

德国工厂的条件与英国相差无几。从19世纪60年代到90年代，工人们几乎得不到法律的保护。他们必须遵守工厂的纪律并遵循雇主制定的“工厂条例”[7]。工厂的规章制度甚至延伸到工厂的宿舍里，工人们在那儿进行短暂的休息。工人们每周工作六天，达100小时之多。[8]在19世纪

60年代，每天的工作时间长达17小时，到1870年，每个工作日的法定工作时间为12小时。通常的情况下，工人到45岁时就没人再雇佣了，因为到这个年纪，人已被“用尽”。从这时起，工人们只得向国家申请贫困救济了。工人在工厂期间和以后的日子里常遭受职业病的折磨。相对于其他行业，在接触化学品较多的行业里，工人们罹患疾病和发生意外的几率更高。工人们会中毒，患上消化系统、心脏和循环系统、肝脏、肾脏、呼吸系统、皮肤或者肺结核等疾病。这个问题不能被忽视，例如，从1863年起，麦斯特、卢修斯和布吕林工厂就为工人们投保了一份意外险。从1874年起，工厂安排了一名医生对所有应聘者进行体检并监督他们的健康和安全。早期的化学工业使社会在很短的时间里就积累了大量的财富。

当人类被榨取劳动能力的时候，自然中其他的一切事物都受制于工业的影响，直到最后将自己以更低的成本再造出来。合成自然在一个新的时代应运而生。相对于加工自然产品，化学家们正加倍努力以便用更快的速度和更低的成本生产出这些色彩，合成的方法加快了生产的速度。马克思就此在《资本论》中写道：

> 诚如贝塞麦（Bessemer）[9]、西门子（Siemens）[10]、吉尔克里斯特·托马斯（Gilchrist-Thomas）[11]等企业所采用的工艺，近来一些新的钢铁冶炼方法将成本降到了最低，较之以前的复杂工艺要低得多。合成生产茜素，就是从煤焦油中提取出一种红色的染色剂，采用现有的一套“煤焦油—染料”生产装置仅需几周的时间，如采用以前的方法则需要数年。因为茜草需要一年才能成熟，而通常的做法是让根部再生长几年后再进行加工。[12]

生产时间的缩短相应地提高了劳动生产率，价值也随之增加了。化学技术的发展使得这一切成为可能，且无需增加过多的资本支出去购买昂贵的生产设备。工业是一个巨大的复合体，其中一个领域发生变化，其他领域就会相应地改变。机器纺纱自然会催生机器织布，漂白和印染环节应用机械及化学的方式也会发生相应改变，只有如此，大量的原材料才会变得具有吸引力，同时也会适销对路。大量的钢铁材料被生产出来并发往世界各地，它们被锻造成江轮、海轮，以及铁路和电报机，制造过程均需使用大型机械进行焊接、切割和钻孔。而今，机器可以制造机器，牵引机能用任意大小的力量，以精准的力道和速度进行工作，而这一切是任何熟练工人都无法做到的。商品生产的时间在缩短，效率在加速提高，业已扩大的通信和交通网将这些商品以更快的速度发往世界各地。苏伊士运河的开通成就了乘坐汽轮前往东亚与澳大利亚之旅，将以前的数月时间缩短至数周，空间也随之缩小了。[13]

弥合与裂痕

马克思在《资本论》中记述了自然被人为改变的情形。[14]随着人类不断施加劳动，动植物也随着时间的脚步缓慢地改变着。人类的活动改变了自然，使自然有了历史性。为了撰写他的资本谱系，马克思研读了当时的科学理论以便理解这段自然史实。从19世纪50年代到他逝世的1883年，马克思陆续核对了他的化学笔记。除了其他作者外，他还阅读了尤斯图斯·冯·李比希、奥古斯特·霍夫曼[15]、弗里德里希·克库勒·冯·斯塔尔道尼茨[16]等人的著作，因为在从简单的工厂生产向工业化生产体系的转变中，化学的进步与发展发挥了如此重大的作用。化学满足了加工大量矿物和动植物产品的需求；化学研究引入了原子和分子理论、化学结构与化学键合理论以及周期体系。马克思用数百页的篇幅将这些内容记录下来。他对化学的兴趣最初来自于对农业与农学方面的诸多疑问。马克思在

1853年写道：

> 对于土地肥力，我们只关注肥力的变化及其与社会的相关程度，这些都依赖于化学这门科学的变化及在农学上的应用。[17]

1866年，马克思正在进行《资本论》中关于地租理论的写作，他认为有必要参阅一下作为“德国新农用化学”倡导者的李比希和克里斯蒂安·弗里德里希·舍恩拜因的科学著作。[18]他发现这项工作较之其他所有经济学家的工作加在一起都“更为重要”。[19]土地的肥力也就是它的生产力，“作为土地的一种客观特性，通常意味着一种经济关系，即与现行农业中化学和机械发展水平的关系，因而会随着这种发展水平的变化而改变”。[20]土地的价值可以运用一定的方法进行确定、提升和改变，鉴于当时对农业化学的认识水平，此前那些论述级差地租的经济学家们对此却无从知晓。马克思对李比希的农业化学理论产生了特殊的浓厚兴趣。[21]李比希把英国的高级农业描述成一种“强盗系统”，原因是它不进行公平的交换：只有索取而没有回报。李比希把自然构想成一种进行交换的新陈代谢系统，提出了在不同的有机体之间进行物质交换——新陈代谢的理念。植物的主要成分是碳，而碳是从人们看不见的空气中获取的。植物吸入空气中的二氧化碳后便开始进行化学分解，从中提取生长所需的碳同时呼出不需要的氧。而动物则需要这种（植物）“抛弃”的东西，作为回报，动物呼出植物所需要的二氧化碳。正如李比希观察到的那样，更高级的智慧会在一个交换的循环中将动植物的生命紧密地连在一起。[22]这就是公平的交换，对所有的生命而言都是必要的。然而在自然的内部或自然的各部分之间已经形成了一条裂缝，农业中的“强盗系统”破坏了这种自然界的新陈代谢式的交换，打破了正常的循环。过度的种植耗尽了土地里的营养物质。然而事与愿违，有机废物作为一种未被吸收并容易引发疾病的排泄物，从人口聚集的城市里大量涌出，这一切助推了伟大的工业综合体的发展。1842年，埃德温·查德威克写了一篇《大不列颠劳动人口公共卫生情况的报告》，这是一篇影响深远的文章，开启了公共卫生运动的先河。在《城市污水利用问题的书信》（1865年）中，李比希采用了报告中的观点。[23]这篇报告认为，在资本主义生产方式下出现的城镇与乡村、家畜与粮食和食物生产的分离，表明该制度会破坏土地的肥力。由于耕作方法的缘故，导致了土地基本成分的流失，如氮和磷，而城市却淹没在人与动物排泄的废物之中。根据对泰晤士河水成分的分析，李比希认为可以通过循环利用的方式将污水中的养分返回到土壤之中，鉴于城市对土地的掠夺，这样做也是很必要的。资本主义农业导致了过度的耕作，却没有采用堆肥的方式将养分返给土地。这就导致了城镇和乡村之间裂痕的扩大，确切地说就是一条从一个方向到另一方向的单行道。作为一项补救措施，李比希建议将这些废物输送回乡村。将城市居民所有固体和液体排泄物都收集起来，并按每个农民向城镇所提供的农副产品的比例进行返还，这样一来，土地便会一直保有生产能力，其中的矿物质也不会枯竭。尽管人口一直在增加，这种做法也是可行的。[24]不进行废物的循环利用，就要用高价从海外大量输入人类粪便、阵亡士兵的遗骸和来自秘鲁的鸟粪，阵亡士兵的供给也许会源源不断，但寻找足够的鸟粪却困难重重。[25]李比希期望这些供应堪比英国煤矿的供应量。在生命中的最后十年里，伦格在德国对人造鸟粪、合成粪肥的生产进行了研究，结论是“不但能完全替代秘鲁鸟粪，而且也会便宜得多”。[26]

在那些实行新陈代谢式的交换以及进行和谐的再生循环的场所里，有一种不对称的现象已经出现了。如同李比希一样，马克思在论述土地的开发利用时，把它视为一种攫取营养物质而不进行返还的盗窃行为。马克思还列举出这种劫掠行为在社会上所造成的不良后果。此外，“财富的源泉”——土地，作为食物的创造者与作为使用价值创造者的工人一样，都是资本主义猎取的目标，这种情况在城市里更为突出，那里到处都挤满了工人，自然受到滥用和破坏的程度尤甚。随着工业人口不断增加并充斥到城市里，有两件事就会发生。首先，社会的历史原动力得以集中并强化，为社会革命创造了前提条件。第二，新陈代谢出现断裂，也就是说，人们对衣食住行的消费并未进行返还，妨害了对人类生存具有重要意义的土壤肥力的持续性，人类与地球的互动便解体了。在《资本论》第一卷中，马克思承认，资本主义“教授了如何将生产与消费过程中产生的废物掷回再生产过程，因而在没有先期资本支出的情况下，为资本创造出了新的价值”。[27]生产力在相对较小的资本支出基础上得到了成倍的提高，使得废弃物释放出第二批价值。在《资本论》第三卷中，马克思论述了在资本主义生产方式下如何加大对生产和消费过程中排泄物的利用。[28]生产中的排泄物就是工业与农业的废弃物。化学工业努力探索着有效地重复利用生产废弃物的方法：

> 最引人注目的利用废弃物的实例就来自化学工业。化学工业不仅利用自身的废弃物，为它们找到新的用途，而且还利用许多其他行业的废弃物。例如，化学工业将之前几乎毫无用处的煤焦油转换成苯胺染料、茜素等，近来甚至能提炼出药品。[29]

消费的废弃物就是人类的排泄物，以及消费之后的残物，如破旧的衣服等。合成染料应归功于废物的循环利用。但在资本主义经济中，正如李比希提供的关于浪费人类排泄物的例子所表明的那样，消费的排泄物被大量地浪费了。在《资本论》第三卷中，马克思论及毛纺业及其“劣质商品贸易”的发展情况，这种重复使用废旧织物的交易到1862年底时已占到英国工业全部羊毛消费量的三分之一。[30]劣质服装穿坏的时间比其他羊毛服装快三分之二的左右。[31]丝绸贸易的发展如出一辙，废旧丝绸的使用量也在持续增加。废弃物催生了一个由合成品、假货与替代品构成的平行世界。

对黄金的分析：货币的神奇魔力

资本与公平交换背道而驰，其运行机制表现为非对称性。但资本主义交换的机制是什么呢？这就是最令人叹为观止的全方位替代。在交换中人们发现了一种货币材料的载体。一时间，交换价值的载体就是黄金。黄金是一种天然生成物，存在于土壤、石块及海水中，到处都有，但它们太过分散而难以收集。每吨地壳中含有大约四毫克黄金。陨石中黄金的含量较大，有些科学家推测出陨石的结构反映了行星中心部分的构成情况，认为在地球的中心有大量的黄金存在。[32]但在地球上，无论在河里还是地下，黄金都是很难获取的。黄金具有独特的材料品质。鉴于数量稀少及其材料属性，黄金便以货币的形式体现了价值。在对交换材料即金属货币的分析中，马克思将注意力集中到材料自身以及材料特性在物质活动中所发挥的作用。这与他的感知唯物主义观点是一致的。马克思对黄金这种金属货币的品质做了详细的说明，他采用了德语中货币（Geld）一词进行了清晰地表述。这些自然品质对黄金所发挥的社会作用而言是必不可少的。

> 一种特殊的产品（商品）（材料）必将成为货币的主题，作为每一交换价值的符号而存在。该符号所代表的主题并不是无关紧要的，因为对这种主题的需求包含了所要代表的条件——概念的确定和特有的关系。因此，对作为货币关系的主题和化身的贵金属进行研究绝不是政治经济学领域之外的问题，正如蒲鲁东（Proudhon）[33]认为的那样，这与颜料和大理石的自然构成不能置身于绘画与雕塑之外的道理是一样的。[34]

在马克思看来，金是最纯正的，就物理特性而言是最适合的金属，其次便是铜、银和铁。这种纯度建立在其若干特性的基础上。几乎所有的金属在空气中都会氧化，而金、银、铂和汞却不会。人们在发现黄金时，通常会看到它闪烁着纯正的金属光泽。金和银的化学性质包含了可分性与可熔性，而且这两种物质是均匀的，因而相等的重量得以拥有相同的价值。尤其是金子，人们在发现时会看到它是以纯粹的、分离的而不是以合金的形式存在着，正如马克思描写的那样，它是个性化的。[35]在《对政治经济学批判的贡献》（1859年）这本著作中，马克思写道："当被发现时，正如炼金术士们所说的，它们处于纯净的结晶状态，没有与其他物质化合，纯洁如处女。"从矿物学上讲，金和银是不会氧化的，因此会一直保持纯净，不会生锈，它们所展现的就是自身的品质。它们不会毁灭。金子在一个小的空间里就积聚了相当的重量，马克思认为它具有的大比重与相应的经济比重（包含许多的劳动时间，即数量较少但具有更多的交换价值）是相匹配的。金子是人们发现的第一种金属，因为它所展示的自我在自然中最具金属质感，清晰可辨；它的产生过程已经由自然完成，而在其他情况下则需运用更多的机巧才能获得。发现并使金子得到有效利用需要的是原始劳动，并不需要运用科学或使用先进的生产设备。在自然状态下发现的金子通常已经处于完善的状态。大自然承担了在河流中冲洗金子的技术性工作。可以仅通过最简单的劳动，在河水或淤积物中进行筛选而获得金子。[36]正因为如此，"不需要技能或机器设备的使用，所有人都能参与其中的淘金热便成为了可能"。金子把自己奉送给了猎人。带着鲜艳的黄色基调，金子跃然而出，呈现在那些未曾受过教育的人们眼前，而其他物质却不会引起那些"没被唤醒的观察力"的兴致。于是，金子便挺身而出，让自己成为货币金属的选项。[37]金银具有相当的柔顺性，适合制成装饰品，不适于其他用途。这类金属太柔软，不适合用作生产工具，所以不具备一般金属的使用价值。然而金银是卓越的，这种感官上的品质表明它们拥有确定的功用。散发着红黄色彩的金与亮白的银极具吸引力，加上自身所具有的柔顺性，使它们非常适合用作首饰、装饰并为其他器物增光添色。这些金属便是一种张示着“丰裕及财富的积极宣示”。[38]

> 可以说，它们就是从地下的世界里射出的强光，因为银子会对所有光线按其初始的构成状态进行反射，只有最具潜力的红色被金子反射出来。[39]

为了弄清这些金属与颜色之间的联系，马克思借助了雅各布·格林的《德国语言的历史》[40]（1848年）一书。银子的白色基调将保持着原始构成的所有光线反射出去，红黄色的金子则会吸收一束混合光线中的所有颜色，仅将其中的红色反射出去。马克思写道，这种颜色游戏是显而易见的，因为“色感在审美中是最通俗的形式”。除了这些审美和材料特性之外，金子的形态易于在金条与奢侈品之间进行转换，很适合当作货币使用，所以“它必须经常从一种形态转变成另一种形态”。[41]

相较于自身的稳定性，金子（可靠性的显著标志）所具有的多重性和流动性使它恰如其分地达成了这样的效果。马克思对金子“自身”的品质有许多的论述。在《大纲》[42]（1857—1858年）以及《对政治经济学批判的贡献》中，马克思提出一种材料理论，认为由特定材料构成的物体具有重要的意义。一种物质的材料特性与该物体及其用途并不构成自然的因果关系。交换的材料——金属货币便是一个绝好的例证。货币是一个符号，但符号的主题并不是无关紧要的。马克思将注意力集中到了材料本身以及这种特定材料的品质在物质活动中所发挥的作用。通过这种对材料特性的研究，马克思坚决主张形态的非偶然性本质。货币的材料是特定的并有其必要性，这种必要性的本质就是许多可分析因素的结合体，其中就包含了美学因素，使之打动人们的感官，作为“一种富有诗意并通过博取微笑而俘获人们全部身心的物质”。[43]恰是金银的这些内在品质表明了为什么这些金属得以充当货币的角色。一旦承担起这样的角色，金银就成为一种符号并发挥着社会性的功能，这时替代的作用便彰显出来了。马克思写道：

> 相较于银行家或兑换率，自然并没有更多地制造货币。在资产阶级的生产中，被奉若神明的财富必须要由一种特定的物质具体地表现出来，而金和银便是财富恰当的体现。金和银并非天然就是货币，但货币是依照金和银的属性构成的。一方面，金或银作为货币的化身不仅是这个循环过程的产品，而且是其唯一稳定的产品；另一方面，金或银还是初级制成品，它们直接代表着上述无法用具体形态加以区分的两个方面。这个社会过程中的一般产品（或者将社会过程本身视为一种产品）是一种特殊的金属，它蛰伏在地表下并能被挖掘出来。[44]

自然与社会发生了碰撞。金子就是金子，同时它也是货币。金银作为货币时就神奇般地变成了具有奇特社会属性的自然物。马克思的唯物主义脱胎于法国和英国的唯物主义，此外它还借鉴了自然哲学与浪漫主义思想。马克思的唯物主义具有艺术性，富于美感，而且作为一种应用于实验科学或经济科学中的研究方法，其有效性不亚于任何其他的方法。对美的价值和提升感官特性的意识并不是马克思唯物主义的附属产物，这其实就是它的核心与坚守。在阐述黄金怎样变成货币的过程时，马克思回顾了人类社会对自然所施加的那些最具改变性同时又显得很神奇的行为。

黄金遁逸成为符号的一段短暂历史

政治经济学家们与附着于价值及其符号身上的魔法进行着激烈的斗

争。格兰杰这样描述了威廉·佩蒂（William Petty）[45]这位政治经济学之父："他是一位杰出的化学家和解剖学家，一位完美的大师，除此之外，他所涉猎的是对从事物理研究不可或缺的各种知识。"作为建立英格兰银行这项活动的一部分，威廉·佩蒂抓紧撰写了一些论述货币及其自身不等值问题的文章。在《货币问题》（1682年）一书中，威廉·佩蒂所强调的就是货币与自身等值的问题。由黄金与白银构成的货币就是最好的商业规则，货币必须是等值的，否则就没有规则可言，其结果不是货币本身而是"未加工的金属就是货币，直至被磨损或滥用而出现不等值为止"。佩蒂坚持"所有的货币必须是一样的"，因此那些磨损与损坏的货币必须重铸，新的铸币必须重量相等。[46]人们要珍视的不应是货币上的图案，而应是它的坚固性、可靠性及其作为标准的基础作用。佩蒂坚称，货币的存在寄生于自身本真的特性，并非作为其他事物的象征。他指责"少数愚钝之辈只想着货币却不注重其重量和完整性"。如果货币中存在着缺损的货币，则其完整性便会成为人们关注的问题。有些人出于对货币图案的依恋而将它们储藏起来并拒绝进行交换，佩蒂对这一严重的问题哀叹不已。在这里，货币的美学价值超越了它的交换价值："尽管足量、完整和充满美感的货币能让人感到欢心鼓舞，但劣质和不等值的货币却会阻止这种收藏行为。"英国于1672年曾经出现过这样的情况，铸有不列颠尼亚形象[47]的新币颇具魅力，然而这些硬币却逐渐从流通中消失了，新铸的银币也是如此。那些用手工敲打出来的硬币和代币既磨损严重又无吸引力，却在继续流通，从而导致了货币自身品质的降低。小小的硬币随之丢失或磨损不堪，或者周边的金属被剪切掉了。货币变得与自身不相等，价值减少了。正如马克思后来在《资本论》中描述硬币"回归熔炉"之旅时所写的那样：

货币在流通中，硬币会出现磨损，严重程度参差不齐。名称与物质，名义重量与实际重量之间便开启了分离的进程。面额相同的硬币由于重量不同，价值也就不同了。作为标准而确定的黄金重量与其充当流通媒介时的重量脱节了，因而后者便不再用它作为确定商品价格的等值物了。在中世纪到18世纪的铸币历史中，不断有关于这种窘况的记载。[48]

长期以来，由王室主导的货币单位的贬值以及硬币剪切问题引起了经济学家们的广泛关注。正如约翰·洛克（John Locke）[49]于1695年阐述的那样，货币单位同时也应该是黄金的一个明确的不可更改的重量。[50]白银作为货币是因为它的数量和“内在价值”的缘故。由“公权”所确定的标准确保了白银的经济价值的实现。[51]洛克曾于1688年在彭布鲁克（Pembroke）[52]伯爵的宅邸见到过艾萨克·牛顿并与他进行了交流。牛顿于1696年被任命为皇家铸币厂的厂长，这期间他最关心的事情莫过于伪造硬币的行为。符号不能与它所标识的含义相匹配。这些早期的资产阶级思想家们正为货币体系中的这种特定金属倾注着大量的精力。为了应对伪造者，当局便生产出了轧花的硬币。然而这些硬币的边缘经常被切削，伪造行为十分猖獗，劣币充斥于市。虽然在硬币上印制了图案，但其名义价值与真实价值却更紧密地纠结在一起。其他方面的改变也在悄然进行着。在英格兰地区，金匠收据实际上正在变成钞票。硬币易于磨损这一情况表明，使用一种象征性的材料进行替代的做法是可行的。这种做法凸显了价值、金属价值、货币价值与重量之间的分离。也许钞票能解决货币与自身价值潜在的不一致问题。中国自公元7世纪就使用纸币，到17世纪时流行的范围更加广泛。英格兰银行成立于1694年。银行成立之初需要办理的紧迫业务是通过税收和长期借款为与奥格斯堡联盟（League of Augsburg）[53]的战争筹集资金。面对绝望的财政状况，当局以向中奖者提供高额现金奖励的方式，推出了发行价值高达100万英镑的彩票贷款计划。这项计划昭示了该银行的诞生。银行开始发行纸币以换取存款，每一张纸币上都印有该行的标记：端坐的不列颠尼亚凝视着一个用金币堆成的银行。有关的内容均用手工书写在这些宽大纸张的一面。纸币可与黄金或硬币进行兑换，纸币可载明任何金额，只有纸币上的记名者才能进行兑换。纸币实际上就是一张收到的存款证明。到1689年时，英格兰的硬币已经不到货币总额的一半。重大的转变正在发生，货币开始变成了纸张。纸币可以发生嬗变。把铅块变成黄金不过是炼金术士们的一种幻想，而纸张却可以嬗变为仍深埋于地下的黄金，只要在上面载有授权的签名即可。一旦纸币成为一种更为有效的偿债手段，那些被寄予厚望并受雇于奥尔良公爵菲利普[54]的炼金术士们便失宠了。[55]苏格兰的金融家约翰·劳（John Law）[56]来到法国宫廷，隆重地推出了他的纸币计划。纸张这种平淡无奇的材料竟能用奇妙的招法与黄金进行兑换，值得炼金术士们为它喝彩。由于无休止的战争和无节制的宫殿装饰，路易十四国王欠下了巨额的债务，他去世后法国宫廷很快陷入了破产的境地。约翰·劳于1716年成立了一家发钞银行以救助法国宫廷走出困境。由于纸币超发，贵金属和珠宝流失国外，加之经济泡沫破裂等因素导致了长期的严重经济危机，约翰·劳的纸币计划最后以失败告终。

到18世纪中叶，印有面值的钞票就在英国开始流通了，第一批全版印制的钞票出现于19世纪中期，从而把出纳员从确认持票人姓名并签署每一张纸币的繁琐工作中解脱出来。纸币经受住了1797年因与法国的长期战争而引发的严重经济危机，这期间，黄金储备消耗殆尽以至银行暂停了纸币与硬币的兑换业务。事实证明，纸币绝不仅仅是硬币的代用品，而且被证明是持久耐用的。金融家们发现银行的信用并不依赖于黄金的自由兑换，而是依赖于更具虚幻色彩的因素——信心。如果对银行抱有信心，那么商业活动就能在可兑换纸币的基础上开展起来。于是，“见票即兑”就成了一个支撑着现实世界的谎言。

货币与哲学

黄金正在蜕变为纸张，哲学紧随其后。财富既是一种材料也是一种具有隐喻性的资源，货币自身的历史进程佐证了二者是如何纠缠在一起的。这便是一个如何铸造货币方面的用语问题。在专家们解读新兴资本主义的贸易、流通和兑换问题之际，印制货币时所要考虑的经济性与用词表述纠结在了一起。黑格尔这位历史知识渊博和辩证学养深厚的大师，对带有迟钝的经验感知及客观主义的精神烙印的绝对僵化思想进行了嘲讽，他在《精神现象学》（1977年）一书的序言中阐述了真理是如何随着硬币的蒸发而异化成标记和承诺的：

> “真”与“假”是很明确的概念，二者有着本质的区别，一个在这边一个在那边，各自独立存在并相互分离，没有共同之处。照此观点，人们就必须秉持这样的理念，即真理不是一枚铸造好的硬币，随时给付出去，装进口袋里。[57]

在黑格尔的眼里，真理具有历史性；历史性和灵活性是相辅相成的，外形会随着时间的发展而改变。[58]真理就如同那些不依赖等值金属而继续发挥作用的纸币一样，其结果就是真理侵入了象征领域。黑格尔的重点转到了虚幻存在或假象（schein）上来，在德文中“schein”一词同样也指“纸币”。国家确定了硬币或纸币的价值，然而对其永久担保的承诺却受到来自通货膨胀、货币贬值以及投机行为的侵蚀。而作为硬币或纸币材料本身，它们仍继续经受着磨损和撕扯的磨难。

黄金这种自然产物通常处于纯净的状态，稍事加工，便会在一定的社会关系中发挥历史性的作用。这种社会关系把黄金当作货币而不是作为某种材料顶礼膜拜。黄金的货币属性相对于它的自然属性具有更为重大的意义。黄金的感官魅力、美学价值在它的交换价值面前就显得黯然失色了。同时，它借以发挥职能作用的物质材料却与它发挥的职能作用相悖。正如马克思所述：

> 然而，货币的流通就是一种外部运动，而且金镑也伴随其中。硬币在与人手、箱包、钱包、衣袋、钱箱等接触中被磨损，到处留下黄金的颗粒。由于在尘世间的持续磨损，硬币逐步失去了自身的内涵。硬币在使用中最终会磨损殆尽。[59]

如此一来，承担货币职能的金属与黄金或白银实物之间便出现了分离的情况。硬币变成了一个“影子”，而且“不断地接近完美”，“其金或银的物质属性不断下降，以至徒有其表”，但仍继续发挥着法定铸币的职能。这就使得承担货币职能的金属与化学反应中涉及的任何其他物质分离开来。

> 在和外界的摩擦中，其他的实体会失去理想主义的色彩。然而，作为一项从实践中获得的成果，硬币却变得愈发完美了，其金或银的物质属性不断下降，仅只剩下一副表象。[60]

马克思写道，流通将硬币变成它自我标榜物的表象，也就是变成了一个符号：“Goldsein”（黄金）变成了“Goldschein”（黄金的幻象或表象）。而作为表象，硬币继续发挥着货币功能，直至它的象征性角色让渡给一种通行的标记，如铜、锡或纸张等。正如马克思所说，对货币流通的需求会迫使所有流通发达的国家确保作为货币的金属标志物能正常发挥作用，无论它的金属含量是多少或者磨损了多少。这些铸币作为金币的符号，并不是因为它们由白银或铜制成，或者具有较低的价值。[61]价值的符号实际上与它们相反，一文不值。马克思评论道：

> 金属货币的名义内容与其实际金属含量之间的分离情况原本是微不足道的，然而这种分离会不断发展，最终相互完全脱离。因此，硬币的名称就会与货币的物质基础相互分离开来，仅以不值钱的纸张流行于世。同样，商品的交换价值在交换过程中由黄金货币来体现，因而流通中的黄金货币便升华为自己的符号，先是磨损的金币，然后便是一般的金属硬币，最后是低廉而不值钱的纸币，它们仅仅是价值的标志而已。[62]

在流通的过程中，黄金变成了它自身价值的标志，因而价值的标志也就能被其他材料所替代。纸币是工业化社会中公众经常使用的替代物。货币材料本身没有了价值，这一点已经无关紧要。资本业已演绎出其他有利于价值提升的力量。货币符号的象征性意义超越了它所要代表的价值，马克思用犀利的笔触描绘了货币的力道，对这些现象做了精彩的描述。它不仅能在失去物质基础的同时保持自身的价值，而且能改变那些拥有它的人们。货币的魔力改变着人格：丑恶变成美丽，卑微变成了高尚，老态龙钟变成年轻有为。[63]货币使忠诚变成背信弃义，让爱变成恨，恨变成爱，美德变邪恶，邪恶变美德，仆人成主子，愚蠢变智慧，智慧变愚蠢。[64]然而，货币恰是这一切变故的亲历者：它吃喝，跳舞，逛剧院；它剽窃了艺术，骗取政治权利；它能购买它想得到的一切。[65]马克思引用了歌德《浮士德》中的句子："货币现在正怀着身孕"或者"货币那凸起的腹部里满怀着爱。"[66]当货币被用作计息资本的时候，好似钱就能生钱了。在《1844年经济学哲学手稿》中，马克思回顾了《浮士德》中的一个章节，用以对货币的本质进行详细的剖析。他引用了靡菲斯特（Mephistopheles）[67]的诗句：

人啊，真令人失望！手脚、头颅

和脊梁都属于你！

生活甜美时拥有的，

就是一些被告知不属于我们的东西吗？

我买得起六匹马，它们的力量不是我的财产吗？

我紧跟着游猎的贵族，

仿佛它们的腿脚都属于我。[68]

马克思对这个段落进行了解读：

对我而言，因货币这个媒介而存在的一切，我可以用钱购买，因为我是这些货币的所有者。我的货币越多，我便越有力量。货币就是我作为所有者的基本力量。因此，我是谁，我能做什么，并不由我个人来决定。[69]

马克思一定注意到了《浮士德》的第二部分，在那里，魔鬼的帮凶们试图证明财富是无穷无尽的，只不过还没有看到而已。[70]这个故事讲述了货币所具有的赋予个人万能的力量，至少是给予了一种承诺。[71]靡菲斯特打算把自己和浮士德客居的这个残破的帝国，从使用金币的系统转变到使用纸币上来。这项计划一旦成功，他们就可以在沿海地区发展生产力，动员起一支劳动大军去创造财富。纸币计划将赋予他们真正的力量。歌德在这一点上也有着类似的经验。1775年，他应年轻公爵卡尔·奥古斯特的邀请离开法兰克福来到了魏玛[72]，他后来成为公爵的私人密友并组织了宫廷的戏剧演出活动。歌德于1776年获得了魏玛公国的居民身份，并在这个小公国里肩负起了相应的行政责任，主要是处理财政和建筑工程方面的事务。靡菲斯特的解决方案很简单，他坚称所有的财富就隐藏在大自然的核心区域，仅凭这一点，他就说服了这位皇帝。毫无疑问，人们可以为黄金这种自然资源的价值开具一张期票，这个世界本身被转化成了货币。货币的交换和流动便是一切，在它背后起支撑所用的货币材料不过就是一种幻想物。相关的措辞彻底变了，货币受到了偶像般的崇拜。帝国的基石从固态的黄金变成纸张上脆弱的承诺。财富则躺在地上，处于休眠状态；劳动生产力仅被视为稳定物价进程中的一个组成部分。他的做法取得了成功，这一点从帝国首相在皇家花园里为纸币欢呼雀跃的赞美中可见一斑——纸币“把所有悲伤都化为志得意满”，而且它“得到了储存于我们帝国地下的无限财富的保证”。[73]皇帝陛下签署了这张纸币，于是，“身手敏捷的魔术师们迅速变换出了数以千计的纸币”：

> 为了确保所有人都能分享这份祝福，我们同时将您的名字放到整个系列之中；
>
> 十、三十、五十及一百面值的也已准备就绪。
>
> 您无法想象出您的臣民们会如何地欢欣鼓舞。
>
> 请看那些长期闭塞且死气沉沉的市镇，如今充满了生机与寻找欢乐的人们！
>
> 您的威名虽一直备受爱戴，但对它从未如此充满着深情。
>
> 溢美的文字已显多余，您的签名使所有人得到了救赎。

靡菲斯特揭示了这些小小的纸片如何运用承诺的力量，以远比智慧或雄辩更便捷的方式购买了情爱，搅动了整个的世界。昏睡于地下的财富已经苏醒，开始变得生机勃勃，被资本主义发展的活力释放了出来。人们都知道它们在什么地方，因为价值被标注在纸币上，大量复制的签注为纸币提供了保证。

由于黄金变成了纸张，因而自然界中所有的一切也会发现自己的伪劣相似物混迹于世。这些东西通过被马克思称作商品拜物教的崇拜作用，将黄金的所有光泽吸附到自己的身上。起初，当合成品被人们接受或被大力推销时，它们与自然界的关系并未被人们认识。费尔巴哈注意到了资本主义快速发展时期的这一倾向。在1843年《基督教的本质》第二版序言中，费尔巴哈论述了当时的一些现象“重表轻里，重效仿轻本源，重想象轻现实，重外观轻本质”；这一时期“唯幻觉为神圣，真理被玷污”。[74]费尔巴哈力图改变这一切，他祭出真理，让宗教的梦幻回归自然，让想象中万能的上帝返璞归真，回归人类自身，从而揭示出隐藏于神圣外表后面的人类本性。费尔巴哈攻击的目标是宗教，马克思与他的逻辑如出一辙，将宗教的特征转移到资本主义的商品社会中。在费尔巴哈看来，人类想象出各种偶像，它们象征着人类自身所固有的理想化的力量；而在马克思看来，商品看起来像是将人类的各种特征运用到了实际的生产过程当中。在《资本论》第一卷的首页，马克思将商品定义为能满足人类不同需要的一种身外之物。这些需要既可以从人们的肠胃也可以从人们的幻觉中跃然而出。[75]商品是欲望的导管。商品拜物教便是构成资本主义工业生产时代特征的替代机制。生产者劳作于那些没有生命的物体，将它们打造成商品。工人之间的联系，这种自然改造者之间的社会纽带，在生产的过程中变得模糊不清，他们所面对的只是一些具体的事物，即另一种商品的销售者，劳动力以及驱动机器设备运行并进行生产制造的能量和知识。[76]与此形成鲜明对比的是，生产出的商品好似拥有主观上的力量——改变生活的能力，也就是创造大量财富的能力。这种偶像迷恋让商品看起来变得生机勃勃，比它们的制造者更有活力。马克思对此进行了精彩的描述。这就是它们的力量和魅力产生的源泉。拜物教使商品和货币相较于它们的制造者和使用者看似更具活力，更重要，也更有驾驭能力。人们经常读到财经新闻里的“印花布高企”和“橡胶暴跌”之类的醒目标题，仿佛这些商品拥有自己的生命一般。这种情形与伦格在化学品以及歌德在植物中所发现的那种自决的冲动有相当大的区别。这些物体不会讲话，也不会上升和下落，更不会表现自己，但商品却会这样去做。商品拜物教被马克思诊断为资产阶级合理性中的瑕疵，它是一种失真的卡通片，不能正确反映客观的世界。当自然被赋予的精神意义转变为观念中的自然，转变为托词或是一片受到威胁的区域时，资本主义及其对商品的迷恋便抹杀了人性的光芒，用工资袋的大小或薄厚和我们与生产资料的关系取代我们的自决意识，这种情形远不能进一步提升人类对自然和自身的内在动能的认识。

第三章注释：

1 在布吕林公司并入麦斯特、卢修斯有限公司两年后，该公司名字正式扩展为：麦斯特、卢修斯和布吕林有限公司（Meister，Lucius & Brüning's factory）。

2 爱德华所著的《化学产品：仆人还是主人？生命还是死亡？》（伦敦，1947年），第19~29页。

3 卡尔·马克思：《资本论》德语第一版序言，第1卷（纽约，1906年），第13页。

4 同上，第484~485页。

5 同上，第325页。

6 同上，第523页。

7 “工厂条例”（Fabrikordnung），是德国早期作坊性质的生产企业制定的内部管理规定，这类条例逐渐发展成为“工厂规章”（Arbeistordnung）、“企业规章”（Betriebssatzung）和“服务规章”（Dienstrorschriften）等，慢慢成为西方现代用人单位规章制度建立和国家相关立法的依据。译者注

8 赫尔格·克龙等：《赫斯特公司颜料生产史与德国的化学工业》（奥芬巴赫，1989年），第11页。

9 贝塞麦（Bessemer），这里指由英国发明家和工程师贝塞麦（Henry Bessemer，1813—1898）发明的将生铁炼成钢的“贝塞麦转炉炼钢”（1856年）。译者注

10 西门子（Siemens），这里指由德裔英国工程师、发明家西门子（William Charles Siemens，1823—1883）于1861年发明的平炉炼钢法。他的三兄弟都是著名的工程师和企业家，三人共同建立了西门子公司。译者注

11 吉尔克里斯特·托马斯（Gilchrist Thomas，1850—1885），英国冶金学家，与其表兄波希·卡莱尔·吉尔克里斯特（Percy Carlyle Gilchrist，1851—1935）共同发明了“托马斯—吉尔克里斯特转炉炼钢”，转炉采用碱性炉

衬，所炼出的低磷钢称为“托马斯钢”。译者注

12 卡尔·马克思：《资本论》，第3卷（纽约，1906年），第71页。

13 马克思1853年10月5日致阿道夫·格卢斯的信，收录在卡尔·马克思和弗里德里希·恩格斯《文选》第19卷（伦敦，1987年），第382页。

14 卡尔·马克思：《资本论》，第1卷（莫斯科，1971年），第201~202页。

15 奥古斯特·霍夫曼（August Hofmann，1818—1892），德国化学家。译者注

16 弗里德里希·克库勒·冯·斯塔尔道尼茨（Friedrich Kekulé von Stardonitz，1829—1896），德国化学家。有机化学的现代结构理论的奠基者。他于1858年发现并提出碳有四个化合价。译者注

17 同注释13。

18 舍恩拜因在1845年也发现了硝基纤维素或棉火药。

19 摘自马克思1866年2月13日致恩格斯的信，参阅马克思和恩格斯《文选》第13卷，第227页。

20 卡尔·马克思：《资本论》，（莫斯科，1971年）第3卷，第651页。

21 约翰·贝拉米·福斯特在所著的《马克思的生态学：唯物主义和自然》（纽约，2000年）中，讨论了李比希和马克思关于“新陈代谢转换”与“裂隙”的概念之间的相互关系。

22 详见尤斯图斯·冯·李比希：《城市污水利用问题的书信》（伦敦，1865年），第27页。

23 同上。

24 同上，第20页。

25 同上，第21页。

26 这是伦格撰写的关于奥拉宁堡鸟粪专题论文的一部分，该论文于1858年出版。

27 卡尔·马克思：《资本论》第1卷，第663~664页。

28 同上，第101页。

29 同上，第102页。

30 同上。

31 恩格斯在1845年出版的《英国工人阶级现状》中使用了大量的篇幅对市场缺乏诚信的行为进行批评：由于材料的质量低劣，产品很快被磨损而不得不更换；将含盐的黄油作为新鲜黄油出售，在大块的陈旧黄油上涂上新鲜黄油，作为新鲜黄油卖，每当水手出海前批量购买黄油时，店主或将一磅新鲜黄油放到上面供品尝，而心满意足的水手们实际买走的却是下面的陈货；食糖被掺入了捣碎

的大米、煮沸后的洗涤剂残渣和其他廉价材料；咖啡添加进了菊苣，将用食用油处理过的棕色泥土添加到可可粉中；将干茶叶放到铜盘里烘焙，使其颜色变成新茶的颜色；但凡能添加的原料都掺入冒牌的香烟中；坚果壳被磨成粉添入胡椒面中；用酒精和染料仿制知名的波尔图红葡萄酒。具体可参阅《英国工人阶级现状》（1845年）（伦敦，1936年），第69~70页。

32 详见安德烈·阿尼金：《黄金》（柏林，1980年），第38页。

33 蒲鲁东（Pierre-Joseph Proudhon，1809—1865），法国记者、社会主义者。译者注

34 卡尔·马克思：《大纲：政治经济学批判的基础》（1857—1858年）（哈蒙斯沃斯，1973年），第173~174页。

35 与黄金相比，白金没有颜色并且非常稀少，在古代不为人知，直到发现美洲大陆后才被发现。铁、铜、锡、铅和银是与氧、硫、砷或碳形成化合物后被发现的。

36 银通常需要一定的技术能力才能开采。虽然银不属于稀缺金属，但由于开采技术要求高，银最初的价值比黄金高。然而，随着劳动生产力的提高，银的价值降到了黄金之下。

37 马克思在对黄金属性进行分析的基础上，于1852年在伦敦的地质博物馆发表了“关于黄金指引移民前往澳大利亚”的演讲，主办方是国家科学和矿物应用技术学院。

38 卡尔·马克思：《对政治经济学批判的贡献》（1859年）（莫斯科，1977年），第154~155页。

39 同上，第155页。

40 《德国语言的历史》，作者即格林兄弟中的长者在继《德国神话》（1835年）和《德语语法》（1837年）之后独立完成的又一部影响较大的著作。尔后，兄弟二人编撰了巨著《德语大词典》。译者注

41 同注释38。

42 《大纲》（*Grundrisse*）（1857—1858年），指马克思于1857年至1858年期间完成的《大纲：政治经济学批判的基础》。译者注

43 卡尔·马克思和弗里德里希·恩格斯：《神圣家族，或对批判的批评所做的批判》（1844年；莫斯科，1975年），第151页。

44 卡尔·马克思：《政治经济学批判》，第155页。

45 威廉·佩蒂（William Petty，1623—1687），英国政治学家、统计学家。曾在

牛津大学教授解剖学，在爱尔兰从事矿业并有多项发明；倡导建立了世界最古老的科学学会——英国皇家学会，牛顿、哈雷等科学家成为最早的会员，其代表作还包括1662年出版的《赋税论》。译者注

46 威廉·佩蒂：《货币问题》（1682年），该文章被广泛收录，包括《佐默斯短文集》第8卷（伦敦，1812年）。

47 不列颠尼亚形象（The image of Britannia），指对英国拟人化的称谓，其特征是一位头戴钢盔手持盾牌和三叉戟女子的形象。译者注

48 卡尔·马克思：《资本论》，第1卷，第141页。

49 约翰·洛克（John Locke，1632—1704），英国哲学家。英国和法国启蒙运动的主要发起人。其政治哲学方面的有关思想对美国独立战争和《独立宣言》的创作、法国大革命的领导人产生过重要影响。主要作品是《论人类的悟性》（1690年）。译者注

50 详见约翰·洛克：《关于提高货币价值的更多考虑》（1695年），参阅洛克《文集》（伦敦，1883年），第648～698页。

51 同上，第655页。

52 彭布鲁克（Pembroke），英国威尔士西南部城市。译者注

53 奥格斯堡联盟（League of Augsburg），指1686年由神圣罗马帝国皇帝利奥波德一世、瑞典国王、西班牙国王和巴伐利亚、萨克森、巴拉丁选候所组成的联盟，主旨是对抗法国路易十四的扩张。译者注

54 奥尔良，法国历史文化名城，中央大区首府，位于中部偏北。译者注

55 关于牛顿、凯恩斯和货币主义对炼金术的认识，详见迈克尔·内亚里和格拉汉姆·泰勒合写的《马克思和货币的魔力：迈向资本的炼金术》一文，参阅《历史唯物主义》第2部（1998年夏季版），第99～117页。

56 约翰·劳（John Law，1671—1729），苏格兰货币改革家。1705年出版的《论货币和贸易》曾产生过较大影响。1716年应邀前往法国试行货币印制和发行方案，当年成立中央银行，授权印制并发行钞票。译者注

57 G. W. F. 黑格尔：《精神现象学》（牛津，1977年），第22页。

58 黑格尔关于真理的历史性问题的观点，塞缪尔·约翰逊是反对的。作为词典编撰者，约翰逊收集整理并勘误词义，而非创造字词。此外，他还认为通过词典，也是向那些未完成全日制教育的人提供道德方面教育的机会，这也是词典编撰工作赋予自己的一项责任，其工作量也因此加大。这是一件琐碎、枯燥的活计，但为了生计，他只得干这些无趣、繁重的活。1759年，为支付其母亲

的丧葬费，他写了《拉塞拉斯，阿比西尼亚的王子》（阿比西尼亚，即今天的埃塞俄比亚。译者注）。完成初稿花了他一个星期的时间。1759年4月，他在一篇题为《懒惰者》的日记中写道，拉塞拉斯所具有的巨大力量是在“情急之下”由生活的迫切之需而激发出来的，有一次这种迫切需要所产生的力量竟然砸开了一座“黄金宝藏”。《拉塞拉斯》中有一个人物，名为佩库阿，其身价约值“200盎司黄金”，但手头仍极度拮据。约翰逊在别的作品中也始终认为，作家为金钱而创作，这是写作的目的所在，理所当然。否则，作家的作品就等同于痴人说梦。该观点是社会经济残酷现实的写照，是活生生的现实，而非理想的状况。这就是约翰逊的责任，他没有奢望通过文字而富贵，并且他鄙视那些在道德和因道德问题构成的政治胁迫方面的文字玩家。毕竟，他是靠勘定词义、阻止不规范的语言泛滥吃饭，他的刚直融入了日常的词典编撰和写作中。同时，他也传播古朴的英国工具主义者的实证论，包括皇家学会所推崇的一些观点（英国最古老、重要的科学学会。译者注）。这也要求他的语言必须简洁、精准，更多使用工匠、乡下人或商贩生活的白话，而非智者、学究的高雅之言。金钱的价值是直白的，却降低了文学和诗歌的真正的追求。

59 卡尔·马克思：《政治经济学批判》，第108页。

60 同上，第109页。

61 同上，第113页。

62 同上，第114页。

63 卡尔·马克思：《资本论》，第1卷，第148页。

64 卡尔·马克思：《1844年经济学哲学手稿》（伦敦，1975年），第378~379页。

65 同上，第361页。

66 卡尔·马克思：《资本论》，第3卷，第393页。

67 靡菲斯特（Mephistopheles），是欧洲中世纪关于“浮士德”（Faust）传说中的主要恶魔。译者注

68 卡尔·马克思：《1844年经济学哲学手稿》（伦敦，1975年）第376页。

69 同上，第377页。

70 详见J. W. 歌德著的《浮士德I和II》，参阅斯图亚特·阿特金斯编辑和翻译的歌德《文选》第2卷（普林斯顿，新泽西，1994年）。

71 同上，前4889行。

72 魏玛（Weimar），德国的中部城市。在本文中指19世纪的魏玛公国。译者注

73 同注释70，前6054行。该行以下的部分选自斯图亚特·阿特金斯的译文。

74 路德维希·福尔根：《基督教的本质》，第2版，玛丽安·埃万斯翻译（伦敦，1881年），第8部分。

75 详见卡尔·马克思：《资本论》，第1卷，第41页。

76 同上，第84页。

Chapter 4

Twinkle and Extra-terrestriality: A Utopian Interlude

· 第四章　闪烁与外空：一段乌托邦的插曲

类比

这是想象中的一种情景，一位年轻流浪汉卷缩在地铁站里，四周弥漫着昏暗的橘黄色灯光，突然间，一位姑娘出现在他的身边。地铁站里有一家珠宝店。也许她正在等什么人，或只是打发时间。流浪汉走过来搭讪的时候，她正注视着橱窗里的手表。她打趣地问他，如果她把橱窗的玻璃打碎，他会拿走哪块手表。他说他不需要，因为“他总是在观看，他自己就是一块手表”。这就是一种在各种不同意境上的交换行为。在商品世界里，交换就是一种人的行为，但在地下的世界里，许多事情往往是扭曲的。这里并没有什么商品交换（她提议偷盗手表，而他拒绝使用手表），然而在流浪汉和女孩之间的确存在着交流，一种语言和目光的交流，一种社会和人际的邂逅。这也是一种物性的交流，对话在两人之间进行，由人及物，由物及人。

这位流浪汉逃脱了资本主义制度下打工时所需面对的时间束缚，他在不停地观察着这个世界。流浪汉的双关语运用到手表上，并通过观看来实施他的观察的行为。在古代，“表”一词指的是对夜晚时段的划分，后来演化为表述海运经营方面的语言。“表”就是船上各个部门全体人员可逗留在甲板上的那段时光。流浪汉并不认同钟表区分时间的标记。那个在工业时代被奉若神明的东西让他倍感困惑，因为他并不需要它，他一直保留着另类的观察行为，主动搜寻着天空，或在现代环境中，注视着城镇里来来往往的人群。这位流浪汉是那些主动寻找目标人群中的一员，比如侦探、妓女、闲游浪荡者以及那些出没于电影院的人群；正如沃尔特·本杰明所说的那样，对这些人而言，“观望的喜悦超越了一切”。[1]现代都市都在期待着提升城市容量。进入19世纪以后，堆积着各类商品的店铺对来自窗外的目光充满着期待，而坐落在街巷里的咖啡馆让那些闲情逸致的人们得以探查周边世界发生的趣闻轶事。这些玻璃窗给人们的观察带来了更多的乐趣。但流浪汉的双关语有更多的含义。流浪汉就是一块手表，他拒绝把自己与橱窗里的物品分割开来。实际上他是用双眼观察领悟时间，他就是手表，手表就是他。这段轶事触及到一个叫“裂隙”的概念：自我与事物之间关系的裂隙。通过将手表和观看的行为结合一起来看，二者的同一性便显现出来，毕竟二者重叠在一起，流浪汉与手表之间便有了同一幅面孔。

在被当代的各种计谋逐出之后，这位流浪汉得以重新开启那种据说处于疯癫或童真状态时才会拥有的视觉。它好似能在一种宇宙间的联通中弄懂这个世界及存在于这个世界上的各种事物，令人不可思议。然而，这种宇宙间的联通却遭到当代理性社会的粗暴拒绝，其结果是灾难性的。模仿流浪汉的情景发生在昏暗的地铁站里，那时，这个女孩子正紧盯着布满各种小商品的橱窗。流浪汉和女孩在梦幻世界相遇，在这里，他们之间的对话词不达意，令人费解。地铁的过道和商店的橱窗可能就是一个适合幻想的空间，而这些晦涩难懂的知识，只有那些布置橱窗的人与购物场所的设计者才会知晓。橱窗中的展品设计注重激发人们的想象并能使人进入梦幻的状态，而这些橱窗能让他们的梦想成真。

微光、黄磷与灿烂的光辉

在拱廊的街道里，那些19世纪的都市建筑景色，如过度色、亮光的闪烁与微光的朦胧杂陈其间，交相辉映，在夜幕的笼罩下越发迷人。在早期使用汽灯的阶段，它的光线通常是一闪一闪的，摇曳不定。在拱廊街道上，历史学家沃尔特·本杰明声称，“更加虚幻的灯光也是可能的”，[2]一切都笼罩在一种特别的“海绿色的微光之中”，[3]不禁让人想起弗里德里希·格斯特克虚构小说中的玻璃鱼缸；在他之后，阿拉贡（Aragon）[4]的《巴黎农民》中有更为生动的描述。在格斯特克所写的《淹没的城市》中，令主人公惊奇的是，他看到了：

> 随着微光逐渐照射进来，这些海底通道也逐步被它们自己照亮了。在珊瑚与海绵构成的海底丛林中，呈玻璃状的宽边水母本身就发着微弱的绿色磷光，在黑暗来临时它很快重拾力量，现在要发出更强的光亮。[5]

长廊式商场的两侧成了展示梦幻般视觉特效的场所，灯光的欺诈和变换随处可见。这就是为什么拱廊看起来如此神奇的原因所在，但同时也意味着那里充斥着欺骗与迷惑。这种场所充满着神奇的魔力，与商品在销售时的承诺沆瀣一气。为了追寻都市消费主义的踪迹，沃尔特·本杰明撰写了《拱廊商场》一书，他提到书中曾简要记录了磷光散发的效果。他把视觉梦幻的殿堂、宗教场所和商旅之地联系在了一起：

> 凯文博物馆：幻影陈列室。展现了毗邻的庙宇、火车站、长廊商场及出售着受到污染（泛着磷光）肉食的售货大厅。歌剧院与地下墓穴也杂陈在拱廊中。[6]

磷光一词来自希腊语的“我带来了光明”，指的是一种微弱的发光体，它持续发光但不闪烁。这是一种过渡现象，常见于有机和无机的世界以及有生命与无生命的物体之中。矿物遇到外来光源时会发出绿光，动植物分解时会发出磷光。磷光是腐烂变质的一种发光的标志。人们用无机磷来照亮钟表的表盘，锅炉的燃烧室也会产生类似的火花。在19世纪，人们随处都能看到磷光：动物、植物、矿物、人类、技术、火花、死物等。这种微光恰是那种闪光驻足于长廊商场并赋予它相应特色的一个例证——映照、光亮或外观的相似物，使19世纪的夜空显得如此靓丽夺目，看似超越了自然之美。对于自然的每一个方面，人们正忙着发现与它们对应的合成物，以期超越自然的魅力；或者如同研究色彩的化学与人造鸟粪的情形，这些合成物能用来弥补帝国自然供给方面的不足。日光灯代替了太阳，星星和月亮与阿尔冈德灯进行了互换。爱伦·坡（Poe）[7]在他的《家具哲学》一书中，对这些灯的魅力进行了描述：

> 没有什么想法比无影灯更可爱。无影灯——即阿尔冈德灯，[8]有着平淡的光影以及柔和均匀的光线，如同月光一般，我们自然会觉得它是一种合适的光源。[9]

月光换成了灯火，黑夜变成了白昼。汽灯、油灯、镜子和玻璃布满了长廊商场，它们在黑夜里忽明忽暗地闪烁摇曳，构成了长廊商场里特有的光色，使那里成了光彩斑斓的地方。在这里，甚至连店铺的招牌也会被人们用人造宝石装点起来。星星来到了地球上，宛如就在长廊里，透过屋顶的玻璃窗在夜空中闪闪发光。它们好似长廊自身的天蓬，是布满了星星的苍天大树，抑或是用银色丝线制成的织锦。长廊是最小、最私密的聚居场所，同时又让人觉得有一种最大、最远、最亲近的感觉。[10]长廊看起来就是一个微观世界，整个宇宙都投射过来，融入在这个世界里。空间的投射意味着坐标系的根本性紊乱，在这里，人们会迷失方向；由于知晓了太阳在哪儿落山，东边在哪里，人们便丧失了自己在方位上的认知，这种情形在长廊商场的闪烁迷离中反复上演着。由于到处都有镜面的反射，使空间变得模糊不清；镜子扭曲了空间，改变了人们行走的方向。古茨科（Gutzkow）[11]在1842年写道："镜面将广袤的街景带进咖啡厅里，也让不同的空间交织在一起。"[12]他补充写道："把门和墙做成镜面，从室内就无法弄清外面的事物。巴黎就是到处都有镜子的城市。"这就是被爱伦·坡称作"一层闪光套着一层闪光""十足的既不协调又令人讨厌的大杂烩"。

> 正如我们之前看到的那样，这些光的闪烁与抽象的华丽色彩混淆在一起，让我们也去夸张地使用镜子，以期达成预想的效果。这便引发了人们对四处的光闪感到恼怒。我们为自己的寓所安装了硕大的英式玻璃，心想自己做了一件好事。有些人注意到了众多的镜子，特别是大块镜子所产生的不良效果；对他们，现在只要稍稍动脑筋便可做好说服工作。除了进行反射之外，镜子所呈现出来的那种连续、平直、无色及呆板的平面，总是让人感到不快。作为一种反射物，它将反射的物体营造的既夸张又可憎：邪恶在这里被强化了，不只是按照正比，而是在以持续扩大的比例强化。实际上，为了艺术展示的目的，在一个房间里随机布置四到五面镜子，整个房间便失去了原有的形状，面目全非了。如果让这种闪光叠加在一起，我们就会彻底陷入一种既不协调又令人生厌的混杂中。乡下人进入这种过度装点的公寓，虽然一时还说不出什么原因，但马上就会感觉到什么地方不对劲了。如若带他走进一间摆设雅致的房间，他会因惊讶和喜悦而惊叫起来。[13]

爱伦·坡对美式的装饰布局和端庄稳重的格调抱有成见，他详细列举出美国室内装潢哲学中存在的谬误。对汽灯和玻璃的"狂热"爱恋是对欣赏品位的一种扭曲。汽灯投射出的灯光既刺眼又不稳定，而刺眼的灯光被玻璃和镜子进一步强化。刻有花纹的灯罩让光线变得不均匀，支离破碎，让人觉得很不舒服。布置完美的房间应当挂有深红色的窗帘，要用银色布料做衬里，金色网布做边饰，再用金色的粗绳系好。房间里要贴上泛着银光的墙纸，挂上展现优雅风景的大幅画作；里面要有一面镜子，但从任何角度都不应照到房间里坐着的人；“用一条纤细的金链将一展无影灯高高地挂在房间的拱顶上，让静谧而奇妙的灯光洒满整个房间。”[14]坡努力为房间里再次营造一种平静安逸的氛围，从而逃离都市里充斥的光怪陆离和杂乱无章的闪光，在室内柔和而缠绵的灯光下寻得一份慰藉。

当代的城市已陷入一片迷茫。黑夜变成了白天，里外颠倒，到处充斥着复制与奸诈。镜面反射着光线，进一步强化了耀眼的大自然；它们打开了新的空间，消除了边界的羁绊。当人们了解了中产阶级内部重复着的千篇一律的生活格调，社会意识由此被激发起来，从而打破了资产阶级充满个性自主的私密幻想。一样有着小资情调的市民在同样舒适的餐厅里享受着相同的服务，冲着相同的咖啡，据说里面充满着的是个人的情趣，箱包上压着花押字，镜中复制的便是这样一幅别致的景色。[15]镜子不停地复制着，没有间歇的时候。镜子令人困惑，扭曲了影像，同时还追踪着痕迹和梦幻；这一切都会让现实主义作家们称作反射的教条出现偏差。一旦镜中的影像被永久固定在照片上，影像便可以被带走，成为记忆的一部分。这样的效果引爆了一股热潮，意在留住过去，把一个空间带到另一个空间。

宇宙学：闪烁与孪生物

一直以来，人们都知道有些物质遇到阳光就会变暗或褪色。银的化合物尤为敏感。1727年，约翰·海因里希·舒尔茨（Johann Heinrich Schulze）[16]在一个玻璃器皿中制取磷元素的过程中，不慎将银与白粉笔末和硝酸混在了一起。在工作的过程中，阳光正从他身边一扇打开的窗户照进来，正对着阳光这一面的白色混合物的颜色逐渐变暗。进一步的实验证明，如添加更多的银，阴影会来得更快。舒尔茨的这个发现作为一种科学技巧而闻名于世。托马斯·韦奇伍德（Thomas Wedgwood）[17]在1800年制作出“太阳画”。他把树叶或类似的东西放在用硝酸银或氯化银处理过的皮革上，这些物质在阳光的照射下沉淀下来。暴露在外的皮革颜色逐渐变深，待把上面的东西清理掉以后，下面就会留下白色的印记。即便韦奇伍德用肥皂进行洗涤或在皮革上涂抹清漆，过一段时间这些白色的部分还是会变暗。人们只能借助暗淡的烛光欣赏这些短暂的影像，它们随后便会消失殆尽。直到1830年的一天，这些影像终于可以固定下来了。如果镜子是将影像进行空间的投射，那么在相机内部，反射镜与镜头也同样在空间进行着反射，所不同的是，通过固定和携带，它们也能进行跨越时间的传输。镜子和反射镜头这类装置曾让影像在空间传输，配备这些装置的天文望远镜会立即加入到捕捉空间的行动中。整个宇宙和外星系可以通过投影实现便携的形式，用以从内部进行观察和分析。这就是摄影术原本的完美理想和宇宙境界。为了获得国家资金用以开发达盖尔相机，阿拉戈于1839年在法国下院的演说中披露了这项完美理想的一些内容。阿拉戈是一位天文学家同时也是一位政客，他请求达盖尔（Daguerre）[18]拍摄一幅月球的照片。照片于1839年1月2日拍摄完毕，由此开启了天体摄影术的先河。阿拉戈设想了这种照相术未来的应用前景，他计划拍摄月亮地表图和星星的照片并记录埃及所有的象形文字。[19]参与者在初步运用这项发明后，便从它宽阔的视野中感知了早期摄影的科学性、实验性以及理想主义色彩。天体和摄影之间存在着类同的关系，这些银光闪闪的平面在光影中浮现出来。摄影术在天文学中的应用一直持续了下来。第一个可识别的太阳影像是由诺尔·佩马尔·勒尔布尔于1842年拍摄的，莱昂·傅科和阿尔芒·斐索随后于1845年进行了尝试，并成功拍摄到太阳黑子。人们在1842年拍摄到一次日偏食，1851年用达盖尔相机在24秒内拍摄了一次日全食，并捕捉到日珥和日冕。约翰·威廉·德蕾珀于1840年拍摄了20分钟，获得一幅达盖尔相机月球照片。考虑到星体的运动以及微弱的月光，成功捕捉到这种照片是一件很困难的事情。湿柯罗琁照相法对光具有更强的敏感性，瓦朗·吕埃于1852年应用这种方法拍摄了月球。路易斯·拉瑟福德拍到了自己的月球画面并以他的名字命名。他所拍摄的月球图片于1865年在法国摄影协会进行了展出，图片中月球表面的阴影清晰可见。人类捕捉月球影像的这些尝试有点像孩童学习抓握东西一般，这便是本杰明在他关于年代的一篇文章中给出的理想主义释义：

> 孩童就是这样，学习抓摸东西的时候，它会伸手去够月亮，仿佛去抓一个球那样；成人在神经的支配下也是如此，他们会把目光投向现在看来颇具理想主义色彩的追求上面。[20]

在本杰明的《拱廊商场》一书中，同样的画面出现在革命的理想主义政治之中：

> "爆炸"让法伦斯泰尔（Phalansteries）[21]社区得以扩展，傅立叶（Fourier）[22]的这种构想可以与我撰写的政治学中的两篇文章相提并论：革命受技术器官共同支配（类似于孩童伸手去抓月亮）的构想，以及猛然开启的自然目的论构想。[23]

月亮看起来就在眼前，所以人们都会像孩子一样，在想象的驱使下去抓取月亮。在进行这种努力的过程中，人们共同与自然法则进行着斗争；人们运用技术进步的成果，也许能成功地抓取月亮，哪怕是在相纸上或太空旅行中。在工业与技术变革的时代，那些乌托邦理想正在变成现实吗？

罗伯特·玻意耳（Robert Boyle）[24] 在《嚷嚷着要摘星星的孩子》一文中表现的更加悲观，此后有些方面已经发生了改变。虽然在自己撰写的《微粒论》中也包含了化学因素以及“宇宙特性”，但玻意耳仍是一位机械论哲学家。他坚信，万能的上帝自然会凌驾于狭隘的人类理性之上；他的这个信念与他关于宇宙的机械论观点一脉相承。《嚷嚷着要摘星星的孩子》讲述的是一位孩童的故事，他对那些在夜空中“闪烁的光芒”心驰神往。远处的闪烁让他兴奋不已，在非理性和虚无的欲望驱使下，他要把这些亮晶晶的小玩意抓到手里，结果自己的愉悦破灭了。

> 就像平时玩耍一样，这个孩童只是觉得好玩。他奋力伸出小手，却怎么也无法抓到那个亮晶晶的小玩意，他开始变得恼怒且桀骜不驯；那些闪烁的光芒让他哭闹起来，这与他在星际中看到的那种柏拉图式的音乐相去甚远。尽管我厌恶夜空的寒冷与黑暗，但出于对天文学的爱好，我还是孜孜不倦地观测着星空，满怀兴奋地在夜间最寒冷的那段时光里关注着它们；我仍会在那些最适宜观测的夜晚，平心静气地仰望着天空中这些明亮的装饰。[25]

玻意耳坚持认为，这个孩子就像那些多情的人，为了一饱眼福，内心却付出了许多。理性科学对宗教的精神特征持包容态度，玻意耳为这种科学进行了辩护。理性和宗教是保持头脑清醒的构成要件，一个清醒的头脑会让人们“用愉悦的而不是昏然的眼光去看待同一个事物”；它深知会有一个更大的构造存在于世，而这闪光不过就是“非凡设计师的一个倩影”。基于这样的认识，“天文学家更趋理性的满足感”较之“孩童的欢愉”虽缺乏感染力但却是一种更持久的愉悦。[26]玻意耳笔下的天文学家大睁着双眼，将目光投向镶嵌着宝石般的奇妙夜空；而这个孩子则满心欢喜地看着闪烁的星光，也因为抓摸不到而心烦意乱。理想主义的传统信仰与孩童的天真幻想有异曲同工之处，并相信新兴的科学是自己的同盟军。

“闪烁”（twinkle）：一种时断时续或转瞬即逝的闪光，微弱但可察觉，它忽明忽暗地摇曳着，像一个闪光的金属片，像火花，发出温柔而短暂的微光，抑或是灿烂夺目的闪光，逐渐消失在暗夜中，但很快又闪现开来，忽明忽暗。闪烁仅仅是对存在与否的一种感知而已。这个单词中夹杂“眨眼”（wink）这个字，因此人们把闪烁也比喻成眨眼。眉目传神与眨眼会意之类的动作虽细微，却涵义深刻。闪烁这个词即生动又形象，“twin-kle”的两个音节发音不同，节奏感强，让人眼前浮现出忽明忽暗的画面。光线一会照在这儿，一会照在那儿，不停地重复，好似在哼唱的一首摇篮曲“一闪，一闪，小星星”。[27]这样，歌声和闪光便交织在一起，人们的眼睛和耳朵享受着相同的美妙意境。这首摇篮曲涉及到人与星星之间的统一性问题，至少与我们近来所见识的最低劣的占星术有类同之处。“一闪，一闪，小星星”这个唱词讲的就是星星、孩童与母亲之间的一种密切关系。我们遥望天空，凝视着星星，而天上的星星也在看着我们。星星透过窗帘审视着我们，用它们那闪烁的光芒照亮了天空，为行路者指引着方向。这些遥远之物将光芒投向我们，我们则仰天凝视着天空。闪烁其实就是一种幻觉。星星为我们而闪烁，它们并不是为了自己。星星在我们眼前闪烁，是因为

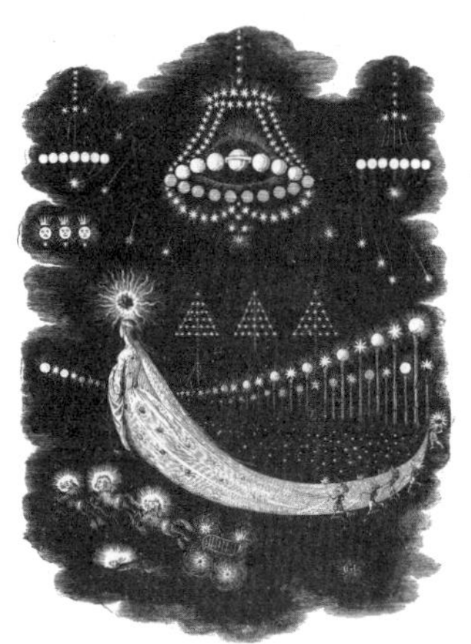

格兰德韦尔人造的乌托邦：“大都市的理想世界，一颗彗星掠过天际”，选自《另一个世界》（巴黎，1844年）。

我们从地球表面观看星辰时，要透过大气层中一层层涌动的气流。每一层空气的温度和密度是不一样的，光线在穿越大气层时会弯曲，折射到不同的方向，像是从一边跳到另一边，映入我们眼帘的便是闪烁。如果从外太空，从一个行星或是月亮这种没有大气层包裹着的星体进行观察，我们就会发现星星并没闪烁。这样的闪烁其实就是大气层的一个历史性产物。它让这些“小星星”成了我们魂牵梦绕的牵挂。德裔英国天文学家威廉·赫舍尔（William Herschel）[28]于1782年用望远镜发现了天王星之后，人们更加关注这些天上的星星了。此外，赫舍尔首开了测量从地球到星星之间距离的尝试，同时他向世人表明，地球从天空中吸收着无形的能量。赫舍尔还制作了第一张星际地图。此外，这个处在上面的世界也要感念“下面的世界”，因为他首创的恒星“层”以及“星座”等用词就是借鉴了当代地质学里新创的词汇。“小星星，眨眨眼，小星星，眨眨眼”也在诠释星星与母亲之间特有的的一种类同性，她们好像从不闭上自己的眼睛，总是在指引着孩子的生活之路。“小星星，眨眨眼”，这首歌词来自一首叫作“星星”的诗。诗的作者是安妮·泰勒和她的姐姐珍妮，这首诗第一次发表在1806年出版的诗集《育儿诗集》里。这样一本儿童读物在当时还属奢侈品，阅读这本书的母亲十有八九是一位生活富足的女士。她很可能感到了一丝疲惫，而她的心“就像天上的钻石”，与天上的星星更紧密地联系在一起。她像天上的星星，在不眠之夜看着孩子入睡；而孩子则闭上双眼，进入梦乡，勾画着自己那生动而明亮的穿越黢黑的夜空之路。母亲与钻石之间的关系则是通过货币购买自然稀缺品的这种功能进行循环的。就像天上的“钻石”便是：一个自然物代替了另一个更为博大且更不可知的事物，这个小小的自然物，人们甚至可以把它抓在手里。钻石是已知的最坚硬的自然物质，它完全是由碳元素构成的，在几百千米的地层下经高温高压形成的晶体。有的时候，火山在喷发时会将数百万年前的含有钻石的岩浆抛到地球表面，逐渐冷却变硬，人们可以从中获得钻石。偶尔，在进行冲积采掘并对砺石和沙土进行筛选的过程中也会发现这种奇美之物。1860年在南非发现钻石之后，露天和地下的开采活动变得疯狂起来，越挖越深；殖民者最后攫取了这片土地。人们花了很长的时间将钻石从这片殖民地的岩石和矿井里挖掘出来，或者从河床上筛选出来，手中钻石的光泽被矿工们付出的血汗所遮蔽。而天上的星星则不同，没人能拥有这种自然物。南非的钻石也是自然物，人们须通过艰辛的努力才能得到这种富于美感的东西，它们会进入奢华与商业的世界，被那些从未参与采掘的人所拥有。在《星星》这首诗中，星星被比作一种商品。这些摸不着但却令人神往的星星似乎可以抓在手里，就像钻石那样被人们所拥有。这种闪烁着光芒的天然宝石沦落成一种奢侈品；星星变成了钻石，而钻石经过社会经济进程的洗礼又变成了一种商品。钻石的这种蜕变，归根到底是人们对其交换价值的追求而不是因为它的美感。于是，人与钻石之间的关系在经历了社会进程的过滤后就相应改变了。钻石从自然界里异化出来，变成了一种社会产品。

为了详细说明了资本主义制度下的这种幻想，马克思对珍珠和钻石的情形进行了描述。由于受到商品拜物教的误导，资产阶级经济学家们认为珍珠和钻石的交换价值是它们自身所固有的，这种交换价值就像一种“化学元素”，尽管“迄今还没有化学家在珍珠或钻石中发现任何交换价值”。[29]马克思坚持认为，作为“赋予某物之上劳动量的社会标准”，[30]交换价值与作为自然物的珍珠或钻石毫无关系。商品价值取决于生产该商品所需的社会必要劳动量，马克思在不同场合论述他的商品价值理论时，以钻石为例进行了说明。作为一种有用的材料，不需用劳动量去“衡量它的有用性”。钻石非常稀有，寻找它们要花费很多的劳动时间。那些更易获得的商品所赚取的货币比投入其中的劳动往往更多，相比之下，也许钻石永远不会实现其真实的价值。正如马克思所写的那样：“如果我们能用很少的劳动投入把碳转化为钻石，它们的价值便会跌落到比砖头的价值还要低。”[31]现在的技术还没有达到这样高超的水平，但天上的钻石星却可以下凡到地球上并被摄影胶片捕捉到。这些天上的珠宝象征着那个可望而不可及的世界，却被带到了地球上来。一切都可以被抓住，紧握手中，在私密的房间里仔细揣摩。

从1850年开始，这些位于螺旋状银河系中的星体与太阳和月亮一起被人们用摄影的方法捕捉到。月亮、星星、太阳及众多的行星展现在书里，好似透过望远镜进行观看一般。照相机替代了人们的眼睛用来捕捉照射过来的光线。正如M. 比奥特1839年在达盖尔演讲时所说，那是一种新型的眼睛；他理直气壮地把它比作一种客观存在的视网膜，如同人类视网膜一样敏感，字里行间流露出对这项发明的钦佩之情。[32]它是一种改良的眼睛，能长时间（几小时或整夜）对光线进行观测，因而得以观察那些最昏暗的区域。于是人们推出了绘制整个天体地图的计划。随着天体摄影术的进步，人们可以在底片上发现大量昏暗的星体，天体摄影图集也随之呼之欲出。最雄心勃勃的地图集是19世纪80年代由穆谢于1887年在国际天文大会期间推出的《天体图集》，这项计划依托巴黎天文台，同时也邀请世界其他天文台参与其中。然而，这是一项不可能实现的计划。1880年前后发明的溴化银胶感光版对光线更为敏感，使天文摄影获得了长足的进步。天体、星星和银河系超越了人类肉眼所及范围，它们进入人类的视野得益于自身散发的光线，因而定义宇宙将不再受制于人类的视野。

透过长廊商场的玻璃屋顶便可以一睹那些拍摄在相纸上的星星，但现在这些长廊商场却开始消失了，随之而来的便是那些星星。它们所承诺的伊甸园也将灰飞烟灭。星星在传统上就是宇宙的指针，这里并不存在人类的意志。因参加1871年巴黎公社期间的活动，路易斯·奥古斯特·布朗基（Louis-Auguste Blanqui）[33]被投入监狱，他在狱中写了一篇颇具忧郁色彩的专题文章《永恒的天体》。文章中，他把星星视为人类命运的标记员，而人类的命运将循环往复不停地重复；他不承认有什么历史性

广泛复制的月亮全景立体图. c. 1899年。

的运动。布朗基把宇宙变成了地狱深渊，与理想主义背道而驰。星星和自然让我们陷入了永恒的回归当中。自然战胜了历史，这对建立人类乌托邦的理想是灾难性的。与此相似的情况是，在波德莱尔（Baudelaire）[34]所描述的地狱里也没有星星。[35]沃尔特·本杰明注意到波德莱尔的《夜色黄昏》中没有对星星的描述。他宣称，把星星排除在外是对表象的一种拒绝方式。[36]波德莱尔拒绝承认在他的反乌托邦世界中存在着“魔法距离”。[37]那些浪漫主义的一丝光亮在现代低俗的世界里没有一席之地；遗留下来的星星不过是“商品的图画迷惑”，且“总是铺天盖地，到处都是”。[38]也许，星星把光亮转移到商品中，自己悄然退到幕后去了。本杰明写道：“新的生产过程成就了仿制品的生产，于是表象便凝结在了商品中。”[39]

波德莱尔把星星赶了出去，他似乎认为星星不会再为当代的宇宙指引方向；个中的缘故不仅是因为星星在技术层面上被电灯和科学仪器所超越，而且在当时就开始出现的光污染环境中，星星在展现自我时显得力不从心，并且情况还在持续恶化。在1806年珍妮和泰勒写作《星星》这首诗的时候，光线和星星的闪烁清晰可见；到1879年托马斯·爱迪生将开发的碳丝灯进行商业化推广之后，夜晚便开始死亡了。到1881年时，《育儿诗集》销售了成千上万，而多次再版后的今天，那些闪烁的星星开始失去了光泽。[40]此时，人为的光线驱散了昏暗的微光，“星星们从大都市的天空消失了”。[41]本杰明的笔触记录了那些光亮透明的梦幻房屋在新的照明灯饰面前走向衰败的景象：

只要汽灯抑或是油灯在长廊中点亮，那儿便是神话般的去处。如果从所焕发出的超强力道去审视，我们就会想起1870年前后的《全景通道》，里面这样写道：一边悬挂着汽灯，另一边的油灯仍在摇曳闪亮。它们随着电灯的使用开始衰落了。恰当地说，这最终并不是衰落而是一种逆转。经过数天不间歇的策划，反叛者占据了已经强化了的位置，商品就在电光闪烁中夺走了长廊商场的权柄，从此开启了商业的时代。在电灯耀眼的光芒下，长廊商场内部的光辉开始凋落并隐入到它们的名字中。然而，它们的名字如今就像是一个过滤器，只让那些曾经最亲密和最苦涩的精华流过。[42]

商品展示在持续的电灯光的照耀下进行着，留下的只有品牌的诗意和商品的承诺。所谓“魔道之巅”便是：闪光的外表所带来的魅力就是一个指示器，对更广大的社会孕育出的潜能进行了转移。就像欧仁·比雷于1840年研究法国和英格兰工人阶级困苦生活时所写的那样：

最富于幻想的仙境就要在我们的眼前变成现实……每一天，工厂所创造的奇迹如同那些由福斯图斯博士运用手中的魔法书所创造出的奇幻一样伟大。[43]

我们的工厂创造了这些奇迹，确切地说是工人们创造的，它们改变了世界，再造了世界，消耗的同时也替代了自然资源。这里有如此多的毁灭，毁灭的躯体和毁灭的自然，甚至连天空都毁灭了。灰尘和杂乱无章的景象与闪烁的星光背道而驰，它们遮蔽了宇宙的梦境。然而，大量的灯杆以及整天都在忙碌的工厂和写字楼的确也把星星们从城市的天际中清除了出去。潮湿或人类技术让周边环境的密度、湿度和温度变得不确定，光子折射并跳跃着，最终这些魅力四射的闪光却被同样由人类技术营造的环境所阻挠，因为这样的环境造成了大量的光电污染，模糊了景致，让天空枉自哀叹。

然而，人造的光线正开启着其他知识世界的大门。纳达尔（Nadar）[44]于19世纪60年代利用电灯闪光的瞬间在巴黎的地下进行了拍摄，但曝光时间不足以致于无法捕捉地下墓穴的生动景象。为了获取正确的曝光量，他将取景框对准了真人大小的服装模特架，因为他需要静止不动的效果，也就是“完全没有生命的静止”。[45]巴黎的地下并不是一个生机勃勃的闪烁着光亮的世界，纳达尔屈尊深入进去，去找寻失去的影像，一种留住幸福的影像。静止和抓拍是摄影的基本要求，这就是利用电灯的闪光进行拍摄的关键。

星星们已“下凡”到了地球，与地下挖出的钻石融合在一起。钻石变成了价值的尺度，人们欣赏的是它的价值而不是它那楚楚动人的美感。交换价值异军突起，随之而来的便是那些附着在物体上的魅力和闪光，这是一种由金属等价物，即价格标签上反射的光芒所营造的虚假氛围。这些尘世的星星，具有商业价值的宝石，亮闪闪地现身于长廊商场这个商品的早期家园中，令人赏心悦目。摄影术出现在长廊商场开始走下坡路的时期。人们用自己的方式捕捉了星星、月亮和太阳，让自然“为我所用”，催生出理想主义的科学梦想并追梦着新的生活方式。

玻璃的社会

长廊商场是商品的第一个家园。在商品化的进程中，现代工业资本主义像一个轻浮的妇人，搔首弄姿卖弄着风情，她承诺的美妙图景和梦想，最终都凝结成对偶像的崇拜。它们的承诺只剩下一些斑驳模糊的痕迹。长廊商场最终走向衰落，梦幻般的商品又找到了新的家园。由钢铁和玻璃构成的建筑找到了另外的形态——冬季花园和火车站，随后玻璃被废弃，只剩下金属独撑局面。车库、埃菲尔铁塔和马赛的摆渡桥就是从长廊商场里率先修建的金属结构建筑演化来的。现代感则卷缩成如同歌德所描述的无实物现象的形态，它的各个发展阶段和未来图景都会有自身最初形态的烙印。未来蕴含于过去，就像魔镜那样一直在寂静中等待着，以期在当下展示自己，让人一睹芳容。一切因玻璃和镜面的反射所造成的混乱与困惑，都变成了现代工业化的空间，让人一目了然。

玻璃仍然受到人们的钟爱，尤其在那些理想主义建筑师们那里更是如此。勒柯布西耶（Le Corbusier）[46]的口号就是追求透明，[47]其他许多人也遵循着这项原则。在现代社会关系中，透明和清晰是一项重要的内容。出于对这一目标的热忱，彼得·贝伦斯（Peter Behrens）[48]、沃尔特·格罗皮乌斯（Walter Gropius）[49]和阿道夫·迈耶（Adolf Meyer）[50]等人设计了用玻璃搭建起来的工厂。玻璃不再像镜面那样制造混乱和困惑，它是能被眼睛穿透的材料。玻璃让自己成为“占有的敌人”，[51]它不允许秘密的存在，要把一切置于阳光之下。新的生活方式在玻璃的羽翼下成长起来。幻想家保罗·希尔巴特在1914年写了一本关于玻璃建筑的书，介绍了玻璃文化这一充满革命性潜能的日常生活形式，他为推动这种文化理念的发展做出了贡献。在1914年的那个时代，大肆修建玻璃建筑，仍会像人们对待傅立叶“水晶宫式”的法伦斯泰尔社区的建筑那样，被认为充满了乌托邦的色彩。这些建筑不会在空袭中保留下来（尽管希尔巴特异想天开地声称这种建筑更适合于军国主义时代，原因是，它们不会像砖石结构的建筑那样垮塌掉，伤及过往的人群，同时这些建筑在经受战争洗礼的过程中虽然钢铁结构会弯曲，玻璃会破碎，但容易加以修复）。[52]

戈巴尔在1849年撰写的《未来的建筑》中设想了一种充满了孔径的结构，可用来建成透明的住房，在“宽大的开间里安上由厚玻璃做成的一扇或两扇窗格，玻璃可以是磨砂的也可以是透明的”，让“房屋在白日里享受到阳光的温暖，屋里的灯光亦能在晚间照亮窗外——一种充满着魔力的光辉”。[53]希尔巴特也在追寻这种光芒，他还让玻璃成为一个新道德标准的推手，这也许会映照出傅立叶思想中并存的宇宙观和体现在透明建筑上的理想主义色彩。玻璃窗是透明的，是纯粹的三棱镜；其清澈透明的特质象征着绝对的形态，这便是物体本身所具有的完美和完整性。玻璃的易碎性成就了一种道德品质：它会破碎（而不像金属或其他材料那样弯曲）。砖头和石块如同坚硬的涂层，不能通透，就像披着一层外壳或盔甲，把世界拒之门外；而玻璃与它们是截然相反的。希尔巴特的玻璃转化成一种敏感的膜，就像视网膜一样：目光穿透了这层窗膜，这就是视觉的机理，眼睛就是如此。人与客观物体具有共同的特征，就如同在想象的完美世界里，人们所栖息的外部结构与自身的结构应该没有什么不同。让人与技术相向而行，这便是乌托邦引以为豪的境界；其含义就是对自然的开发利用已经结束了；这当中也包括对人类自身的利用，因为人也是自然的一个组成部分。

希尔巴特在《玻璃建筑学》一书中描写了一种透明状态，它能让太阳、月亮和星星的光线穿透过来。它的存在，催生了对自然的移情作用，同时它会向夜空发出更加鲜艳夺目的光芒。他在“当遍布玻璃时，地球则美不胜收”这一章中用诗歌的形式，阐释地球的外表将会发生巨大的改变：

如果各地的砖石建筑被玻璃建筑所取代，

就如穿上了一层用钻石和珐琅镶嵌起来的外衣，地球的外观将发生极大的改观，其华丽堂皇的程度超乎想象；

整个地球上的景致会比《一千零一夜》中的花园更加美不胜收。

那时，地球上便有了一个天堂，我们不需再眼巴巴地望着在那个遥远的星际中的天堂。[54]

这就是对美的感知和欣赏，到处都是闪光的外表，光线的照耀与反射交相辉映，俨然进入了人间仙境。希尔巴特想象中的玻璃水晶般清澈透明，色彩鲜艳。各种颜色的玻璃墙安装在玻璃房中，并配以自动的玻璃门；在公园里安装玻璃门，让里面的空间变幻莫测[55]；用玻璃纤维制作成床单和桌布等各种常用的东西。玻璃将让自然景观发生变化，因为它会发出色彩斑斓而又更加温暖的光芒。[56]将泛光灯安放在公园里，让夜晚比白昼更美丽，这种美让饱受光电污染困扰的夜空黯然失色。夜空的黑暗将为之改变。玻璃工厂、水晶宫、玻璃家居和火车站在黑夜中闪着光亮。由于照明的增加，人们在乘坐飞艇时会享受到更加别致的景观。金星和火星上的居民们面对四射的光线惊叹不已；电灯照射出的光线随处可见，天文学家们不得不钻到矿井里或登上山顶去观测天际。[57]通过安装活动镜面实现泛光灯照明，可将各种色彩散播到天空中。[58]希尔巴特设想，如果把普通旅馆改建成玻璃旅馆，整个山岭就会照亮起来。[59]玻璃建筑如此美不胜收，人们无所奢求。除了一些新的玻璃奇观以外，人们对新奇事物的想往已经得到满足，他们不会再去旅游了。[60]希尔巴特写道，随着玻璃建筑的出现，有些产业行将消失，而胜出者将是重工业、化学颜料工业以及玻璃工业。[61]技术的发展让新的生活方式成为可能，新的美景就会呈现在眼前，自然世界得以重塑。这确是一个乌托邦的图景，也许会在步履蹒跚中逐步走进现实。

希尔巴特在他的梦幻小说中所发挥的想象力远不止这些。莫希豪森和克拉丽莎于1906年收录并编辑了一些有趣的故事，叙述者是声名狼藉的谎言编造者莫希豪森男爵。这些故事在19世纪末就已经开始传播并进行了修改润色。这位男爵所讲述的是他在墨尔本七天逗留期间的冒险经历。其中的一个故事描绘了在梦境中乘坐豪车到地球中心旅行所享受的快乐，与此相比，格林兄弟的童话世界多少显得黯然失色了。石块、宝石、金属、颜色、洞穴、岩石、景致、迷雾和烟尘等在故事中俯首皆是。[62]在一个水下餐厅里，玻璃把观赏者与位于水下7000多米的鲸鱼和海蜇之类的动物们隔开。莫希豪森这样报道着在墨尔本举行的世界博览会，博览会的建筑稀奇古怪：有30座巨大的高塔以及拥有150层的中央塔，各个塔之间用桥连接起来；高塔转动时，在高塔上下和桥上可穿行于类似电梯和车辆的房间，俨然就是一些转盘式的建筑。在希尔巴特构想的移动建筑中，人们可以舒适地坐在扶手椅里，一边穿行于展览中，一边向橱窗里观望，目睹这些移动中的建筑豁然呈现新的形状，就像一个“缓慢变动的万花筒”。[63]这些无法形容的由点、线、面组合构成的视觉盛宴呈现在参观者面前。[64]窗外的整个景观逐渐发生了改变：湖面冒出泡沫，宽阔的岛屿同宫殿、公园、高塔和街道来到了眼前。夜幕降临，一座明亮的建筑出现在黑夜中，熠熠生辉。夜空中的电灯星罗棋布，用一部望远镜已无力捕捉到它们。彩色泛光灯柱就像些硕大的彗星，在夜空中摇曳旋转，划过之处，数不清的彩色电灯一览无余。[65]希尔巴特把自己的作品视为万花筒，不停地变换。他把这个万花筒比作一块猫眼石，里面总会有新的画面闪现出来。在莫希豪森和克拉丽莎笔下，这位男爵讲述的墨尔本故事并没有特定的顺序。1902年出版的小说《永远的勇敢》所描写的情形与这儿的故事如出一辙！山峰裂开之后，故事的讲述人希尔巴特不知不觉地迷失在山岭中。这时裂口处出现了一只微缩的河马，将他引入一个房间。在那里，希尔巴特根据不同类型故事的需求，他从常常随身携带的书包里取出自己的手稿，生动地讲述了其中的83篇。故事的内容和情结各不相同，有梦幻、奇闻异事、神话、悲剧故事以及赞歌等。这些手稿都是准备付诸刊印的稿子，里面时而还夹杂着他挥毫写作时溅上的墨斑。故事的听众除河马外都是一些古埃及人，他们不时表达着自己的看法、好恶和期许。希望和潜能栖息在这样的宇宙中。本书在结尾的时候，奉献了短暂的画面，让读者一窥“世界上那无尽的财富”。[66]本杰明在1922年或1923年这段时间从莫希豪森和克拉丽莎写的故事集中做了一些摘录。他从中引述了一章，讲的是19世纪以来，有许许多多的事物，它们从里向外翻转开来，而人们却不能做到这一点，所以他们不再适应这个世界。于是莫希豪森和克拉丽莎便开始实施这项重适计划。这本书所表现的是一个“完美的躯体”，用“怪异的反叛”应对身体的“常规状态”。在这种完美的状态下，人的身体会变得不同以往；比如，人们不费吹灰之力便能完成各种各样的动作。完美的身躯得益于技术的发展和奇妙的构思。这本书让本杰明发出了由衷的感叹：“地球与人性一起塑造了躯体”，所以地球随之鲜活了起来。[67]这就是希尔巴特理想主义境界的核心。人类与技术亦步亦趋，进而必须摒弃对自然的“剥削”。技术在解放人类的同时也解放了世间的一切。[68]

第一次世界大战后，布鲁诺·陶特也梦想着要修建水晶建筑，例如清澈的社区大厦、钢结构的玻璃亭子，并计划把玻璃大教堂建到山间或星星上。这种乌托邦的计划罕有成功的范例。密斯·范·德·罗（Mies van der Rohe）[69]的玻璃幻想离现实更近了一步。在19世纪20年代，他提出了修建两座玻璃摩天大厦的想法：一座是玻璃塔；另一个是在柏林弗里德里希大街上建一座由三个透明玻璃圆柱为骨架的大厦，直冲柏林的城市天际，其外立面用玻璃装饰，让城市的光芒四射。密斯准备用钢结构充当这些高塔的骨架，因而不必再修建承重用的外墙。大厦的玻璃外表就是一张皮而已，从外面可以看到里面的骨架。这个建筑便是一副身躯，我们的居所就如同我们自己一般。建筑的外表清澈透明，但从某种意义上讲它是无关紧要的。里面要让外面通透进来，外面则要反射到里面去，如此一来，到处都充满了生命的气息。其他建筑是修建而成的，但这些建筑却不是。现实中的这些建筑在设计时并没有考虑“技术世界”中人们聚集在一起时的需要；这种“技术世界”能让人的身体有更多的感受，更多享受到美的景色。

在对希尔巴特进行了短暂的研究以后，本杰明在19世纪30年代给一家法国杂志的文章中不无悲伤地写道，希尔巴特所钟爱的玻璃建筑在其本国被视为具有破坏性而遭禁止。[70]然而，它却在“水晶之夜”里找到了某种归宿，这就是在城市里对犹太人的集体迫害，一种靠击碎玻璃进行发泄的狂欢。人们利用了玻璃的透明性服务于商品的销售的特性，这种情景以19世纪20至30年代最为突出。玻璃的透明性使商品任何时候都可以在新型百货商场里，在光线照射下展示自我，其中有些商场是犹太人经营的。暴徒们受到蛊惑，认为只要把犹太人赶走就可以染指这些商品，于是他们砸碎了商店的门窗。[71]后来，取而代之的是一种新型的老式建筑。石质纪念碑式建筑在当时很流行；这种法西斯式建筑模仿往日的帝国，追求永恒并宣示着权力。[72]就像安德烈·布雷顿（André Breton）[73]1928年在《娜佳》中构想的那样，易碎透明的玻璃滑落下去，重游梦幻的世界：

> 至于我，我会继续生活在自己的玻璃房中，在那儿你总会看到谁来串门，屋顶上垂落下来的各种物件以及墙上的挂件，好似附着某种魔力似的；在那儿，我晚上睡在玻璃床上，躺在玻璃床单下；迟早有一天我自己看起来就像一个被钻石蚀刻过的人。[74]

这篇超现实主义的道白，描写了一种梦幻般的场景，它对透明关系的期许溢于言表；但在时下，这些场景也许还不能实现。人们期望的不只是透明，它太过直白了。甚至连自我都是未知的，都要用碳也就是钻石来描绘；这些碳物质在表面上与被单、床铺以及被刻画出平面轮廓的作者自身并没有什么不同。在布雷顿看来，超现实主义总是在寻找一个人们不太关注的点，从这点出发，变换一个角度看问题，则常规的矛盾就不再是问题了；这是因为，一切所谓很重要的东西不过就是某种物质材料，就连人们自身也要回归一种原始的碳化状态。布雷顿在1930年出版的《超现实主义的第二次宣言》中对此进行了深入的思考。在超现实主义寻找的那个点上，一切矛盾——生与死、高与低、真实与想象、过去和未来、传递与阻隔、建设与毁坏等，就不再有什么不同了。超现实主义的目标是什么呢？ 它所追求的就是"消灭一切存在，使之变成一粒钻石；所有盲目的和内部的东西不再是冰之灵魂，亦不是火之灵魂。"[75]在带来分歧的矛盾产生之前，自我便回归到自身的矿物状态。浪漫主义者与超现实主义者一样，都力图在这个世界上寻求与客观的统一。布雷顿把自我视作碳元素，这是一种在意识产生之前就已经存在的物质，照此观点，个性便荡然无存了；但这并不是悲观的虚无主义，而是对肇始的回归，对旧有关系的认知。

梦想与未来：关于方法的问题

为加强对19世纪的研究，沃尔特·本杰明对超现实主义的研究方法进行了调整。他的格言是：要善于发现孕育在物质、产品、过程和实践积累中人们的共同梦想。在本杰明的《拱廊商场》一书中，19世纪被描绘成一个容纳了巨大潜能的世纪，人们热衷于对世间事物和图像技术（如光学玩具或摄影术等）的研究与开发。这些潜能也出现在19世纪人们所向往的图像中，出现在萦绕于梦境的图像之中，出现在幻灯图片、社会运动和乌托邦中。本杰明一直在搜寻着这些社会梦想。他并没有用通常的概念去评述历史，而是对梦进行解析。他在这些方面有许多评述，其中的一篇就能诠释他的意念："梦有所思，日有所历。"[76]

本杰明常把自己的梦境记录下来。其中有1932年记录的一个梦，他称之为"知之者"。这个梦的场景发生在韦尔特海姆百货商店[77]。本杰明正在观看一些用木头做的动物，它们应该是和诺亚方舟玩具配套的，方舟则是用魔盘和变换颜色的丝带做成的。他询问后得知玩具的价格在七马克以上，这样高的价格让他感到吃惊。就在转身要离开的时候，他突然发现这个玩具的结构开始发生变化；玩具上出现了一面镜子，这让他可以看到玩具的内部。那里面有一条街道，孩子们正在上面嬉戏玩耍；街道上铺着玻璃，孩子们和周边的房子色彩纷呈。他不由自主地购买了一套，期待着在当晚隆重展示给他的朋友们。但柏林发生了骚乱，待在咖啡馆里也不安全。于是，他和朋友们一起离开，到了一片沙漠。此时正值黑夜时分，狮子四处出没；他很想展示那些玩具，但朋友们只顾着欣赏非洲的景色。他还没来得及与朋友们分享对这些玩具的感悟，自己便从睡梦中醒来。玩具有三个部分：孩子们在上面玩耍的街道，用木头拼成的微型车轮、气缸和传动器，最后是一个展示苏联新秩序的景致。梦中所展示的只是拱廊街道的样板，这样的拱廊（或傅立叶与希尔巴特构想，陶特、密斯·范·德·罗和勒·柯布西耶等人进行规划的玻璃建筑——玻璃覆盖的街道以及体现当代新生活的透明空间）虽面临重重阻碍但潜力却是显而易见的。这就是现代构成主义在苏联的现实版，它让人们拥有现代工业所带来的人人平等的城市空间，享受到真正民主管理的交通和通信的便利。长廊里面所展现的一切呈现出一种透明和革命性的形式，散发着未来的气息；这一切不过是美好的梦境，但却蕴含着一展宏图的潜质。

长廊是一个容器，它承载着19世纪芸芸众生及大师们的梦想。长廊里的房屋拥有相同的建造风格，看起来就像穿着一件类似昆虫的外骨骼。梦境中，人们不约而同地沉降到长廊里，就好比睡觉的人从自己身体内部的活动、嘈杂声、血压和肌肉的感知中接收信息，并通过梦中的画面或幻影解读出来。[78]本杰明告诉我们，长廊就像水族馆一样，是一个不断流动和变换的去处，浸淫在绿盈盈的闪光之中。在那儿，总会有一些意想不到的事情发生，给我们带来这样或那样的影响；我们要经受“梦中的类现实”“融化在不断的变化中”给我们带来的冲击。新生之物总会令人感到意外。这一切就像电影蒙太奇，个中的含义被后续的画面不断更新；我们仿佛堕入云雾中，不知所云，直到从梦中醒来，才似有所领悟。[79]从本杰明的手记、随笔和图示中，我们最期待的就是一种有关梦境的解读逻辑。这种期待是合乎情理的；在本杰明看来，梦就是自由意志的表现形式：对社会的梦想便是我们的社会理想。《拱廊商场》里引用的内容和注释都是1927年以后收集的，本杰明用了数百张卡片，把这些素材整理成资料。他开发了一种相互参照的系统，就是用卡片把大量相互联系的零散杂碎资料分门别类地汇集起来；这并不是一本书，它更像幻想家希尔巴特用文档构想出来的建筑杰作，既灵活又实用；他并没有把镜子或玻璃碎片随便堆积起来，而是像星座排列那样按照相应逻辑关系进行编排。星座这个词在本杰明的著作中频繁出现，比如在《历史哲学论文集》的第17部分，他在论述方法论时就使用了这个词：

> 思考不仅涉及到思绪的流动，同时也要善于捕捉这些思绪；当思考猝然停留在充斥着紧张与不安的星座时，深入的思考就会给那个星座以有力的一击，思考便借机结晶成一个单体。

或者：

> 为获得具有建设性的结论，人们在唯物主义研究中，将连续不断的诗史抛弃了。马克思认识到，一部资本“历史”代表的仅是一幅冷冰冰大跨度的理论支架。马克思的新纪元已经进入了特定的早期阶段并把星座带进了新纪元，在那儿随处都可以看到弥赛亚时代破裂的碎片。[80]

星座是星系的格局形态。星座的重要意义就是，星系按照一定的方位散布于天空，就像神话描述或天文家们所坚称的那样。本杰明对占星术表现出浓厚的兴趣。他在1932年撰写了一些相关文章，意在用唯物主义的立场和观点来维护占星术的地位。他的这些文章与他关于相似性和模拟冲动等方面的摘记如出一辙。他还谈到了“相似的宇宙”，人们可以从中观察到人的面部、建筑、植物形态、云朵以及皮肤病状等之间有许多相似的地方，并且这些现象都会不时出现在我们的身边；另外，他还谈到“活跃在事物内部的模仿力”这一现象。这种模仿意识有时会在一些方面消失殆尽，但在其他方面却得以强化。占星术这种对星际格局及其影响进行分析的手法已经式微，本杰明于1932年这样写道：

> 在南方的皓月之下，如今的人们面对占星术那苍凉的阴影，仍显得神经兮兮；他们感受到内心活跃着久违的模拟力量，而主宰一切的自然却改变着自己，模仿起月亮来了。尽管如此，这些难得的片刻并没有让我们对那些寓于星宿中的早期预兆形成什么概念。[81]

这些早期的预兆就摆在那儿，并没马上应验，仍处在蛰伏的状态。《拱廊商场》通过阐述相应的主题和方法，也在努力激活那些蛰伏于“资本主义梦幻”中的早期征兆。占星术是一种远方的影响力，就如同月亮作用于地球上的水体一般；这种影响力在本杰明笔下的项目中比比皆是。其中的一种就表现为跨越时间的维度，这就是本杰明“关键性进展”这一方法论的核心观念。正如本杰明在其晦涩难懂的《梦幻城市、梦幻房屋及梦幻未来》中所写的那样，任何事物都是过去的一部分，与那时相比较，如今它的现实性、相关性及重要性都上了一个台阶。而今，“隐藏在既往”中的“易爆材料”会在政治的关注下被引爆。[82]历经占星以及辩证意象产生的过程，借助顿悟和演绎的关键点，过去的一切定会被撕扯出来，让人一睹真容。在详细解读自己的方法时，本杰明经常用一些制图隐喻以及定位的观念，去开启航程，找到通途。正如本杰明在图示中进行的分组归类那样，如果将本杰明用来标注他简短记录的30种图文同时标注在一张纸上，出现在我们眼前的恰是一幅星宿图。[83]正如本杰明于1930年写给格蕾特尔·阿多尔诺的信中所说的：

> 辩证意象并不是要复制梦幻——我从来就没有这个意思。在我看来，它包括从睡梦中醒来的那些瞬间或时点，并通过这些时点构成了一个画面，就像是点点微光组成的星际图。[84]

星斗不再为我们指引道路，它们被地球上过度的照明遮蔽；人们再次光顾它们，是为了从已经变成梦魇的残暴历史中寻找方向。本杰明在同一部著作中写道：“只要身边还有一个乞丐，就一定还有虚构故事。”[85]那个流浪汉还在地铁里四处观望，珠宝店的橱窗映照着他的身影，手表仍在那里，他不需要手表。他的故事就是一个乌托邦的神话。这个虚构故事的立意是要逃避商品交换，对商品占有的不屑，并力图摆脱商品拜物教用鲜活的商品外表替代人类劳动的桎梏。在对这种分离进行的抗争中，理想主义者宁可让自己变成物品本身，也不想去拥有它。不同于商品拜物教关于事物之间关系的虚构，也不同于资产阶级人文主义关于个体关系的说辞，故事力求摒弃差异，营造一个充满爱心，相似，并实现真正交换的世界。这也是本杰明虚构的故事中要追求的境界；理想主义者反对把世界割裂开来，他们公开宣示着“宇宙万物平等的理念”。[86]

“身体的乌托邦”仍在某些地方为科学注入活力。本杰明看到，大气层外的景象播放到长廊商场，在那儿，宇宙万象都令人难以置信地堆积在星光之下。从另一个角度看，长廊商场也被广播到天空的星星上面；自1923年用哈勃望远镜对仙女座这个位于北方天际的螺旋式星云进行观察以来，人们发现这些星星所处的宇宙空间仍在膨胀，变得越来越大。哈勃拍摄到位于银河系外100万光年的星体，从而证明了赫舍尔在1785年的猜测。人们透过像眼睛一般大小的镜头便可窥探整个宇宙世界；而宇宙则投射到我们的身体里，进入我们的视野和头脑。我们自己承载了整个宇宙。最微小的和最靠里的一面属于最庞大和最外部的一面，相互之间你中有我、我中有你。尼尔斯·玻尔（Niels Bohr）[87]在1913年宣称，电子如同行星环绕太阳那样围绕原子核运动；爱丁顿（Eddington）[88]提出，宇宙的体量决定着原子的体量。[89]核合成理论宣称天上的星星就是我们的手足，认为人类仅是恒星裂变的一种副产品而已。哈洛·沙普利（Harlow Shapley）[90]在1925年1月这样写道：“我们就是用构成星星的那些材料做出来的。”[91]他又在《纽约时报》的一篇名为“星星与人如出一辙”的文章中写道：

> 我们与星星出自同一种材料，所以在研究天文学的时候，我们实际上就是在探寻自己遥远的祖先，以及我们在构成星星的材料世界里所处的位置。我们的身躯就是由在最遥远的星际中发现的化学元素所组成的。[92]

19世纪30年代末，本杰明在一篇关于幻想家保罗·希尔巴特的文章中写道，希尔巴特的伟大发现就是能在大庭广众之下用星星来解读万物创世的道理。希尔巴特不受情感的左右，这就是他超凡脱俗的标志。在所有的天体中，地球只是其中的一个，正因如此，希尔巴特才拒绝接受“世界大战”这一术语。世界比我们的地球要大得多，天上的星星才是希望所在。本杰明曾满怀激情地重温了希尔巴特1914年回应第一次世界大战爆发的一段声明：

> 首先，我对使用“世界大战”这一表述不敢苟同。我深信，不论与我们的距离有多近，没有任何天体会置身于我们所卷入的纷争之中。世间的一切都让我确信，至深的宁静与和平仍主宰着星空。[93]

希尔巴特把他的希望寄托在地球以外的外太空世界里。正如本杰明1933年在《经验与贫困》中所写的那样，他的科学幻想已经开始探究“我们的望远镜、飞机和火箭怎样把现在的人类变成全新、可爱而又有趣的生物”。[94]这些宇宙生物有古怪的名字，让本杰明联想起苏联为孩子们起的一些“去人性化的名字”，如“十月”，这是以“十月革命”之后的月份起的名字，“Pyatiletka”（帕提类卡）则是以苏联五年计划起名，“Aviakhim”（阿维卡姆）以苏联一家航空公司命名。这并不是“语言的技术革新，而是服务于改变现实的斗争或工作需要，不是用作美化和描写”。梦幻的语言就像一个魔咒，它并不描述旧的世界，而是催生一个充满新型关系的世界。从某种意义上来说，这便是乌托邦所追求的境界。它面向未来，旨在改变这个世界，至少在描述当前的状态时能观察到一些可能性；一经给这些可能性赋予名称，便让它们在现实世界里充分延展，在未来变成现实。

与地球的碰撞

与希尔巴特笔下的玻璃宫不同，砖石结构的大型工厂遍布德国各地。新型工业也在快速涌现。电化学与发电的需要呼唤着新的能源。介于泥煤和煤炭之间的褐煤，人们以前认为没有什么价值而弃之不用，现在也被开发利用起来。对褐煤的开采让地面上的景象得以改观。泥灰岩、沙子、黏土和碎石被逐一筛选出来，地球的内部在露天开采作业中展现在人们的眼前。更多的工厂雨后春笋般出现，更多的发电站拔地而起，连接各点的道路交通也开始完善起来。电流在线缆里循环流动，照亮了夜空；通过齿轮安静顺畅地驱动和制动机器，人们听不到叮叮当当的噪声，这与之前的机械装置形成了鲜明的对照。这些变化已经超越了视听的维度。例如19世纪70年代，在褐煤采掘最密集的地区，人们可以看到地下水位下降所带来的前所未有的影响。大量树木包括那些生长多年的老橡树枯萎了，在其他一些地方，植物大面积死亡，泉水断涌。无论是在高空还是在地下，世界不再处在分离的状态；航拍技术让这些景观上的巨变一览无余。从空中向下望去，人们能更好地捕捉那些大工厂的身影，其中一批规模最大的便是那些生产颜料的工厂。20世纪初，有六家企业控制着世界颜料的生产与销售，其中最大的三家是巴斯夫、拜耳和赫斯特公司，紧随其后的是规模稍小一些的阿克发、卡塞拉和科勒。这时阿克发和拜耳公司开始进行摄影技术、化学制品以及纸张的开发和生产。另一种伟大的化学替代工业是塑料的生产，它是在纤维素产品与技术的基础上发展起来的。赛璐珞是樟脑树胶粉末与一种火药替代品即火药棉混合而成的，自19世纪70年代以来就是替代象牙、龟壳、琥珀、虫漆、动物角以及牙医使用的硬化橡胶的材料。此外，赛璐珞还被用做衣领、袖口和衬衣硬前胸的材料。人们用硝酸纤维素生产人造纤维，特别是到了19世纪90年代，开始用它生产人造丝和赛璐玢（cellophane，又称“玻璃纸”）。更多与人们身体更为密切的替代品逐渐问世，一个充斥着透明包装材料的世界赫然出现在我们的眼前，这些材料最后注定会变成废弃物。赛璐珞还被用作电影胶片，阿克发公司从1909年就开始进行这种胶片的生产。这种新型的透明材料来自这个世界并把世界展示给它自己。这样，电影胶片里的幻影便取代了玻璃的乌托邦。

第四章注释：

1 沃尔特·本杰明：《文选》第4卷（1938—1940年）（剑桥，马萨诸塞，2003年），第41页。

2 沃尔特·本杰明：《拱廊商场》（剑桥，马萨诸塞，1999年），第875页。

3 同上，第539页。

4 阿拉贡（Louis Aragon，1897—1982），法国诗人、小说家。1953—1972年担任法国共产党文艺周刊《法兰西文艺报》主编。译者注

5 同注释2，第540页。

6 同注释2，第834页。

7 艾德加·爱伦·坡（Edgar Allen Poe，1809—1849），美国诗人、评论家和短篇小说家。他的小说，开创了西方侦探小说的先河。译者注

8 阿尔冈德灯（The lamp of Argand），是瑞士物理学家艾米·阿尔冈德（Aimé Argand，1750—1803）发明并以其姓名命名的灯。译者注

9 艾德加·爱伦·坡：《艾德加·爱伦·坡著作》（伦敦，1873年），第673页。

10 本杰明对爱伦·坡关于灯的魅力评论，详见本杰明1935年撰写的《拱廊商场》中“波德莱尔或巴黎的街道”节选部分。

11 卡尔·古茨科（Karl Gutzkow，1811—1878），德国小说家、剧作家和新闻记者。译者注

12 引自本杰明：《拱廊商场》（剑桥，马萨诸塞，1999年），第537页。

13 艾德加·爱伦·坡：《艾德加·爱伦·坡著作》，第674页。

14 同上，第675~676页。

15 有关镜中复制的影像的描述源于阿多诺对丹麦宗教哲学家

克尔恺郭尔（存在主义哲学创始人。译者注）的研究，本杰明在《拱廊商场》第542页对此内容进行了引述。

16 约翰·海因里希·舒尔茨（Johann Heinrich Schulze，1687—1744），德国科学家，被公认为照相技术的发明者。译者注

17 托马斯·韦奇伍德（Thomas Wedgwood，1771—1805），出生于英格兰著名陶瓷制作家庭，照相技术探索的先驱。译者注

18 达盖尔（Jacques Mandé Daguerre，1789—1851），法国物理学家、发明家、舞台美术家。与J. N. 尼埃普斯合作发明了达盖尔照相法，即银版照相法。译者注

19 详见本杰明：《摄影术的短暂史》（1931年），参阅本杰明《文集》第2卷，第1部分（法兰克福，1991年），第370页。也可参阅英文版本杰明《文选》第2卷（1927—1934年）（剑桥，马萨诸塞，1999年），第508页。

20 详见本杰明《文集》第2卷，第1部分（法兰克福，1991年），第360页。也可参阅英语版本杰明《文选》，第2卷。

21 法伦斯泰尔（Phalansteries），是傅立叶所幻想建立的社会主义的基层组织。译者注

22 傅立叶（Francois Marie Charles Fourier，1772—1837），法国空想社会主义者。译者注

23 同注释2，第631页。

24 罗伯特·玻意耳（Robert Boyle，1627—1691），英国物理学家、化学家和自然学家。确立了在恒温下气体体积与压力成反比的“玻意耳定律”，发展了物质的基本微粒概念。译者注

25 罗伯特·玻意耳：《关于对一些间歇性反射对象的踪迹是基于对这类问题思考的讲述》（伦敦，1665年），第172页。关于闪烁星星讨论的最初想法，详见J·H.·普林：《星星、老虎和文字形状》，载《威廉姆·马修演讲集》，（伯克贝克，伦敦大学，1993年）。普林这段讲话在第47页。

26 罗伯特·玻意耳：《间歇性反射》，第173页。

27 安妮·泰勒和珍妮·泰勒：《星星》，参阅《育儿诗集》（伦敦，1814年），第10～11页。

28 威廉·赫舍尔（Frederick William Herschel，1738—1822），德裔英国著名天文学家。其胞妹、两个儿子均在天文学领域有所成就。译者注

29 卡尔·马克思：《资本论》第1卷（纽约，1906年），第95页。

30 同上，第94页。

31 同上，第47页。

32 1839年2月23日在《波士顿广告人日报》栏目里对照相机的这些描述进行了报道，另外，万维网（The World Wide Web）也能查到。

33 路易斯·奥古斯特·布朗基（Louis-Auguste Blanqui，1805—1881），法国早期工人运动活动家，空想社会主义者，革命家。1871年在狱中缺席当选巴黎公社委员。译者注

34 波德莱尔（Charles Baudelaire，1821—1867），法国诗人、法国象征派诗歌的先驱，现代主义的创始人之一。代表作《恶之花》。译者注

35 对地狱里也没有星星这段内容，本杰明在其所著的《拱廊商场》第271页里进行了描述。

36 沃尔特·本杰明：《中央公园》，参阅本杰明《文集》第1卷，第2部分（法兰克福，1991年），第684页。

37 同上，第670页。

38 同上，第660页。

39 同上，第668页。

40 例如，可参阅根据《T. 纳尔逊和他的子孙们》而于1881年出版的《育儿诗集》，这个版本是19世纪出版的《育儿诗集》很多版本之一，这也表明《育儿诗集》里的押韵诗已留在孩子们的记忆中。

41 详见本杰明：《拱廊商场》，第343页。

42 同上，第834页。

43 同上，第673页。

44 纳达尔（Nadar，原名为图尔纳勋：Gaspard-Felix Tournachon，1820—1910）法国作家、摄影师、讽刺画家。1858年从热气球上拍摄了世界首张空中照片。译者注

45 同注释41，第674页。

46 勒·柯布西耶（Le Corbusier，1887—1965，原名Chales-Edouard Jeanneret，生于瑞士）法国现代建筑大师、画家和雕塑家。译者注

47 同注释41，第419页。

48 彼得·贝伦斯（Peter Behrens，1868—1940），德国建筑师。现代主义的先驱。德国著名的“贝伦斯建筑设计所”的创立者。1908年为德国通用电气公司（AEG）设计的装有玻璃幕墙的涡轮机车间，成为德国最壮观的建筑艺术品。

译者注

49 沃尔特·格罗皮乌斯（Walter Gropius，1883—1969），德国出生的美国建筑师。1907年加入贝伦斯建筑设计所。其部分建筑设计被称为“现代主义运动的杰作”。包豪斯学校创始人，曾担任过美国哈佛大学建筑系主任。译者注

50 阿道夫·迈耶（Adolf Meyer，1866—1950），瑞士裔美国精神病学家。提出社会环境对精神障碍形成的重要影响，被认为是精神病社会工作的首先倡导者。译者注

51 “占有的敌人”是本杰明在1933年出版的《经历和贫困》一文中的措辞，参阅本杰明《文选》第2卷，第733~734页。

52 保罗·希尔巴特：《玻璃建筑学》，第81页。

53 引言引自本杰明：《拱廊商场》，第564页。

54 保罗·希尔巴特：《玻璃建筑学》（柏林，1914年），第21页。

55 同上，第54页。

56 同上，第69页。

57 同上，第97页。

58 同上，第58页。

59 同上，第62页。

60 同上，第119页。

61 同上，第109页。

62 保罗·希尔巴特：《莫希豪森和克拉丽莎》（汉堡，1991年），第72~73页。

63 同上，第19~20页。

64 同上，第21页。

65 同上，第26~27页。

66 保罗·希尔巴特：《永远的勇敢》（1902年）（法兰克福，1990年），第190页。

67 详见本杰明：《文选》第6卷（法兰克福，1991年），第147~148页。

68 详见本杰明：《论希尔巴特》（20世纪30年代后期），参阅本杰明《文选》第2卷（法兰克福，1991年），第2部分，第630页。也可参阅英语版本杰明《文选》，第4卷。

69 密斯·范·德·罗（Mies van der Rohe，1886—1969），德裔美国建筑师，为国际建筑界领军建筑设计师。主要作品包括1929年巴塞罗那国际博览会德国馆、美国芝加哥湖滨大道公寓、纽约西格拉姆大厦和德国柏林新国家美术馆

等。受其设计风格影响，钢与玻璃相结合的建筑今天遍布全球。译者注

70 同注释68，第632页。

71 海德里希给戈林的初步评估报告里描述有815家商店、29个储存仓库和171所犹太人住宅被烧毁或被毁坏。海德里希在报告里关于267个犹太教堂被烧毁或毁坏，这个数字大大低于实际数量。

72 玻璃和钢相结合的建筑方法没有被完全放弃。这种方法非常适合现代交通场所，例如柏林和慕尼黑的新火车站。鉴于这些“新建筑”风格元素“非常有用”，众多工厂甚至仍保留着这些元素。密斯·范·德·罗和沃尔特·格罗皮乌斯在起初就尽量与这些新建筑方式保持一致。

73 安德烈·布雷顿（André Breton，1896—1966），法国超现实主义作家、评论家和编辑。1919年与他人共创达达主义杂志《文学》。1924年发表《超现实主义宣言》，定义了超现实主义并成为超现实主义的提倡者。20世纪30年代曾加入共产党，后又脱离。1938年与L. 托洛斯基在墨西哥创立革命艺术同盟。《娜佳》（*Nadja*）是其1928年发表的一部小说。译者注

74 安德烈·布雷顿：《娜佳》（1928年；巴黎，1964年），第18~19页。

75 安德烈·布雷顿：《超现实主义的第二次宣言》（1930年），参阅他撰写的《超现实主义宣言》（安阿伯，密歇根，1972年），第123~124页。

76 沃尔特·本杰明：《文集》第2卷，第1006页。

77 详见沃尔特·本杰明：“一次梦中的自画像”，参阅本杰明《文集》第4卷，第1部分（法兰克福，1991年），第420~425页。

78 详见沃尔特·本杰明：《拱廊商场》，第389页。

79 同上，第841页。

80 沃尔特·本杰明：《文集》第1卷，第3部分（法兰克福，1991年），第1252页。也可参阅本杰明：《拱廊商场》，第843页。对“占星术”这一术语的较早使用，参阅本杰明著的《德国戏剧中悲剧的起源》（伦敦，1977年），第34页。

81 沃尔特·本杰明：《文选》第2卷，第685页（译文有更改）。

82 沃尔特·本杰明：《拱廊商场》，第392页。

83 详见维利·博勒的《历史》一文中的图表，参阅迈克尔·奥皮茨和埃德穆特·威茨斯拉合编的《本杰明的见解》（法兰克福，2000年），第399~442页。

84 沃尔特·本杰明：《信札》（法兰克福，1978年）第2卷，第688页。

85 沃尔特·本杰明：《拱廊商场》，第400页。

86 参阅沃尔特·本杰明关于《技术复制时代的艺术作品》的论文第三篇。

87 尼尔斯·玻尔（Niels Bohr，1885—1962），丹麦原子物理学家。因其在原子理论研究领域的贡献，获得1922年度诺贝尔物理学奖。译者注

88 亚瑟·爱丁顿（Authur Stanley Eddington，1882—1944），英国天文学家、物理学家、数学家。在相对论，宇宙学，恒星内部结构理论和恒星动力学等领域都作出了创造性的贡献。译者注

89 详见霍利·亨利：《弗吉尼亚·伍尔夫极其关于科学的演讲：天文学的美学》（剑桥，2003年），第115页。

90 哈洛·沙普利（Harlow Shapley，1885—1972），美国天文学家。其在天文学研究的成果为否定太阳处于银河系中心。译者注

91 同注释89，第43页。

92 同注释89。《星星与人如出一辙》这篇文章刊登在1929年8月11日的《纽约时报》（杂志）。

93 沃尔特·本杰明：《论希尔巴特》，参阅本杰明《文集》第2卷，第2部分（法兰克福，1991年），第630页。也可参阅英文版本杰明《文选》第4卷，第386页。

94 沃尔特·本杰明：《文选》第2卷，第733页。

Chapter 5
Class Struggle in Colour

· 第五章　色彩里的阶级斗争

合成的色彩与死亡

化学家们发明了可以用于各种表层以及各类纺织品的染料，同时还制作了含有表面涂料的纸张，这样人们就可以捕捉到整个的宇宙。他们还忙着利用煤焦油和其他废弃物进行发明创造，制成合成物、替代物、复合物以及各种涂料。位于赫斯特的麦斯特、卢修斯和布吕林公司生产的第一种药品——安替比林于1883年问世。1898年，从染料副产品中提取非那西汀以及人工合成海洛因，成就了拜耳公司第一批富有意义的贡献。合成颜料的范围和种类也越来越多。罗伯特・伊曼纽尔・施密特于1888年制成茜素蓝，同时还为拜耳公司申请了第一个烟花石染剂的专利。就在这一年，铬鞣剂开始投入使用，进而推动了有色皮革的开发利用。阴丹士林是新一代合成染色剂，它性能稳定，具有耐光、防水和抗煮的特点，这使得它的使用寿命超过了着染了它的棉花。鉴于耐用的颜色会抑制新的购买需求，所以许多染坊业主十分担心业界的发展前景。德国法本公司宣传部门的负责人费歇尔坚决主张“如果染坊不自愿购买阴士丹林的话，我们就只有采取强迫手段了”。为吸引消费者的注意力，公司特意采用了一个大字母“I”作为阴丹士林的标志，同时还用密集的雨点和一轮红日作背景。染料行业整日忙于包装和营销。在赫斯特公司的染料工厂里，包装袋上的标签演绎着颇具异域或殖民地情调的图案，或是动物或猛兽的萌态和新奇的身影以及美女的倩影。[1]

在世纪之交，化学俨然以永不停歇的自然征服者的形象展现在世人面前，那些英雄般的科学家们在它的旗帜下一路高歌猛进，所向披靡。越来越多的化学企业和它们的产品展示在各种令人兴奋的报刊里。一些小册子把这些成就视为记载社会发展传奇的重要组成部分。化学是英雄逐梦的领域，在这方面，德国的化学工业是最成功的。1913年，拜耳公司雇佣了一万名员工，在国内外拥有着8000多项专利。那一年，莱茵河和美茵河沿岸的工厂生产出的产品占据了世界化工市场的四分之一。1914年前后，德国染料工业生产了世界需求总量的85%。苯胺染料行业与色淀业、油漆业和染色剂行业实现了融合。此外，人们还对煤焦油染料的全新用途进行了规划：用于木器着色、油漆制作、艺术家使用的绘画颜料，以及对诸如纸张、油布、皮革、皮毛制品、象牙和兽角等进行着色的染色材料。有些木材可以用油漆上色造假，也可以通过给诸如象牙替代品、人工角质物、琥珀和骨质品一类的坚硬物质上色，来制作纽扣、电器绝缘件和台球等。化学工业的不断完善也折射出一种反自然的蒙昧与残酷，具体表现就是那些钟情于这种“第二自然”的艺术家们为合成物高声吟唱的赞歌。推崇反自然主义并强调化学工业的潜力，两者相互作用的结果激发了艺术现代主义在全世界的发展。

令人厌恶的色彩

1913年最后两周，以温德姆·刘易斯（Wyndham Lewis）[2]为首的一群伦敦艺术家们创办了一份期刊，他们取“狂飙”为刊物的名称，并以一股旋风作为标识。《狂飙》的构思，就是要赞美已经实现了工业化的中部和北部地区广泛使用的炼钢高炉。期刊以《狂飙》为刊名，彰显了来自北方清爽而卫生的狂风席卷各地。杂志前几页上的象征性标记——旋风，展现了一个具有象征意义的风暴旋，它的顶尖朝上：这是海岸警备队员用来表示北方强风来袭的信号。这就是工业化的北方地区，是对南方的揶揄，是对地中海的阳光、菘蓝的绿荫以及“未来主义”的回应。这种新的艺术摒弃了动人的月亮和星星的光芒以及大自然的柔美。《狂飙》赞美着狂风下呼啸的大海，为盎格鲁—撒克逊的机械成就而欢呼雀跃。《狂飙》呼唤着冲击的来临，然而它也成了因失意和挫败而进行发泄和谩骂的对象。道格拉斯·戈德林在伦敦郊区的赫尔斯登找到了一家名叫莱弗里奇公司的印刷企业。这家企业看似“很谦逊，对他的指示百依百顺”[3]。这份杂志在排版和印刷方面追求标新立异，它的封面有块扎眼的粉红色区域，长达一英尺，使用的纸张粗厚且毛糙。杂志的外表就像一块宽厚的平板，备受诟病，另外杂志采用黑色墨汁进行印刷；出版日期为1914年6月20日，意在宣示它开始搅动艺术史的特殊时间节点。正如杂志发刊词的一位签署人理查德·奥尔丁顿（Richard Aldington）[4]所描述的那样：

> 它是一本硕大的粉红色期刊，厚达160多页。刊名“狂飙”呈对角状印在封面上。本人尚无暇给出详细的评论，只大致浏览了一下它的发刊词和一些撰稿人名单，便可以肯定地说，这是我所见过的最引人注目、最具能量、最具激励性的作品。[5]

杂志的最后是一篇《我们的旋风》的文章，它高调宣布近来发生的印象派运动遭受了挫折：

> 疲弱无力的印象派挣扎在孤岛上，苟延残喘：
> 你们就是一盘散沙又号称深谙事理，我们这旋风受够了你们这些懦夫，
> 旋风因自己那些已打磨出耀眼光泽的理念而倍感自豪。
> 这旋风不会听到别的什么，只有那耀眼的舞步。
> 旋风期待着自己那快捷且不变的韵律。

我们的旋风像愤怒的猎狗扑向无病呻吟的印象派艺术。

这旋风在一片炽热中身姿敏捷，既纯洁又抽象。[6]

这种对现代性的诉求充满着矛盾。速度变成了静止（与马里内蒂的未来派模糊艺术相反）；红色和白色位置互换，诚如它们在超高温条件下所表现出来的那样；灾难示人以亮丽的外表。印象派的模糊不清与未来派的嗡嗡作响一样都是对漩涡派艺术家的冒犯，这些现象被刘易斯视为落后民族纵情于新奇机械的痴迷中，而遭到摈弃。[7]《狂飙》中充斥着各种主张和断言，同时还有介绍工业发展方面文章。它那又黑又重的印刷风格，让人觉得更像在阅读报纸上的通栏标题而非高雅艺术沙龙里的小册子。杂志的封面用文字沿对角线印刷，又粗又黑的标识端坐于正反两面。这与充斥于字里行间的现代派对自由的宣示形成了鲜明的对照。然而，正是杂志封面的颜色打响了冲击的第一枪。刘易斯“策划并创办了《狂飙》，它是所有杂志中最硕大的，同时也是最激进的，它那令人惊悚的尺寸和暴烈的颜色让人们觉得一定有什么大事正在发生，其效果比参加大量的展览会还要好。”[8]刘易斯在1914年7月致卡洛勋爵的一封信中，把《狂飙》描写成一头“深褐色的巨兽”。[9]在1937年的《风暴与大轰炸》一书中，刘易斯回忆道，杂志的页面有“12×9.5英寸大小”，呈“深褐色”；他继续补充道，“总的看来，它就像一本电话指南。”[10]没有人会忽视这个封面，评论家们都会提到这本杂志。福特·马多克斯·许弗（Ford Maddox Hueffer）[11]在《展望》杂志中把它称作紫书。1914年7月1日的《时代》杂志把它说成是“被装订在紫色的纸里面。”《雅典娜神庙》《新周刊》和《新政治家》杂志认定它的颜色为红紫色，《诗歌》杂志称之为樱桃色。《早间邮报》断言，“它用一张宽大的粉红色纸作封面，纯属是弱智的表现”。[12]《小评论》杂志认为，“它的色彩介于红紫色与淡紫色之间，是一种让人头疼的颜色”。《利己主义》杂志称它取的是粉红色调。《培尔美尔报》杜撰道，“这是一种让人不寒而栗的棉织法兰绒粉红色”，它还专门提到这个色彩“让人想起伦敦东区经营廉价服装的一些商人编制的服装目录，那里充满了服装商人下单订购的各种劣质商品”。[13]《观察家》杂志评论员斥之为“一种别具挑衅意味的粉红色。”[14]这种颜色看起来粗俗不堪。在《狂飙》杂志的扉页上，有一个小标题“旋风万岁”，这是一首赞歌，献给永远陪伴在每个人身边的艺术家们；尽管刘易斯对它嗤之以鼻，还是有一些“身着漩涡主义”亮丽服饰的支持者们赞美杂志的封面。[15]

> 我们不想让人们穿上未来派艺术家那种带补丁的衣服，也不想忽悠别人套上天蓝色和粉红色的裤子。
>
> 我们既非他们的妻子也非他们的裁缝。[16]

《狂飙》采用了一位作者的稿件，他自诩“原始雇佣兵”[17]。该杂志为这位粗野的艺术家发声，此人经常混迹于“新闻界所梦幻的现代生活中，那里既宽阔又嘈杂，其实就是一片沙漠”，人们在那儿能找到更纯真的本色。[18]杂志计划闯进欧洲艺术圈并弄出一些响动出来。漩涡派艺术家并没有因离间艺术和娱乐圈里的成员而感到不安，尽管印刷和出版人有责任避免对他人进行言语诽谤，但他们中的一些人作为文化对手还是受到了猛烈的抨击[19]。《狂飙》仅在英国就有许多要攻击的目标，杂志在首次发行时就写道：“英格兰对艺术极不友好且怀有敌意，就如同北极，不适于人类的生活，这儿就是精神世界的西伯利亚。”[20]

追求转瞬即逝的高潮和令人震惊的即时快乐构成了现代派艺术的主题。在《未来主义、魔法和生活》这篇评论中，刘易斯间接提到了这些主题。他在文章里指出，绘画中最易褪色的颜色如维罗纳绿、普鲁士蓝、茜草素深红也是最靓丽的颜色[21]。最闪亮的东西来的最为强烈，但它们稍纵即逝；在真正的现代派艺术家眼里，耀眼的光辉必定昙花一现，如流星般飞逝而去，不会永驻人间，也就是观者与目标的一次偶遇而已。刘易斯宣称：“事情就是这样：我们应当憎恨其他时代，我们不愿像一匹马那样去卖得4万英镑。”[22]商品化和档案资料遭到拒绝。漩涡派艺术摒弃了浪漫主义对过去的情怀，它们好似能唤起对法国立体派艺术的意识，在那里，画室的主题通常是吉他、模特儿、静物，所使用的颜色多是从蓝到绿，继而到灰褐色等，范围很窄。廉价的工业原料也被赋予了艺术的内含。“媒体乐队”坚决主张废弃油画，力主其他手段和媒体，因为“廉价的人造物、木片、贝壳、玻璃等的外表已经展现了自己的特点，各种可能的颜色也都尝试过，它们已经为绘画艺术的时代画上了句号。”[23]刘易斯坚持认为，人们对色彩的探索还远远不够。对不同的意见和“各种令人讨厌的组合”都要进行尝试。刘易斯对那个叫作ABC的茶室赞赏有加；对一个当代艺术家来说，那是一个出灵感的地方，“那里陈设简朴，只有些镜子、廉价的大理石桌之类的东西，布局也没什么讲究。尽管如此，这也会给画家们提供上千种创作灵感。”[24]

《狂飙》杂志上刊有一篇评论《对粗俗的驾驭与运用》，刘易斯在文章中谈到了安格尔（Ingres）[25]的妻子，她常会把围巾挡在他的眼前，不让他盯着那些长相丑陋或清秀的人。如今，刘易斯评论道，人们开始推崇丑陋的东西。“今天，我们不再需要完全由金子打造的东西（而是要把燧石或茅草与黄金混在一起，让钻石镶嵌在面团上），一个单调的乐园或安全环境已经足矣。”[26]

在《注重生活经历》一文中，刘易斯对自然主义和自然派画家进行了抨击，指责他们从来就不胜任相关的题材。这些缺乏想象力的艺术家们站在“无限的自然面前，手里拎着他们的小画箱。”[27]现实主义画家仅注重绘画眼皮底下的东西，任性和不受拘束的笔触受到压抑，色彩被迫显得自然或至少看起来真实可信。在后来的一份关于漩涡主义的声明中，刘易斯写道：

> 毕竟，漩涡主义是一种新的文明，我和其他少数几个人正在为它绘制蓝图：事情从来就是这样。构思一幅男人们四处张望的草图，而这些人并没在那儿。那时，我还没认识到我的工作所拥有的全部含义，但当时我就那么做了。我与所有其他投身于此的欧洲人一样，感到这是一项重要的任务。它的意义不只是绘画本身，它还要为人们营造全新的眼光和与之相伴的全新的心灵。那就是感觉。[28]

艺术和生命的堕落就展现在人们已经擦亮的双眼和心灵前。《狂飙》[29]请以兹拉·庞德（Ezra Pound）[30]为它提供“一些肮脏的东西”，为此，他提交了一些关于色彩、手法与化学作用的意象派诗作（在《时代》评论员看来，“没有特殊的价值，有些根本就没有价值”）。他们的堕落与肮脏在于他们经常涉猎那些当代的假冒品和不完备的化学品。以兹拉·庞德摘编的意象派诗人关于色彩、手法与化学作用的诗句在《狂飙》里嘶嘶作响。

《商店前的女人们》

假琥珀和假绿松石这些便宜货吸引着她们的眼球，

这些凝结的黄色尤物，“真想让它们跟天然的一样”！

《艺术》

绿色的砒霜涂抹在蛋白色的布上，

压碎的草莓！来吧，让我们享受这视觉盛宴。

《那块新肥皂》

它怎会在太阳下如此闪耀发光

宛如切斯特顿的面颊一般。[31]

这些口号式的诗句提炼了现代主义的精髓，字里行间折射出与现代精神间爱恨交加的情结。这些诗歌与那个时代一样，毒性肆虐且很强烈，对闪烁与欺骗心驰神往。《商店前的女人们》里的诗词，描述了购物的女人被花哨的小物件以及假冒商品所吸引的场景。她们中了店家招揽顾客那些小把戏的圈套。她们之所以被吸引，是因为她们本身就没什么不同，不过趣味相投而已。每件事都一样，矫揉造作、欺诈和丑陋。《艺术》这首诗对艺术进行谩骂和攻击，在那些时尚的法国人眼里，艺术就是一种由恶意欺骗的色彩与毫无用处的伪自然所构成的混合物。享受视觉盛宴让人们看到那份为无知者准备的致命膳食，菜单则是被毁掉的自然。关于《那块新肥皂》的诗句，艺术爱好者们通过构想一块肥皂所获得的艺术美感，很滑稽地模仿着那种一本正经的艺术欣赏范儿，其实肥皂的追求就是洁净，就像G・K・切斯特顿（G. K. Chesterton）[32]那种优良和洁净中透出的典型英国式中产阶级的情感。代表G. K. 切斯特顿政治梦想的《诺丁山的拿破仑》（1904年），是一部讲述前工业时代那些浪漫传奇的作品。这中间应该没有肥皂的角色，因为它是一个工业产品。肥皂宣称，它会用最具腐蚀性的手段，为人们带来洁净与纯洁。规模化生产的肥皂威胁着要把切斯顿特身上那种舒适的道德主义微笑驱散。

《狂飙》杂志第二期，即最后一期，是1915年7月的“战争专刊”。[33]刊物以“这个深褐色的海扇壳”开篇，但封面用的却是不太引人注目的淡黄色和黑色，上面印有一幅刘易斯创作的不具人型的机械图像，称作“拱卫在安特卫普之前”。瘦骨嶙峋的士兵们在演绎着力量与死亡的金属器物的纠缠中，紧扣机枪的扳机，随时准备投入战斗。文章再次用多数篇幅攻击其他的艺术运动。在《当代艺术评论》一文中，刘易斯写道：

印象派画家希望绘画中的一切都是真实的。那是个追求科学真理的时代，来自地球的色彩不得不去模仿明亮的光线。颜料自身作为色彩的禀赋及存在的意义现在并不重要；颜料可以再现棱镜里混合而成的色彩，这才是它的价值所在。[34]

尽管印象派艺术家着手分析世界并朝着从科学方向了解世界而努力前行，但他们的艺术却深陷于图画和表象的模仿上；他们的目的就是用油画颜料模仿光的效果。[35]刘易斯对印象派画家屈从于自然的做法给予猛烈的抨击。他们唯一的遗产就是让大众习惯于更明亮的色彩。刘易斯期盼的是一种纯粹的色彩体验。进行抽象而非被动模仿才是追求的目标。在《伦敦一族》这篇文章中关于威廉·罗伯茨的描述中，刘易斯对“在现代广告艺术的色彩中，对冷色和有效色彩的使用”[36]大加赞扬。以“生命无味”为标题的一篇短文试图在对象中引入平等主义：

实际上，你对周边自然中每一事物的赞许——比如火柴盒、印花服装、生姜啤酒瓶、路灯柱等，与你赞赏所有美的展现如出一辙。[37]

世界上的事物是平等的。然而，在艺术方面，刘易斯发现一些表现方式，特别是对人、动物或树木的表现方式应给予谴责。抽象是唯一要做的事情。自然不能被模仿，但从自然过程中学习和领会则是可能的。[38]真正的艺术家要遵循自然，亦步亦趋，然后添加一些不期而遇的美。[39]在此，他建议对大理石表面的纹理进行一番研究。

达·芬奇建议你们多做观察并注意木头上的斑纹，这种图案在自然中随处可见。石头或大理石上的纹路与木头纤维的构造如出一辙，有其合理性和必然性的一面，这与事物在生命历程中正确把握自己有异曲同工之妙。[40]

但重要的是，在不必运用直接的机械刺激情况下就能生成这些类似的图案。[41]“现代讽刺漫画与印象派”同样主张自然作为一个“客体”的合理性，它不是一张图片，它会产生相应的纹理图案、效能和形态。

我们并不是在攻击源于自然的工作方式。如果不带任何文学目的去做，仅从作为客体的物体兴致出发，这样的结果就会在梵·高、莫奈或塞尚的作品里找到。[42]

在《伦敦一族》中，刘易斯力挺《生命不是旧主》这篇文章，拒绝那些因癫狂或石头而变得死气沉沉的艺术。取而代之的是，他欢呼着“闪光、热切的血肉，或闪亮的金属”的出场[43]。漩涡派画家在一个充斥着机械与化学的世界中醒来。马里内蒂（Marinetti）[44]认识到，人类因居住在都市，享受便利的通讯和交通而开始发生改变；刘易斯在公开嘲笑马里内蒂“关于机器、飞机等未来主义的夸夸其谈”时，也对他有关人类变化的认识印象深刻。城市里充斥着都市生活特有的噪音，有轨电车制动的尖厉声，汽车的轰鸣以及机器的嗡嗡声，将传统特征的痕迹一扫而光。在漩涡派的程式化表现形式里面，对人类形态的否定表现为用强光突出扁平面并减少相关的要素。在刘易斯的绘画作品中，人体仿佛是由钢梁和模具做出来的一般。在刘易斯看来，真实的人体日益变得不那么重要了；实际上，当下更没有什么意义。[45]刘易斯的肖像画是要刻画那种男性化的女子。深入内心的观念在狂飙下被吹散得无影无踪了。自然一路狂奔，远离艺术而去。《狂飙》在战前异军突起，高调亮相；当炸弹从天而降的时候，它匆匆撤离；至少，它的一位艺术家——戈迪埃-布尔泽斯卡（Gaudier-

Brzeska）[46]，流散到一片北欧田野，筋疲力尽，饱经沧桑，就像一幅《狂飙》里漩涡派画家的作品。

《狂飙》在战争专刊的社评中宣称，德国一定不会赢得这场冲突，因为德国推崇浪漫的情调，“以往诗情画意般的生活状态，现在已经不存在了”。从美学观点出发，对德国的战争是正当的，尽管这是飞溅起来并深入到生命本身的一种美学。这本杂志力求表达一种“现代的，同时也彰显着新的生活条件和可能性的精神”，而这一切迄今为止还没有人来表达。如果德国官方因其钟情浪漫（包括国家的浪漫）而被压碎，但这并不意味着损害会殃及德国民间：

> 就资助本刊物进行宣传活动，以及在科学和艺术领域对各分支的帮助方面，德国的民间比任何其他国家做得更多。[47]

来自前线的明信片

不论在官方层面还是非官方层面，战争给德国的工业带来了诸多的烦恼，同时也创造了机遇。卡尔·杜伊斯贝格是拜耳设在勒弗库森（Leverkusen）[48]的工厂负责人，他在1919年就注意到化学工业并没有为战争做好准备。战争对化学工业来说是一场巨大的灾难，贸易中断了，因为有太多的贸易长期以来一直是与现在的敌国开展的。[49]有些交战国致力于扩张他们自己的染料工业。原来使用德国中间产品的瑞士染料工业已经开始独立自主，逐步摆脱了对德国的依赖。英国舰队持续的海上封锁切断了一些原材料（如石油和橡胶）的来源，进一步迫使德国寻找替代产品。然而，对德国化学工业来说，还有更急迫的东西要去制造：汽油和炸药。杜伊斯贝格写道，德国的化学工业已经认识到他们别无选择，只能帮助国家把战争继续下去。工业重新进行了调整并开始获得利润。战争第一年，化学工业的平均利润率从19%上升至35%[50]，并在被占领土上找到了劳动力的潜在来源。1916年，卡尔·杜伊斯贝格建议最高军事统帅着手开发比利时的劳动力资源。截至1916年11月中旬，德国占领者挑选了4万名比利时男性囚犯，将他们运往德国的工厂和矿山。这个数字每天都在增加，先后共调运了6万多人。[51]然而，强迫囚犯尽可能干活的效果并不理想。

为在战争中提升德国工厂的地位，一种“利益共同体”在1916年形成。沃尔特·拉特瑙这位德国通用电气公司（AEG）创始人之子，在作战部内设立了一个委员会，负责调研战时所需原材料的供应问题。令该委员会最头疼的问题是制造火药所需的硝酸盐严重短缺。智利的海鸟粪储量巨大，这是一种氨与氮化合物的重要来源。现在这一来源已被敌方封锁，这就意味着需要开发新的硝酸盐来源。国家与企业同舟共济，通过贷款筹集了大约4.32亿马克巨额资金。[52]弗里茨·哈伯（Fritz Haber）[53]应招参与其中，此前，他合成了氨，这是一种对采矿、施肥以及制造炸药都十分重要的物质。氨是生产硝酸——一种化学高效炸药及其他军火的关键原材料。此外，哈伯还帮助开发用于战争的化学武器；他指挥了首次毒气攻击——1915年4月在伊普尔大规模释放氯气。1927年，弗里茨·哈伯回顾了化学在这次战争中的重要性：

> 拥有2平方米体表面积的人体成了攻击的目标，人们不再会像以前那样，在鼓动之下冒着从机枪和大炮射来的钢铁旋风傻乎乎地扑向防御工事。地下掩体中的防卫者也不会被钢铁风暴击溃，因为没有那么多飞舞的弹片席卷而至。来自科学的幻想洞若观火，预见到这种局面，并运用技术手段找到了解决的方法——这便是毒气战。[54]

毒气战曾是一种弥补方式。1925年，沃尔特·本杰明仔细思考着“即将到来的战争”在使用化学武器的情况下怎样开展起来。对那些由法本公司[55]生产的气体杀人工具，他用“绕口的化学词汇”分别给与予命名。芥子气腐蚀肉体，毁灭所有植被及食物的来源，被它烧灼的痕迹清晰可见，会留在相关物体的表面达数月之久。路易斯毒气（Lewisite）[56]——一种气泡式毒气，能导致血液败坏，让中毒者迅速死亡。毒气所及之处根本就没有藏身之地，“简直就是一种呼吸灾难”。但从某种意义上来说，毒气战让爆炸的璀璨火花与军事装备杂糅在一起，使化学技术在战争中的作用达到了一个新的高度。这一点看来就是恩斯特·荣格尔这位战争编年史官，在其著作中以及随附照片的评论里对毒气战的看法。荣格尔对这种戏剧性的气体和火焰津津乐道，认为分明就是战地上爆开的烟花和金属化的自然景观。在他看来，战场不是灰褐色的泥沼，而是战事与危险的缩影，是一块展示的舞台。1920年出版的《在钢铁风暴中：一位突袭部队长官的日记节选》描述了对这种新“前线体验”的感触。战场上，子弹像爆竹一般闪着火光，啪啪作响，穿过浓烟和五彩斑斓的气体组成的烟云，呼啸而至。这种由科技营造出的壮观图景美不胜收，即便是正在进行的战争也像一场盛大的展演。蜂拥的钢铁刺破蓝天，到处火光闪烁，爆炸声冲破云霄，炸开的照明弹让战场上空亮如白昼。在本书的最后一章中，荣格尔记述了1918年3月的一场战斗。在战场上，“甚至自然规律似乎也不再起作用；空气在颤抖，仿佛是在炙烤的夏日里，热浪滚滚，就连地上的静物也跟着来回摇摆。硝烟的黑影从云端掠过”。[57]

这个连自然规律都暂停发挥作用的地方更像是一座工厂，一个巨大的机房按指令制造着死亡与痛苦。

现代战场就像一台停歇的巨型机器，里面隐藏着无数的眼睛、耳朵和胳膊，它们无所事事，都等待着那一刻的到来。不久，从这边或那边作为掩体的洞穴中发出的一颗红色信号弹腾空而起，直冲云霄，上千杆枪同时发出怒吼。随着这一击，由无数手柄操控的毁灭机器便开启了它的碾压之旅。[58]

人与自然之间新陈代谢的破裂在战争中达到顶点。在战争中，地球遭受炸弹与战壕的双重侵害。而人类利用科技手段对自然恣意妄为。这次大战改变了德国的景观。战争中使用的炸药和致命气体，与构成新型彩虹的合成颜料都来自同样的技术，来自同样开采和加工出来的原材料。这种新的金属特性的自然却被新的介质技术、摄影和电影捕捉下来。战争的每个时刻，每个全新震撼的片段都可以记录下来进行对照，荣格尔将这些内容仔细地收集了起来。他的战争书籍中含有珍贵的照片集，如1928年的《永不遗忘》与1930年的《世界大战真相：德国士兵的前线经历》。这些记录战争的照片从不同的角度进行拍摄，收获了良好的视觉冲击效果：对村庄“轰炸前后”的侦查照片；炸弹下落时的黑色身影；士兵列队，怀抱着满是涂鸦的弹壳；战斗进行中的场面；战壕里的生活以及战壕中的死亡等。其中的一些照片通过了层层审查，印到了明信片以及图片杂志上，供大众观赏。

在《狂飙》中，温德姆·刘易斯注意到展示艺术的新材料，认识到一种拥有全新尺寸的载体——图画的尺寸可以缩小。他提到明信片所呈现的种种可能性。[59]其他先锋派艺术家[60]也掌握了明信片的格式并耍起了聪明。1916年7月，奥斯卡·科柯施卡（Oskar Kokoschka）[61]给维利·鲍迈斯特发了一张带图案的明信片。那是一张他自己作为战争志愿者的照片。还有一张发送于1916年11月，这次是艺术家施蒂默尔的一幅肖像，该肖像同时作为军事和气象方面的题材被“暴风雨”引用。“暴风雨”代表了表现派艺术圈，同时也是宣传表现主义的杂志，它是第一个复制、讨论并捍卫科柯施卡及其他表现派艺术家的刊物。[62]然而科柯施卡去掉了印有其生日、成就与事实的广告。鲍迈斯特特和科柯施卡组成了一个圈子，除他们之外，成员还有建筑师阿道夫·洛斯（Adolf Loos）[63]和讽刺杂志编辑卡尔·克劳斯（Karl Kraus）[64]。德国表现派艺术家喜欢明信片这种形式，他们乐于在彼此间交换这种简化版的信函。他们制作出明信片般大小的艺术作品并在彼此间发送。其表现主义的审美观非常契合明信片的格式。明信片上的图像通常是即兴之作，而非刻意为之。这些图像或是粗线条的人物，或用明暗相间的树木，或是一幅水彩画，都是在较短的时间里信手勾勒出来的。[65]这种明信片并不夸张，通俗随性，与家庭里的照片尺寸类似；这本身就是一种颇具亲密感的形式，随手拿起来，画面上的人物通常是与观赏者最密切和最亲近的人。另外，明信片与表现派艺术家的共同理念高度契合，它是人们用艺术的形式保持相互联系的一种方式。有的时候，为了提升个人的知名度，表现派艺术家们会发送一些载有自己肖像的明信片。通过明信片的邮来寄往，艺术家群体之间的友谊纽带得到了进一步的巩固。友谊是一种经过选择形成的共同体，它取代了一般的家庭纽带；这对那些放荡不羁的艺术家而言尤其如此，他们一向以反叛的特质闻名于世。然而，明信片作为通信与交流的工具却处境尴尬：作为一种现代的大众通信形式，字里行间的柔情蜜意却暴露于公众的视野。明信片是一种规模化和标准化的产品。一旦人们克服了最初对明信片缺乏私密性的顾虑，这种形式便会收获巨大的成功，它为民众的生活搭建另一个平台：采用预付款的那一款明信片可被视为一种能在上面进行书写的邮票。通信的载体减少到一片纸，毫无遮蔽并节省了大量的公共资源，不像邮寄信件那样需要折叠的信纸和信封之类的零七八碎。海因里希·冯·史蒂芬1865年时曾说过，简洁质朴是明信片的优点。5年以后，他担任了德国的邮政局长并在全德邮政系统中推行明信片的使用。[66]战争中，明信片赢得了民众的喜爱。1871年的普法战争期间引入了战地邮政服务——通信邮票，到1872年，明信片的邮资降低了一半。总的来说，邮政通信在采用室内信箱和无名邮递员等措施以后得到了进一步发展。在信封上预先涂抹胶水省却了诸多麻烦。明信片上事先印好的内容以及现成的画面预示着邮政服务的亲密感受进一步丧失，而这些改变是按照统一的标准格式进行的。[67]明信片把大众通信和大规模复制结合在一起。通过运用工业手段，可以印制出多种多样的插图。1905年后，在明信片上的一次劳动分工意味着人们可以把内容连同地址一起写到图案的背面。这样一来，图案更具欣赏性，明信片也从简单的通信手段变成了纪念品。明信片通信缺乏私密性的特点让邮件的亲密感随之消失，所以，人们可以在一定范围内选择不同图案的明信片，以体现不同的个性。表现主义艺术家把这种个性化的诉求做了进一步的发挥，他们在明信片格式里使用自己的设计，这样便可用通信的形式重新激活自己的圈子。但这又与明信片的大众特性背道而驰。对艺术家朋友圈来说，寄发明信片不只是一种便利的联系方式，它既是一种时尚的消遣，同时也是一次对现代美的体验，如此，表现主义艺术家们便会通晓大众文化，同时也可精进他们的天赋异禀。

卡尔·克劳斯的社会批判杂志《火炬》吸收了明信片的审美取向以及简约、经济实用和公众普遍认可的格式等优点，并在此基础上开发了一种蒙太奇图片。[68]他在写作讽刺评论时常把观点相左的报纸剪下来，贴在一张纸上，然后加上自己的评论发送出去。有时，杂志会在并排的栏目中刊登截然不同的报道，让奸诈暴露在光天化日之下。[69]谎言与虚伪摆放在一起，颇具讽刺的意味；出于对真实情况的义愤，批评性文章开始出现，像珍珠一般，吸引着人们的眼球。克劳斯寻求着一种在视觉上与之类似的情况。1911年7月，他在一幅题为“胜利者”的卷首插画上首次刊发了一组颇有讽刺意味的蒙太奇照片。

这幅合成照片描绘的是莫里茨·贝内迪克特，他是《新自由通讯》的所有人兼编辑。贝内迪克特的照片是从一本杂志上被裁剪下来并贴在另一本杂志的照片上，他的身体被放在了奥地利议会正前方的一尊雅典娜雕像下面。贝内迪克特力挺的一个自由党在选举中获胜，这是克劳斯对此做出的反应。他认为权力属于新闻界而非智慧女神雅典娜所代表的民主理想。[70]他的这种观点通过不同新闻素材之间的互动加以表达，并用标题定格在那。这与约翰·哈特菲尔德后来在其绘画里的引用词如出一辙：1917年他与格奥尔格·格罗斯（Georg Grosz）[71]一起对战争明信片进行了改动，他们率先用一组蒙太奇照片制作了海报——“十年以后：父亲与儿子”（1924年）。在随后的几年里，他们越发公开地采用这种方式。对于“胜利者”这套组合照片，克劳斯坚持要标明拍摄贝内迪克特的照片出自哪家工作室，他认为这样做非常必要，因为这可以避免其画面被误认为是一幅讽刺漫画。后来，约翰·哈特菲尔德直接把戈林的硕大头部照片用在1933年9月出版的杂志封面，标题为“第三帝国的刽子手”，可见，那时的实际情况已经变得如此的极端。克劳斯声称，他的剧本《人类末日》中那些难以置信的对白是有根有据的。摘录的真实情况写进了《令人毛骨悚然的对比》这篇文章中[72]，用事实真相揭穿伪装和歪曲，让它们露出自己的真容。克劳斯的手法与另一种采用大众形式的做法有明显区别。1907年至1912年期间，阿道夫·希特勒在维也纳为观光和旅游者设计了一些纪念图案，并在街头和客栈兜售，他一天能完成一到三批。这些图案都是些素描场景，有些是从现成的明信片上抄袭过来的，尺寸一般都是明信片大小，这样便于装进酒吧和艺术品商店里空置的像框内。[73]他画的那些场景都可以想象得到：旅游之都维也纳，一个经过编排的理想现实。

维利·鲍迈斯特于1915年和1916年到访过维也纳，他在那儿遇到了洛斯、克劳斯和阿尔腾博格。此后不久，他就开始从事拼贴画和词语摘录的工作，也就是把图像与摘录好的文字结合在一块儿，里面所体现的讽刺风格与《火炬》杂志如出一辙。[74]所选的文字多是从报纸上剪裁下来的，只撷取句子里的某一部分；图像则是广告、包装或促销材料上的照片或绘画。其中绝大部分内容，给人的感觉是大多取自报纸里文化版面的小品专栏。他在《烛台上的男人》里使用了各种诽谤性语言和陈词滥调，以及

“一个多年来忠诚不二的办公室职员”这样的措辞。

其他裁剪下来的段落有“他是一位标准的德国人”，并且还提到了“大众灵魂”。《人类末日》继续写道：

> 现在，在柏林一家旅馆里清点了大量未支付的账单和造假文件之后，他已将店主18岁的女儿绑架到了华沙。颤动的双乳……

接着是严苛的批评话语：

> 人们会尽可能把风骚女人、皮条客和罪犯等挂在嘴边的语言，留给那些有这些特质的人……

上面最后一段则是对报纸的双重道德标准给予的有力抨击，颇具克劳斯的风格。

在《一个极具特点的男人》里剪贴了更多报纸上关于文化状况的宣示：“屋顶的毛毡与一个文化国度不相配”；在一系列的冲突中，常用词语有：“嘿！长毛儿，找点事实根据把嘴巴堵上吧，黑鬼，黑鬼们就站在市政厅前”；再往下面一点儿，政治主题一直重复着：“我在议会大厦前亲吻你可爱的脸庞（纹丝不动的火车头，让我抽打，令我激动，每颗牙300多马克，指纹）……”

商业和语言是新闻界关注的主题，有许多引述就来自这些方面——在《一个极具特色的男人》里就有突出的展示：

> 隐约的一丝闪现——谁为此给了他多少钱？是这个人还是这个时代。或许只是个女孩，尤其是在洗刷谎言、不必要的决定以及尴尬的问题等方面。

维利·鲍迈斯特：《吊灯上的男人》，
约1916年，纸上抽象拼贴画及墨迹。

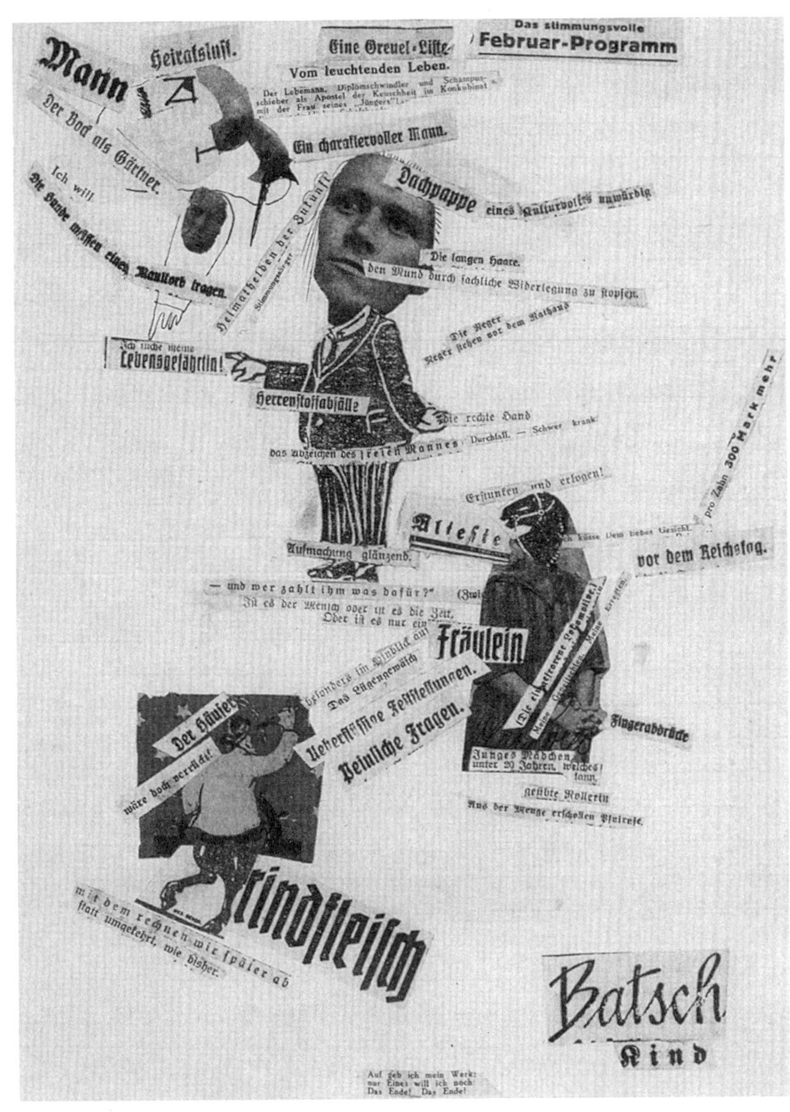

维利·鲍迈斯特：《极具特点的男人》，
约1916年，纸上抽象拼贴画及墨迹。

鲍迈斯特的诗画引入了达达派的综合表现手法，就像在汉娜·赫希的作品里看到的那样，材料与文字都是从带插图的流行杂志上裁剪下来的，并且在新的图画里充当底衬。例如，汉娜·赫希1919年的作品《达达——全景画》运用了大众媒体对副标题和摘录进行编排处理的类似手法。这些副标题与摘录都是从《柏林画报》借鉴而来。格罗斯·哈特菲尔德1919年以来的抽象拼贴画，如《洒满阳光的大地》和《达达—美利加》，为新艺术运动提供了素材，同时也为路德维希二世在德国形象方面的政治和民主思想意识体现及广告手法的取舍提供了选择。1921年，格奥尔格·格罗斯继续将大众素材与明信片重新结合在一起。他对一张名为"希登塞岛北岸的缓坡"的标准明信片进行了修改。这张明信片是为旅游者准备的，他用铅笔在上面添加了一棵树、一面旗、一轮明月、一艘齐柏林式飞艇和两条船。达达派画家把这种手法描写为"矫正法"。杜尚对莱昂纳多·达·芬奇《蒙娜丽莎》的一幅复制品（1919年）进行了修改，在上面加了一撮小胡子和一句双关语标题。格罗斯与哈特菲尔德在一幅毕加索画作的复制品上肆意修改，并将其重新命名为"幸福的生活，矫正的杰作"。这副新作品列入了1920年举办的第一届达达国际艺术展的参展目录。达达主义本身也受到这种做法的影响。赫希与拉乌尔·奥斯曼于1920年在《达达主义的热忱》中合作开启了一种矫正类型。《达达主义》第一期（1919年7月15日）的清样上，一张跨页插图上覆盖着许多内容，包括一位马萨伊武士[75]、一个活塞杆和其他机器部件的图案、贴纸、邮票等。维利·鲍迈斯特在20世纪20年代初再次开展了"矫正"的工作，这次活动可能是与奥斯卡·施莱默和古斯塔夫·施莱歇共同进行的，他们对卡芭雷·伏尔泰1916年的一份节目单副本进行了修改，贴上了新的字符和照片。这看起来就是达达派的做法，实际上就是把改动基础素材时所体现的哲学或者意识形态，逐步扩展到达达派自身的作品中，让它们变成临时性的作品，以便随时进行修改。从这个意义上说，达达派艺术家毫无疑问也与达达主义背道而驰。

达达主义是对新社会环境的一种回应，社会上到处都是大众新闻媒体和各类宣扬产品（包括新型化学药品和制剂）神奇功用的广告。达达主义这一称谓应该是引用了一种洗发液的名称，该产品于第一次世界大战时期在苏黎世街头做了许多广告。在这种洗发液的广告里，广告商塑造了一个很奇特的小女孩，颇像约翰·坦尼尔（John Tenniel）[76]笔下的爱丽丝，她长着一头浓密秀发，看上去不太自然，有点儿怪怪的。该广告大肆宣扬达达洗发液的神奇特点，以及强化头皮血液循环的功能，保证比自然生长的效果要好。达达主义这项艺术运动把现实带进了图像的世界。它全神贯注于现实里的垃圾、碎片、残渣以及被丢弃但尚未腐烂的各种没有价值的东西。它是一种循环的方式。达达主义否定的目标不只是艺术，而且也针对相应的社会环境，这种社会环境催生了服务于少数人却给大多数人带来痛苦的艺术；这种情形在战争期间尤为突出。达达主义的产生，不啻是对战争谎言以及引发战争的经济结构的一种有力回击。

第一次世界大战后的化学

毒气和炸药这种战争中的新“良方”，新的杀人方式，并不是某一方的独家专利，德国的这项创造并未帮它赢得战争。此外，尽管德国化学工业因战争的需要，在初期获得了不菲的利润，技术上也取得了一定的进步，但却在和平时期一败涂地。与那些在外国注册的专利一样，它们在海外的分支机构也被没收。根据《凡尔赛条约》的规定，德国企业被迫向法国公开化学工业的相关秘密。战争剥夺了德国化学工业往日的荣耀；同样，在阶级斗争中，这些企业的老板们多年来也饱经沧桑。1905年，每工作日的工时从十小时减至九小时，而工资却不减。第一次世界大战期间，由于劳动力的短缺，化学工业领域的工人们赢得了更多的权益。战后，企业家们提出裁员并收回让给工人们的权益。甚至在战争结束之前，他们就已十分忌惮工人的力量，对企业被征用提心吊胆。工人、士兵及水手的罢工频繁，迫使战争终于结束，然而，这种争取和平的努力并未消退。在洛伊那，企业采用哈伯—博施[77]工艺成功生产了氨。1918年11月，约1. 6万名工人为争取8小时工作日在那里举行罢工。此外，他们还成功废除了加班和星期天继续工作的规定，并开除了反动工头。一个包括白领在内，由2千多名会员组成的工人委员会宣告成立。1918年，索林根的工人和士兵委员会要求没收位于勒弗库森的化工厂并逮捕该厂总经理卡尔·杜伊斯贝格，理由是他一直与英法占领军合作，阻碍革命运动的开展。在赫斯特的麦斯特、卢修斯和布吕林公司，一个工人和士兵委员会于1918年11月宣告成立；这一天正好是宣布德国与各战胜国停火协议的前一天。委员会坚持了一个月左右，在此期间，它负责监督各项经济措施的执行情况：食品、价格检查、煤炭分配、退伍士兵及失业人员福利的发放等。一支安全部队负责维持秩序，所有机构都在该委员会的控制之下。1918年11月，革命的呼声席卷整个德国，包括男女拥有平等投票权；实行8小时工作制；废止有关主仆关系的规定；施行失业救济；完善医疗保险和工人委员会等。企业家们开始认识到，要想重新控制局面，就必须与工人的代表机构进行合作。只有与工会建立合作关系，资方才有可能制定出对资本有利的安排。甚至战争结束前，雅各布·赖歇特，这位德国钢铁企业家联合会的经理，就表达了对无法保留生产资料私有制的担忧。他在1918年10月9日问：

> 怎样才能拯救产业？怎样才能在社会主义化、国有化和即将到来的对经济诸方面带来深刻影响的革命面前保护雇主的利益？[78]

最后，他得出结论：只有组织起来的工人才有决定一切的影响力。面对大局不稳以及摇摇欲坠的国家和政府权力，产业界必须尽其所能培植最强大的势力，这便是工会组织。工人领袖会引导工人们远离革命。此外，企业家们还有其他的盟友。12月，法国军队开进赫斯特的工厂并取缔了工人及士兵委员会。旧的势力重新掌权，而在赫斯特的麦斯特、卢修斯和布吕林工厂一直在法国占领下，直至1930年。到了1919年，加班以及星期天工作和计件工资制在洛伊那再次出现。在整个化工行业，大量工人被逐出工厂。被赶走的人包括之前从事农业的单身男子、外国人及战犯、承担非主要家庭经济来源的妇女，以及在战争期间从其他行业进入染料工厂工作的那些人。在赫斯特工厂的人数从1918年的12743人降至1919年的7836人。这样，经历了战争状态的化学工业进行了相应的调整，以适应和平时期的社会状况。

1920年，杜伊斯贝格在化学工业保护协会召开的大会上致了开幕词，该协会是一个为保护化学工业利益而成立的组织。他讲到了应怎样把必要的纪律约束重新引入工厂，怎样把计件工资作为一项严格措施用来提高劳动生产率。[79]杜伊斯贝格反对将工厂进行社会化的改造，因为这样一来，化学家们便不再愿意对社会化的煤炭开展研究工作。他分析说，发明家的个性表现为最彻底的个人主义倾向，而“利己主义是一切进步的动力源”。在杜伊斯贝格看来，这种对立并不是社会主义和资本主义的对立，而是私人经济与社会主义集体经济之间的对立。此外，根据杜伊斯贝格的说法，只有一种经济已然经过了实践的检验。新的“煤炭经济”比以往任何时期更需要发明者，但是国有化却压制了发明创造。[80]杜伊斯贝格的怀疑论反驳了维尔纳·戴茨的观点。维尔纳·戴茨是法本公司的一名化学工程师兼厂长，1916年，他曾提到过新兴的国家社会主义。这样的社会主义不会削弱私有经济的首创精神和私有的资本主义经济，但是会对私有资本主义经济加以严格管控，将资本集中到国有经济上来。国际社会主义将转为国家社会主义。国家社会主义的竞选承诺是“工作而不是空谈”。戴茨的观点后来得到了纳粹党人的青睐。纳粹党把他推上了“欧洲经济计划与更大空间经济协会”会长的职位。[81]戴茨的预见或许不过是化学工业已经进行的日益集中和托拉斯化。随着化学工业变得越发紧凑，工会退让了，允许重新引入绩效奖金计划。1921年6月，一份工会支持的宣传册为重新引入奖金和计件工资辩护，指出如果不这样的话，工厂将面临关闭的危险。这份宣传册声称工作条件有法律保障和约束。尽管面对汹涌澎湃的反对浪潮，计件工资制度还是在1924年全面铺开。

到20世纪20年代，人们已经“能够在几乎所有色度内，获得性能优异的着色剂和遮盖效果极佳、毫不溶解的沉淀染料了”。[82]然而，对于这些潜藏于色彩中的财富，德国资本所享有的份额正处于不断缩减的危险中。那时，有大约20至30家大型煤焦油染料生产厂家和众多小企业分布在德国、瑞士、法国、英国和美国。截至1924年，德国在世界化学品贸易中的份额从战前高点跌落，从三分之一降至五分之一，染料产量只有战前的一半。即便如此，化学工业在德国国内经济中的地位却进一步增强，它们与国家的关系更加紧密。有了国家的支持，对工人协调一致的进攻便开始了，因为劳动力是价值所在，从中总能压榨出更多的东西。

后达达主义：反抗

1923年，革命者及前达达主义者弗朗茨·容正在写他的纪实小说《机器的征服》。[83]在德国，当轰轰烈烈的革命消退而剥削的常态复辟之际，弗朗茨·容对一种令人绝望的景象进行了审视。他仍然抱着那种认识，即失败会变成有意识的阶级行动和无产阶级暴动的希望所在。魏玛共和国统治下的德国成了内部纷争的左派以及处于一盘散沙状态的工人阶级的大本营。弗朗茨·容通过现代派的蒙太奇小插图技术，将这种分裂表达在他的作品中。他的纪实小说是马利克出版社出版的“红色小说”系列的一部分，该出版社由约翰·哈特菲尔德的兄弟维兰德·赫茨菲尔德经营。弗朗茨·容的叙述包括了1921年在德国发生的“三月行动”期间的若干事件。他参加了这次灾难性的暴动。“三月行动”前，弗朗茨·容曾经是一群革命恐怖者中的一员。为了继续推动革命，他们把自己打扮成徒步旅行者的样子外出活动，从事各种恐怖活动，如点燃粮仓、屠杀牲畜。与此同时，弗朗茨·容加入了达达派，与大众媒体艺术家约翰·哈特菲尔德一起出版发行非法杂志。[84]弗朗茨·容曾是一名柏林1918年革命的积极参与者。1918年11月9日，受斯巴达克斯同盟[85]的委派，他来到了位于市中心的波茨坦广场，他不由自主地采取了行动。他与一群士兵及旁观者占领了一座电报局，但共产党并没有支持这次行动。新的临时政府成员赶走了占领者。弗朗茨·容在接下来的几个月里召集了斯巴达克斯同盟会议，在工人中鼓动革命，但环境对他来说十分困难。阴谋、偏执和恐怖困扰着革命运动。1919年1月，革命的火焰再次燃起，但左派政党没能控制好群众的革命热情。他们没有总体战略方案，而且左派处于分裂的状态。诺斯克镇压了起义，罗莎·卢森堡和卡尔·李卜克内西（Karl Liebknecht）[86]这些德国共产党的领导人被暗杀。德国共产党号召通过官方政治途径开展工作后，这次运动便分裂了；弗朗茨·容在1919年10月被开除出党。后来，他加入了1920年4月成立的德国共产主义工人党，那里有许多失意的前德国共产党党员。一个由弗朗茨·容与扬·阿佩尔组成的代表团立刻动身前往苏联参加共产国际[87]的一次特别会议。他们身上没钱，只好藏身于一艘大渔船上；船刚一出海，他们就在船员的帮助下劫持了这条渔船。他们随后改变了航向，沿着一片布满水雷的海床航行。从特隆赫姆（Trondheim）[88]继续向北，他们只有一张北极的小地图。而在北极的边缘，分布着挪威、俄国、西伯利亚以及阿拉斯加的海岸线。

一路上都是狂风暴雪，旅途危机四伏，但他们最终还是到达了目的地。在彼得格勒[89]，他们与共产国际主席季诺维也夫（Zinoviev）[90]进行了交谈；在莫斯科，他们受到了列宁的接见。列宁和他们展开了讨论，同时也批评了他们的冒险主义。在第二次接见时，列宁对着他们高声念诵了自己当时尚未出版的文章《共产主义运动中的“左派”幼稚病》的节选。共产国际第三次代表大会暴露了德国共产主义工人党与其他党之间的分歧。德国共产主义工人党被要求与德国共产党在旧联盟以及民主议会中继续开展合作，同时放弃“一切权力归工人委员会！”的口号。他们没有答应。弗朗茨·容后来参加了以徒步旅行或体育运动俱乐部为掩护的非法准军事组织的活动。这种活动能让它的成员随时做好参加最后阶段阶级斗争的准备。弗朗茨·容因为参与了海盗活动于1920年9月被捕，此后就开始在狱中写作。1921年，他刚被释放，就参加了曼斯费尔德矿区血腥的“三月行动”。1919年，该地区的矿工曾与德国反抗阵线的武装分支——自由军发生过冲突并拒绝交出武器。这个地区革命党人的势力非常强大。当局从柏林调来了安全警察，以防工人们的自发性罢工，统治者宣称罢工会导致抢劫和其他不法行为发生。工人们把安全警察的到来视为一种挑衅行为，随即宣布罢工。弗朗茨·容被派往那里参加鼓动工作。在附近的哈雷[91]，当地共产党的领导层对唤起工人参加罢工的决定谨小慎微。马克斯·赫尔茨挺身而出，炸毁了法庭，还为德国共产主义工人党筹集资金而去抢劫银行。1920年3月卡普暴动[92]时，弗朗茨·容因在福格特兰地区领导了一支“红军”而声名鹊起。他发展了一支400人的武装分队，开展游击战，对警察哨所发动袭击。起义的浪潮不断蔓延，但最终还是平息了下来。在位于洛伊那的化工厂里，工人为了抗议在工厂里坐了一星期。洛伊那的工厂作为巴斯夫的分支是由卡尔·博施建立起来的，自1916年以来一直在从事氨的生产。尽管洛伊那的工人们曾为和平举行过罢工，但工厂生产的材料还是在战争中发挥了作用。1921年的起义没有一个总体方案，警察很快镇压了起义，屠杀了34名工人，逮捕了1500多人。当局没有必要调动军队，仅靠警察就足以平息这场暴动。虽然工人们还在继续战斗，但最后还是被镇压下去。也许，这就是被列宁称之为“幼稚病”的一幕：过激的行动并没有激发群众参加社会革命并获取生产资料。“三月行动”期间，100多名工人牺牲，还有上千人被捕，其中也包括马克斯·赫尔茨。他那具有个人英雄主义色彩的激进行为，被广大工人阶级中普遍存在的消极参和情绪抵消殆尽。弗朗茨·容在1921年的夏末开始逃亡，最终来到了彼得格勒，从此一蹶不振。

那年9月，正值秋天，一个事件震惊了化工厂的工人们。位于奥堡的巴斯夫工厂发生了两起爆炸事故，这是在清理硫酸铵与硝酸铵结块的混合物时发生的。爆炸造成数百人死亡，2000多人受伤，数千人无家可归。就在奥堡的爆炸发生之前，《无产者》曾报道过化工行业的事故处于上升趋势。工人正呼吸着各种有毒的气体。他们不是伤了眼睛就是被酸液、开

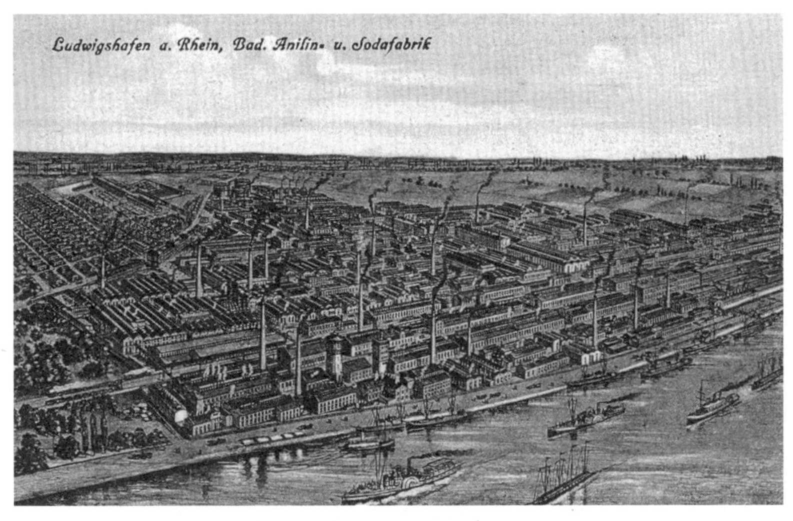

一张展现位于莱茵河畔路德维希港的巴斯夫工厂的明信片。

水或蒸气灼伤。之后，时间一长，各种有害物质便渗入他们的体内。于是，整个行业的工人们开始举行罢工。在赫斯特，引发罢工的催化剂是事故发生当天，有管理层人员放话："这有什么大不了的？还会有更多的人挨炸。"工人们纷纷放下手中的工具，来到经理办公楼，要求此人辞职。经理们说他们已经这么做了，于是工人们返回了各自的工作岗位。不久，传言四起，说那人只是调离，换了个岗位而已。工人们再次聚集到经理们的面前，要求予以澄清；经理们向工人保证此人确已被解雇。与此同时，工厂里的共产党员们正在为留给工人的1200万马克福利款的分配问题而担心。他们并没有得到答复，于是要求为全体工人提供冬季补助。双方为此开始协商并达成了一项协议，但不久所有的承诺都被收回。随后，工厂全面停工，所有人都被解雇。[93]

危机的另一个关键地点是莱茵兰地区[94]，那里坐落着许多化工厂和煤矿。法国军队依据《凡尔赛条约》的制裁条款，从战争后期开始就占领了南莱茵地区。作为对赔偿货物丢失的反应，法国政府威胁把军队调往德国工业中心的鲁尔区。1923年1月，法国军队开进鲁尔盆地，占领了三分之二的区域。为此，出于民族义愤，并在企业家、政治家和工人的一致支持下，到处都出现了针对这次军事占领的游行抗议、罢工与消极抵抗。反对法国的活动扩散到莱茵兰地区，截至八月份，法国军队已杀害了121名德国工人。在战斗激烈进行的时候，企业家们仍继续生产煤炭并销往法国以换取现金。在德国政府阻止向法国供货时，这些煤矿仍在继续生产；老板们将煤炭储藏起来，并不时允许向法国销售一些。有几家主要的化学工业公司自1916年以来就跻身于杜伊斯贝格领导下的小型卡特尔[95]，它们在非占领区和海外仓库里拥有大量的煤炭。这些煤炭足够"为世界再提供三个月的染料和医药产品"。[96]这样一来，外汇仍可以流入德国，而德国的"财富"在持续增加。通过不断印制钞票，鲁尔的煤矿老板和其他企业家们得以继续获得贷款支持。被法国占领军从这一地区驱逐或从工作岗位上开除的10万人陆续拿到了工资和补偿。[97]工人与企业家一道，开始与法国入侵者进行协商；但总体形势已经恶化了。失业人数在增长，福利又进一步缩水，德国警察开始向示威者开枪了。1923年，当暴动在大规模经济危机期间席卷德国的时候，德国共产党因害怕重蹈1921年3月的覆辙，置身事外。有些人试图推出一条统一阵线的政策，这是调和早期极左政策的一种转变。但是，1921年3月的血腥镇压已经成了工人阶级脑海中挥之不去的梦魇，在他们的记忆深处留下了创伤。社会民主党与共产党之间的猜忌难以消除。对法国占领者的怨恨让法西斯右派在这种混乱的局面中发展壮大。至此，革命变革的希望划上了句号，所有工人阶级的运动逐渐偃旗息鼓。

弗朗茨·容曾到过苏联，在共产国际宣传部门工作，随后，他参与组织了向伏尔加地区遭受饥荒的德国人提供救济的工作，但收效甚微。他还参与了火柴工业的重建工作，但之后被调往彼得格勒一家生产铁桶的工厂。原材料供应短缺和经济危机让弗朗茨·容的生活陷入困境；他被迫出走，并再次从一艘船上偷渡回国。因受到德国警察的通缉，他编造了一个新的身份，成为了一名财经记者。这期间，他还从事了一些不稳定的金融投机业务。他利用业余时间创作了《机器的征服》一书。这本书对德国的不当行为进行了回顾，这些不当行为关闭了俄国革命向国际蔓延的大门。三月的行动很鲁莽，也可能是条件还不具备。这种行动永远不能推广：工人阶级的局部性战斗，党的领导缺乏足够的经验。《机器的征服》在描述一次又一次的失败以及工人与共产党均缺乏果敢和一致的行动时，悲观之情溢于言表。《机器的征服》把社会进步描述为一个遥不可及的乌托邦。书中叙述的行动并没特指某个地点，弗朗茨·容坚持认为，在那一时期，德国的任何地方都会发生类似的事情。[98]他写这本书的目的就是为了回应他自己以及革命运动的失败。他的结论是拒绝政党和工会，代之以“红色联盟”以及劳动者总会——一种德国世界产业工人联盟之类的组织。这部小说要传达的，是工人和各政党要为曼斯菲尔德发生的血腥失败负责。

这个罢工故事以三幅小插图的形式作为开端。第一幅《皮布罗托》，描述的是一种流行于爱斯基摩人中间的疾病。独自面对冰冷的世界，出于对未来的恐惧，他们往往会罹患这种病。这幅画让人觉得工人们也同样患了这种病，所以他们没有采取任何有力的行动。第二幅小插图详细描绘了夏日里被监禁的惨状，弗朗茨·容对这种恐怖有切肤之痛。最后一幅体现了弗朗茨·容对经济的分析。电力作为“一种危险武器”，在源源不断地为经济提供着充沛的动力。他想表达的是，在这种情形下，政府和国家不必去开展治国理政的活动，而是由托拉斯取而代之，掌握一切。随着电网在世界的遍及，电力开始决定人类活动的节奏和地点；结果是，生活正在发生改变，其中最为明显的就是生活节奏的变化。

该书的序言部分结束后便是迅速扩大的阶级斗争。弗朗茨·容首先详细描述了这次暴动的经过情况，他概括了以下几个方面的问题：工人们不能团结起来；各党派无法团结一致，不能采取果决的行动；工人们和各政党均缺乏足够的远见。接着，他又描写了资产阶级阵营的反应，老板们聚在一起谋划他们的阶级斗争，其中的策略包括采取利诱和宣传的手段去分化工人阶级队伍。具有戏剧性的一幕便是政府越来越依赖资本主义制度及其代理人，而政府自身也深受资本的困扰。资本主义制度日益强化，垄断引领了潮流，理性化成了时尚。出于对大企业集团的恐惧，弗朗茨·容这位出身工人阶级的劳工部长，上演了出卖自己阶级的生动一幕。工会的官员们关心自己的职位胜过关心工人的工作。矛盾在进一步发展中。作为一位马克思主义者，弗朗茨·容深知，尽管曾有过失败，但斗争仍将继续，工人们会更加团结。正是在这场斗争的过程中，工人们认识到，唯一的出路就是掌握生产资料，一定要占有机器。电气工人组成的“红色联盟”是这次运动的中坚力量。他们自己就像发出的电一样，自身也是一股巨大的力量。

在本书的结尾部分，弗朗茨·容仍采用小插图的形式。开篇是一个名为“从冰河时代醒来”的插图，他再次来到了冰雪的世界。书中写道，现在距地球上一次冰河时代的鼎盛期只有2万年，时间并不长，而新天堂时代还有几个世纪才能到来。这次冰河期的后续影响正在逐步消失。我们能感受到这种进展，我们的血液在融化。第一个天堂期催生了植物的茂盛生长，造就了现今大量的煤炭储备。随后便是冰河期的到来。这之后，在欧洲地区曾出现了一次天堂期，不列颠群岛与斯堪的纳维亚半岛一起形成了一块陆地，而北德意志平原则变成一片大海。海滩上，也就是今天的萨克森地区，矗立着一望无际的茂密森林。冰河期降临这片区域，它就在近前，我们仿佛还能感受到它远去的脚步声。2万年来，我们一直处于冷冻的状态，而今，如果说我们正在融化，那是因为我们已经意识到自己能通过劳动去战胜自然。弗朗茨·容的观点立足长远，他凝视过去，遥望着未来。弗朗茨·容坚持认为，应把握好当下人类的前途，这就是工人的自律性组织。工作让人们走到一起并进行协作。工人的自律组织会让工人的知识硕果累累，让大家分享这种生活的欢乐。[99]第二幅小插图《废黜上帝》，它提示我们，上帝是人类疏远自然的一个结果，是人类自身创造力的投影。上帝创造出孤独，让自身与他人分离，简而言之，就是与当下的真实生活分离开来。上帝对生活是排斥的。弗朗茨·容写道，上帝开始散发着臭气，不过还好，他已经离去。这本书的最后一节的标题是“生活的意义”。这个意义包括战胜恐惧与孤独两个方面，要认识到人类的基本特质在于组建共同体。世界已经发生了改变。生活的节奏已经加快并将以更快的速度发展下去。电的便捷为我们树立了样板。时代将在生存的意志面前俯首称臣。所有的一切都将一同奔向新的未来，这便是梦的意境。

金钱与真相

就在弗朗茨·容奋笔疾书这些波澜壮阔的阶级斗争的时候，一场经济危机正肆虐德国，经济处于最萧条的时期。距此时不到十年的1915年4月，一位年轻的理想主义者格奥尔格·卢卡奇在给保罗·恩斯特的信中写道：

> 形式的力量似乎在不断增强，对绝大多数人来说，这些形式仿佛比实际存在的事物更实际。但对我而言，在战争经历这一点上，我们不能让步。我们必须反复强调，唯一真正重要的就是我们自身，就是自己的心灵。把自我和心灵的永恒作为追求的首要目标不过就是追求一张纸币（这里借用了恩斯特·布洛赫创造的美丽形象），其价值取决于它兑换黄金的能力。[100]

灵魂是唯一真实的东西，它像金子一样，纯净、真实可靠，超然于现今的时代。但是战争，改变了许多外在与内在，这也包括卢卡奇在内。他实现了转变，成为一位马克思主义者，不再高谈阔论灵魂和形而上学。第一次世界大战使“金本位”寿终正寝。随着金本位的崩溃，英国政府宣布召回一英镑和半英镑面值的金币，转而发行新的纸币。这些纸币计划在整个王国流通，君主的头像第一次出现在英国的纸币上。实实在在的黄金被换成印着元首头像的廉价符号。留在人们记忆中的实际情况则是，纸币上载明的一切被众所周知的德国恶性通胀所颠覆，这一切在图表中表现得淋漓尽致。1914年至1924年间，美元与德国马克的兑换率先从仅4马克多一点兑换1美元变成4万多亿马克兑换一美元，之后又回到之前仅4马克多一点兑换1美元。纸币替代了黄金，随后新钞又代替了旧钞，速度之快让一切价值的概念被彻底粉碎。德国政府的战时货币政策彻底抛弃了纸币与黄金储备之间的联系。通货膨胀始于战争初期，当时德国政府实施了一项借款计划，寄希望于军事上迅速获胜以及优惠的贷款条件。流通中增加的货币供给支撑了战争贷款的实施。[101]战争结束时，战败的德国满目疮痍，被债务和赔偿问题搞得焦头烂额。德国新政府确定了货币贬值政策，印制的货币越来越多，这意味着借款仅用其成本的一小部分便能清偿。对此，德国的企业家更是驾轻就熟，他们用没有价值的货币支付生产费用，并将产品廉价销往国外。在用价值进行衡量的时候，货币这个价值符号便呈自由落体般下落。在那些日子里，似乎整个世界都变成了废纸。A·克拉克在1922年撰写的报告《装饰业中的煤焦油颜料》中记录了细绳、包装材料以及即防水又防火的工服、内衬、墙饰品等，许多东西在德国都是用纸张生产出来的：因物资短缺，人们在战争中用纱线和布料作为替代品，收到了令人满意的效果，不仅便宜而且耐用。如此一来，一项涉及面广泛的出口业务就此开展起来，特别是对南美国家的业务十分活跃。[102]

当然，黄金仍在发挥着力量。20世纪20年代上半期，为了帮助德国偿还战争赔款，弗里茨·哈伯想方设法从海水里提取黄金。他或许在一定程度上认为那是他自己的债，自己责无旁贷，但他的尝试没有成功，他不得不承认海洋中的大量黄金过于分散，这种努力并不划算。在苏联，列宁梦想着把黄金这种交换价值的代表从货币流通中解放出来，同时要着力挖掘其美学和物质特性。资本主义制度的种种罪恶就是源于把黄金作为交换价值而趋之若鹜。列宁于1921年在《论黄金在目前和在社会主义完全胜利后的作用》这篇周年纪念文章中宣布：“一旦我们在全世界夺取胜利，到那时，我相信我们将在世界上一些最大城市的街道上修建黄金质地的公共便利设施。”[103]

然而，世界胜利还没到来，因此只要资本主义制度在地球上立足，苏联的黄金就得省着用并尽可能卖个好价钱。在一个存在着资本主义制度的世界里，一切都必须按资本的规则行事。货币把世界联系在一起。如果货币是人与人之间的纽带，那么通货膨胀就有了道义上的意义。在本杰明看来，金钱与谎言相关。他在《德国的通货膨胀之旅》的注释里，详细记述了这次超乎人们想象的通货膨胀。

银行券多年来的流通让人们的责任感荡然无存。发行那些色彩缤纷的国家钞票助长了谎言。在这个国家，短短的七年时间里，最小的货币单位从半芬妮（1916年由邮政部门发行）变成1万马克（1923年），[104]真是天壤之别。

德国在战争中厘清了两件事。象形文字是一种通过大规模复制而获得的文化产物，本杰明怀着破解它们的热望，呼吁开展对这种流行于人们之间却又经常被忽视的象征物进行研究。这种文案工作能揭示出什么样的事态呢？

需要对纸钞进行一番分析和描述，这样一本书的无穷讽刺力只有建立在客观的基础上才能获得预期的效果。因为资本主义只在这些分析材料中才会诚实无邪地展现自己，在其他场合都做不到这一点。在纸币上，天真烂漫的丘比特嬉戏着数字符号，女神们手持着法典，健壮的英雄们刀剑入鞘，俨然一种回归自我世界的惬意：装点着地狱的门面。[105]

这些作为财富象征的小小文化作品同时也是资本主义自我印象的象征：自我标榜为与生俱来的永恒统治，你回头瞧一眼古董就能证明这一点。然而也不难想象，在绝望的时刻，人们可以撕碎这些符号并重新进行设计。为了适应图林根州政府日益膨胀的金库支出，在魏玛的包豪斯设计院[106]里设计出炉了赫伯特·拜尔的百万马克，200万马克和10亿马克面值的纸币。[107]但即使这样的钞票也赶不上通货膨胀的步伐。是不是设计方案中的美感还不够夸张，遭人反感和厌倦？在一个非理性的制度中，所设计的法定货币太多地体现了超理性思维，弗朗茨·容本人容易遭到各种非议？不管怎样，拜尔为魏玛共和国的资本主义制度所作的努力，对包豪斯设计院没有任何裨益。来年的二月，一个右翼政府上台，新政府里有一批忌恨这所“布尔什维克”学院的成员，早就憋着劲儿想把它关门了事。他们把对学院的拨款削减了一半，随后慢慢打压这所魏玛学院。

革命者渴望着一个新的世界，但现实却处在分裂与混乱中。面对20世纪20年代早期那些激烈而又令人迷茫的事件，弗朗茨·容常常陷于悲观并开始对能否取得进步心生疑虑。其实对我们来说，即使现在不悲观疑虑，但那也是早晚的事。写完《机器的征服》以后，他不再去设想什么乌托邦的政治前景。在出版了弗朗茨·容的一本内容颇显冷僻杂糅的书之后，马利克便与现代派作品分道扬镳，转而出版著名社会主义者——如厄普顿·辛克莱（Upton Sinclair）[108]与马克西姆·高尔基的那些普通小说。这些异想天开的作品怀着重构现实的远大抱负，无论它们与真正的革命性变革有多么紧密的联系，但为了追求现实主义风格，还是被抛弃掉了。这些作品即使不在政治结论方面，至少也会在形式上与《新客观性》那种表面上愤世嫉俗的现实主义及其对事实的判断相呼应。这种审美观的变化似乎反映了一个稳定、固化和理性的新时代。事实、理性和稳定成为当时的口号，而实际情况是，在道威斯计划提供的美元帮助下，德国经济开始稳定下来，资本的代理人重拾了信心。正如曼海姆市[109]美术馆馆长，同时也是1925年新现实主义作品展的负责人哈特劳布主张的那样：历经了梦幻和精神的洗礼之后，人们再次萌发了对“真相、真理和现实”的渴望。[110]

关于事实、现实及现实主义，也就是所推崇的审美和哲学模式，共产主义者早就有了自己的说法。1908年，列宁借用发现茜草素这一事实回击了现实主义及其相应的观点，这次发现为世界的客观存在提供了有力的佐证：

物质独立于我们的意识，独立于我们的感知，超越了我们的范围；毫无疑问，茜草素以前就蕴含在煤焦油中，同样，我们以前对茜草素的存在一无所知，因而对它毫无知觉。[111]

列宁在研究费尔巴哈时借用了恩格斯的话，即有机化学在对自然进行实验的时候，将植物和动物中的化学元素从“自在之物”变成“为我之物”。于是，自然就变成了可知的事物，其客观性也就被消除了。对恩格斯来说，合成茜草素驳斥了康德那个让人无法领会的“自在之物”的学说。到了1925年，考虑到共产党在哲学思想和政治上的衰败（随着其国际主义雄心的枯萎）以及在机械主义和实证主义面前日渐式微，卢卡奇以战斗的姿态继续开展了恩格斯关于茜草素的评论，他的夙愿是抵制该党的正统观念，也就是黑格尔的实践与意识哲学。卢卡奇声称，恩格斯是错误的。开展对自然的实验，让它变得可知，从而可以为“我们”创造一个自然；但这并不能证明自然的辩证过程与工人阶级对自身的存在、构成以及具备的强大力量这一认识过程有相似性。“自在之物”与“为我之物”是具有相同意义术语，并不是反义词。与“自在之物”相对应的是“为己之物”，即有了自我意识的物质。在革命发展的过程中，为了自我而存在的并不是自然，因为“被唤醒自我意识的并不是茜草素”。在卢卡奇看来，自然不能成为自身的主体，只有无产阶级才能做到这一点。卢卡奇对自然中的辩证法抱有一份敬畏之心，他并没把有关历史知识的方法与自然知识混为一谈。而有些人曾盗用自然中的辩证法，用以说明革命性变革所经历的进程顺应了自然，并为实证主义进行辩护。在历史上，作为客体的无产阶级为了实现自身的存在进行了不懈的努力，也就是说，当无产阶级对社会整体有了全面而辩证的认识并以此为基础采取有意识的行动时，自己就变成了主体。[112]在卢卡奇看来，化学是一种社会现象，因此，当化学被那些因其社会地位使然而坚定反对无产阶级解放的人掌握时，它就是一支潜在的破坏性力量。的确，尽管已经做了大量的实验并且有自己的亲身实践，这些科学家和企业家仍会站在唯心主义的哲学立场，坚持认为在自然的核心处仍有一些不可知的事物。这种看法是卢卡奇从科学实践最基本的“冥思苦想的态度”中获得的，他对这种实践不以为然，认为它急功近利并陷在表象的世界里不能自拔。[113]这位科学家享受的待遇有限，他按分散的方式开展了一些稍加控制的实验。他对“自己这些活动所应具备的物质基础”缺乏认识，这也难怪，因为他并不是一位历史唯物主义者。[114]相较于劳动的过程，科学实践已不能帮助研究人员获得总体的意识，然而工厂里自发的斗争却能帮助工人获得这些知识。科学与其他社会实践一样也深陷当代意识形态之中。有鉴于此，马克思对笛卡儿把动物视为一种制造周期的反映，以及拉·梅特理认为人类是笛卡儿此种信念的直接延续等观念，进行了认真的分析和评判。[115]卢卡奇并不是在质疑客观现实的真实性，但是他力主承认那些从社会传达出来的对全部真相的解读。卢卡奇批判性的共产主义观点把重点放在了有意识的无产阶级的自我活动，照此观点，任何基于科学会自然而然地向前发展、以及科学会站在全人类解放事业一边的思想意识都要进行调整。

法本公司真相：团结的力量

巴斯夫在1924年曾发生了一起骚乱事件。此前，公司管理层宣布重新实行每天9小时工作制。3月5日，有1. 8万名工人举行抗议活动，反对强加给他们的额外劳动时间。随之，公司开始停工，并禁止工人进入工厂。4月6日，聚集在工厂大门前的工人们遭到了警察攻击，造成40几人受伤，5人死亡。2. 5万名工人紧跟在5位工人的灵柩后面，继续进行游行示威活动，路德维希港市政当局被迫支付了相应的补助。然而，5月9日那天，化工厂的工人却突然停止了他们的斗争，每天9小时工作制也开始实行起来。当然，工人的薪水有所提高，第九个小时的劳动享受加班待遇。化学行业做好了继续斗争的准备，“优化改组”成了当时的口号。赫斯特工厂的工人总数在1923年削减了1.2万人，至1930年，还剩5615人。

共产国际1925年8月的公报曾发问，为什么这种“野蛮的剥削”在化学行业司空见惯。这份报告发自洛伊那，它在开篇就叙述了那段通货膨胀时期给洛伊那的工人们留下了多么深刻的记忆，“那时，一班或一小时工作挣来的纸币仅相当于协议工资标准的几个金芬妮”。[116]而这些工资只相当于战前的一半左右。1923年12月重新实行黄金工资时，“苯胺王国的国王们”试图尽量压低工资，当时有一些因素使他们的努力成为了可能。历经了几年的通货膨胀之后，德国工业处于萧条中，有接近400万工人失去了工作，其他人一周只工作两到三天。雇主利用人们担心失业的心理把工资压低，这是他们惯用的手段。工会的资金在通货膨胀期间大幅缩水，工会领导人非常担心罢工期间的开销问题。1924年，工人们纷纷脱离改良主义工会。工会领导人指责共产党人建立自己的工会并煽动工人们采取行动，结果这些行动均未成功。反之，共产党人指控改良主义工会逃避斗争，并传播对资本主义制度进行改良的幻想。结果是，独立工会发展壮大，而工人们却没有单一的代表性组织。共产国际的公报注意到，1925年曾出现了希望的征兆，工人开始重新回归工会组织。但是随着合理化的经济变成了萧条经济，人员过剩的局面还在继续。当工人之间发生分裂或被解雇的时候，化学企业之间的联系则更紧密了。1925年12月，德国主要化学企业联合组建了化学工业联合体——法本工业集团公司。卡尔·杜伊斯贝格早在一战前就提出了将主要大企业联合在一起的构想。巴斯夫，拜尔，麦斯特、卢修斯和布吕林，阿克发，格里斯海姆电子以及威廉–特–梅尔等企业联合在一起，这是多年行业整合以后的逻辑发展的必然结果。法本公司成了欧洲最大的企业，同时也是世界最大的化工企业，它的各个分支生产了各种颜料和染料、药品、照相材料、人造丝、氮以及纤维素制品。整个德国颜料工业成为了一个巨大的垄断集团，集规模化与产业化于一身。第二年，又有更多的企业加入进来，其中包括各种黄色炸药以及赛璐珞生产企业。生产人造丝与无机化学产品的科隆—罗特韦尔也加盟其中，并使联合体与自己在英美的合作伙伴建立起业务联系，如诺贝尔工业公司和杜邦信托等。作为获得合成苯的一种方式，采矿公司整合在一起并与美国标准石油公司建立起伙伴关系。这个庞大的企业确定了价格、利润以及卡特尔规则。杜伊斯贝格不仅亲手缔造了这个卡特尔，他还植入了相关的理念。对盟国军队占领莱茵地区怀着不可名状的失落感，杜伊斯贝格借助民族主义情绪在企业、人民以及国家之间建立起一种联系。

德国经济生活中最强壮的根系就生长在莱茵的土壤里，这里的人民以坚忍不拔的意志和牺牲精神捍卫了这里的德意志品行。这个夏天，莱茵兰地区就其在政治上加入德意志帝国一千年，举行了隆重的庆祝活动。这次庆祝活动的意义是它彰显了民族共同体牢不可破的血肉联系。这次千年庆典就是向世界发出的明确信号：莱茵兰地区是德国的核心，这里的民众与全体德国人民、德国文化以及德国经济紧密地联系在一起。[117]

接下来的一周里，杜伊斯贝格继续围绕着莱茵地区的德意志品行这一主题高谈阔论：

“在这里，就在莱茵河畔，我们要成为德国人并永远是它的一份子”。我们怎样去转换，把我们的神圣信念转化为行动？对我们所有在这儿的人，所有我们这些属于德国大型产业联合会的人来说，行动胜过说教。与生俱来的坚忍不拔精神和严谨科学的工作态度，成就了德意志的行为方式，它正从莱茵河两岸成千台转动的车轮和轰鸣的机器声中，为我们唱响了澎湃苍劲的《无词之歌》。当然了，这首歌现在听来与从前的不再一样。那歌声凄婉悲切，放眼看去，一片死气沉沉，这片土地惨遭世上最冷酷无情的条约——所谓的《凡尔赛条约》的破坏，此情此景历历在目。即使这样，那些向我们口授条约的人仍觉得不够。[118]

杜伊斯贝格坚持认为同盟国的裁军要求荒谬无理。德国早已进行了裁军，因此，那种认为德国想发动另一场战争的看法简直令人难以置信。杜伊斯贝格指出，即使在1914年，德国也未曾做战争的准备，他提醒听众们，“正是和平之举才让德国变得伟大和强大”。和平与伟大是通过劳动实现的。杜伊斯贝格引用了腓特烈大帝（Friedrich the Great）[119]的名言：“人为劳动而生，我的臣民必须参加劳动”。[120]杜伊斯贝格提到了“工作福音”，并强调“工作会带来祝福”。他建议工会与雇主携手同心，共同提高生产率，不要纠结于工资或工时长短等问题，因为劳动是一种“祝福”。[121]人们要努力工作去壮大工业基础，让德国的资本强大起来。他指出，企业家要像亨利·福特（Henry Ford）[122]那样，承担起解决社会问题的义务，因为这是他们“最崇高的使命”。但毫无疑问，工资、税负、运费以及社会—政治成本等这些“负担”必须要适度。殖民地已丧失殆尽，条约义务也无从回避。“我们的资本像阳光下的雪花一样融化了，经济已经失去了血液”。所有资源都要统合在一起，每家企业要有统一的意志。杜伊斯贝格就如何打造这个令人惊艳的实体提出了自己的想法。1931年6月23日，在对企业家的一次演讲中，他强调了“让我们的经济进一步巩固这种进程”，以及需要“各界人士做出巨大牺牲”的意义。他大声宣告：

德国人民不停地呼唤着一个领袖，把他们从这种不堪忍受的境遇中解放出来。如果现在有一个人站出来，证明自己勇往直前而且有足够的心智，引导当代人的思想通过和平的努力获得解放并使之成为现实，那么，这个人必可担此大任。[123]

德国最后一个民主制政府于1930年下台。接着，一个由德国社会民主党领导的“大联合”政府开始执政。面对大规模的失业局面，新政府试图削减福利支出。尽管采取了一些对资本有利的措施，但保罗·冯·兴登堡总统（Paul von Hindenburg）[124]还是计划把新政府赶下台，以便组建与国会和马克思主义相抗衡的政府。[125]德国社会民主党提出了一项建议，要求雇主提高对失业基金资助的比例；由于未能就此达成协议，大联盟最终解体了。于是兴登堡诉诸宪法第48条，他任命了一位新的总理并依照紧急状态法进行管理。法本公司就是在这种背景下开始兴旺发展起来的。1926年，世界颜料生产中有44%来自德国；1928至1932年间，德国与瑞士、法国、英国签署了卡特尔协议，在此过程中，德国进行了大规模裁员并引进了新的技术，在世界颜料生产中所占的比重也升至65%左右。[126]有数千工人被解雇，其中洛伊那地区解雇的人数最多。与几千人被解雇相对应的是，企业的利润飙升。信心满满的法本公司在法兰克福为自己建造了一座漂亮的大厦。汉斯·珀尔齐希担任了这座大厦的设计师，他在1928年赢得了这座办公楼的设计任务。该办公楼是一个很抢眼的项目，工程于1930年竣工。这座建筑颇具功能主义的风格，各方面都表现出合理性和效率的设计取向。内部的钢结构决定了该建筑的外形，它的正面也没有进行装饰。建筑内的便利设施全都是最现代化的，如全天热水供应、机械通风装置、电话、传输文档的升降机以及垃圾处理设备等。大厦的墙壁用法本公司新生产的涂料卡帕罗尔进行粉刷。建筑在设计时，综合考虑了适应性和灵活性，以应对用途或人员的重大变

一张展示法本公司法兰克福总部的明信片，20世纪30年代中期。

化。里面的油地毡没有接缝，电缆可拆换，墙可打隔断，有些地方则用玻璃隔开。[127]现代派追求透明的效果，让人享受人工光源的乐趣已经成了办公室布局的一种方式；办公室可随时进行布局调整，这种方式有利于对员工进行监控。如果白天的自然光线不足，人工光源就会“啪”的一声打开，让劳动正常进行。2000名员工每天的日常工作安排得井然有序并实现了机械化作业。管理人员悄无声息地走动，文件自动流转——在办公室里，在这样一个理性而恬静的世界里，光线与玻璃的乌托邦就显得平淡无奇了。

电梯，电动扶梯——人们心中的愿景和期待，能让人不用费力便到处走动，此情此景让希尔伯特的梦想成真。然而，这些便利如今成了一种社会幻想，对那些从无产阶层上升到白领阶层的人颇具吸引力。

人为的生活与光线

齐格弗里德·克拉考尔精准地刻画了这种充满理性的文化，他对理性化的简约城市生活，持有一种尤为忧郁的看法。在一篇又一篇评论中，特别在新闻素材当中，他多次谈到了凄凉的城市话题，人们带着面具，过着差强人意的虚幻生活，荒废度日。他们用流行歌曲、酒精、灯光表演、滑稽剧以及电影这些具有感官冲击的东西掩饰他们极度的绝望。[128]他研究的对象不是广大的工人群体，因为在当时的形势下，他们已经无足轻重了。相反，他把研究的重点放在行政管理人员以及那些推销新商品、人造丝和魅力产品的人员身上。他们攀附在这种奇观景象中艰难度日，生活于此的人们步履蹒跚，徘徊于深渊的边缘。现代城市体验完全不具备真实感，都是在做一些表面的文章。城市里的一切都不适合那些在精神感知层面上的“更高”价值取向，同时它们还阻挠那些为生活设定目标的政治集团的形成和发展。其实这样的集团是一种自觉选择的集团，它会为总体的未来做出决策。在城市里，没有什么自我激励和自我活动，有的只是操练，就像车间里新安装的机器那样，按照强加的苛刻条件，按照“一种看不见但又无法逃脱的指令”运转。

有一部1925年的连载文艺作品《时事讽刺剧》，该剧展示了克拉考尔在新闻报道中常见的场景。[129]它的名称引用了20世纪20年代德国城市中人们都很熟悉的一种娱乐形式。时事讽刺剧有很短的剧情，场景也不多，一个晚上只有60来个，但里面的气氛、舞台设置和主题则会突然发生变化。该剧一度演变成为了不起的大事：在1926年至1927年的演出季，有九个剧目在柏林晚间演出，观众达1万1千多人。[130]克拉考尔把这个连续剧演绎成时代的两大驱动力——工业化与军事化的优雅展演，具有一定的代表性。《时事讽刺剧》把舞台上的女孩子们想象成福特公司生产出来的产品。[131]但除了运送女孩们的传送带之外，剧中还有另外一个形象，这就是向战场行进的士兵。时事讽刺剧这个词来源于军队，特指阅兵活动。这些时事讽刺剧展现了该剧与战争之间的联系，即对过去和将来的战争所承担的义务（继活泼女孩之后，20世纪40年代老姑娘们的训练和行进场面滑稽可笑）。克拉考尔注意到这些剧目以历史和民族主义为主题。在列队里的时候，女孩子们仿佛就在舞台上肩扛步枪，齐整地站立在那儿做着相应的动作。正如阿尔弗雷德·波尔加尔评论的那样，她们所展示的就是一场训练：

> 除了女孩子们在外观和举止方面表现出来的性感之外，里面还有另一种力量：不可思议的军事力量。操练，排列整齐，步调一致，准确把握并反复演练，服从指挥……让观众感受到士兵受训时的效果；当然，这只是面向观众的表演。[132]

《白领》是20世纪30年代研究克拉考尔的两份评论之一，在《白领》中，沃尔特·本杰明用类似的语言对白领人士的特点进行了一番评价；当时这些白领雇员热衷于观看这类剧目。在他看来，白领雇员代表了一种“新型、趋同、更为僵化、训练更有素的小资产阶级”。但本杰明注意到这种刻板外表下异常炽热的内心生活。他写道：“比起已经逝去的旧阶层，它在类型、起源以及怪诞的性格方面更为简单，但它在幻想和压抑方面则有过之而无不及。”[133]

批评家们针对舞台上，也就是那些好似福特公司大规模生产的女孩们进行表演的地方所做的分析，以及对观众进行的调查分析，二者具有一致性。与此同时，正如克拉考尔在总结自己反复涉足城市生活的文章中写的那样，这种一致性为如此众多的愿望、企盼、白日梦以及妄想提供了一个广阔的背景。

恩斯特·布洛赫看出了克拉考尔试图映射的是什么。那就是所谓的“人为的中间地带”，正如他对克拉考尔的《白领》进行评论时指称的那样。[134]布洛赫的解读是，克拉考尔已经深入到这个居中的空间地带，而其他人还只是在观察而已。这就是幽灵般的白领雇员们身处的空间，他们每天都空虚无聊地出没于自己这一亩三分地。布洛赫与克拉考尔还将其称为“中空地带”，即一种精神层面上又大又暗的空间，身处其中的人会感到心烦意乱并萌生各种古怪的念头。这一点借鉴了建筑学上的概念，它与布洛赫的相关认识如出一辙，即由于内部结构的缺失，构成了某一阶层，或者更恰当地说不能构成一个阶层。这种中空地带让人感到晕眩不定，也就是身处大街上或进行张狂娱乐时，从眼花缭乱的眩晕中获得的满足感。以下是布洛赫在1929年的一篇《城镇与乡村严酷的夜晚》的短文中，对职员文化发表的一番评论：“中产阶层简直发疯了”。[135]中间地带是自我定义为中产阶层的那些人所处的地方。他们的双手相对干净，主要在办公室和商店里工作或从事商品推介等，他们不是商品最初的生产者；他们分享着一种中间文化，既不高雅也不低俗。但他们所谓的中间也不过是一种概念上的中间地带。那是一个处在表象世界与真理世界之间的地带，这个真理并不愿把自己袒露出来，也不会去展露从一个领域走向另一个领域的历程，因而让这些新的超级现代人陷于两者的夹缝里。这个中间地带还在继续扩张，所以那些与之相关的新的社会与哲学问题也在不断增加，这就不足为奇了。此间，中间阶层增加了五倍，而产业工人只翻了一番。[136]白天笼罩在一片灰暗中，夜晚霓虹闪烁，这种城市属于白领员工。这群人内心空虚，必须增加生活内容才能排解和填充。他们蜷缩在中间地带，形态猥琐，不过是一群行尸走肉，终被恐惧所吓倒：担心被解雇，生活无着落；在一个崇尚青春的年代里害怕变老，怕沦落成无产者；害怕革命，恐惧死亡。令人好奇的是，尽管中间地带具有同质性，但却不是共有的。克拉考尔曾走进他们位于柏林某一区域的街道。那地方靠近红韦丁与新科隆，街道里有共产党人的酒馆和阶级意识强烈的无产者。不同于柏林的红色区域，在属于中间地带的街道上，人们是分散和杂糅的。1930年，克拉考尔在《街上的尖叫声》一文里谈到：

> 那里的人们并没住在一起，实施集体行动的氛围则完全没有。他们不指望从彼此身上得到什么。迟疑中，他们四处扩散，茫然无助。[137]

这个中空地带淹没在社会梦想与愿望的喧嚣中。这些花天酒地的生活在电影与时事讽刺剧里比比皆是，在里面，人们还可以发现一些新时兴起来的有代表性的城市娱乐与观赏方式。它们可以用“消遣”一词加以概括，从字面上讲，用分散、消遣或转移来解释则更为贴切。他说，民众喜爱并渴望这样的分散，因为民众决不能集结起来，决不能把自己集结成一个整体。假如民众聚集起来，谁也说不清他们会做出什么事来。正如克拉考尔在《时事讽刺剧》一文中所说的那样：“因无聊而生乱。”[138]这就是为什么一有人群在街上聚集，警察就会将他们驱散，因为警察清楚街道是用来通行的，是为永不停歇的交通服务的。在1925年的另一篇短文《当代的艺术家》中，克拉考尔又提到了街道。[139]和弗朗茨·黑塞尔一样，克拉考尔在20世纪20年代花了大量时间“在柏油路上做植物调查”，这就是沃尔特·本杰明对他这一段经历的描述。《当代艺术家》评论道，电影把街道展现得淋漓尽致，流行于街上的电影佐证了这个实景。克拉考尔还对卡尔·格伦在1923年拍摄的影片《街道》进行了分析。这是一部表现主义电影，讲述一个人因受到街道上的诱惑，放弃了无聊的小资产阶级生活。后来他在大街上被人打劫并诬为谋杀，最后以自杀告终。克拉考尔提示人们一个当代的现实，那就是，在城市街道上的人们与所谓的“高高在上”毫无瓜葛。这些人只不过就是一种外在因素，与熙熙攘攘但又稀松平常的街道一样。攒动的人流就像旋转的原子：他们并不交会，也就是说他们彼此间不会撞车；他们相互排斥，但又不分离。爱就是交媾，而谋杀则是一种巧合。受控的汽车在不加控制的行驶中拥挤在柏油路上，毫无灵魂可言。人们不是把自己的生活和各种需要的东西联系在一起，而是陷入那些令人麻木的事物中：钻进汽车里，困在墙壁中，迷茫在霓虹广告里；灯光不分时段，忽闪忽灭。看来，他们自身已经完全城市化了。[140]自然并非没有改变。在1930年写的《来自街头的词语》这片文章中，有一节叫作“自然花园”；克拉考尔在这节里谈到，自然在城市里萎缩了。[141]原有的自然被“原始森林环抱的街道，巨型工厂以及鳞次栉比的屋顶迷宫所构成的城市自然景观”所取代；在那儿，被美誉为“自然花园”的小绿洲点缀在餐厅后面，继续使用“自然”一词来装点自己。正如克拉考尔在1927年的《摄影》一文中讲的那样，这种自然是一种全新的后自然时代的从属性自然，它的身上已经有深深的城市烙印，常被拍摄到电影和摄影作品里，从而复制出这种分离出来的自然。[142]在《当代艺术家》中，克拉考尔写道，每一部电影都会呈现当代的影像，那是其“正当性”的一部分。总而言之，当前的影像所展现的就是一条，或更确切地说，就像克拉考尔说的那样：“是力道把今天的世界扭曲成一条街道了。”

车水马龙的大街不光会展现在胶片里或放映的电影里，此情此景还会在必有城市体验的影院里复制出来。例如，在“祖国家园”这家综合娱乐中心里就有一家电影院。在这里建影院是很必要的，因为它正在淘汰那些老套的时事讽刺剧，而争取观众的唯一方法就是向老旧的娱乐方式注入新的内容。电影院以其新奇的建筑风格收到了这样的效果。这里成了新型建筑一显身手的场所。1925年后建成的新型超大影院有一个特点，就是在座位的布局方面彰显了平等的理念，并没按观看效果布置座位。这一点在克拉考尔的《消遣膜拜》（1926年）中得到了反映，他写道：“同样的观众都有相同的反应，不论是银行董事还是销售员，著名歌唱家还是速记员”。[143]“祖国家园”影院的设计者是卡尔·施塔尔-乌阿齐，此前他曾于1922年为博彩业大亨弗里茨·朗的赌场进行了设计。该设计是“新建筑”的一个很好例证。柏林“巴比伦”影院是汉斯·珀尔齐希于1926年设计的，他认为，在一个现金意识极强的社会里，电影院是人们敢于触及的唯一建筑形式，因为它能确保高额的回报。在“祖国家园”影院里，悬挂的钢结构使上面的包厢与舞台构成了一个圆形，周围是被照亮的装饰带并倒映在反光的天花板上。波茨坦广场外的交通据说是欧洲最繁忙的，所以这儿的建筑多呈弧形排列，外形则显得不那么重要了。剧院老旧的视觉设计在影院里被彻底摒弃。除了考虑平等的因素以外，人流、移动及动感等因素均在设计中体现出来。此外，灯光成了彰显整体效果不可分割的组成部分。灯光让整个观众席沐浴在色彩斑斓中，赋予形态、形式和空间以新的含义；与此同时，灯光也成了建筑师手里的新材料。埃里克·门德尔松为他的建筑模型和设计图案制作了白天与黑夜两个版本。他设计的柏林宇宙影院俨然就是一座色彩斑斓的宫殿，里外装点得流光溢彩，灯火辉煌，泛光灯、特效以及商业标志在夜幕中闪耀夺目。1926年，门德尔松的《美国》一书问世，在书中他描述了纽约的百老汇以及它在夜幕中的神秘、陶醉和灿烂。可一到白天，这一切便消失得无影无踪了。白天，门德尔松拍摄的百老汇只有一些不再闪亮的霓虹文字和标志物，乱糟糟地从半空一直延伸到地面。[144]夜幕降临，“火焰般的标识文字”以及“不停移动的广告光芒四射，如同火箭喷出的火焰，时隐时现，一会儿完全消失，一会儿又猛然蹦出，给人以强烈的视觉冲击”。这种全新的“怪诞”建筑风格杂乱无序，夸张恣肆，但却“充满了对美的想象，终有一天，这憧憬会梦想成真”。[145]门德尔松笔下的百老汇现身于一幅拼合的照片里，再加上照片中灯光的痕迹和轮廓，让人倍感困惑。被灯光照亮的文字彼此辉映着：可口可乐、糖果、中央剧院、杰基儿童背带裤、舞厅、餐厅、音乐时光。灯光在电影院里也发挥了重要的作用。1928年，门德尔松为寰球影院的开业写过一篇充满诗意的短文，他声称电影是“运动的剧场”，而

“运动就是生命”，它能与“纯粹、简单和真实”的“实际生活”联系起来。在寰球影院，整个世界得以再现。

> 电影银幕——外部的世界。
>
> 电影画面——多彩的生活、眼泪、马戏和大海里的月光。
>
> 我们这些观众——一千个人、两千个眼球，
>
> 全部接收和反射着画面——享受着愉快或体验。[146]

观众成了影院发挥机能的组成部分，它是吸收影像一个点，同时也是一个反射的镜片。光线成就了这种建筑布局和体验。影院外立面的灯光将公众引入观影厅，在那儿，所有的平面、曲线、风琴的曲调以及来自房顶的光波纷纷投向大屏幕，在音乐声中进入闪烁的画面，继而进入宇宙中。光就是深入一切事物内部的核心点。[147]银幕是透明的，是在动感世界打开的一扇窗。影院是一个透明的超现代空间，没有任何的矫揉造作，那儿是一个由色彩与灯光构成的梦幻之地。在20世纪20年代和30年代初，世界的夜空沉浸在一片人造的光的世界里。克拉考尔把这一切视为一场消遣和解脱的游戏，而霓虹广告、建筑物上闪烁的灯光以及焰火表演都在其中发挥着重要的作用。光线也会有误导作用，光亮本身只会让周边看起来更黑，更模糊不清，底部也会因表面的光亮而消失在黑暗中。在克拉考尔看来，各种光亮让人群沐浴在闪耀着的晨露中，把他们变成这这场演出的外表。由光亮与人群的互动所演绎出的这场大戏，把人群的注意力转移他处，人们不再去探究更深的意义。《白领》对“祖国家园”里的凯宾斯基酒店布局进行了描述。该分店有各种主题的房间，如土耳其咖啡馆，带有罗马式拱顶的西班牙酒馆，以及莱茵河畔平台咖啡厅，里面营造了定时肆虐的“暴风雨”。此外，还有一家名叫“狂野的西部”酒吧，那里的侍者装扮成牛仔和艺妓的样子。一束束射来的灯光是这场视觉盛宴不可分割的

一部分，它们坐拥着鹦鹉般鲜艳的色彩，撒向整个房间；灿烂夺目的灯光营造出浪漫的气息，就如同身处海德堡城堡一般，就连身披落日余晖的太阳也难以望其项背。天一放亮，灯光纷纷关掉，俱乐部好似再也不存在了：

> 夜复一夜，这些俱乐部都会重新复活起来。光的力量寓于自己的风采中。这种力量让众人疏远了已经习以为常的肉体，并抛给他们一套装束，他们就此得以改观。透过这神秘的力量，迷人的光彩变得实实在在，变成了消遣中的恍惚。[148]

1925年，克拉考尔在《当代艺术家》文章中写道："被清空的世界就是外部的世界，它看起来既没有面孔也没有内容；而艺术家的职责就是要把这个世界表现出来。"[149]在一束束光影的闪动中，电影完美地展现了真实的外表。电影剥去了毫无内涵的外表，进而描绘了"表象世界"，尤其引人入胜。在克拉考尔看来，这种刻板和过度的表现使得外表光鲜照人，因而会很快变成了别的什么东西，并随时被映照出来。这就是希望所在，但这其实就是一种冒险。

在一次对《白领》这篇文章的评论中，沃尔特·本杰明提到了作品里的拼图游戏。他认为，尽管在克拉考尔看来这些图片具有超现实主义的倾向，但它们还是把"社会现实"归总进来了。里面的一个例证便是月亮公园的"孟加拉灯光秀"。在一个周末的晚上，红、黄、绿三种颜色交相辉映，白领雇员们兴致盎然，陶醉于水银泻地般的水之舞中。然而，表演一结束，人们便不无伤感地发现，所有那些旋转着、翻滚着、晶莹剔透的喷水图案都是从细管里喷射出，再穿过彩色光柱后才展现出来的。这些令人瞠目的快乐瞬间让人眼花缭乱，但它很可能会让观众形成一种清晰而光鲜的观念，就是认清了白领的艰辛生活与短暂的欢愉之间的联系；这种愉悦来的廉价，仅是眼前的奇观而已，但它在倾诉，它让这许多生机勃勃的潜能喷涌而出。[150]然而，灯光经常与谎言沆瀣一气。街道上、讽刺剧以及电影里的灯光打乱并吸引了观众注意力，不让他们陷入沉思。灯光把公众送入文化产业的利爪。在1930年完成的《图画明信片》中，克拉考尔描述了柏林西区威廉大帝（Kaiser Wilhelm）[151]教堂沐浴在霓虹广告里的光景，那鲜艳的光彩让任何一种神圣的闪耀或光亮都相形见绌。在同一篇随笔中，他写道：

> 与房屋一般高的玻璃光柱，光亮刺眼的电影海报以及乱糟糟布置在镜面之后的霓虹灯管，它们共同向疲惫发起了“冲击”，它们要闯进去，驱散弥漫着的空虚，要不惜一切代价阻止疲惫的发生。它们像发疯了一般，粗暴地对着人群吼叫、鼓噪和敲击。这所有的一切就像是一朵奔放的火花，不但为广告营造了氛围而且也为自己增光添色。这些耀眼的灯光不停地摇摆，来回转动，但还是不像巴黎街头的广告来的那般欢快；那儿的广告陶醉于红、黄、紫三色相互交织而成的图案中，怡然自得。它俨然就是一种炽烈的抗议，直击我们生活中的黑暗；它就是一种因渴望生活而发出的呐喊，但在绝望中接纳了娱乐产业后，仿佛就自愿变得无声无息了。[152]

新的光源很适合白领雇员。从20世纪20年代开始，城市里就有了霓虹灯，主要就是那些令人惊叹的广告和推介性娱乐表演。当时人们还为百货店、综合娱乐场所，最重要的是为办公室这样的日常工作生活场所开发了新的光源。20世纪20年代和30年代的研究表明，照明与工人的劳动生产率之间存在着密切的联系。位于克利夫兰的通用电气公司照明研究实验室主任马修·卢基什与该公司的一名物理学家弗兰克·莫斯合著的《视觉科学》中就有这样的例证，即在家里和办公室安上更亮的灯，并仔细研究了这种有利于提高“视觉效率和眼睛舒适度”的先决条件。[153]20世纪30

年代后期，荧光灯因散发的热量低，从而使大幅增加室内的空间成为了可能；而灯光本身也会照亮墙壁、屋顶和地面，这对每天都要阅读大量模糊不清的复写本和用铅笔勾勒旁注等相关工作是至关重要的。[154]光线洒向四周，照亮了夜空，为白昼添色，让秘密无处藏身，它增加了人们对客观性的认识。为了对德国社会的现在与未来进行把脉，克拉考尔对这个新的客观领域开展了调查研究，但它已被照亮，就像一张迷人的照片中模特脸上那高高的鼻子一般，其实也看不出什么名堂。要获得这样的效果需要的不止是灯光。时事讽刺剧就像插图杂志一样，满是画面但什么也都看不到。他指出，如果一个人倾心关注某件事，他就会处于亢奋的状态。[155]但这并不是说在那儿什么都没有。恩斯特·布洛赫在《过度期：柏林，在中空地带前行》中，把它归入新客观文化，指出“它的所谓装饰就是没有装饰任何东西”。[156]新的刺眼的强光所遮蔽的东西，比它照亮的还要多。魏玛时期以前，那些小资成员的内心世界是一片乱糟糟的景致，里面散发着霉臭的味道，到处落满灰尘；这颗心灵一直沉浸在更柔和的汽灯或早期闪烁不定的灯光里。如今，人造的强光随处可见，将这种晦暗的内心世界一扫而光。克拉考尔在1931年发表的《当代家具》一文中，嘲弄了那满是灰尘的过去[157]，但希望那些遗留下来的东西，不仅要表现出其乖巧之处，而且至少还要展现出继续保有的那些更具私密性和被隐瞒的秘密——如果不是隐私本身的话。在《当代家具》一文中，克拉考尔对那些具有新客观风格的家具，如油光锃亮且棱角分明的衣橱、座椅和桌子等进行了描述。随后，他写道，虽然以前那些落满灰尘的老式家具现在看起来滑稽可笑，但这些新型家具还需要经历时间的考验。“这些家具里面也有鬼魂在隆隆作响，吸尘器也不足以吓跑它们”。[158]在合理性的内部潜伏着邪恶的魔力。识破当下业已形成的鬼魂就是克拉考尔的抱负。观看，这种仔细观望的方法，是能将鬼魂带进可视光谱的唯一途径。

岳百百是夜总会的一名男妓。1925年，克拉考尔观察到，他经常跳舞卖俏，遭拒后又会去勾引别的女人。[159]克拉考尔评论道：岳百百就似一缕带着绛红色微笑的轻风。他不断从零开始，在欢快中踏着绝望的边缘，像僵尸复活一般重复着呆板的动作。克拉考尔像往常那样关注着他。他是一位观查者，同时也是一位解读者：他不是“新客观主义者”，他是一位见证者，与自己描述的东西没有什么不同，并不高高在上。但他会与那些醉汉、舞者或集市里的人一样，在不经意间，窥见社会的另一面。1925年的《禁视》就是一篇描写这一洞察瞬间的随笔。[160]克拉考尔讲述了一家酒馆里的情景，这类酒肆在许多城市里都很常见的：青少年们在此构划着成名成家、发财致富的宏伟计划；有些家庭主妇落座在长凳上，她们的年龄难以分辨，旁边是一些看似夫妻的男女们；在角落里，不时有妓女在自己的啤酒杯前打着盹。就是在这样的酒馆里，每个夜晚都会有幽灵出现：

> 酒馆的位置并不偏僻。墙上挂着每年的展会照片，与客人的面庞丝毫不差，着实让人讨厌；吸血鬼却钟爱他们的灵魂；这些三四流的艺术家们在一片死气沉沉中赞美着他们那些苍白的画作；他们头顶上的一盏灯笼里，一具标本左右摇摆着，走进一看，原来是一只肚子里填充了东西的猫头鹰。身着燕尾服的服务生让画面更觉伤感，因为他那得体的白衬衫光鲜照人，不禁唤起了人们对更高一级世界的幻想，无情地将现世的贫穷暴露得一览无余。[161]

克拉考尔在此把视线投向一个沉默于地下的世界。他似在梦里一般，接着说到一株皮亚海藻和酒馆里的一台自动音乐播放机。这个集反光镜、灯光、音响与造型于一身的科技怪物开始演奏。它把自己变成了一个布满镜面的房间，在上千盏灯的照射下，亮如白昼。屋里，穿着传统服装的男女青年围成一圈，翩翩起舞。正看着，克拉考尔猛然惊醒，确切地说，他把这形容成“面纱被突然撕去”从而“幽灵现身”。[162]这让人意识到，我们也都是玩偶和傀儡，背负着那些逝去的岁月，总是在原地打转。你回望落在身后的世界，利用这不同以往的有利位置仔细进行审视。这种做法“像石印油画般愚蠢，像彩色玻璃碎片那样不牢靠。”克拉考尔写道：

> 在这些镜像般千变万化的风景中，你读懂了不同的象征意义，你在漫无边际的中空地带变得麻木不仁起来，你放弃了曾经拥有而且今后也不会再有的幸福。[163]

克拉考尔知道这是多么可怕，但仍把它看作一个起点。在《当代艺术家》中，他把栖息在城市街头的人称作“虚无主义者”，这些人“要求把负面的东西揭示出来”。对他们来说，“技术的肆虐似乎要比情真意切的原则更为真实”。他们所强调的重点是对立面。

> 他们认为，美国一旦完全发现了自己，便会消失掉。尽管用各种饰物和飘窗装点出田园诗般的景象，他们看到的仍是空空如也的街道。[164]

这些虚无主义者需要的是真实。正如克拉考尔在1928年写的《旅行与跳舞》一文中所讲的那样，他们渴望真实，寻找不同的方式，抒发自己对体验无限和永恒（现实世界的代表）的渴望。[165]尽管一直在探索，不断寻找与上天相衔接的道路，但挥之不去的空虚才是他们要面对的确定的现实。《当代艺术家》这篇文章坚称，作为人类的一员，那些常去电影院的人企图跨越一条鸿沟，也就是被克拉考尔称作“电影图像”与“先知的预言”之间的鸿沟，它游走于虚幻（但在当前是真实的）和躲藏在外表后面的更高一级的真实之间，穿越在每一天的林林总总中，但只有不经意的一瞥才能捕捉到它的身影。如果不能与另一面，也就是更高一级的真实相衔接，那么，按照克拉考尔的说法，就会剩下一个孔洞，这意味着“中间地带尚未建成”。在表明了自己的立场，同时也向其他人发出警告后，他写道：“只有从对真实事物的描绘转变为对它们的分享，那种浮在表面上的真实才会逝去”。

浮出水面

在这所有的一切中，最明显的就是克拉考尔在多大程度上把20世纪中后期视作一个充满不祥预兆和绝望的时期，而不是当成一个充满胜利和喜悦的时期（因1933年的镇压而沉寂下来）。正是在诱人的魅力衬托下，这个充满危机的世界才愈发清晰可见。它发出的信号是疏远、隔绝、惧怕和幻想癖。预示灾难行将到来的凶兆在沉默中发出刺耳的尖叫，但在克拉考尔看来，为了追求真正的生活，总会有一种可能性来重新确定方向，不管是对社会关系进行革命性的再次结合，还是在不同领域里进行神学意义上的再结合。以技术为依托的新的文化形式让这一切变得越来越难。比如电影，这种形式变得越发慰籍人心，越发拘泥于多愁善感的虚幻之中。在1925年的《时事讽刺剧》这篇文章中，克拉考尔曾描述过电影是如何让鉴赏力变得迟钝起来的：一匹赛马跌倒了，但倒下的过程舒缓而轻慢。炸弹造成的破坏丝毫没有痛苦。[166]随着时间的推移，电影将给所有人带来太多的安慰。1937年，克拉考尔在《彩色电影之美》这篇文章里讲述了电影如何找到了某些最为重要的方向。他告诉我们，除迪士尼卡通片里那些很有创意且难以置信的色彩设计之外，其他电影中的色彩乏善可陈，让人觉得整个大自然好似被涂抹了一般。彩色电影是一种把自己装扮成真理的谎言。色彩成了一块布料，就像霓虹灯一样，所遮掩的东西比展露的东西要多许多。比起看似再现了远处那笼罩在蓝色背景中山峦的电影，黑白电影则可以更好地捕捉远方的蔚蓝色。机巧和计谋身披实物的外衣招摇过市。色彩开始替代了电影中的蒙太奇。克拉考尔注意到，随着色彩的出现，电影制作人便抛弃了蒙太奇的手法，憧憬着自己置身遍布鲜花的草原，流连忘返。随着蒙太奇手法的式微，接踵而至的便是去通俗化的衰落。而这种平铺直叙的手法会使外表与本质之间的区别与联系变得模糊不清。普多夫金曾对一座沙皇宫廷建筑外观进行了仔细的描述，与该建筑在明信片中的形象大相径庭，但他却获得了先入为主的“话语权”。[167]没有了色彩，电影便不得不独立于其所刻画的对象；“与表面的东西联系越少”，就越不需要进行抽象；有了色彩，就不会出现“针对不同现象之间正常联通的蓄意破坏行为”。如今，所有的一切都是外表，上面没有裂缝；承载着梦幻的那块布也没有撕破的痕迹。这场赌博并没有收获预期的效果。电影面向大众，使他们处于半清醒和分散的状态。这种光的艺术让“魔力附身，用狂欢排解忧愁”。金融危机的阴影笼罩在这个社交世界的上空，给这世界带来了巨大的威胁；甚至连克拉考尔曾为其撰写过短文的《法兰克福报》也在1929年几近破产，后因获得法本公司洗钱资金的支持涉险过关，但它也要为此付出代价。该报的编辑方针发生了显著的变化，更多地为产业界发声，而克拉考尔则逐渐被挤出局。[168]

克拉考尔把白领工人的消遣文化描绘成一种逃离革命和死亡的行为，然而到了20世纪30年代，他们还是以这样或那样的方式饱受二者的洗礼。诚然，其他的人注定要为帝国的革命付出代价；这是一场没有改变财产关系的荒谬革命，至少对非犹太人而言就是如此。最后，白领雇员们还是在盟军对城市的大规模轰炸中为此付出了生命的代价。他们失去了那些耀眼的灯光，取而代之的则是另一场把夜空照亮的大戏。这明亮的景观身披自然的装束：手持火炬集会时发出的红色光芒，甚或是国会大厦熊熊燃烧的壮观场面，这是一个清除都市霓虹灯的信号，取而代之的则是恢弘连成片的墓地以及随之而来的独裁和军事训练的强化。

第五章注释：

1 赫斯特公司出版的《染料工厂：历史的礼赞》（法兰克福，1985年）中关于历史标签主题的藏品。

2 温德姆·刘易斯（Wyndham Lewis，1882—1957），英国艺术家、作家。漩涡主义的创始人，1913年创办漩涡画派评论杂志，取名"狂飙"。主要文学作品包括《悼婴节》《爱情的复仇》，代表画作是《巴塞罗那的投降》。译者注

3 详见理查·科克著的《第一次机器时代的漩涡主义和抽象艺术》第1卷：《起源和发展》里对道格拉斯·戈德林的描述（伦敦，1976年），第250页。

4 理查德·奥尔丁顿（Richard Aldington，1892—1962），英国诗人、小说家、评论家和传记作家。代表作是《英雄之死》（1929年）。译者注

5 引自保罗·欧·基夫：《另类天才：温德姆·刘易斯的人生》（伦敦，2000年），第156页。

6 参阅漩涡主义刊物《狂飙》的《狂飙：英格兰风暴述评》（伦敦，1914年），第149页

7 详见温德姆·刘易斯：《风暴与大轰炸》（1937年）（伦敦，1967年），第32～35页。

8 温德姆·刘易斯：《粗俗的活计：一个知识分子的自传》（1950年；圣芭芭拉，加利福尼亚州，1984年），第135页。

9 理查·科克：《第一次机器时代的漩涡主义和抽象艺术》第1卷，第235页。

10 温德姆·刘易斯：《风暴与大轰炸》，第37页。

11 福特·马多克斯·许弗（Ford Maddox Hueffer，1873—1939），英国小说家、编辑，主要作品包括《好兵》（1915年）。译者注

12 《早间邮报》的这条报道援引自《狂飙》的《狂飙：第一

次世界大战》专刊的一条公告（伦敦，1915年），更多相关消息可参阅《狂飙》刊物收藏的素材。

13 详见保罗·欧·基夫：《另类天才：温德姆·刘易斯的人生》，第157页。

14 理查·科克：《第一次机器时代的漩涡主义和抽象艺术》第1卷，第263页。

15 引自《第一次机器时代的漩涡画派和抽象艺术》第1卷，第265页。

16 参阅漩涡主义刊物《狂飙》的《狂飙：英格兰风暴述评》（伦敦，1914年），卷首语。

17 同上，第30页。

18 同上，第33页。

19 保罗·欧·基夫：《另类天才：温德姆·刘易斯的人生》，155页。

20 参阅漩涡主义刊物《狂飙》的《狂飙：英格兰风暴述评》（伦敦，1914年），第146页。

21 同上，第134页。

22 同上。

23 同上，第142页。

24 同上，第146页。

25 安格尔（Jean Auguste Dominique Ingres，1780—1867），法国古典主义画派画家。名作有《浴女》《泉》。译者注

26 同注释20，第145页。

27 同注释20，第130页。

28 温德姆·刘易斯：《粗俗的活计：一个知识分子的自传》（1950年；圣芭芭拉，加利福尼亚，1984年），第135页。

29 理查·科克：《第一次机器时代的漩涡主义和抽象艺术》第1卷，第243页。

30 以兹拉·庞德（Ezra Pound，1885—1972），美国诗人、翻译家、评论家和意象派诗人代表人物。代表作是长诗《诗章》。译者注

31 参阅漩涡主义刊物《狂飙》的《狂飙：英格兰风暴述评》（伦敦，1914年），第49页。

32 G·K·切斯特顿（Gilbert Keith Chesterton，1874—1936），英国作家。以写布朗神父的系列侦探小说而闻名。译者注

33 《狂飙》的《狂飙：第一次世界大战》专刊。

34 同上，第39页。

35 刘易斯对印象派画家用油画颜料模仿光的效果的目的持否定态度，认为这是徒

劳无益的。详见《狂飙》的《狂飙：英格兰风暴述评》，第131页。

36 《狂飙》的《狂飙：第一次世界大战》专刊，第77页。

37 同上，第82页。

38 同上，第47页。

39 同上，第46页。

40 同上。

41 同上。

42 同上，第79页。

43 同上，第77页。

44 马里内蒂（Filippo Tommaso Marinetti，1876—1944），意大利裔法国作家，文艺理论家未来主义思想创始人。因声称法西斯主义是未来主义的一种自然扩展成为法西斯追随者。译者注

45 参阅漩涡主义刊物《狂飙》的《狂飙：英格兰风暴述评》（伦敦，1914年），第141页。

46 戈迪埃·布尔泽斯卡（Gaudier Brzeska，1891—1915），法国雕塑家，漩涡主义的主要人物。译者注

47 《狂飙》的《狂飙：第一次世界大战》专刊，第5页。

48 勒弗库森（Leverkusen），德国西部城市。译者注

49 赫尔格·克龙等：《赫斯特公司颜料生产史与德国的化学工业》（奥芬巴赫，1989年），第34页。

50 同上，第41页。

51 拜耳公司策划、编辑的《法本化学工业集团，来自苯胺染料生产的强制劳动：巴斯夫公司、拜耳公司、赫思特公司和其他德国化工联合企业的发展史》（斯图加特，1995年），第75页。

52 这笔总额达4. 32亿马克的贷款直到20世纪20年代初期因通货膨胀而大幅贬值后，才偿还完。

53 弗里茨·哈伯（Fritz Haber，1868—1934），德国化学家，因发明“哈伯制氨法”，即用氮和氢合成氨，获1918年度诺贝尔化学奖。译者注

54 参见拜耳公司策划、编辑出版的《法本化学工业集团公司》，第19页。

55 详见《来自摩根的武器》，沃尔特·本杰明《文集》第4卷，第1部分（法兰克福，1991年），第473～476页。

56 路易斯气（Lewisite），是以其发明者——美国化学家路易斯（Windord

Lewis，1878—1943）命名的一种毒气。译者注

57 恩斯特·荣格尔：《在钢铁风暴中：一位突袭部队长官的日记节选》（柏林，1922年），第195~196页。

58 同上，第87~88页。

59 参阅《狂飙》的《狂飙：英格兰风暴述评》，第146页。

60 先锋派艺术家，指20世纪初在西方艺术、音乐、文学等领域兴起的一种新的创作风格，在创作方法和理念方面注重实验性。译者注

61 奥斯卡·科柯施卡（Oskar Kokoschka，1886—1980），奥地利剧作家，画家和舞台美术家。译者注

62 有关"暴风雨"的文稿和讨论，详见罗丝-卡萝尔·沃什顿-朗编辑出版的《德国表现主义：从威廉敏娜帝国的终结到国家社会主义的崛起文件集》（纽约，1993年）。

63 阿道夫·洛斯（Adolf Loos，1870—1933），奥地利知名建筑师。译者注

64 卡尔·克劳斯（Karl Kraus，1874—1936），奥地利新闻工作者、评论家、剧作家和诗人。强调语言具有重要的道德和美学意义，其用精确的语言完成的作品产生了广泛的影响。译者注

65 表现主义艺术家明信片的一些样本，详见格哈德·维特克著的《艺术家信件：明信片和20世纪德国艺术家的信件》（慕尼黑，1977年）。

66 关于德国邮政系统明信片沿革，详见《犹太人敌视的风景明信片》，展览目录。（海德堡，1999年）。

67 详见伯恩哈德·希格特：《驿站：邮政时代的文学命运，1751—1913年》（柏林，1993年）。

68 在接下来几页中所涉及到的卡尔·克劳斯与蒙太奇图片的一些材料，我（即本书作者，译者注）在一篇题为《菲利斯人和被颠覆的汪达尔人艺术》论文中的"低成本的篡改"部分进行作过初步探讨，这篇论文收录在戴夫·比奇和约翰·罗伯茨合编的《菲利斯人论战》（伦敦，2002年），第201~207页。

69 详见爱德华·蒂姆斯：《卡尔·克劳斯：讽刺作家启示录》（钮黑文，1989年），第45页。

70 详见爱德华·蒂姆斯：《卡尔·克劳斯：讽刺作家启示录》（钮黑文，1989年），第143~144页；也可参阅《卡尔·克劳斯》，展览目录（内卡河畔马尔巴赫，1999年），第231~238页。

71 格奥尔格·格罗斯（Georg Grosz，1893—1959），德裔美国画家、制图师、

插图画家。因其画作揭露资本家的贪婪、战争的受益者和社会的腐败而赢得国际赞誉。译者注

72 爱德华·蒂姆斯：《卡尔·克劳斯：讽刺作家启示录》（钮黑文，1989年），第378页。

73 详见罗伯特·平岩：《阿道夫·希特勒的生与死》（纽约，1973年），第85和88页。

74 该书本页这条注解以下两处内容在马尔巴克·卡塔罗格所著的《卡尔·克劳斯》一书中有同样的记述。

75 马萨伊（Masai），指居住在肯尼亚和坦桑尼亚的游牧狩猎民族。译者注

76 约翰·坦尼尔（John Tenniel，1820—1914），英国插图画家和讽刺画家，以为刘易斯·卡罗尔（Lewis Carroll）创作的《爱丽丝梦游仙境》（1865）和《镜中世界》（1871年）画插图而广为人知。译者注

77 卡尔·博施（Carl Bosch，1874—1940），德国工业化学家，因发明用高压化学法将氢和氮合成氨，与F. 柏吉斯共同获得1931年诺贝尔化学奖。译者注

78 赫尔格·克龙等：《赫斯特公司颜料生产史》，第52页。

79 同上，第61页。

80 同上，第54页。

81 理查·萨苏理：《法本化学工业集团》（纽约，1947年），第53页。

82 A. 克拉克：《装饰业中的煤焦油颜料》（伦敦，1922年），第5～6部分。

83 弗郎茨·容在其纪实小说《机器的征服》里对有关问题的讨论，是他的一篇论文的部分内容，该论文可参阅基思·弗利特和戴维·伦顿合编的题为《20世纪：一个战争与革命的世纪？》论文集第一版（伦敦，2000年），第33～53页。

84 关于弗郎茨·容参加这次暴动等更多细节可参阅他的自传：《在底层后面的路》（1961年）（汉堡，1988年）。

85 斯巴达克斯同盟（Spartakus-Bund），德国社会主义革命者组织，成立于1916年，1918年底改为德国共产党（German Communitst Party），1919年动员组织了柏林起义，被镇压。译者注

86 罗莎·卢森堡（Rosa Luxemburg，1870—1919），波兰裔德国社会民主党和第二国际左派领袖，德国共产党创始人之一，第一次世界大战期间反对战争，并与卡尔·李卜克内西（Karl Liebknecht，1871—1919）共同创立了德国斯巴达克斯同盟和德国共产党，两人1919年被杀害。译者注

87 共产国际（The Comintern），又称“Communist International”或第三国际（Third International），各国共产党的联合组织，1919年成立，初衷是促进国际世界和平，但被苏联控制。第二次世界大战期间，斯大林为消除盟国对共产党颠覆活动的疑虑，于1943年解散。译者注

88 特隆赫姆（Trondheim），挪威城市名称。译者注

89 彼得格勒（Petrograd），即俄罗斯今天的圣彼得堡（St. Petersburg），1914年至1924年期间称彼得格勒。译者注

90 季诺维也夫（Grigory Zinoviev，1883—1936），俄国政治人物，1917年十月革命期间列宁的重要伙伴，1919年至1926年任共产国际执行委员会主席。1936年被处决。译者注

91 哈雷（Halle），德国中东部一城市。译者注

92 卡普暴动（Kapp-Putsch），1920年德国发生的推翻刚成立的魏玛共和国的一次未遂政变。政变领导人卡普（W. Kapp，1858—1922）当时是德国国会反对派议员。译者注

93 详见赫尔格·克龙等：《赫斯特公司颜料生产史》，第64页。

94 莱茵兰地区（Rhineland area），德国莱茵河以西地区，面积约2．33万平方公里，科隆是主要城市，19世纪是德国最繁荣的地区，第一次世界大战之后，协约国军队占领了与法国接壤的部分区域，1936年后被纳粹德国军队重新占领。译者注

95 卡特尔是资本主义国家中的垄断组织形式之一，由生产同类产品的企业联合组成。1865年最早产生于德国。译者注

96 详见杰拉尔德·D. 费尔德曼：《大动乱：德国通货膨胀中的政治、经济和社会，1914—1924年》（牛津，1997年），第640页。

97 详见克利斯·哈曼：《失败的大革命：德国，1918—1923年》（伦敦，1982年），第229页。

98 详见博任娜·克罗伊：《1918年11月大革命中的德国自由作家的魅力》（威斯巴登，1991年），第135页。

99 详见弗郎茨·容：《机器的征服》（柏林，1923年），第172页。

100 引自乔治·马库斯：《生命及其灵魂》，参阅阿格尼丝·赫拉编辑出版的《对卢卡奇的再评价》（牛津，1983年），第24页。

101 德特勒夫·波伊克特：《魏玛共和国》（哈蒙斯沃斯，1993年），第62页。

102 详见A. 克拉克：《装饰业中的煤焦油颜料》（伦敦，1922年），第121～

122页。

103 列宁发表的这篇纪念文章登载在1921年11月6—7日《真理报》(第251号)。详见V. I. 列宁《文选》第33卷(莫斯科,1965年),第109~116页。

104 沃尔特·本杰明:《文集》第4卷,第2部分(法兰克福,1991年),第934页。

105 沃尔特·本杰明:《文选》第1卷:(1913—1926)》(剑桥,马萨诸塞,1996年),第481页。

106 魏玛的包豪斯设计院(Weimar Bauhaus),指1919年格罗皮乌斯在魏玛创立的建筑设计院。译者注

107 详见《包豪斯设计院五十年历程》,展览目录,参阅《皇家艺术学院》(伦敦,1968年),第118页。

108 厄普顿·辛克莱(Upton Sinclair,1878—1968),美国作家,以创作揭发黑幕的小说而闻名,主要作品有《屠场》《石油》《龙齿》等,其中《屠场》一书迫使美国政府通过《食品卫生检查法》。译者注

109 曼海姆市(Mannheim),德国西部城市,1607年建市区。现为德国重要工业中心,欧洲最大内陆港之一。译者注

110 引自卡罗琳·希勒:《新事实:表现主义之后的德国绘画艺术》,参阅埃伯哈德·罗特斯编辑出版的《现代车站》(科隆,1985年),第144页。

111 V. I. 列宁:《唯物主义和经验批判主义》(1908年)(北京,1972年),第110页。

112 乔治·卢卡奇:《对历史和阶级意识的辩护:尾巴主义及其辩证法》(伦敦,2000年),第124~125页。

113 同上,第126页。

114 同上,第130页。

115 同上,第131页。

116 赫尔格·克龙等:《赫斯特公司颜料生产史》转载了共产国际的这篇新闻稿,第71页。

117 卡尔·杜伊斯贝格的《前言》一文分别收录在《回声:德国出口项目》,序号25(1925年6月18日)和卡尔·杜伊斯贝格的《文稿、演讲和谈话录1923年—1933年》(柏林1933年)(再版),第15页。

118 卡尔·杜伊斯贝格在1925年6月24日德国工业大会上发表的演讲;这篇演讲稿收录在杜伊斯贝格的《文稿、演讲和谈话录1923—1933年》(柏林1933年)

（再版），第23~24页。

119 腓特烈大帝（Friedrich the Great），指腓特烈二世（1712—1786年），1740年至1786年为普鲁士国王。译者注

120 同注释117，第24页。

121 卡尔·杜伊斯贝格向1925年6月24日—25日德国工业大会提交的报告，这份报告收录在杜伊斯贝格的《文稿、演讲和谈话录1923—1933年》（柏林1933年）（再版），第31页。

122 亨利·福特（Henry Ford，1863—1942），美国著名实业家和汽车制造业先驱。1896年他制造出第一部实验汽车，1903年与几位伙伴组建福特汽车公司。作为第一位让大多数美国人拥有汽车的人，对美国产生了永久的影响。译者注

123 卡尔·杜伊斯贝格：《就杜塞尔多夫工商协会百年华诞致本拉特》（1931年6月23日），详见杜伊斯贝格的《文稿、演讲和谈话录1923—1933年》（柏林1933年）（再版），第134页。

124 保罗·冯·兴登堡（Paul von Hindenburg，1847—1934），德国陆军元帅、魏玛共和国第二任总统（1925—1934年），1933年任命希特勒为内阁总理。译者注

125 详见多尼·格卢克斯坦：《纳粹党人、资本主义和工人阶级》（伦敦，1999年），第46页。

126 详见赫尔格·克龙等：《赫斯特公司颜料生产史》，第48页。

127 对这座建筑物的描述，详见彼得·卡绍拉·施马尔：《顾客至上：从郊外城堡发展起来的法本工业股份公司对业主的影响》，参阅沃纳·迈斯纳等编辑出版的《珀尔齐希-鲍，法本化学工业公司与歌德大学》（法兰克福，1999年），第47~59页。

128 详见齐格弗里德·克拉考尔：《娱乐时尚》，参阅汤姆·莱文编辑出版的《大众装饰：魏玛文集》（剑桥，马萨诸塞，1995年），第324页。

129 齐格弗里德·克拉考尔：《文集》（法兰克福，1990年）第5卷，第1部分，第338~342页。

130 详见彼得·耶拉维奇：《柏林卡芭莱》（剑桥，马萨诸塞，1993年），第167页。

131 克拉考尔在1931年撰写的《女孩和克里斯》一文中对"时事讽刺剧"中舞台上的女孩的描述更为人们熟知，他在该文里描述道："在美国人工生产出来的女童玩具产品一个接着一个出口到了欧洲"。参阅克拉考尔：《文集》第5卷，

第2部分，第321页。

132 彼得·耶拉维奇：《柏林卡芭莱》（剑桥，马萨诸塞，1993年），第181页。

133 沃尔特·本杰明：《文集》第3卷（法兰克福，1991年），第227页。

134 恩斯特·布洛赫：《终身遗产》（法兰克福，1985年），第33~35页。

135 同上，第60页。

136 详见布洛赫：《人为的中间地带》，参阅恩斯特·布洛赫著的《终身遗产》第33页。

137 齐格弗里德·克拉考尔：《人造宝石的呼声》，参阅克拉考尔《文集》第5卷，第2部分，第206页。

138 齐格弗里德·克拉考尔：《文集》第5卷，第1部分，第338~339页。

139 同上，第300~308页。

140 同上，第303页。

141 齐格弗里德·克拉考尔：《文集》第5卷，第2部分，第200~201页。

142 齐格弗里德·克拉考尔：《摄影术》，参阅汤姆·莱文编辑出版的《大众装饰：魏玛文集》（剑桥，马萨诸塞，1995年），第47~63页。

143 齐格弗里德·克拉考尔：《娱乐时尚》，参阅汤姆·莱文编辑出版的《大众装饰：魏玛文集》（剑桥，马萨诸塞，1995年），第325页。

144 埃里克·门德尔松：《美国》（纽约，1993年），第54页。

145 同上，第52页。

146 参见《揭开"宇宙"的序幕》（1928年），参阅埃里克·门德尔松：《思想世界：建筑学、文化史和政治领域的佚名文章》，第109页。

147 同上，第110页。

148 齐格弗里德·克拉考尔：《带薪的人：魏玛德国的责任和消遣》（伦敦，1998年），第93页。

149 齐格弗里德·克拉考尔：《文集》第5卷，第1部分，第300页。

150 沃尔特·本杰明：《文选》第3卷，第227页。

151 威廉大帝（Kaiser Wilhelm，1859—1941），即威廉二世（Wilhelm II），1888年至1918年德国皇帝，威廉一世和维多利亚皇后的孙子。译者注

152 齐格弗里德·克拉考尔：《文集》第5卷，第2部分，第184~185页。

153 详见马修·卢基什和弗兰克·K·莫斯合著的《视觉科学》（伦敦，1937年）。该书配了一块纸质的清晰度测试板，可用于在不同的照明条件下测试物体的清晰度。作者将其称为"清晰度测试仪"。考虑到视觉效果及使用者的舒

适度，“清晰度测试仪”几个字是用黑体写在一块颜色逐渐加深的板上，同时根据光照度单位，即“英尺——烛光”将该板以网格形式均衡分割。

154 详见A·莱：《照明》（伦敦，1982年），也可参阅维贝·E. 贝哈克：《自行车、酚醛塑料和电灯泡：面向社会技术变化的一种理论》（剑桥，马萨诸塞，1997年）。

155 齐格弗里德·克拉考尔：克拉考尔《文集》第5卷，第1部分，第339页。

156 恩斯特·布洛赫：《终身遗产》（法兰克福，1985年），第217页。

157 齐格弗里德·克拉考尔，克拉考尔《文集》第5卷，第2部分，第332页。

158 同上，第334页。

159 齐格弗里德·克拉考尔：克拉考尔《文集》第5卷，第1部分，第308~312页。

160 同上，第296~300页。

161 同上，第296~297页。

162 同上，第298页。

163 同上，第299页。

164 同上，第305页。

165 齐格弗里德·克拉考尔：《旅行和舞蹈》，参阅《大众装饰》，第66页。

166 齐格弗里德·克拉考尔：克拉考尔《文集》第5卷，第1部分，第339页。

167 齐格弗里德·克拉考尔：《电影院》（法兰克福，1979年），第50页。

168 详见托马斯·Y. 莱文撰写的部分，参阅克拉考尔著的《大众装饰》，第7~8页。

Chapter 6

Nazi Rainbows

· 第六章　纳粹的彩虹

德意志帝国的综合企业

1933年2月20日夜晚，一幅直径达70米的拜耳公司商标在勒弗库森的法本公司的工厂上方点亮，巨大的“Bayer”标志呈十字状在夜空中闪烁。这是一幅世界当时最大的悬浮式电灯广告。[1]是日，德意志银行前总裁希亚马尔·沙赫特（Hjalmar Schacht）[2]邀请德国部分顶级的工业和银行家参加在赫尔曼·戈林（Hermann Göring）[3]家中召开的一个会议。此前，希特勒领导的国家社会主义工人党（NSDAP）[4]在1932年11月6日举行的选举中丢掉了国会中的部分席位，共产党的席位则有所增加。[5]但1933年1月30日，希特勒被任命为总理，成为联合政府的首脑，并宣布3月5日再次进行选举。考虑到这此大选的重要性并且“可能是最后一次选举”，[6]沙赫特希望通过这次家庭式会议筹集300万德国马克的竞选资金。代表法本公司出席这次会议的是格奥尔格·冯·施尼茨勒男爵，他是法本公司的一位重量级人物。在会上，他承诺捐助40万德国马克，这也是这次会议中最大的一笔捐款，相当于1600个熟练工人一个月的工资。会后不久，国会大厦被纵火焚毁，接着通过了一项紧急状态法，限制共产党人的一切活动并指控其为国会纵火案的罪魁。在随后举行的大选中，纳粹党大获全胜，赢得550万张选票，希特勒再次当选为总理。同时，一项赋予政府绝对权力的《授权法》[7]在国会获得通过。拜耳医药部曾给在美国的姊妹公司——温思罗普化学公司发了一份备忘录，概述了德国的经济和政治形势。该备忘录称：“德意志旧的国会制度在不同政治观念的交锋中已经寿终正寝，不得不让位于政治领袖的理念。”该备忘录继续写道：

在德国，共产党人和马克思主义者通过武装起义，正在将德国再一次带到万丈深渊的边缘，而国会大厦的这场大火发出了向他们宣战的信号。通过铁拳般的一系列强力手段，大地被清扫干净，人民被赐予了和平。[8]

勒弗库森工厂上的拜耳十字形商标，选自法本公司的《我们的劳动果实》。

1933年3月20日，在达豪[9]的第一座（纳粹）集中营正式开张。卡尔·博施为建造这样一座用以收容“堕落无业青年”的集中营感到高兴，认为集中营能将其改造成为“为自己的工作感到骄傲”[10]的幸福之人。

法本公司与纳粹党的关系向有嫌隙。1931年，希特勒对那些管理层中被认为有大量犹太人的企业进行了抨击，法本公司也在之列并成为漫画嘲弄的对象，甚至被用犹太人的套路加以拟人化，称为伊西多尔·G. 法本或I. G. 莫洛奇。[11][12]纳粹掌权后，由于德国企业用动物做药物试验以及德国各地仍有大量的犹太科学家，国内形势变得紧张起来，前者已被纳粹宣布违法，而后者则更令希特勒暴跳如雷。犹太科学家立即从整个第三帝国被清除出去，像弗里茨·哈伯，这样一位享有很高名望并且已经皈依基督教的犹太人也在1933年被迫辞去了柏林大学教授的职务。法本公司参加了与纳粹领导层关于国家社会主义经济纲领的讨论。通过私下交流、举行沙龙和会议等方式，一项为纳粹政权制定的资本主义纲领出炉了，这是一项被资方和国家都能接受

这是位于德国中部城市哈雷的一座发电厂，选自一本1933年的插画图书《111幅航拍照片中的德国大地》。

的纲领。该纲领考虑到了20世纪30年代前期经济危机中世界贸易体系的崩溃，为那些重要经济部门，即“比较重要的经济领域”制定了发展规划。在这些领域中，德国工业能够实现自给自足。而重整军备则保障了未来版图的扩张计划，欧洲大地向德国工业敞开大门并接受德国的军事保护。

1936年8月，希特勒就发展经济的四年计划发表了讲话。在讲话中，他分析了欧洲反对布尔什维克主义的仅有德国和意大利两个国家的原因：他认为，欧洲的其他国家，要么因其自身的民主生活方式而堕落，或受到马克思主义毒害而行将土崩瓦解，要么受独裁政府统治，军事成为其仅有的力量。这些国家中没有一个能够向苏联开战。他强调，为了与苏俄开战，德国应该重整军备，在政治上进行动员并将民众武装起来。为此，德国需要拓展生存空间，增加原材料供应，筑牢人民的营养基础；德国军队应为四年后的战争做好准备。[13]德国的经济政策为备战进行了重新定位，而一旦领土被征服，企业家们便可憧憬即将落入怀中的战利品、市场、利润以及劳动力。[14]国家与资方联手，势力强大，其力移山，可改天换地并影响似乎永恒不变的自然本身。

第一次世界大战时期，由于氮从大气中得以提取加工，空气竟然成了炸药的一种原料。在那次战争中，自然条件令德国的战争努力最终归于失败，科学被迫转向自然替代品的研究。没有橡胶，就没有轮胎、绝缘材料、飞艇纺布、橡胶软管以及引擎密封材料等，而这些都是畜力时代之后的机械时代制造工业、航海、海军和空军装备的必需品。巴斯夫公司曾于1917年试图利用碳氢化合物分子技术满足这些需求，但生产出来的橡胶质量很差，硬邦邦的。这一时期，将煤炭转化为橡胶以及燃油的探索从未停歇。[15]正是这种共同的愿望，使希特勒与法本公司走得更近，博施与法本公司的化学家们着手研究决解橡胶问题，因为橡胶对战争至关重要，而德国没有殖民地，也就没有橡胶的其他来源。德国大量的廉价煤炭，将通过氢化作用被转化为润滑油以及汽车、坦克和飞机使用的燃油。希特勒给这项重要工作增加了研究经费。合成硝酸盐、油品以及橡胶是德国“独立”的象征，通过煤炭、石油、空气以及电力，可以制造出上千种合成材料和纺织品。法本公司的许多工厂开足马力，大批量生产，创造出了一个可与自然界媲美的原料世界。

服务于大众的染色业

1937年，法本公司被纳粹化。在公司管理委员会中，凡是非国家社会主义工人党党员的成员都完成了“入党登记”，犹太裔董事被董事会统统扫地出门。第二年，法本公司印制了一本《我们的劳动果实》的公司宣传册，全面展示了法本公司生产的最新产品。这本书用法本公司的最新产品印制，装帧新潮奢华，封面是来自佩洛罗的阿克发公司生产的赛璐珞材质，书中包含了各种新产品模型的彩色印刷图片及黑白照片。书的第一页展示了一幅色彩鲜艳的场景。在画面显著位置，一面带有白圈黑色的“卍”符的红色大旗，在位于法兰克福法本公司现代化的行政大楼前高高飘扬，正门上方的花环、旗帜和“卍”符点缀着珀尔齐希那未经装饰的实用主义建筑。《我们的劳动果实》开篇部分的标题是“十二万五千分之一”，内容包括一幅画，画面上的工人站在浓烟滚滚的烟囱前。这一天是5月1日。自1933年起，劳动节被赋予了新的内涵，以颂扬纪律严明的劳动者。

全体从事生产的德国人民，我们欢庆的一天到来了：5月1日！4月的阵雨和迟来的暴风雪已成为回忆。到处飘扬着旗帜的城市，在春天温暖的阳光中醒来。阶级斗争和民族仇恨的岁月发生在世界别的什么地方；而在这里，今天是全国劳动、秩序和团结的节日。[16]

书中前几页详尽记述的是这家与纳粹关系友好的公司的发展历史，以及新的化学物质进入人们日常生活方方面面那些令人难以忘怀的场景。一名工人，作为十二万五千分子中的一员分享了他的观感。他讲述了如何坐在公司建筑中凝视周围邻里的屋子。此时，法本公司执行董事的话语在他脑海中回荡，他开始思考法本公司究竟是什么，与其有何千丝万缕的关联。他意识到自己与法本公司远不止是职业上的关联：生活的每一步、每一处，公司都陪伴着他、他的家人、他的朋友以及全体德国人。他审视着屋里的一切——哪些是法本公司的产品？哪些不是？窗帘与刚买时一样鲜艳夺目，熠熠生辉，因为它使用了法本公司的合成染料。花园中的妻子坐在桌旁享用着咖啡。她的胶丝连衣裙、围裙以及人造丝绸桌布，都还像刚送给她时那样鲜艳。淡蓝色的陶罐、奶酪碟儿、孩子的奶瓶，都由法本公司的脲醛树脂塑料制造而成。收音机里正在播放着进行曲，收音机的外壳是法本公司生产的合成树脂。墙上的一些照片是用廉价的阿克发盒式相机拍摄的，这也是来自法本公司。而房间墙壁的油漆同样是法本公司的产品。这个工人讲述着他儿子得的一种病，以及儿子如何在法本公司下属机构得到治疗，药箱内治疗头疼的药片是法本公司下属企业拜耳公司制造的。一只飞蛾飞过，他用法本公司的杀虫喷剂将其杀死。火柴头上的红色颜料及其中的化学物质，全都来自法本公司。香烟的玻璃纸（cellophane）[17]包装是由法本公司制造的，烟灰缸则由法本公司生产的一种轻质金属制成。浴室中充斥着法本公司的产品：漱口水、牙膏、牙刷把、纤维胶海绵、防晒霜、各种药品、阴丹士林染色的毛巾和浴袍，甚至香皂的粉红色也是一种法本公司生产的染料。一架飞机飞过，飞机机身和发动机由法本公司开发制造，汽油也是该公司生产的，由德国煤炭转化而成。这个工人的妻子招呼他到花园来，想让他品尝咖啡。通往花园的小路上，他看见了一些腐殖质球，一种法本公司生产的化肥，他告诉我们，那是“为德国农业的独立而奋斗”的一部分。走廊里，到处挂着经染色处理且能防水的合成衣物，而这一切都得归功于法本公司。这里还有他母亲的蓝宝石，由法本公司的一家工厂制造，而他手表里的红宝石同样来自法本公司，人造宝石确保了手表一直稳定的运行，这个时间因此永远是精准的法本公司时间。[18]

所有这一切该如何解读？表面上看，它或许是在赞美现代化学工业的力量，或是在赞美工业界偏执的观念，用仿制和替代品打造一个垄断的极权世界，这个世界用其利爪控制着每一个人，从摇篮到坟墓，从个体的诞生到集体的死亡，有谁能逃脱这利爪？这本书及其他数不胜数的书籍中对化学工业的赞歌，并没有提及令人窒息的监禁式的工作环境和那些屈辱蒙羞的死亡，而是宣扬生活的改善、拓展和便利。这是20世纪广为人知的科学故事，但由于德国挖空心思想去复制稀缺的自然资源，因此，它对德国有着特殊的吸引力。这一时期德国流行的大众科学用语，或多或少与第三帝国的政治走向有直接关联。《我们的劳动果实》有一章标题为“色彩帝国”，开头引用了歌德《浮士德》中的“生活存在于色彩缤纷的映射之中”。[19]这位佚名作者认为，没有色彩的生活不可想象，色彩等同于精彩的生活。色彩充斥在缤纷的植物世界和动物世界之中，显现在彩虹里的“神奇桥”上，记述于“大自然姹紫嫣红的童话世界里”。在人类世界中，色彩迅速地附属在个人和民族的命运之上。这段文字暗示了将身体种族化，而这一点正是纳粹世界观的核心：“长久以来诗人们和恋人们一直传唱，皮肤、头发和眼睛的颜色对个体生活具有决定命运的重要性，对全体人民而言同样如此。”[20]

这就是纳粹扭曲的审美观。在这种观念下，一个人的特质、皮肤或眼睛的颜色都会转化成为一个具有共性的样本，种群、类型、基因的样本。

一切的存在都不是为了自身而只是用来分类。实验室研制出来的色彩与其他替代品创造出了控制自然和人类命运的新方式。合成时代的到来意味着德国在经济上的独立以及与外国人的分道扬镳。《我们的劳动果实》明确指出煤炭的重要性，因为用它可以创造出一个与自然媲美的合成世界。煤炭矿藏，闪烁着黑色光芒，将远古世界的生命及其全部色彩深锁其中。煤炭是最主要的原料，用它可以制造出以碳为基础的自然界各种替代品。煤炭是一切的基础。阴丹士林染料的开发在色彩王国中是一个最成功的故事。这种永恒的着色，历久弥新，看起来几乎成了第三帝国自身的统一者。一系列图像对比显示，阴丹士林与假冒染料相比，其着色具有持久性，而那些冒牌货洗过几次后即色彩褪尽。尽管纳粹在意识形态上强调人类存在的基础是“纯粹”，是真实，但在科学方面却能充分接纳人造和仿冒。当时，在科技方面存在这样一个压倒性的观念，将乌托邦转化为一个非人类的王国，在这个国度里，目标和政治制度相同，彼此亘古不变、不容置疑、坚不可摧。

《我们的劳动果实》是第三帝国举行的一系列关于化学合成科技史庆祝活动的一部分。在这些活动中，还有人撰写了在化学奋进的征程上民族主义者、有时甚至是种族主义者的历史。1937年，《宇宙文集》系列[21]刊登了巴尔特·冯·韦雷纳尔普的《来自煤炭的色彩》。这部关于煤焦油染料的小小入门读物，讲述了“为色彩而战”的故事。冯·韦雷纳尔普在书中提到了巴斯夫公司合成靛蓝一事。

> 1906年，染料商们清醒地认识到，即使是大自然恩赐的最重要的染料，现在也已经可有可无了。化学战胜了自然而成为染料制造者，人造色彩主宰着世界。[22]

根据冯·韦雷纳尔普的说法，这是由德国人的工厂制造的德国人的色彩，只有在德国，商人决定不了什么事情。[23]他写道，“德国人十分幸运拥有如此丰富的合成色彩”。这一技术方面的领先，让德国的女人们受益匪浅，她们不必要像美国女人那样，由于没有染料，不得不花费大把时间用于搓洗白色衣衫。冯・韦雷纳尔普语言充满火药味，深陷一个致命的逻辑中：“在德国同一个实验室里的两位化学家，都试图给予最重要的自然染料茜草以致命一击，这其中究竟意味着什么？”[24]

的确，“对任何一位化学家来说，宣布向茜草这种自然的色彩材料开战，都是一件令人非常愉快的事情”。[25]为什么对茜草开战曾经如此重要？冯・韦雷纳尔普认为那是因为这种色彩[26]的特殊性。

> 红色对所有人来说是生命之色、爱情之色和激情之色。红色是两种生命元素的色彩：太阳的温暖与火的炽热。在人类的早期生活中，红色曾经是婚庆服饰的色彩，中国至今保留着这样的传统。另外一方面，红色又是最充满矛盾的色彩，它象征王权的威严和革命的鲜血。红色意味着战争、怒火、杀戮，但在“红”十字标志下，它又代表着救死扶伤的大爱和情同手足的亲情。并且在我们使用的日历中，节庆日都印成红色。[27]

冯・韦雷纳尔普一定知晓另一种矛盾是，红色曾经是共产主义革命旗帜的颜色，现在却是血腥反击大旗的色彩。在意识形态上，红色为竞争对抗而生，在这个意义上，红色是斗争之色。冯・韦雷纳尔普欣喜地写道，德国化学染料使法国茜草工业迅速土崩瓦解。直至第一次世界大战开始，法国军队士兵的裤子，全部是由德国人造茜草漂染的。在冯・韦雷纳尔普的再现叙述中，对独立的追求远远超出了国家的范畴。“德国致力于在国际上的全方位独立，德国对独立的追求不仅仅局限于政治和经济领域，而正努力摆脱对自然的依赖！”[28]

这样的独立有赖于各个工厂间的协同努力。卡尔・杜伊斯贝格被誉为英雄人物，是他引入了他在美国见识的托拉斯架构。这样的组织形式，消除了内部竞争，并且将企业像强大的国家集团一样统一起来。书的最后用一张图表说明，经过第一次世界大战的挫折，到1935年，德国染料凭借其巨大的出口额，再次征服了全球市场。

沃尔特·格赖林的《化学征服世界》一书1938年问世，并于1943年及第二次世界大战后再版重印。这本书用民族主义的惯用语言讲述了科学史。在描写到当时正在一个英国实验室工作的奥古斯特·冯·霍夫曼时，格赖林写道："他心中的德国觉醒了，他决定要系统地开展工作。"[29]这也促使他必须回到德国。一双双为生产煤焦油染料而忙碌的手，在英国几乎找不到："在这里，年轻人太过游手好闲。英国骄傲自满，她无法激励自己迈向新的目标。"[30]这里，人们以技术迷信的方式看待技术进步。这一点，在书的首页对吕布兰（Leblanc）[31]从岩盐中提取苏打的段落里可以悟得出来。这一发现对于世界的影响，被描绘成比法国大革命引领的政治变革对世界的改变大得多，后者充其量不过是人类历史上喧闹的一段插曲而已。[32]格赖林关于现代化学的观点，与各种各样的政治和经济形态交织在一起。他写道，自由市场经济将终结于科技新时代。各个强国投身于市场经济之中，以国家集团的形式进行贸易往来。[33]这是替代化学的成功背景。格赖林对这样一个并驾齐驱的人造世界大加赞扬，因为所有天然物质中的杂质都被清除，从而变成更为高贵的物质。在窑炉和高压容器中，化学反应重复着地核内部昔日的自然运动。在植物和动物身上所做的化学反应模拟实验，结果令人振奋，因为该模拟实验是在有意识的选择后进行的。格赖林的叙述读起来像是为一个替代品时代而做的特殊辩护。[34]从前的一些奢侈品，如宝石、丝绸、象牙、贝母以及精细染料，现在可以合成制造出来，而且与其自然界的同伴难分彼此。因此，这些奢侈品以仿制品的方式走入了寻常百姓家。[35]科技创造出了一种新的人类——科技人类。[36]这种科技人类陷入世界商业活动之中，从某种意义上说，他们与自然隔绝，并且很难去思考生活更为宽广的寓意。这赋予了这位化学家新的角色，他分析观察，他理解大自然，因为他能将其复制。他最接近“生命的秘密，更紧密地同大自然拥抱在一起。”[37]当一种物质突然出现在眼前的一瞬间，世界的奇妙和秘密展露无遗。格赖林简要描述了这些时刻：有时，在玻璃蒸馏瓶中，一种合剂突然升腾而起，色彩斑斓；有时，在清澈的液体中，一种晶体在你眼前默默长成；还有时，各种无形的气体神奇地变成了盐类。在这些时刻，当生死的界限被跨越时，其给与我们的震撼宛如一个新的生命刚诞生的瞬间所带来的震撼。这些发明创造正在生成大自然从未存在的物质。既不畏惧死亡也不畏惧恶魔的新型人种——“北欧日耳曼人”，他们能辨识大自然的明细法则，并将其奥秘转化为易于理解的教义。化学家对科学的掌控是顶级的，他所做的看上去就是施展魔力。这种科学的修辞既系统严谨又具有魔力。“祭司的魔杖”变成为了征服者的工具，为那些最需要的人所使用，即为那些没有生活空间的人所使用。每一项化学上的突破，都是对曾经被封存的秘密的征服。无论是谁，只要在这场发现战争中取得胜利，他就将成为“未来最伟大的征服者”。[38]

1936年，卡尔·阿洛伊斯·施金格尔出版了《苯胺》一书。在书中，这位纳粹的拥趸运用小说的手法将德国化学工业发展的历程娓娓道出。这本书一上架即很火爆。施金格尔的职业是医生，但20年代就开始写小说，其中最具代表性的是《少年征服者希特勒》，该书1933年还被改编成一部宣传影片。在书中，这位少年在德国一片古老的森林里，第一次与纳粹运动邂逅。夜幕之下，他看见远处熊熊燃烧的火焰。那里正在举行一个希特勒式的青年营庆典仪式，成百上千名青年，身着统一装束，佩戴着参差不齐的标志，湮没在红色的旗帜之中。这个男孩抑制不住内心的冲动加入了这个阵营。这就是德国的土地、德国的森林，他们就是德国的未来一代。这片德国森林也是煤炭将要被发现的地方，而从煤炭中可以制造出煤焦油和苯胺。从1936年至1953年，《苯胺》一书不断加印，读书俱乐部版[39]的这本书销售超过175万册。[40]该书的各个章节，分别记录了化学工业发展的不同阶段，除靛青外，所有阶段的成果均源自煤炭，其中包括照明用气、煤焦油、苯胺、苯以及合成靛青。最后一章是对奎宁替代物——阿的平的详细介绍。在《苯胺》中，施金格尔借弗里德里布·费迪南德·伦格来赞扬隐藏在浪漫术语中的纳粹科学哲学。大自然展现出来的是生命的整体，并与纯净心灵相伴。伦格以悲剧人物的形象出现，因为当时他并没有被当回事儿，以至于英国的珀金发现珀金紫后的大肆宣传迟滞了德国在化学领域成为霸主的步伐，德国的荣耀因此黯然失色。[41]

在贝托尔德·安夫特1937年所著的《F. F. 伦格传记》[42]中，伦格同样被作为德国民族主义者加以颂扬，安夫特说道：

> 伦格是个正派的德国人，他痛恨外国的一切。在这方面，从伦格在费罗茨瓦夫（Breslau）[43]期间的研究就能感受到。在伦格当时撰写《植物学材料》（1820年）的首篇论文中，他用了整整一章来论述有关“命名法”的问题。当时命名法已经揉进了化学语言，他努力用简明的德语术语将其替代。[44]

安夫特指出，1857年，伦格在其自费出版的《伦格所剔除掉的德语毒素》中又回到了这一主题。安夫特将伦格在开明的资本主义新时代对大众化的追求，比作一个民族主义者的热情。安夫特说：

> 伦格的文学作品充满了“为普通读者而写作，为方便大众阅读而努力”。的确，这种思想当时只被少数人理解是在情理当中的。之后，大约经历了七十五年，这位纯正德国人的尝试才成为全民族的共同遗产。[45]

安夫特接着写道，如同普鲁士政府收购伦格曾从事研究的化工厂是为了促进生产和摆脱对国外的依赖一样，[46]伦格也将其最终的努力投入到鸟粪的合成上来，他要制造出德国人的人造鸟粪。这样，德国就无求于其他国家。伦格对物质固有特性的执着，被曲解为第三帝国大肆宣传的国家沙文主义。这种对科研成就的吹捧，是基于对国家的热爱，沃尔特·本杰明1936年在其所著的《德国好人》中的言论截然相反。《德国好人》是一部书信选集，每封信的介绍都由本杰明撰写并使用了德特勒夫·霍尔茨这个笔名。本杰明希望让读者感受到德国进步资产阶级文学和科学传统，这一传统已为法西斯主义所遮掩。本杰明写道："1870年，李比希在巴伐利亚科学院的一次演讲中，公开表示反对国家沙文主义。科学属于全人类，最为进步的德国人离开了德国，去寻求在更加民主的环境中从事研究。"[47]本杰明在其1939年发表的一篇关于德国人在1789年的论文中，再次重申了这一主张。1940年，他提到李比希将巴黎视为世界公民的大都会。[48]

相反，通俗科学读物则鼓吹德国科学研究的胜利、"技术人种"的崛起以及魔幻科学家的强大力量。这些读物的作者们有充分的理由这样做，因为德国的发明广受赞扬。1937年，法本公司获得了巴黎世界博览会的金奖。其中特别值得一提的产品包括：阿克发彩色胶圈，合成丁钠橡胶，磺胺类杀虫剂，铝镁轻金属合金，阴丹士林染料，药品百浪多息[49]以及纺织用的人造纤维粘胶丝。凯勒公司的"赛璐玢丝绒"[50]获得了银奖。合成物的世界被广为传颂，各种合成物以首字母缩写词所取的名称，标志着进步和光明的未来。人们可以从这些名称的咒语般音节里不时地发现隐藏其间的意识形态和方针政策的蛛丝马迹。粘胶丝（Vistra）就是其中之一。它于1920年发明问世，名称直译"缠绕着过去和未来"，由Vis 和Tra组成。[51]"Vis"取自发明粘胶丝的公司——科隆-罗特韦尔股份公司的电报地址——"Sivispacem"，而该词又出自拉丁语中的成语"想要得到和平，就要准备战争"。在该词中，"Tra"作为后缀又取自"Astra"，这是一家合伙企业阿尔弗雷德·诺贝尔公司的电报地址。"Astra"源自成语"Per aspera ad astra"，意思是"历经磨难，抵达星群"。这句话在

《我们的劳动果实》一书中脱颖而出，因为它又与纳粹的竞选口号“穿越黑夜，抵达光明”[52]相契合。粘胶丝还有更多的意思要表达，它表示摆脱了对外国的依赖，因为德国现在有了纤维素纤维的来源，不再需要从国外进口羊毛和棉花。粘胶丝的价格迅速下降，库普拉马铜铵短纤维、阿策塔醋酯长丝纤维和拉努扎等其他人造丝相继诞生。1936年，汉斯·多米尼克（Hans Dominik）写了一本关于粘胶丝的书，书中将粘胶丝称为“白色合金”。[53]在沃尔芬，法本公司建起了世界上最大的人造丝工厂，其生产的纤维从德国的山毛榉中抽出。

通过仿制与合成，德国恢复了自信。德国的煤炭和德国的木材，这些

在1937年举行的“勤劳的人民”展览会上，纳粹分子在视察粘胶丝。选自法本公司《我们的劳动果实》（1938年）。

原始物质，能够令这个国家焕然一新。

赛璐玢是纤维素所制造的众多奇迹中的又一个。《我们的劳动果实》为这种材料准备了特别的颂词：

> 它千变万化，出现在我们的家中。既可用在这儿，又可用在那儿。无论我们身处何方，在国内还是在国外的旅行中都能看到它的身影。它比任何别的东西更能激发人们的想象力，有时实用且中庸，有时高贵且不可冒犯。[54]

这就是赛璐玢，“它是一种像玻璃一样透明但不是玻璃的物质，薄如晶片却非常坚韧”。[55]赛璐玢似乎具有某种超道德的品质，让消费者能先看到所要购买的物品，用顾客新的信任方式来支持这些商品。对物品来说，赛璐玢兼具包装、保护、保存等功能，同时还一目了然。它还能制造出各种发光、含金属性的条带，称作“胶膜金属”，用在皮带以及美丽的德国女人的发饰上。它可以用来制作可复制文件和家用电影胶片。它甚至可以替代德国香肠的肠衣。[56]赛璐玢可以进入德国人的体内，因为它比自然物质更卫生。

替代品之国

第二次世界大战开始后不久，德国对自然物质替代品的制造技术已完全成熟。在同盟国看来，这也是德国政权饱受质疑的创造力和非法性的证明。20世纪40年代初，奥拉夫·尼森所著《德国：替代品之国》一书在英国出版。这本书是战争的宣传工具，也是纳粹德国高效、荒谬、邪恶科学发现的一览表。[57]尼森记述了纳粹科学家和普通民众正在自己家中以工

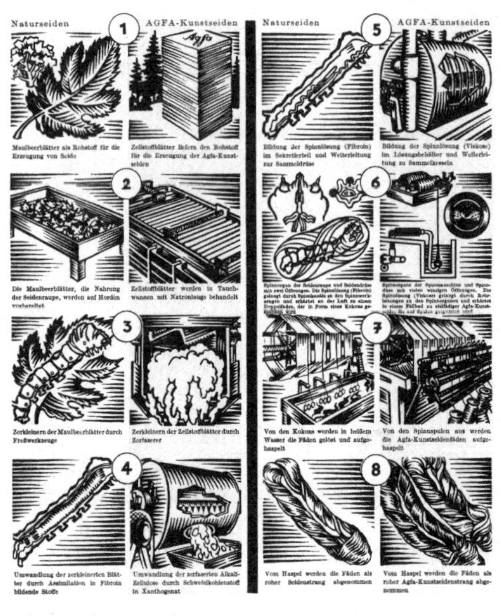

天然丝绸的生产以及阿克发公司的人造丝。选自《我们的劳动果实》。

业化生产的方式仿制各种物品：用鱼鳞垢为纳粹潜艇艇员制造防水材料；用废物残渣制成隔音砖；将老旧亚麻衣领蒸煮后加工为稀有糖料，以提高果酱的甜度；用合成可卡因替代由于战争而难以得到的爪哇产品；用锯屑制作面包；用马铃薯或西红柿垃圾制造肥皂；用甜菜制造黏合剂；为了军队与俄国作战时能抵御严寒，制造含苯的喷剂，以提高军人皮毛大衣的保暖性能；用纸张制造可折叠救生艇。还用一些奇特的原料，如海豚尸体制造皮革。为弥补国内日益减少的资源，纳粹德国可谓无所不用其极。这本书的护封上透露出德国在科学技术方面玩的小聪明，以及想方设法去加以查证所面临的种种危险。

德国在发明创造以及生产制造代用品方面可谓煞费苦心，但凡由于战争而严重短缺的物品，从糖到纸、从橡胶到咖啡都用替代品。凡此种种，尼森都作了详细介绍。但当他进一步询及有关代用品的科学细节等问题时，他的生命受到了盖世太保的威胁。[58]

纳粹德国是“替代品之国”，仿制和发明成为必需。这本书的宣传目标，摇摆于对纳粹在各种稀奇古怪做法的批评与对其发明创造精神的赞许之间。这种发明创造精神受到设在军队中每一个排的“建议箱”的激励，而士兵们显然是为得到提拔，而踊跃献计献策。这本书旨在展示“纳粹平均创造力”乘以一个国家。[59]尼森列举了250多项极为可怕的做法和发明，它们支撑战争、弥补短缺、仿制器物并且预判着战后纳粹未来的形态。尽管尼森并不情愿认为“以民主的标准判断，所有这些简要描述的想法都十分可行”，但英国人需要效法这种创造力。书的引言揭示了这一造假艺术所达到的程度：

假如你在某个餐厅用餐，你的牛排有可能是由煤炭细胞做成的，这也是德国科学家的功劳。此外，你的衣饰几乎都是替代品，与纯毛或纯棉不会有丝毫瓜葛，它更有可能是以曾经被认为毫无价值的动物或植物残渣为原料制成的。几乎所有的一切都有其替代物，如果你够明智，那么你在购物时就会抱定“无需提问——亦不必回答”[60]的预想。

纳粹德国是一个欺骗的国度，而民众也对这伪善的表象心照不宣。德国人民似乎也成为了代用品人类，对“煤炭和其他废物，如铁锈、纽扣碎屑、麦秆、啤酒厂及酿酒厂废渣”转化成的人类食物，从不怀疑，而且甘愿受其滋养：

一位德国科学家，从煤炭中看到大量宝贵的食物，以烟雾的形式从每家每户的烟囱中升起，而这些房子的住户很可能正处在饥饿的边缘。

通过秘密配方和加工程序，这名专家用煤炭制造出了一种人造蛋白质，包含牛排所有必备的成分，以可以向身体中的肌肉和组织提供营养，甚至还能滋养大脑。[61]

从煤炭或啤酒厂废渣、铁锈中生产出来的人造肉释放出甲醛，从中可以提取出糖类；从废纽扣和麦秆中生产出的面粉可以作为食物，而这些食物的营养价值有时超过了正常食物。尼森还提到，“饱受同盟国空袭之苦的德国人，正在吃下向他们提供的火药，以磨练他们的意志”。[62]火药被混入肉汁里或作为“耐力”药片服下，人体摄入火药后应该可以增加身体抵抗炸弹爆炸所造成的伤害。已知自然界的界限正在被打破。尼森还记述了“纳粹专家”提出的一个设想，即未来的某些食物，将通过使用紫外线，从大气中而不是从土地上获取。这样，犁耕、播种以及收割就都可以省却。[63]这种紫外线可以使人造丝的使用寿命增加两倍。[64]这个替代世界比起旧世界要好得多，在旧世界中的自然界已经变的凶险恶毒。例如，花的气味可能令飞行员分散注意力。[65]或许大自然自身需要进化，如德国蜜蜂，“用无线电波加以刺激以增加蜂蜜的产量”。[66]迫于增加蜜蜂的产蜜量，政府鼓励德国的养蜂人使用无线电波安抚蜂群。[67]这是一个任何事情都受到规制的国度。蜜蜂在进入蜂房前，必须在合成橡胶“擦鞋垫”上擦拭它们的“脚”，以免带入传染病。[68]为了节省人造燃料，纳粹专家还曾颁布了一项守则，要求家庭主妇使用浅色涂料装饰家中墙壁，以减少对热能的吸收。[69]然而德国的科学研究还创造了更加伟大的奇迹。这项成就太神奇了，能够进入“过去”。尼森记述了照相机在破解谋杀案中的新用途：

由于德国士兵在欧洲被占领土上被“神秘”杀害事件不断发生，德国开始尝试一项新奇的计划。该计划包括拍摄死者的眼睛，用于案件的侦破。如果成功，它将使警察目前广为使用的破案方式发生革命性的变化。

据纳粹专家的说法，眼睛与照相机惊人地相似。假设在被害士兵眼睛的视网膜中能够发现一幅图像，在侦破谋杀案时，这样的图像可能有助于辨认凶手。

然而，德国专家在这点上存在分歧。嘲笑这一想法的专家认为，一幅画面在视网膜上留下持久的影像需要一定的时间，因此拍摄到这样图像的难度相当大。为了支持这种观点，曾把一位因故被判斩首，上了断头台的人眼睛蒙上，让他在铡刀落下前盯住某个物体，显微镜对他双眼的观测，显示出了该物体的倒影，但是非常模糊。

新“线索”的支持者则相信，用高倍数的摄影手段拍摄出这样的一幅影像一定能够派上用场。绝大多数普通民众也能因此远离了犯罪。[70]

纳粹的科研发出了恶毒的咒语，它不只是着眼于有用物质的代用品或控制自然和民众，它还对时间施以魔法，观测到了过去。然而它还能够成功地伪造过去：仿冒德国历史上的战争纪念品，其方法是，使火鸡吞下硬币、勋章和小纪念物等，火鸡胃液会使这些东西很快锈蚀，并且在其表面形成一层铜绿。火鸡胃中的石子使这些东西迅速磨损，不到一个月的时间就生产出了赝品。[71]此外，纳粹的科研延长了纸币的使用寿命，方式是对其进行防水处理，同时还对战后的纸币进行了研究。使用经过化学处理的烟草废料制造的这种纸币更加耐用、抗菌并且能够水洗。[72]而这些作法是必要的，因为德国的钱币绝不能遭受污染。[73]但是尼森警告道，任何种类的纸币，都不可能在战后纳粹新世界秩序中扮演主要角色。贸易用的货币供应短缺，宝石，特别是假宝石，是一种不错的替代物。纳粹科学家用铝粉和氧化钴，仿冒成了蓝宝石。铝是合成红宝石、翡翠、紫水晶以及黄玉的基质。为此，他透露：“德国人打算在战后对其进行开发，以替代黄金作为贸易支付手段。”[74]钻石里的斑点通过高温漂洗予以去除，而珍珠则在过期牛奶和奶酪残渣中翻新。[75]假宝石和无光泽的贵重宝石用丝兰草处理后，发出仿冒的光泽。

> 据说这些仿冒的石头每天都能卖出高价，一些德国士兵突然发现他们一夜暴富。至于此种“聚合”能否真正持久，却没有人提及。或许它本性就不长，而买家很可能损失惨重。[76]

不管怎样，“纳粹专家通过为那些心存疑虑的人鉴定贵重宝石而大赚特赚”，并发明了鉴定红宝石真假的“三通道检测法”。[77]他们既是造假者又是裁判者，纳粹掌控了物质世界。然而尽管对大自然的征服都是单向的，尼森却写到了一项似乎处于浪漫构想阶段的德国科技。这项科技涉及人类及其客体，即人与物之间所有权的交换。宝石正是阐释这种浪漫构想的理想之物：

> 一个新的行业在德国出现，即翻修由于空袭而“晕厥”以致出现质变的“被袭”钻石。
>
> 这个纳粹专家说，当一颗钻石“晕厥”而出现色污状况，可能是由于其主人或穿戴者“受到惊吓”。受惊吓会反映在钻石的色泽上，通常会使其失去光彩，并呈现出品相较差的廉价钻石才有的浑浊度。
>
> 为了解决这个问题，纳粹专家首先用纯正的古龙水擦拭钻石，然后，当钻石还是湿的时候，将其放入装有细锯末橡胶衬里的容器或摇动器中，用机械方式不停地转动，直到其光泽和色彩恢复到正常水平。程序的最后是用经特殊处理的麂皮抛光。这种处理的花费从一百德国马克到一千德国马克不等，根据钻石毁损的程度，差不多要用整整三个月时间才能完成。[79]

还有一个例子，在“空战使钻石‘暗淡’”的标题下，似乎在暗示人类最早的雕琢宝石原型很可能替代了人类的潜意识。宝石或许就是创伤标记自己的一种物质，用以屏蔽人类的记忆。尼森写道，自从盟军加大对德国的空袭力度后，被损坏的钻石越来越多："主要是由于穿戴者受到惊吓，钻石变得'暗淡'。"[79]尼森没有解释这种惊吓如何被传递，然而他却提到了源自爆炸的"惊吓"。[80]这种创伤，不论是直接遭受还是传递所致，会像记忆中的不幸，即使过去了多年，仍会突然袭来。

> 钻石，特别是战区的钻石，经常遭受轰炸。经检验，这些轰炸似乎并没有对钻石造成损伤。但是有人指出，钻石一旦遭到"惊吓"，其缺陷不知会在什么时候就显现出来。当这种状况发生时，虽然钻石的主人对这种变化感到十分惊讶，但却从不怀疑这一切是那些过去了很久、几被遗忘的轰炸所赐。[81]

这是一张忘掉或抚平原始创伤的图片。这是对过去曾经发生的瞬间的回忆，这是暴行出现后一片狼藉的瞬间。但是这种回忆过去的可能性被限定在没有生命的物体内，不会出现在人类的意识中。这对于优等种族而言是再好不过的了。

物质与征服

1938年《我们的劳动果实》手册以一个工人的反应为开篇。这个工人讲述了法本公司产品渗入其住房每个角落的一些感受，而这所住房也是法本公司提供的。合成染料像刚刚购买时一样鲜亮：他妻子的套装、围裙、人造丝桌布、淡蓝色陶瓷、奶酪碟、孩子用的大口杯——这一切都是化学的奇迹，化学迟滞着时间的脚步，抹平了自然衰败或遭受破坏所留下的痕迹。这一切都是工业新生事物所追求的梦想。由工业锻造出来的现代物品平顺光滑、历久弥新。在纺织品方面，新事物在发明合成染料的努力中得到了展示。合成染料在阳光下不会褪色，在水中漂洗或蒸煮不会掉色，一直保持鲜艳的色泽。纺织品可以人工合成，防皱，防裂，凝固岁月，抵御磨损。[82]为了达到征服的目的，据称一个“织物瑕疵探测机器人”已经发明出来。机器人穿上军装——然后用机械操控方式来探测织物的实际耐磨度。这个机器人骨骼是一副钢骨架，肉体由沙子或锯末填充而成，以符合任意设定的身体重量。这个机器人坐立数千次，直到它的裤子布料被磨破。它用机械的方式不停地弯曲双臂，以了解清楚士兵需要抬臂持枪开火多久，其制服上的线缝才开裂或其肘部的袖口才磨破。一部高精度重量秤显示出制服检测前后的重量。前后重量的差异表明在实际穿着过程中损失了多少布料。[83]这个瑕疵探测器唤醒了人们对工业新生事物在效率、节约、秩序以及社会管理等方面发挥更大作用的梦想，甚至对失败也可以做出精准的预测。它带来的必然结果是管理者征服物质世界的尝试——不论是织物还是人类，这种尝试为的是建立一个形态理想、技术完美的理想王国。通过表现完美的机器人士兵所展现出来的理想形态，它实现了恩斯特·荣格尔在《劳动者：1932年之政权及其形态》中关于“集工人—战士为一体的人”的幻想。在一个进行了全民动员的社会里，作为一种机器人，既不具人性，又没有自然的属性。这种新的机器人是一种兼具工人技能和士兵素质的技术混合体，该混合体是以“使用技术的意愿”为驱动的“典型”。它绝对服从于“全局”并以刀枪不入作为回报。尽管这只是荣格尔的想象，但在战场上，“战士—工人”式的人所具有的血性、身躯和无情等特质一再得以大显身手。在这一背景下，阿多诺与霍克海默在《启蒙的辩证法》中的评论发聋振聩：“人类将大自然贬为其征服的对象——仅视其为一种原料，在人类损毁自然的躯体时，大自然开始报复人类了。”[84]

但大自然终将被现代工业社会制造的各种各样的精密机器撕成碎片。[85]助力资产阶级和工业资本主义崛起的启蒙知识，被用来虐待人类，自然的支配力也已变成了人类对自然的支配。与此同时，苏联在向大自然发起的高技术战争中，也有专注于类似让历史停滞的行为。据称，1938年，当列宁的遗孀去世前最后一次凝望列宁的遗体时，她大声说道："他没有变，而我已经那么老了。"

在法西斯主义统治下，自然对自我的毁灭表现得颇具戏剧性。法西斯主义虐待自然，特别在意识形态方面，纳粹德国推崇在德国已实现的田园牧歌式的生活，这种生活受赐于大自然那未曾被污染过的血液与土壤。在纳粹的意识形态中，大自然被视为避难所和托词，认为大自然流淌着德意志的血液，生长于德意志山水间和土壤里的德意志躯体是第三帝国的合法形象，自然因此成为第三帝国为自己辩解的正当理由。但事实上，第三帝国正忙于消灭大自然。这种对大自然的消灭不仅仅是对自然的各种形态进行人为的合成与仿制，还表现在试图通过不同方式去控制自然、改良自然，这些方式包括提升雅利安人本已完美如超人般的肌体，同时将世界上的变性人、犹太人、残疾人以及体弱多病的者清除干净。人类整修自然的苦差事以及人类在这片永恒土地上的生活，都可依赖于大自然假想的对立面——非凡的技术机器的超人效率和生猛能耐去完成并提高，这种技术机器不仅可以替代人类的工作，还可承担对敌作战、消灭对手以及完成科学实验等任务。

肥皂、煤气与人体物质

法本公司打算吞并更多的企业，而且国家允许它这么做。1939年，闪亮的拜尔十字型商标熄灭了，光明又变回了黑夜——战争开始了。奥地利刚一被划入德国，那里的化工厂即刻就被吞并了。战争是令化学工业进一步发展的手段。外国的工厂被没收，同时得到的还有其市场。法本公司的利润从1939年的3. 63亿德国马克，上升到1943年的8. 22亿德国马克。[86]其他大企业，如克虏伯与通用电力公司也见证了类似的辉煌。法本公司通过捐赠来表达感激之情。纳粹的侵略行动开始后不久，公司即向希特勒捐献了50万德国马克，供苏台德地区[87]使用。德国进攻开始后的第二天，法本公司主席赫尔曼·施米茨在发出的一份贺电中写道：

> 我的元首，是您使苏台德地区回归第三帝国，本人深受感动。法本公司谨奉献50万德国马克，供您在苏台德地区领土上使用。[88]

化学工业界的感激之情，还表现在其染料工业向生产战争物资的转变上。这种转变通过制定四年计划得以实现。法本公司氮及汽油部门总经理卡尔·克劳赫被任命为戈林负责原料及外汇研发部的参谋。作为自1937年加入纳粹党的党员，他接管了德国原料及合成产品办公室下辖的研发部，该办公室是根据四年计划而设立的。他还是兼任负责化学品生产特殊事项的全权将军。1943年2月10日，冯·施尼茨勒写道：

> 只有在战争中，德国的化学才能够释放出最大的价值。可以毫不夸张地说，没有德国化学工业在四年计划里取得的成就，现代战争就简直不可想象。[89]

战后的1947年，法本公司董事海因里希·比特菲舍在纽伦堡[90]说：“没有法本公司，尤其是没有公司在合成橡胶、合成燃料以及金属镁等方面的生产，德国也许就不可能发动一场战争。”[91]

法本公司以及第三帝国的其他企业结成了“信任和科技统一战线”，

促成的不仅是战争，[92]它们还参与建设了集中营。高级建筑工程师之间的合作至关重要。这些集中营依次成为医药和化学联合企业的科研场所。在达豪和奥斯维辛的集中营里，它们建立了医药和生物实验室，德国制药企业将新型药剂发往集中营，在囚犯身上做实验。其中一个研究项目是疟疾病菌测试，用X光和化学制剂进行灭菌实验。另一个研究项目是人工授精。约瑟夫·门格勒博士是遗传生物学与种族研究所的助理研究员，因此能在奥斯维辛集中营进行他的研究，而遗传生物学与种族研究所是1934年由奥特马尔·费赖赫尔·冯·费许尔教授在法兰克福创建的。他特别感兴趣的领域是双胞胎生物学。将癌细胞组织移植到子宫内是在这里完成的另一项手术。其他实验包括皮下注射石油以及向大脑施加电流。一些囚犯在这里被实施了不必要的截肢，而后这些被截肢的病人被送进煤气室。在达豪集中营，囚犯被放入结冰的水中冷冻起来，以试验复活方法。这些测试都是依照戈林的命令于1942年5月开始实施的。[93]

人类与无机世界这种浪漫而紧密的关系，标志着人类宏大且不断膨胀的乌托邦式的各类实验有其实现的可能性。然而，在一定的政治经济条件下，这种无节制的实验，其危险在于使人与自然之间的天秤出现了倾斜，人工合成与替代品泛滥，人类自身的改变，一些人沦为了科学和工业生产的原材料。塑料和仿制品入侵世界并制造了一个与自然平行的世界。在这个过程中，第三帝国的人类活动以及自主思想也许被彻底压制住了。在这个世界里，人皮可以用来制成灯罩，生命被认定没有价值可以被终止，进而收回他们身上的矿物产品，如金牙等。在这些集中营，尸体成为了原料的来源，他们的头发都被揪掉。有传言说，犹太人把珠宝、黄金以及白金藏在他们的牙孔里，黄金便从犹太人的嘴里被“开采”出来。人类与矿产、有机物与无机物之间的“亲缘”成为了死亡的离合器。这些尸体被劫掠后立即在火葬场草草焚化，因为刚死去的尸体容易分解，只需25到50公斤的焦炭。所有焚化作业都是由犹太囚犯完成的，他们永远走不出集中营，而只能看见自己未来的结局。[94]纳粹在掠夺开始前需要找到一种死亡的方法，而有一种这样用途产品，作为12. 5万名囚犯尸体中的操作者并没提起到过它。或许他还来不及知道其新的用途就离开了这个世界，但这种化学制剂确实已经存在了。齐克隆B由德国虫害防治公司[95]（DEGESCH，简称德古沙公司）制造。法本公司拥有其42. 5%的股份，而德固赛（法本工业公司拥有其三分之一股份）也持有这家德国虫害控制公司42. 5%的股份。齐克隆B是德国国防军使用的杀虫剂，用来驱除虱子或者杀死房屋里的昆虫和老鼠，是氢氰酸与一种臭味剂的混合物。木质圆盘、一种红褐色的颗粒粉块以及蓝色的多孔硅石等物体能够吸收这种混合物。战争激烈进行、物资严重短缺，因而警示这种杀虫剂存在并提示人们对其剧毒性采取防护措施的警告标志都被省略掉了。德古沙的毒气可能最早于1941年就在比克瑙集中营的毒气室里对大约800名苏联战犯进行测试。这显然是完成了一项德国人的主要任务。正如卡尔·克劳奇在1938年评论："从使用的角度看，化学武器是典型的德国武器，因为这符合德国人独有的自然——科学——技术的天赋。"[96]

德古沙的煤气业务盈利颇丰，公司每年利润的200%来自于齐克隆B的生产和销售。[97]德古沙的执行董事声称，虽然他怀疑齐克隆B有可能偶尔被用于消灭体弱多病者，但直到1944年夏天或秋天，他才知道其特殊用途。[98]

法本公司直接参与到了奥斯维辛集中营中。为了进攻苏联，德国需要增加合成橡胶的产量以满足进攻部队的需求，因此必须建新的工厂以增加产量。经研究决定，新工厂建在奥斯维辛附近。法本公司的董事们一致同意承担全部建厂费用，因为他们非常渴望扩大即将落入其囊中的亚洲及苏联的市场。[99]集中营里的囚犯将同平民以及战犯一起修建这个工厂。法本公司同意，每使用一名技术熟练的囚犯，便每天向纳粹党卫军平均支付5马克30芬尼。这一支付标准的测算假定依据是，囚犯提供的劳力与一名营养正常的德国工人所提供劳力的四分之三相当。[100]党卫军将这些钱据为己有。[101]但修建工厂的过程中却出现了问题——由于将平民与囚犯劳力混在一起，当采取惩戒措施时，或载有死在工作岗位上那些人尸体的车辆被推回集中营的路上需要点名时，就产生了难题。而且该工厂距集中营还有一段路程，这就产生了安全问题，因而不得不将工作日时间缩短到白天。1942年夏天，法本公司决定，在莫诺维茨修建一家本身就是集中营的工厂，称作“奥斯维辛四号”。这样，就不必从奥斯维辛走很长的路，节省了囚犯们一路走来不断减少的体能，监管也更加容易。私人资本主义经济与国家之间配合默契：法本公司负责兵营内的膳宿和囚犯管理，党卫军提供架式床铺。党卫军还提供警卫，法本公司出工厂警察。党卫军负责囚犯的监控、惩戒和供给。奥斯维辛火山学研究所具备其他集中营的一切特征：了望塔、铁丝网、警报器和守卫。这里还有一台绞刑架，平时通常有两到三名工人的尸体悬挂在上边。“工作权力自由”这样口号式的标语被醒目地镌刻在各个出入口。[102]法本公司在奥斯维辛——莫诺维茨的丁钠橡胶工厂安排了3.5万名囚犯。他们从那些运来的死刑犯中挑选适合的劳力，而那些不适合劳动的犯人则在毒气室当场毒杀。丁钠橡胶工厂一名囚犯工人剩余的生命只有三到四个月，而在附近煤矿工作的囚犯最多只有一个月。如果法本公司请求党卫军处罚不守规矩的人，无论是取消这些囚犯本就不多的食物供应、将其当众吊起痛打或鞭笞，还是去毒气室，他们都乐得实施。[103]犯人每天早上三点开始干活，党卫军负责看守监视他们的所有劳动。囚犯工人在10米×10米的狭小工作场所内有过大动作，就会被认为试图逃跑，招致被当场处决。恶毒的党卫军守卫有时会命令工人去取东西，然后以逃离工作现场为由将其射杀。[104]尽管莫诺维茨工厂投资了9亿德国马克，耗电量比整个柏林都要多，但所有努力并没有产出半点儿丁钠橡胶，而燃油也只是生产出可怜的那一点儿。当囚犯工人死在工作岗位上，或因不能劳动而被送往比克瑙处死造成减员时，他们的尸体就成了堆积如山的原料，等着被循环利用。囚犯在被送入煤气室前，身上的体毛都被刮掉，体毛与头发都加以分类，装进袋子里运往德国，用以制造毛毡、毛毯和床垫。起初，他们的遗骨被碾成粉末倒入河中。1943年，集中营的管理者反应了过来，把骨头卖掉用于生产化肥。刚刚从焚烧炉出来的骨灰，便从火葬场被直接运到附近的农场当作肥料。当然，有时在支付一定费用后，囚犯的亲属可以得到一小把众人混杂在一起的骨灰。[105]还有未经证实的传言称，人的脂肪被制成了肥皂。1945年12月9日，《纽约先驱论坛》在“纳粹在肥皂中使用人骨”的标题下，把这一传言作为事实进行了报道。[106]该报道称，爱德华·J. 约克上校亲眼目睹了在但泽（今天波兰的格但斯克）市中心的一所德国集中营里，纳粹用人的尸体制造肥皂。在处理人类脂肪的灶具旁，放着几本德文烹饪指南，讲解蒸煮人体不同部位的肉所需要的时间，以及如何提取用于制造肥皂的脂肪。此篇报道称，有些大桶还装着人的躯干、胳膊和大腿。一些人认为，奥斯维辛的肥皂就是用犹太人的尸体制成的，所以当时很多波兰人拒绝使用占领军分发给他们的肥皂块。

纳粹认为犹太人或许是非常适合被用来制造肥皂或其他原材料，他们同样认为犹太人还没有资格构成一个种族或民族。对纳粹来说，一个国家的民族由不同等级的种族构成的，最高贵的人种是日耳曼人，日耳曼血统的人所占比率越高，这个民族在世界版图中的地位就越高。这是非常荒谬的观点。有些种族伪科学的观点认为，犹太人是“一个反种族”，或是一个“假民族”，是由大量劣等人种组成的乌合之众，根本就不算一个种族。由于向全世界移民过程中，犹太人早已与其领土分离了，因此他们不能成为一个民族。一个民族必须依附于土地，而且在人种上也应是同源的。他们被描述成一群被处罚、假冒纯正、遮遮掩掩以及有犯罪嫌疑的人。相反，持种族伪科学观点者则认为纳粹以及德国人民是所有纯正人种的代表。在物质世界，替代品非常实用，因为纳粹科学家用技术手段重塑了世界，征服并改进了自然。而在人类世界，自然其自身已被撕扯得七零八落，只有那些纯正的人种才能继续在此生存。

所有闪光之物

1945年，阿多诺写了一篇《黄金调查》或称《黄金分析》的短文，作为他所著的《微缩的莫来利亚》[107]一书中关于“对破碎生活的反思”的部分内容[108]。这篇短文的标题是指对黄金进行化学分析，以确定黄金内的杂质量。阿多诺的论文用同样的方式，对纯正概念本身加以分析，以确定纯度，或更确切地说，确定到底有多少含量为不纯正。这种探究是阿多诺在哲学中对战争前后的法西斯倾向，进行更为广泛的观察和控诉的第一部分。纯正和真实是当代哲学概念——后来，阿多诺用其《纯正术语》（1964年）一书对纳粹意识形态进行了揭露和鞭笞。由于海德格尔（Heidegger）[109]就这个问题发表了大量谈话，他因此成为了一个特别的攻击目标。对阿多诺来说，纯正与真实的概念是偏执的意识形态的大型载体。在《黄金分析》一文中，阿多诺猛烈抨击了海德格尔和存在主义者：

> 对于“皈依”和“没有皈依”法西斯主义的哲学家来说，存在于“自在之世界”的个体和新领域的状态的价值，譬如纯正和坚忍不拔，最终成为博取宗教式——独裁者怜悯的一种方式，并且根本不需要最起码的宗教成分。这些导致了对所有被认为虽然优秀但没有足够真正价值的事物进行谴责，也就是对犹太人的谴责：难道理查德·瓦格纳（Richard Wagner）[110]没有假装用纯正的德国黄金对抗外国的渣屑，因而错把对文化市场的批评当成是向野蛮混沌的道歉吗？[111]

阿多诺注意到了瓦格纳对维护纯正德国风格音乐的渴望，以及他对纯正德国风格被外来劣质音乐或犹太音乐消灭的担忧。犹太人靠金钱统治世界，与音乐形式没有任何真正的关系。阿多诺的比喻，引发瓦格纳创作出了《尼伯龙根的指环》和它的第一部分——《莱茵河的黄金》。其台词“莱茵河的黄金，莱茵河的黄金，世上最纯的黄金”不时传来。莱茵河黄金，即“莱茵河里的黄金”，是纯度很高的黄金，更是德国的黄金。在《莱茵河的黄金》里，黄金之所以纯，因为它是天然的、明亮的、美丽的。它被一个丑陋的侏儒偷去，又被一个打算求爱的人用于征服他所爱之人。金钱是一种劣质金属形态，它把以黄金形态存在的优质金属逐出。黄金与纯正相互交织，两者都是支配的象征。将黄金贬低为金钱，是对自然的冒犯，而这是自然本身的一种失误。

在那些主张“保卫纯洁性”（种族或文化的）的人发动但又终归失败的战争之后，就连纯正的概念似乎都已过时了，它起初就带有的“线缝儿和补丁”终于显露了出来：“虚假就在纯正自身的基底。”这个基底是个体的，是资产阶级的一种“终极绝对自我的实质”观念，是不受社会影响的。个人主义坚持这样的“虚假的主张”，即生物个体必须优先于社会整体，“只有使用强制力，才能将其与社会隔绝”。它否定自我与社会纠缠，相反，它认为存在一种对自我纯正性的不懈追求，这种纯正性就是藏于内部的生物同一性。坚守纯正或许曾经代表过资产阶级对腐败统治的批判和反抗，但是，资产阶级的统治一旦巩固，它就会越来越表现出独断专行的特征。阿多诺的分析，即他对纯正概念中杂质的分析，显示了物质的基础：实际上，纯正是资产阶级的资本主义交换制度的副产品。没有社会自知力的一价物，实际上是“社会进程中社会分工的结果”。[112]社会压迫被强加在隔离幻想上。在克尔恺郭尔、易卜生以及尼采的著作里，这些特征从一开始就存在于纯正的概念中，只不过直到纯正成为纳粹进行统治的“公理”并为其所用的那一刻，才逐步显露出来。金属是一种象征，通过它可以臆想出种族优越感。金属越真越纯，储量越丰富，其所拥有它的种族就越合理合法。阿多诺指出，真实意味着原物优于派生物，而这很容易转化成政治术语。他写道："所有统治阶层都宣称他们是最早的开拓者，是土著。"[113]纳粹官方的意识形态将纯正与人造、进口和外国对立起来。在纳粹哲学范畴中，纯正的概念是在意识形态方面对自然的套用（借用），这个概念与人类社会对此所做的定义截然相反。纯正的概念其实是纯正本身的赝品，这个概念的基础包含了人类社会所有相互作用的经济制度。纯正并非人类前世的一种（衡量）标尺，仅靠人类的社会分工而存续。纯正不过是一场彻头彻尾的伪善骗局，仅此而已。技术和介质对自然及社会生活干预得越多，"没有人类干预的东西优于人为"的观念就传播得越广。对存在越施加影响，"世界就越深深地落入人类制造物的大网"，中介物越是与其周围大规模生产的商品进行对照，就越对其自身的自然性喜出望外。阿多诺写道：

> 把纯正的发现当作个人主义道德标准最后一道防波堤，是对工业化大生产做出的一种反应。当无数标准化商品为攫取利润而投射出独一无二的假象，而它们的对立物仍保持相同的标准时，就会产生如下观念：不可复制的产品才是实实在在的纯正品。[114]

正品是不可复制的。在一个无穷无尽复制与合成的世界中，正品之所以能够增加价值，正是因为它不会再有。因此，应该更加理直气壮地去维护它。"自我"是唯一的，既未曾被人制造又不会被任何人再造。但"自我"一旦被同化，这样的"自我"就变成了"非我"，成为了经济的工具，成为了大量标准化、有组织的人造物品中的一员。正品的"侍从"是掩饰主体缺失"自我"的遮盖物。在资本主义交换制度中，商品只有与普遍价值标准相符才有意义。黄金和白银在历史上承担这一功能。由于黄金相比白银更加稀缺，自19世纪70年代起，黄金成为了优先支付手段。人们断定黄金是天然形成的，这是其价值的所在。商品是不可靠的，因为它们只有被黄金置换时才有意义。黄金是价值尺度，因而是真实可靠的。商品是用来交换的，其本身不存在价值，只有当它与其他商品发生关系时，作为一种交换物才存在价值。然而，阿多诺揭示了这种用黄金衡量的价值表象只是一种表象。正品可以转化为赝品，事实上，正品不过是替代机制，其价值只有表现在社会关系而非“自然”关系中才有意义。阿多诺写道：

> 真的东西特别是黄金，可以令用于交换的商品以及其他交换手段慢慢减少。但是，从优质金属中提取的真品和黄金一样，变成了拜物主义的偶像。二者都好似被当作一种社会关系存在的根基来对待。但是，黄金与正品只是一种可以准确衡量物品互换性及可比性的标准；二者是“不为己而利他”。在一个充斥着交换的社会中，正品的仿制品之所以产生，源于仿制品需要宣称它能够代表正品，但实际上它永远成为不了正品。[115]

阿多诺拒绝用揭示正品社会属性方式使其意识形态化。但阿多诺的想法并不止于此。他认为，坚持正品就是做出一个非人性的姿态。而人性存在于模仿、伪装及复制之中。人类所有的生活就是一种模仿，一种学习后做出的反应，一种对其他事物感兴趣的领会与吸收。作为生命与自然的支持者，阿多诺欣然拥护合成：

> 任何不打算消亡的事物，就应该更多地在自己身上表现出仿制物的特征，因为模仿的传统能让其生存。人类与模仿不可分割地联系在一起：一个人之所以成为人，完全是因为他能模仿他人。[116]

纳粹科学为寻求征服自然而用合成方式再造世界，在为此进行奋斗的过程中，纳粹的意识形态却极力维护纯正与正统的价值，这种价值正是根植于人们对代表纯正与正统的大自然的顶礼膜拜。大自然是真实的熔炉，必然是体验真实及其重要意义的场所，它好似为人们提供了一种没有社会对抗的体验。但是，自然不是人造的，“次自然”（即人造的自然。译者注）、社会和工业世界的统治优势越大，自然之美就会越多地被挖掘出来作为人类所寻求的避难所。假如美就在自然之中，那么人类的艺术技巧可谓多此一举。自然之美被视为自然的表象，从未将其视为一种加工之物与生命繁殖的材料，更别说将其视为科学了。自然之美是意识形态上的概念，因为它是真实直接的代名词，代表了调和性。自然被看成是一个没有历史运动、没有人类干预的王国，一个与整体社会关系完全断开的无用之物。自然被认为是价值的所在，但这样的自然是庸俗的自然，被人类打造成了温柔可爱的自然，降格为人类贪欲的避难所，以及丑陋的、想象出来的非自然社会之所以存在的一个借口。这种被美化的“自然”，在旅游风景名胜区随处可见，也出现在精雕细琢、金光闪闪的画框里。艺术在向这样的自然鞠躬致意：艺术从自然中获取了艺术的密码。美学被扭曲了一个世纪，因为美学被推回到了康德对自然的崇拜。康德曾赞扬过，为见证自然之美而从摆满精美艺术品房间逃离的艺术爱好者。“自然之美”这一概念，清晰表达了已经解放的资产阶级，对带着假饰物及装饰树的专制主义的有力抨击。同样，自然之美本身也拥有其强大的力量。康德不信任“次自然”和人造制品的人为性。因此，他坚持保护“首自然”（即原生的自然。译者注）的模样。他将艺术视作“对虚荣或社交乐趣的一种满足”。但是黑格尔与他的同辈人反对这一观点。谢林的《艺术哲学》一书，第一次提及了与艺术之美相关的事物，即人为之美。随着艺术摆脱自然束缚，一项对复制自然越来越严格的禁忌出现了。在艺术中复制自然似乎越发低俗。技艺之星升起而自然则被贬低。理性主义，或许包括工业对自然的侵犯，降低并削弱了自然的价值。美成为了一种人为品质。美是艺术，也就是技艺。阿多诺的《美学理论》坚持认为，艺术是现代自律意识主体违反自然所耍的花招。自然之美消失了，而自主与自由的概念却出现了。伦理学的许多概念被移植到了现代美学上来。艺术是技艺，其在现代意义上的存在要归功于自主和自由的概念。或许这就是为什么在纳粹政权下，艺术连同其编造的真实自然版本，变得如此不可信。艺术必须被禁止、被驯化、被引导、被审查，并且服从命令。低俗作品或许正是一个法宝，用以取悦德国民众并传递关于新秩序的最新信息。在新秩序中，自我的自主性被丢弃，神话传说卷土重来。[117]艺术曾经好像打算将自己作为一切美好、真实和有意义事物的占位符，因为世俗世界无足轻重、瞬息万变。艺术是一位自主创客的产物——一位在创造方面能与上帝比肩的个体的产物。在现代主义者的帮助下，正是创造使得艺术有别于世界，如此，世界上的艺术看起来也就大相径庭。纳粹的艺术意识形态是贬低人为而崇尚自然，由此希望将世界与其艺术表现形式接续起来。这不是一种干扰，而是达到理想化真实的一种驯服。这个令人崇拜的自然或许以各式各样的形态呈现出来，并且以自然形态呈现出不同景象：绿树、蓝天、白云以及匀称的人体。有时，在这些自然背景中，一些重大历史事件会展现在眼前：战斗、政治胜利、英雄主义行为以及领导力等。这些好像是一扇窗户的另一面，向着一个超人的世界开启，这个超人的世界就是一个假想的由新的领导者保障的世界。在纳粹的艺术中，技艺以自然为掩护。艺术的美感只有当它模仿自然时才得以体现，正如希特勒1937年在慕尼黑德国艺术馆开馆式上，对“堕落艺术家”发出的攻击性语言所表明的那样：

> 不要让所有人都试图去说，此类艺术家的确是用这种方式去观察事物。我已注意到，在提交给我的大量作品中有许多不得不让我产生这样的猜想，即一些人的眼睛不能看到事物的本来面目：也就是说，确有这样的人，把当今我们

的人民视为彻头彻尾的白痴，确有一些迹象表明，或毫无疑问地说，有人把他们所谓的“经验”作为处事原则——把牧场说成是蓝色的，把天空说成是绿色的，把云朵说成是黄色的，等等，诸如此类。对于这些人是否真的看见或感受世界是哪种样子，我不想陷入任何争论。但是，我代表德国人民，将会禁止这些人试图欺骗公众，并让公众接受这些人由变态的视觉创作出的作品，这些人是一群值得同情的不幸之人，显然也是一些有视力缺陷者的受害人，他们将这些作品当作真实、甚至视为“艺术”。[118]

对于艺术，纳粹追求去技巧化，让其貌似自然天成之作，并因此向其他所有领域宣战。

第六章注释：

1 弗里德里希·西堡：《拜耳公司百年史》，参阅《无形的革命》（巴伐利亚，1963年）。

2 亚马尔·沙赫特（Hjalmar Schacht，1877—1970），德国金融家。在纳粹统治期间曾任德国国家银行行长和经济部长。1937年因反对希特勒的重整军备开支被免职。1944年在刺杀希特勒的瓦尔基里行动失败后被纳粹监禁。战后在纽伦堡审判中被判无罪。译者注

3 赫尔曼·戈林（Hermann Göring，1893—1946），纳粹德国元帅，曾任空军部长、普鲁士总理。战后在纽伦堡审判中被判死刑，行刑前在狱中自杀。译者注

4 德国国家社会主义工人党（NSDAP），德国法西斯政党。成立于1919年，当时称德国工人党，1920年至1921年希特勒任该党领导期间该党改名为德国国家社会主义工人党（National-sozialistche Deutsche Arbeiter-partei），缩写为“NSDAP”，简称纳粹党，1932年成为国会最大的政党，1933年希特勒任总理后，通过《授权法》希特勒宣布该党为德国唯一的政党，所有政府官员必须是党员。译者注

5 在其他资料中，可主要参考詹姆斯·若勒：《1870年以来的欧洲：一部世界历史》（哈蒙斯沃斯，1990年），第337页。

6 详见拜耳公司编辑出版的《法本化学工业联合体，来自苯胺染料生产的强制劳动：巴斯夫公司、拜耳公司、赫斯特公司和其他德国化学工业联合体的发展史》（斯图加特，1995年），第53页；也可参阅约瑟夫·博尔金的《法本化学工业联合体的罪与罚》（纽约，1978年），第56页和迪特尔·雷本蒂施的《法兰克福和法本化学工业联合体的建立》一文，该文收录在沃纳·迈斯纳编辑出版的《珀尔齐希-鲍，法本化学工业联合体与歌德大学》（法兰克福，

1999年），第96页。

7 《授权法》，德国国会于1933年通过的一项法案。该法案赋予了希特勒政府独裁统治的权力，使其可以越过国会和总统自行颁布法令。该法案加速了纳粹德国的法西斯化。译者注

8 拜耳公司编辑出版的《法本化学工业联合体》，第54页。

9 达豪（Dachau），是德国巴伐利亚州的一个城市，1933年到1945年为纳粹集中营所在地。译者注

10 同注释8，第53页。

11 伊西多尔·G. 法本（Isidore G. Farber），“Isidore”是罗马天主教男子的教名，此处取首字母“I”与“G”共同组成法本化学工业集团公司（I. G. Farber）的全名。I. G. 莫洛奇（I. G. Moloch），“Moloch”通常指基督教《圣经》中的火神，信徒以焚化幼童向其献祭，或炮制恐怖事件。这两个称谓都有丑化法本公司之意。译者注

12 关于纳粹执政之初法本化学工业联合体与国家社会主义工人党的关系，可参阅雷本蒂施：《法兰克福和法本化学工业联合体的建立》一文，第93~96页。

13 引自赫尔格·克龙等：《赫斯特公司颜料生产史与德国的化学工业》（奥芬巴赫，1989年），第78页。

14 尽管在纳粹政府与企业之间业已存在的各种关系密切复杂，提姆·梅森、彼得·海思等仍坚持“政治统领”，政府的政策几乎没有被企业的经济利益绑架，像法本化学工业联合体这样的企业也不例外。这类例子，还可参阅：经过翻译和修订的《政治优先》，该文收录于S. J. 伍尔福编辑出版的《法西斯主义本质》（伦敦，1968年）；彼得·海思撰写的《法本工业股份公司和国家康采恩》一文，该文收录在《珀尔齐希-鲍》一书第97~103页。在当时的大背景下，得益于纳粹政权的政策，法本公司获得了经济实惠。除了主业以外，公司的建筑和工程项目也得到了纳粹的一项战争政策的支持。详见提姆·梅森撰写的《政治优先》一文，该文收录在S. J. 伍尔福编辑出版的《法西斯主义的本质》，第185~187页。

15 弗兰克·A.霍华德：《合成橡胶：一个产业的诞生》（纽约，1947年），第3页。

16 阿农：《我们的劳动果实》（法兰克福，1938年），第7页。法本公司前化学家、德国劳动阵线领导人罗伯特·莱具体负责这次5月1日活动的组织工作。

17 玻璃纸（cellophane），现称塑料纸。译者注

18 同注释16，第8~11页。

19 同注释16，第24页。

20 同注释16，第24～25页。

21 《宇宙文集》系列的作者后来推荐冯・邓尼肯负责经营经济出版社。

22 E. 巴尔特・冯・韦雷纳尔普：《来自煤炭的色彩》（斯图加特，1937年），第5页。

23 同上，第44页。

24 同上，第33页。

25 同上，第34页。

26 这里是指由茜草提取的红色染料。译者注

27 同注释22，第33页。

28 同注释22，第32页。

29 沃尔特・格赖林：《化学征服世界》（柏林，1943年），第119页。

30 同上，第121页。

31 尼克劳斯・吕布兰（Nicolas Leblanc，1742—1806），法国化学家。其重要发明是从食盐中制造纯碱，被称为"吕布兰制碱法"。译者注

32 同注释29，第3页。

33 同注释29，第274页。

34 同注释29，第324～326页。

35 同注释29，第332页。

36 同注释29，第340页。

37 同注释29，第341页。

38 同注释29，第342页。

39 读书俱乐部版（book-club editions），是指为分布在德国各地的读书俱乐部会员专门设计的版本。这种书籍版本的装帧、价格等均有别于同类书籍，通常由作者亲署、加印等。译者注

40 1945年以后修改再版的《苯胺》删除了在政治上令人尴尬的内容。

41 参见卡尔・阿洛伊斯・施金格尔：《苯胺》（柏林，1938年）。

42 贝托尔德・安夫特：《弗里德里布・费迪南德・伦格：源于生活和事业》（柏林，1937年）。

43 此处指弗里德里布・费迪南德・伦格在波兰费罗茨瓦夫大学（Breslau University）任教时期在化学专业方面的研究及对政治理念的思考。译者注

44 同注释42，第45页。

45 同注释42，第125页。

46 同注释42，第31页。

47 本杰明在为李比希和诗人、剧作家奥古斯特·冯·普拉腾·霍勒曼伯爵之间的一封信撰写的介绍中同样表示，科学家和文学家之间的密切关系正逐渐破裂。谈到李比希时，本杰明担忧地说：“在李比希早年和晚年生活中，他所代表的那一代科学家，他们的哲学和诗歌还没有完全丧失立足于现实，即使是‘他们像幽灵一样通过迷雾发出的召唤’。”沃尔特·本杰明：本杰明《文选》第3卷：1935—1938年（剑桥，马萨诸塞，2002年），第196页。

48 详见沃尔特·本杰明：本杰明《文选》第4卷：1938—1940年（剑桥，马萨诸塞，2003年）。

49 百浪多息（Prontosil），该药品的通用名称为偶氮磺胺，百浪多息是该药品最初的商品名称。译者注

50 赛璐玢丝绒（Cellophane velvet），即化纤天鹅绒。译者注

51 阿农：《我们的工作成果》，第58页。

52 同上。

53 汉斯·多米尼克：《粘胶丝：智慧的德国黄金》（莱比锡，1936年）。

54 同注释51，第187页。

55 同注释51。

56 同注释51，第189页。

57 关于尼森所著的《德国：替代品之国》，作者没有提供相关资料的来源（也没有透露与作者身份背景有关的信息），对于书中一些阐述的真实性因此难以确定。也许这本书只是出于“削弱”纳粹政权而进行的宣传，但书中不少披露又看似可信。

58 奥拉夫·尼森：《德国：替代品之国》（伦敦，1944年），书护封。

59 同上，序言。

60 同上，第3页。

61 同上，第131页。

62 同上，第148页。

63 同上，第132~133页。

64 同上，第97页。

65 同上，第11页。

66 同上，第99页。

67 同上，第99页。

68 同上，第100页。

69 同上，第42页。

70 同上，第31～32页。

71 同上，第91页。

72 同上，第85～86页。

73 同上，第160页。

74 同上，第17页。

75 同上，第126页。

76 同上，第125～126页。

77 同上，第127页。

78 同上，第123页。

79 同上，第124页。

80 同上。

81 同上，第125页。

82 《我们的劳动果实》手册中所描述的这些梦想中人工合成产品从未像现在这样尽善尽美。工人因担心丢掉饭碗，老板又害怕减了利润，双方竟站到了一起。这绝不是戏说。例如，20世纪初期德国发明阴丹士林颜料后，印染行业就坚决反对使用这一类永久性的染料。

83 奥拉夫·尼森：《德国：替代品之国》（伦敦，1944年），第118～119页。

84 T. W. 阿多诺和马克斯·霍克海默合著的《启蒙的辩证法》（1944年）（伦敦，1995年），第232～233页。

85 同上，第253页。

86 详见多尼·格卢克斯坦：《纳粹主义、资本主义和工人阶级》（伦敦，1999年），第168页。

87 苏台德地区（Sudetenland），指波西米亚西部、北部和摩拉维亚北部地区，在苏台德山脉附近。第一次世界大战前是奥地利的一部分，战后被并入捷克斯洛伐克。纳粹上台后，希特勒利用该地区德国人的不满情绪扇动其独立，英法两国妥协，希特勒最终通过《穆尼黑协定》吞并了该地区。第二次世界大战后，该地区归还了捷克斯洛伐克。译者注

88 博尔金：《法本化学工业联合体的罪与罚》，第97页。

89 拜耳公司编辑的《法本化学工业联合体》，第58页。

90 纽伦堡（Nuremberg），是德国的南部城市。译者注

91 同注释89，第49页。

92 T.W.阿多诺：《微缩的莫来利亚：反思破碎生活》（伦敦，1978年），第51页。

93 详见马克斯·魏因赖希：《希特勒的教授们：关于德国对犹太人所犯罪行的部分教训》（1946年）（纽黑文和伦敦，1999年）。

94 有关集中营的这些细节描写摘自1943年5月弗兰克-格里克施关于奥斯维辛集中营的报告，当时纳粹党卫军正对纳粹政府有关部门进行一项调查。有关内容收入了让·克劳德·普雷萨克著的《奥斯维辛集中营：毒气室的技术和操作》（纽约，1989年），第238~239页。

95 德国虫害防治公司，德国作战部的虫害防治技术委员会于1917年创建的。

96 拜耳公司编辑的《法本化学工业联合体》，第100页。

97 劳尔·希尔贝格：《欧洲犹太人的毁灭》（纽约，1985年），第888页。

98 详见让·克劳德·普雷萨克：《奥斯维辛集中营：毒气室的技术和操作》（纽约，1989年），第17和93页。

99 拜耳公司编辑的《法本化学工业联合体》，第76页。

100 同上，第78页。

101 一些集中营里确实使用由囚犯制造的货币，但这些货币不是对劳役的报酬。因为从事这些劳役的是奴隶苦工，这种货币用来对他们当中表现好的进行“奖励”。囚犯们在20世纪40年代成功地仿造了同盟国的货币，这引起了英国央行英格兰银行方面的恐慌。

102 拜耳公司编辑的《法本化学工业联合体》，第83页。

103 希尔贝格：《欧洲犹太人的毁灭》，第929页。也可参阅拜耳公司编辑的《法本化学工业联合体》，第85页。

104 详见博尔金：《法本化学工业联合体的罪与罚》，第113页。博尔金在文中引述的是一名囚犯劳工的证言。

105 详见马克斯·魏因赖希：《希特勒的教授们：关于德国对犹太人所犯罪行的部分教训》（1946年）（纽黑文和伦敦，1999年），第199~200页。

106 同上，第200页。

107 T. W. 阿多诺：《微缩的莫来利亚》，第152~155页。

108 同上，第152页。

109 海德格尔（Martin Heidegger，1889—1976），德国哲学家。其《存在与时间》（1927年）对J. P. 萨特及存在主义产生过重大影响。尽管他曾加入纳粹党

并公开支持希特勒，但他的著作对所谓的“解经原则”（对《圣经》的解读）和20世纪60年代后期在法国兴起的“后结构主义”也产生了很大影响。译者注

110 理查德·瓦格纳（Wilhelm Richard Wagner，1813—1883），德国作曲家，一生致力于歌剧（自称为“乐剧”）的改革与创新，主要作品包括歌剧《漂泊的荷兰人》《纽伦堡名歌手》和《尼伯龙根的指环》等。译者注

111 同注释107，第154页。

112 同注释107，第154页。

113 同注释107，第155页。

114 同注释107。

115 同注释107。

116 同注释107，第154页。

117 详见克莱门特·格林伯格1939年在《先锋派和庸俗作品》一文中的论点（该文被广泛转载）。

118 希特勒1937年在慕尼黑德国艺术馆开馆式上的演讲内容摘自斯蒂芬妮·巴伦编辑出版的《堕落的艺术：德国先锋派的命运》。

Chapter 7

Abstraction and Extraction in the Third Reich

· 第七章　第三帝国的抽象与提取

调制[1]

1937年至1944年间，一群原艺术界的先锋派艺术家、达达主义者、构成主义者、表现派画家、发明家以及“各种主义”的追随者，要么受到绘画禁令的管制，要么被禁止展出艺术作品，或被逐出教学岗位，或被纳粹政权斥之为堕落，他们不得不另谋生计。他们的艺术作品由于各种原因遭到贬损：因为使用了错误的颜色并且扭曲人体，表现主义遭到了辱骂；达达派被斥为带有革命冲动的艺术垃圾；构成派由于拒绝表现可认知的具象世界，被贬为“完全疯狂的艺术”遭到冷落。包豪斯建筑学院被斥为是缺乏大众性的唯理论主义及国际主义的机构。虽然戈培尔（Goebbels）[2]本人喜好表现主义，有些表现主义艺术家，例如，埃米尔·诺尔德（Emil Nolde）[3]以及戈特弗里德·贝恩（Gottfried Benn）[4]等也向纳粹示好，但根据纳粹1933年上台后立刻发布的正式艺术政令，表现主义、构成主义与达达派“令人憎恶的作品”之间几乎没有区别。解除公职、禁止作品参展并不许搞创作等规定，对各流派现代艺术家产生了很大影响。维利·鲍迈斯特、奥托·迪克斯（Otto Dix）[5]和马克斯·佩希施泰因都被他们分别执教的法兰克福市立学院、德累斯顿市立学院和柏林市立学院解雇。1933年，约两万名博物馆理事和馆长遭解职。科柯施卡、基希纳（Kirchner）[6]、珂勒惠支（Köllwitz）[7]与许多其他人一样，遭柏林普鲁士学院拒绝。在斯图加特举办的奥斯卡·施莱默大型展览，在开展一天后关闭。施莱默曾一度确信，他能说服纳粹各级官员接受其艺术风格，他还申请加入第三帝国文化院，但由于其政治态度、创作格调等原因遭到拒绝。为此，他给纳粹高级官员写信，辩称其艺术风格不具政治性。1933年4月25日，他在给戈培尔的信中对那些在第一次世界大战中为德意志效力的艺术家（其中还有人献出了生命）的作品辩护，他对这些艺术家的作品被打上外来的、非德国的、没有价值的以及非自然的标签提出了质疑。他坚称，这些艺术家既不是马克思主义者，也不是共产主义者。[8]但施莱默及另外一些人最终还是没能保住在柏林的国家联合艺术学院的职位，他和这些同事被贴上了"具有破坏性的犹太——马克思主义分子"的标签而遭到批判，当局还禁止学生上他们开设的课程。[9]1933年2月初，施莱默在给维利・鲍迈斯特的信中谈到了纳粹的相关政策对这所艺术学院造成的影响，他说："这里的马克思主义者正被迫离开。"汉斯・珀尔齐希被任命为院长，但施莱默认为，"珀尔齐希也将会被划入共产主义者行列"。[10]作为对在纳粹统治初期一些反对现代艺术言论的回应，鲍迈斯特在1933年10月24日的日记中写道，纳粹反对这些艺术是由于对其缺乏了解。他对公众只追求一些容易理解的艺术表示了愤慨。

在纳粹反对"堕落艺术"的运动中，许多艺术家的作品被没收，其中有112位艺术家的作品在1937年的"堕落艺术展"上遭到诋毁。大量的油画、素描以及雕塑从博物馆和画家的工作室里被直接没收。"堕落艺术展"在德国巡展，这注定是巡展作品在德国最后的展示，展厅被设计成"恐怖房间"，而不是真正的艺术展览。展品被乱糟糟地一股脑塞进狭小昏暗的房间里，房间被隔断分割，拥挤不堪。展览似乎采用的是所谓"顺势疗法"，直接吸收了达达派自己的表达方式，将旗帜、标语以及公告等贴满了墙壁。格奥尔格・格罗斯关于"认真对待达达派！达达主义是真金白银！"的口头禅，被潦草地涂抹在一面墙上。各展馆的负责人坚信，这些艺术家的情感将受到他们自己语言的谴责，因为他们只是简单地把宣言中的段落照搬过来。一些声名扫地的艺术评论家平时惯用的那些品头论足的言语，现在被直接拿来取笑这些矫揉造作之物。这些评论的文字简单直白：“不惜任何代价去疯狂”“连博物馆权贵都称之为‘德国人民的艺术’”“典范——白痴与荡妇”“痴人脑海中看到的自然”。在一份放置平整、书写工整的哥特式德文手稿中，记录的是希特勒和戈培尔的相关语录。展品却杂乱无章胡乱地放在一起——那些特殊而非纯正日耳曼艺术，以一种对达达派自身反艺术姿态空洞重复的形式，被贬为这类“堕落”的作品。油画与医疗照片摆放在一起展示，雕塑则与宗教仪式上受崇拜的神物挤在一起，艺术与非艺术相互掺杂，艺术品难免不受到伤害。作品按照不同的主题进行展示：野蛮的表达手法；宗教作品；鼓吹政治上无政府状态以及社会批评的作品；反军国主义的艺术；描述妓女以及伤风败俗行为的作品；把黑人及太平洋艺术作为示范，以消除种族意识所有痕迹的表现派原始主义艺术；将人类丑化或描绘为白痴的艺术；犹太垃圾艺术；彻底疯狂的艺术（抽象及构成主义）。一批艺术家以作品参展的形式参加了这次展览。汉娜·赫希先后四次光顾展览。因为参展作品的遴选被严格限制在公共收藏范围内，她的作品因没在其中而没有参展。但在沃尔夫冈·维尔里希为“堕落艺术展” 撰写的前言，即《艺术圣堂的清洗》中她的作品作为典型被专门提及，她被认定为是“布尔什维克”十一月党艺术家组织的成员。她在1937年9月的日记中表达自己所受的压制和对此的无声抗议。她写道：“这里展出了所有博物馆的藏品和公共的收藏。令人惊讶的是，公众在对这些作品的遭遇表示了强烈不满之后却又表现出如此的服服帖帖，他们面无表情，一言不发，但能觉察到他们胸中积压的强烈不满。”[11]

维利·鲍迈斯特曾两次参观展览，他的四幅画作悬挂在那里。他对自己的这几幅作品进行了严苛的评判，将这些作品贬为像“海报一样的东西”。就风格来说，他的这四幅画属于构成派的抽象艺术，画中的人物清晰可辨。展览目录上显示，鲍迈斯特的这四件作品中有一件被摆放在马克斯·恩斯特（Max Ernst）[12]和约翰内斯·莫尔灿作品的旁边，上方的横幅是："愚蠢或无耻——或二者兼而有之的极致！"[13]施莱默的七幅作品与其包豪斯风格的代表作品集一起出现在了"堕落艺术展"。展览的宣传册将施莱默与"粗俗的表现形式"联系在一起。此时，施莱默已经放弃了他试图影响德国艺术政策的努力。到20世纪30年代后期，他所期望的工作都与装饰性或功利主义有关了。他做过媚俗的墙面装饰，并为德国坦克描绘迷彩图案等。

维利·鲍迈斯特、奥斯卡·施莱默与卡尔·施莱默、弗朗茨·克劳泽、格奥尔格·穆赫以及其他与包豪斯风格、达达派和其他具有现代艺术倾向的艺术家，在艺术创作道路上遭受了挫折，却被一位名叫库尔特·赫贝茨的化学家所收留。自1924年起，这位化学家就拥有并经营一家"颜料及清漆厂"，这家位于武珀塔尔的清漆、涂料和油漆工厂，名为"库尔特·赫贝茨博士有限责任公司"。当时，为赫贝茨的工厂建造新厂房的建筑家海因茨·拉施将赫贝茨与这些现代派艺术家联系起来。拉施认为施莱默是一位壁画家，并提议请他为工厂的这些新建筑创作两幅壁画。[14]1940年6月，拉施建议施莱默去这家工厂待上3个月，以清漆等作画。[15]在清漆工厂里，施莱默等一批艺术家与技术、科研人员一起，研究新型合成颜料、天然树脂以及他们能够涂抹的喷涂和着色材料的特性。他们提出不少问题，例如合成树脂和硝基纤维素的特征是什么？调制它们可能的方式是什么？等等。从1940年12月5日施莱默给海因茨·拉施的信中，可以感受到当时激动人心的研究场面。施莱默对清漆的特性充满热情，不停地询问着"啊，清漆！——何为清漆？它源自什么？"

> 清漆微微闪烁，轻轻流动，最终硬如顽石。在此过程中，清漆无色，明亮如玻璃，清澈如流水。然后，清漆的颜色不断变化，依次变为黄色、金黄色、褐色，直到深黑色，与日本漆丝使用的亮漆一样，纯天然制造，没有使用任何化学手段——通过添加色粉，可以把喜欢的任何颜色制成一种带有发光、流动

以及凝固特征的清漆色彩。

无论是哪里的流动定律迫使它，我们都应让它闪耀流动，都应让它千姿百态，让它成为其本质奋力推动其想变成的形状。假如人们进行干预，改变其进程，那么包含清漆定律以及人类意愿在内的新东西就出现了。[16]

施莱默对能发挥作用的各种力量进行着评估。物质有其自己的意志，艺术家也有可以改变物质活动的创造意愿，有时取决于机会的出现。施莱默继续写道：

假如在这样一股流液中注入一滴液体，一滴革命性的异质原料的液体，清漆之河仍将继续流淌，并在不破坏这种异质物质构成成分的条件下，将其强行分离，再将其在彩虹闪烁变幻或植物自然构造之中进行重组，既类似于“世界之谜”[17]的微观世界，但又无可比拟，这一切都属史无前例、不以人类意志为转移的新构造。这就是物质化，在此处，在发光、流动和间隙中，以一种神秘方式所展现出的物质起源的法则。[18]

施莱默正是通过对这种材料特性的探索而实现了自我表达。作为一位艺术家或科学家——施莱默是一场战役的设计者，但却不能控制这场战役的进程。他对该材料及其特性掌握得越多，他就越会尝试让该材料展现出更加神奇的面貌。私底下，施莱默也创作无人问津的艺术。1940年，他创作了短小作品丛书——《涂鸦》。1941年，在一些自然物体（如海绵体、树皮以及其他类似物）的显微照片的启发下，他曾记述过在这种“油滴纸”涂鸦法。他表达过想“从某些地方”而不是用人类的手作画的愿望。[19]1942年5月，他写道，莱昂纳多·达·芬奇给他的学生们的建议是，先观察灰泥涂抹的墙壁，然后找出集聚在那儿的人物——“达·芬奇也是‘从某些地方’，从不知的地方，看见了人物。这些人物图案不是出自人类之手，也不是通过推理计算刻意为之。”今天，这些人体图案会被视作“布尔什维克和虚无主义的”。[20]

艺术之魂、自然之物、人类之灵相生相克，共荣共损。它们各自坚持自己的权利，或至少试图坚持自己的权利。正如阶级斗争和阶级反抗，虽然纳粹意识形态否认其存在并通过逮捕和处决进行残酷镇压，但抗争未曾停止过，因为人民并不总是统治者手中的腻子。因此，艺术探索也未终结，而只是换了个说法。[21]在第三帝国的心脏，在一个工业区，在一个大量艺术试验遭到禁止的州，一家工厂拥有一批专注于观测物质材料特性的员工，而这些由前现代派艺术家组成的员工，通过运用贴花纸转印法的超现实主义方法，自动绘制、浪漫主义技法或儿童游戏，如“涂鸦”，即墨水涂抹，来完成他们的作品。这些都不是国家倡导的绘画方式所关注的技法，只有借工业的名义得以出现。武珀塔尔的艺术家制作纸板模型并想出喷溅与颠倒、压印与拓摩的各种技法——即一种令偶然机会和正常程序介入的一些流程。他们将图案印在玻璃上，并在油质的背景上倒上薄薄的一层清漆。这些试验者将各种液体倒在一起，放入各种材料，做出各种印痕，将其涂在各种物质上面并敲打其表面。看见眼前出现的意想不到的形状和质地，他们欢欣鼓舞。他们宣称，他们希望让观察者在朝着视觉感受稳步恢复视力的过程中[22]，从观物之瘾中解脱出来。1941年，武珀塔尔的试验者们发现了一期1936年超现实主义杂志《弥诺陶洛斯》（*Minotaur*）[23]，[24]里面有一些贴花纸转印法的样本，作者是伊夫·唐吉（Yves Tanguy）[25]、马赛·让、安德烈·布雷顿与杰奎琳·布雷顿、乔治·于涅和奥斯卡·多明格尔，出版人是安德烈·布雷顿，所用标题为：“不是你所想象的贴花纸转印法”。[26]奥斯卡·多明格尔向他的朋友展示了几块木质图版，所使用的技法在情侣当中广为人知，乔治·桑（George Sand）[27]和她的好友们把它们当作树突（树模石或树枝石）。多明格尔将稀释的黑色水粉画颜料涂撒在一张丝质纸上，在其上面压上另一张纸，然后，把两张纸分开，在随之出现的图像中，能看见岩石与洞穴、海底、森林以及狂风暴雨的天空或翻卷不平的乌云。一天，他的朋友们模仿他的技法。[28]结果，马赛·让弄出来的画面是相互排斥的颜料疙瘩和圆圈。两幅作品都在这期杂志登出，一幅看起来像是千疮百孔的云景，而另一幅是苍翠繁茂的森林。安德烈·布雷顿创作的图像有的像是一个山脊球、有的像是一个云朵球，还有的像是一个气体球。有些图像在这期杂志中刊出，一幅是布满了各种毛茸茸形态的作品，一幅像是显微镜下灰尘的特写镜头。杰奎琳·布雷顿创作的作品像是被劈开岩石中的水晶，而出现在这期杂志上的作品，像是一座满是树木的小岛。乔治·于涅的作品方正厚实。多明格尔的作品表现了原植体和合蕊柱及其乏味的生长。伊夫·唐吉的作品看起来与他自己的油画惊人地相似。印制在这期杂志上他的一幅作品，看起来像是带有浪花和悬崖峭壁、逐渐消逝的地平线。安德烈·布雷顿在介绍性注解中对制作程序做了说明，并且提到了“达·芬奇的老旧偏执妄想之墙，但这却是达到完美境地的一面墙”。[29]

然而，物质在其他方面主张自己的权利，强调其构造上的特性——其“无意识的”方面。用涂料与颜料赋予试验活力的想法，不只是源于现在已被禁止的现代派艺术实践。维利·鲍迈斯特提及了一个完全能够由意识控制的“物质的无意识行为”，就像保罗·克莱（Paul Klee）[30]类似提到过的物质“生命”。此处，他们附和了浪漫主义的自然哲学和早期德国化学，这二者同样规定了艺术与物质之间的平等，确信物质也拥有意志。

起初，这些艺术家从武珀塔尔工厂得到其作品的酬金，但后来，工厂支付他们工资，让他们继续进行试验。他们的研究成果大量出版。在大量出版物中，物质试验被安排在文化——历史版面，其作品的形象与冰河时代的绘画、非欧洲作品以及后立体派艺术家在绘画方面的发展联系在了一起。由此，各种联系被归入《艺术批判》一书所否定的传统，在这本书中，希特勒对原始主义和现代派同时进行了抨击。工作按照施莱默关于纯绘画的准则推进：纯绘画是在一块调色板或余料上不经意涂错的斑点。库尔特·赫贝茨撰写的丛书的首部《一万年：绘画及其运用的材料》于1938年出版，是一项从技法和材料角度的艺术史研究。紧接着，1940年赫伯茨的《劣质材料沿革之文献》出版。之后，他与施莱默合著的《技术时代的清漆艺术》以及与鲍迈斯特合著的《历史绘画技法适用性研究》分别出版。1941年，鲍迈斯特帮助赫贝茨撰写了《绘画起源：绘画技法问题与保管秘诀》。1942年，鲍迈斯特、施莱默、拉施与赫贝茨共同创作了《绘画技法的诞生》。这本合著完成后，他们决定用一整卷的篇幅去探讨为写前一本书做试验而引起的有关问题。他们请求弗朗茨·克劳泽帮助。武珀塔尔的试验者们曾经发现了一本F. F. 伦格写的书，名为《物质构成的动力》，他们考虑把这本新书的书名也称为《物质构成的动力》。在一份手稿草稿中，鲍迈斯特写道："正是物质构成的动力使图案丰富多彩。"[31]奇怪的是，伦格所绘图形与施莱默1940—1941年使用化学上完全对立的颜色所绘的一些图形，有惊人的相似之处，而施莱默那时似乎根本就不知道伦格为何方神仙。

开始于1943年的多项试验对根据《绘画技法的诞生》相关步骤获得的图像提供了补充，进行这些试验所在的这个德国工业密集区，从年初开始即遭到盟军不断的空袭，在6月的空袭中很多试验材料被毁。从鲍迈斯特的日记中可以看出，即使在猛烈的空袭期间，有不少试验仍在进行。试验者们手头上有许多东西可以使用，如东亚、波斯、印度以及欧洲的清漆箱子，埃及木乃伊的棺材，还有色彩艳丽的巴洛克风格橱柜。这些能够帮助他们思考上色、物质构成和构成的"驱动力"。1944年4月，他们决定引入化学调制法进行创作。他们用滴、搓、压、摇以及将相互排斥的物质放在一起等方法，创作了更多的图形，然后从142个试验中挑选出了52个。《调制与铜绿》被选为该项目的名称，因为调制和铜绿是需要研究的两种驱动力。除了从材料中得到的图案，还有描述调制与铜绿这两种现象的照片。这些图案有：海水及浪花在潮湿沙土上留下的图形；玻璃窗上的冰花与一朵百合花瓣上的印记特写；沥青中的水坑、木头上损毁的图绘和树干燃烧后形成的带孔木碳；颜料受热后形成的气泡、褶痕与裂缝，图案进而变得或有弹性，或有褶皱，或已破裂； 明亮的色彩在暗色背景上被自然风化的效果图，暗色背景上的凹痕可以更好地吸附颜料。令人惊叹的事实是，在自然与人造的表面上，都可以观察到同样的现象。这些图案中还包括一些印刷品：一幅尤斯蒂努斯·克纳的涂鸦、一张克里斯蒂安·莫根施特恩所作的碎纸图案（这个图案使鲍迈斯特联想到阿尔普[32]）以及F. F. 伦格的四条滴管图案。在科学掩护下进行秘密艺术实践不仅得以坚持，而且艺术逻辑的展露方式也得到了发展。1943年9月21日，鲍迈斯特在给拉施的书信中写道：“我越发意识到，你使用现代且适当的方法找到了当代绘画艺术伟大的一面，它存在于任何事物之中。是的，它可能就是现代绘画技法问题的核心。”[33]但是，《调制与铜绿》所要探求的不仅仅是这些悄然无声的危险分子（指被纳粹排挤的艺术家）所使用的现代技法。

图像颠覆

“堕落艺术展”遇到了对手——在德国美术馆提前一天开幕的“伟大德国艺术展”。德国美术馆是一个为了纪念历史事件而修建的画廊，画廊前面竖着很多紧围在一起的100米高的圆柱。纳粹以其自己的文化展品，填补了因清洗“文化布尔什维克主义”、犹太人以及堕落的现代主义而留下的空白。参展的作品包括：日耳曼美女、战斗中穿军服的男人、田间里劳作的农夫、在家中与妻儿一同休闲的农民、德国历史或纳粹党历史上的重大事件、田园中的裸体等油画；伟大科技成就以及从事竞技运动的运动员图片；超人雕像；纳粹党成员和希特勒的肖像。绘画和雕塑被放置在恰当的位置，以表现出庄严与神圣。它们是对纳粹政权权力进行宣传的宏大计划的组成部分。深受欢迎的新古典主义风格将把它们与古希腊艺术联系在一起。古希腊作为另一个伟大的帝国，被许多纳粹学者看作是雅利安人的帝国。正因为如此，古希腊艺术也被视为纳粹主义传统遗产的一部分。纳粹艺术看似代表永恒的价值，它将延续一千年以上，这是在暗示它将永存。然而纳粹艺术本身是否定时间的，因为它宣称其与任何原始发源地无关，而完全是纯种“雅利安人”高贵品质的产物。古老文物被唤醒，将纳粹的成就与持久或永恒联系在一起。时间在希特勒关于艺术的演讲中占据了大量篇幅。现代派艺术及其评论都强调时间，不约而同地把时尚与古石器时代联系在一起，石器时代深受“史前喷溅艺术团”的喜爱，他们以原始形态的国际主义涂鸦向石器时代致意。“艺术和艺术行为被混为一谈，就像把现代社会中裁缝店的手工艺与时装工业混为一谈一般”。纳粹艺术被标榜为永恒的而不是现代派的，但永远不会是原始主义的。纳粹艺术不断向前，用以打造未来的国家。历史和价值始于伟大的罗马军事帝国以及严苛的斯巴达人。原始主义，有时是指等级社会形成前的某一时段——与其蔑视的现代主义具有相同的涵盖领域。

正如克莱门特·格林伯格（Clement Greenberg）[34]当时主张的那样，纳粹的官方艺术就是粗俗伪劣的作品。它使用低劣的原材料，把仿冒真实文化学术化。粗俗伪劣作品是动员起来的大众（准备迅速工业化和战争）[35]文化。它迎合大工业化口味，而粗俗伪劣作品像言语一样，似乎在呼唤胡拼乱凑的东西，即合成物。对20世纪30年代的政权来说，粗俗伪劣作品是宣传工作、意识形态以及国家和英雄主义糖衣故事的有效载体，是拨动大众心弦的廉价方式。拍照和大规模复制是纳粹艺术的组成部分。每一位来宾在参观完一年一度的“伟大德国艺术”展后，都可以拿一张明信片回家，因为它们的印刷量很大。以最小的代价，让每个人都对纳粹艺术语言体系了然于心。海因里希·霍夫曼，这位希特勒的官方摄影师，非正式地垄断着艺术品的复制。明信片与其他复制方式（如杂志和邮票）一起，传播新的艺术形式及其典范。纳粹认为，大量印制的小巧的官方“艺术”明信片，或许适合传递一个拥有神奇力量的显赫形象和大声叫卖的猛男形象。这些理想的形象变幻出纯真、运动和力量，奠定了简明的纳粹意识形态的基础，这个意识形态是建立在种族与统治概念之上的。现代主义的“主义们”之集大成者所描画的身体色彩严重失真，形态严重扭曲。但是，或许希特勒承认，这的确是被推翻的堕落的魏玛共和国中一个典型的身体形态，因为“新时代正在塑造新的人类”。年轻德国人的身体被训练得更为光洁、更为强壮、更加威猛、更加健康。这使得他们与古人越发亲近，他们展现出了一千年以来几乎不可想象的形态。这就是在纳粹艺术展开幕[36]一年前，在柏林奥林匹克运动会上，曾经用最荣耀的方式展现出来的新体魄。

1938年8月18日，维利·鲍迈斯特参观了第二届“伟大德国艺术展”，在他的日记中讥讽地记录了画廊的名字：“艺术之家”。[37]他还参观了1942年的“伟大德国艺术展”。在那里，他利用明信片可供出售的便利，连同目录一起买了几张。1941和1942年，他以这些材料为基础创作出了一些抽象拼贴画和渲染绘画，私下送给了他的朋友，如奥斯卡·施莱默、海因茨·拉施以及弗郎茨·克劳泽。鲍迈斯特被迫退回到以艺术社区建设为名的策略上来。这一次，他的方式更加隐秘：发明信片。1941年，他被禁止参加公共展览，尽管自1933年以来他就未曾在德国参展过。他一直在用油画和素描方式绘制抽象的原始主义形态，并时常运用一些抽象拼贴艺术元素，就像以前他在其达达主义和构成主义——包豪斯建筑学派风格那个阶段一样。他考察了考古学上的一些起源，如冰川时代的绘画，作为其抽象概念的灵感源泉。

面向古人的研究方向是对永恒价值追求的慰藉，或许还能提供其他一系列的替代价值。鲍迈斯特认为，现代抽象风格与古代意象描绘有诸多共性，因为拟古主义不断体现在这两种风格之中。[38]但是一场新的艺术竞赛开始了。鲍迈斯特故意毁坏了他在展览会上购买的明信片和目录的外观。他挑选的这些明信片上，都印有纳粹所推崇的，最趾高气扬的艺术家所绘制的图案。阿尔诺·布雷克尔与阿道夫·齐格勒的明信片作品被予以“纠正”，以此痛斥用追忆达达派批评方式来表达的艺术风格。更准确地说，这些修改，揭示出了纳粹权力的性欲望和性满足，它们都是纳粹统治的重要方面。[39]鲍迈斯特购买了大量印有齐格勒作品的明信片，他的修改与原作的性暗示以及种族含义相得益彰。理想的德国女人被展示成拥有一些男人的器官。齐格勒画出了德国女性在人种层面上的标准美，这是舒尔策·瑙姆堡在1937年的人种手册《日耳曼民族之美：生活与艺术中的理想形象》中所描述的一种美。

在对齐格勒1941年的《忒耳西科瑞》一处修改中，鲍迈斯特用一只男人之手所持的巨大方形器具，遮挡住了女孩的头部，使得她的脸彻底看不见了。一只持有铁器的手伸向她的双乳，她的胸部、阴毛与躯干连同她高高抬起看似棍子的胳膊仍赫然在目。这个女孩被认定是乔克莫克女孩。乔克莫克是位于拉普兰的一个集市村庄，所以这个女孩被认为来自拉普兰最北端，也因此是一个纯正的日耳曼美女。此外，部分正文，也就是涉及留出一面墙来进行湿壁画技法创作的部分内容，印在了明信片上。一些词语，如潮湿、热情、热度以及“12小时后另一个第二次熨烫开始”，产生了双重含义，带有性交情调。在艺术中运用并操控女性的身体在此种国家宣传事例中屡见不鲜。这个女孩的身体被当作绘制图案的表面加以处理，用来承载湿壁画图案。另一次，鲍迈斯特对这张带有粗劣贴墙女郎画的明信片进行了修改，将女郎的躯干换成了一张脸、阴毛换成了山羊胡。当新的标记涂抹在其表面的时候，潦草绘就的粗俗伪劣作品变为了一条艺术创作的原则。后墙的边缘成为了一段织物的细节，观赏的人能够同时看到两个前后不断变化的图案。在1941年，鲍迈斯特曾三次着手用蓝笔毁掉齐格勒的《艺术女神》明信片。一个新经典形态的裸体矗立着，体态像一尊希腊塑像，两个男童簇拥在她的两侧。齐格勒是德国精美艺术院的院长，因此算是德国艺术方面的最高官员。他曾挑选“堕落艺术展”作品并保证其符合展览要求，还曾帮助决定被没收的1.6万幅作品中哪些可以用来拍卖以换取外汇。齐格勒也曾被认为是“德国阴毛大师”。在每一个被修改的明信片版本中，鲍迈斯特将一丛阴毛变成一个男人尖尖的山羊胡，而这个男人睁开的双眼则被画成女神的双乳。一只鼻子刻在女神的腹部，一缕蓝色的薄雾，渐渐隐去女神原有的头部和臂膀。两个童子逐渐变暗，由此一来，他们看起来像是从那个男人头部伸出的四肢。比例修改了，性别转换了，身体融合了。在鲍迈斯特的一个版本中，加上了如下词语：“留着山羊胡的男人。格格尔/格格尔首次参展作品，已被希特勒购买。”在齐格勒《艺术女神》上，另一段文字说明称：“留着山羊胡的男人，10万令——隐蔽的政务会委员阴毛博士、性学研究者之肖像”。还有一次，鲍迈斯特从“伟大德国艺术展”宣传册1938年目录中撕下了几页。其中一页印有戈德龙一幅名为《左罗阿斯托》的绘画，还有一页印有施瓦尔巴赫的《两个女孩》。希特勒以每幅3500马克的价格买下了这两幅画。画面让人容易产生幻觉，因为它们过于条理分明、明白透彻。鲍迈斯特把两幅画拼接在一起，将施瓦尔巴赫所画一个女孩裸露的大腿和臀部放在了左罗阿斯托和他的鹰之间。左罗阿斯托的梦想，不再是这个超人应有的高尚，更多的是与女人合欢之好的幻想。这个超级女人的超级身体是画面焦点。那只鹰——已成为纳粹的标志——在一旁注视着。上方一角，一轮红日升起，它由中石器时代的图案组成。不落的太阳呼唤出了或许只有在左罗阿斯托的洞穴中才能找到的洞穴壁画。超人向德国第一人和他的艺术作品抛出一道弧线。对于这样的画面，没有一个简单的解读方式，但毫无疑问的是，鲍迈斯特对原始油画本身内在逻辑的干预，令人忍俊不禁并形成了纳粹意识形态所不能容忍的对事物的认知。图案所做的澄清和消除歧义并不是目的，关键是图案不容置疑的权威受到了攻击。这个图案的下面贴着一段说明，该说明写道：“工业色彩化学家、艺术家、研究歌德《色彩论》的学者将使用本书。”这大概是源于一张宣传一本论述绘画技法出版物的海报，这些海报由库尔特·赫贝茨博士有限公司下属的油漆及清漆工厂印制发行。鲍迈斯特作为研究人员，与库尔特·赫贝茨博士有限公司有些联系。各种运用色彩和视觉的方式汇集于此：获纳粹批准令人产生幻觉的油画；大量复制的具有达达派风格的缺乏内在关联的合成照片。

通过抽象拼贴和渲染，艺术的“精神追求”被抛弃了。也就是说，通过强调如何表现，即强调各种表现元素——画面上泼撒的点、构成物体幻影的线等，使得作为精神寄托的艺术受到了挑战。而事物的本身，即要表现什么，却由于渲染和蒙太奇的手法而成为一个问题，使人生疑，成了笑料。艺术的物质性与其意识形态相左。展现自然主义风格的所有技法，初衷是要使其不成为问题，但结果却令人怀疑。这些艺术竞赛引发了布莱希特（Brecht）[40]在《难民对话》中对幽默与推理的相似性发表看法。假如读一些低俗笑话在朋友之间传递，似乎没什么大不了的，但值得注意的是，纳粹把这样的玩笑话当真，对于这样做的人，会有各种现成的严厉惩罚手段等着他们。

明信片的公共属性及其口号式的简短语言，被一位抵抗者更直接地加以利用。从1941年秋至1942年春，本诺·诺伊布格邮寄出了14张明信片，这些明信片带有阿道夫·希特勒形象的邮票和一些口号，如“嘘向永恒大屠杀者希特勒”“什么是正确的？”“恐怖政权”“人类历史上从未有过这样的白痴”“500万人的谋杀者”以及“畜生、谋杀犯、流氓”。他将这些没写邮寄地址的明信片投入他被强迫居住的犹太人区一个邮筒中，它们在邮件分拣处被挑出并移交给了警察。当诺伊布格使用一张带有他前公司免费邮戳的明信片时，他的抵抗行为才被发现。他被指控“谋划叛国”，因为他曾计划“摧毁对战争努力至关重要的一个德意志帝国机构的劳动大军”。1942年9月，他被处以绞刑，陨身之年71岁。鲍迈斯特较为幸运。他的一些明信片被当局截获并移交给了盖世太保。被传讯到了盖世太保那里后，他找了个借口，声称自己的明信片实际上是在做一项关于“调制和铜绿”技术手册和颜料物理特性的研究。[41]他所做的一些事还的确将《调制与铜绿》和各种竞赛与明信片联系了起来。《调制与铜绿》中的著述引用了全世界从古到今许多艺术作品。鲍迈斯特对明信片的修改扩展了图案的文化涉猎的范围，因此，他蔑视“伟大的德国艺术”的同时，对其同质化的美学进行了回击。一般来说，无论是明信片还是同质化的美学均对表面和表面上变化的轨迹进行研究。

维利·鲍迈斯特修改的阿尔诺·布雷克尔的作品《复仇者》。

调制与铜绿

《调制与铜绿》的导言以讨论夏日景色开篇，夏日里，一切事物会融化在另外一切事物之中。[42]这一时节，映入人们眼帘的是上千种生命，其展现出的形态和构成的元素不计其数。人们看到调制存在于物质表面的各种纹理和变换之中。调制就在自然之中，而且能够被制造出来。薄饼是一种调制的产品。薄饼是不同的，具体取决于其独特的形态动力和构成动力。在薄饼成形过程中，有些事情超出了烹制者的控制。形成形态的力量和物质构成的力量正是《调制与铜绿》这本书所要探究的事情，同时也在思考哪一种更有助于艺术技法，因为调制也是一种艺术技法，它用特定的色彩涂抹方式绘出表面的勃勃生机。鲍迈斯特写道："自从自然科学步入兴盛期以及物理化学知识突然爆发以来，作为物质的世界与意识的世界已经更加接近了。世界不再只是有形物体与真空，无形的空气也是一种物体，就连最轻的气体都有重量。画家的任务是表达万物的这一物质方面。"[43]正如鲍迈斯特于1947年所说：

> 现代自然科学涉及细胞、结构、原子、量子和相对论，而生物学涉及分泌作用。这些物质属于一个人类凭借自然手段无法看见的世界。今天的艺术与同一时期所有知识分支是完全平行的。自然主义曾希望从外部看透物质。而今，物质内部构造才是最根本的。[44]

描绘一股海浪时，不应只刻画其形状，而更应该体现其形成的水汽、行进、翻卷、喷溅以及张力。要表现一个房间或一个空间，不应只通过透视技法表现，而更应该呈现空气的流动和光线的作用，从而使"所有的一切都具有灵性"。[45]调制不仅仅是对模拟的所有物质的体验，调制本身的内容就很丰富，了解调制所涉及的物质就十分必要，因为调制是这些物质的特性。在调制显现的过程中，“物质世界各种作用力固有的独立定律”起了一定作用。与结构不同，调制没有终点。它是一个过程，一种表现形态，而不是结构的基本构成要素。1944年，鲍迈斯特写到过结构与调制在诸多方面的不同。结构是某一物质的组成，是其组合成分。水的结构是H_2O。波浪与涟漪不是结构，而是调制。调制是一种表现形态，对物质的构成并不重要，尽管结构可以被转变为调制。大气能够影响表面，但难以影响结构，尽管它或许能够影响。每一种色彩材料都拥有一个结构。正是画笔和其他涂抹颜料的方式，让调制显现出来。

鲍迈斯特使用“调制”这一术语，源自塞尚的一段话：“塑造，唯有它，但别说塑造而说调制”。[46]塞尚使用“调制”一词，是指画面上色彩的系统转变，他的这一表述与当时的一项技法相左，这一技法通过将物体的色彩变黑而对其加以塑造。塞尚的改变不是将各种色彩混合在一起，而是将各种色彩相互并列或使笔画重叠。色彩是以这种方式保留了其自身的表现力，而不是为服务于表达而存在。调制追踪表面的变化、景深的细微对比、画笔的流动等。调制把油漆、颜料及色彩等物变成了图案，并将其作为包含所绘之物在内整体画面的一部份来处理。这种手法排斥了19世纪自然主义的方法，这种方法倾向于对物质特性进行灵活的情景设计。塞尚推崇调制法，但他不是第一个使用者。尽管是作为一种次要的表现形式并且不是有意为之，调制法还是从许多艺术家的手中兴起。它表现在十六世纪日本一些景观中；表现在阿尔塔米拉（Altamira）[47]描绘美洲野牛的洞穴壁画上；表现在丁托列托（Tintoretto）[48]的胡须、1668年伦勃朗自画像的皮肤以及他早期一幅描绘戴红帽子老人的大衣的油画中；它对戈雅（Goya）[49]、印象派画家、透纳、土鲁斯-劳特累克的作品产生影响，存在于雷诺阿绘制的肉体里、莫奈创作的树叶和泡沫，以及梵·高描绘的田野、云朵和水中。

铜绿就像调制一样，也是一种表现形式，它表达了物体或物质的表现潜力。[50]铜绿是化学、物理以及机械过程在自然和人工表面上所产生的一种外观。时间是它的中介。[51]时间效应产生出了铜绿，就像油画上出现的裂纹。[52]铜绿是自然效力的证明，它随着自然闯入人类创造的世界而崛起。[53]例如，建筑学寻求声称对抗自然力的完美构架，自然和材料要服从建筑师的眼光。但是与铜绿一样，自然和材料同样主张它们的权利。

> 通过铜绿，我们可以看出自然本身借以平衡自然与人工对立的方式，即自然——外来方式，而人类就矗立其中。没有这种均衡，人类早就变成了鬼魂，被困在一个技术的世界里。歌德说："自然在任何没有人类施虐的地方都是美丽的。"令人安慰的是，自然努力延展到了人类建立其人工世界的地方——如铜绿。铜绿展现美丽，并且在特定环境下减缓丑陋。这是另有一些东西在一刻不停、永久地发挥作用。[54]

铜绿有色彩渲染的特性，因为它可以令表面平整，以油彩画家常常探求的方式使表面统一起来。铜绿和色彩渲染都溶解表面和轮廓，使形态发散。赫贝茨举了一群吉普赛人的例子：随意的排列顺序、褴褛的衣着、色彩各异的补丁以及污垢，这一切都与正常世界秩序形成鲜明对比；这群人好似融入了周围的大自然。[55]色彩渲染在生活中与在艺术中一样，对于这个世界个性化的物体本性，是一种否定。观察到的物体反倒是一个物质的、多彩的、多样的整体的一些碎片。一个物体的用途、目的及构造，相对于该物体作为物质价值的体验而言，并不重要。赫伯茨告诉我们，铜绿作为对"技法化"攻击的一种回击，在1870年至1900年间的绘画领域受到特别青睐。当时，大量的风格绘画所表现的全都是半成品、破碎物以及乱堆的杂物，所有物体重叠并且模糊不清。色彩渲染反对功利主义观点，这种观点向往的是准确完整而又没有人类干预印记的物体。与此相反，赫贝茨“唤醒”了这个金酸盐的物体，即一个被长期使用并且随着时间推移而具有某些性质的物体。他举的例子是拿破仑的帽子，磨损严重、皱皱巴巴、满是污点，却是一个熟悉的心爱物件。赫贝茨从历史的角度考量人们对铜绿的喜爱。铜绿的出现，是对一个不需要它的时代的一种反应。它是一个新时代的偶像，这个时代追求所有的事物都是技术精确、表面无瑕、光洁如新。赫贝茨记录了纽伦堡老城所带来的美的愉悦，那里有令一个家庭主妇着迷、已被调制并且布满铜绿的表面。然而，当这个主妇被问及是否愿意在此居住时，她多半会说不，因为现代化本身寻求光滑、精密和清洁的表面。在这种“绝对的表面上”，任何干扰都被视为“一个外来身体”“不属于这里的东西”。[56]此处存在两个世界，一个是知性的构造世界，这里有通过绝对的表面界定的绝对空间；另一个是自然、蜕变以及调制的感官体验世界。《调制与铜绿》中的试验钟爱感官世界，然而，对吉普赛人的尊敬（与第三帝国对他们虐待相反）以及纽伦堡（受人喜爱的纳粹城市）的例子，则展现出铜绿特性的不同政治价值。

通过参考歌德的自然形态学，菲利普·奥托·伦格的自然神秘主义及其和谐的彩球，F. F. 伦格的化学尝试，武珀塔尔的试验者们找到了回归浪漫世界的道路，即一个互联互通且充满活力的物质世界。这种浪漫在唤醒文化景观的浪漫现象上，表现得尤为突出。这表明了对一种毁损建筑的迷恋，这种毁损建筑被自然所侵袭，野草、树木及各种植物附着其破损的表面并栖息于其缝隙之中所。自然降服了人工，二者融为单一的美丽景观，因此深受浪漫主义油画家和素描家的青睐。他们身上的某些气质拒绝资本主义社会肮脏的金钱交换原则。文化景观唤起了一个似乎失去了的景象，一个不那么残暴的前现代世界[57]，神奇但又令人向往的景观。《调制与铜绿》所展现的是一个悬挂在一起、彼此关联的世界。正如叔本华坚持认为的那样[58]，原料变成了灰尘，物质变成了晶体，而后，它们自己又塑造出了植物与动物。歌德的蜕变思想对这一自然观起了决定性作用，万物互通。所有形态都处在运动、消亡、重生、转变的过程中。调制就是这种变化过程昙花一现的标记，是大自然在发声，是物质在维护自己的权利。调制使世界回归到一种表现形式，一种生机勃勃、不断运动并相互作用的物质世界。调制展现整体的统一和每个独立部分的变化。《调制与铜绿》的结束语引用了诺瓦利斯的《亚麻布退火炉旁的白喉卷尾猴》：

> 人们出行走不同的路。那些曾记录并比较人们所走过的路的人，将会看到美妙的图案正在生成；这些图案似乎源于伟大的《设计手稿》，它们就在我们身旁，举目皆是：在鸟的翅膀和蛋壳上；在云朵、白雪、水晶、岩石的造型中；在山里和山上的冰水中；在植物、野兽、男人和日光中；在受到刺激和攻击的大块树脂和玻璃中；在磁铁周围的铁屑中；在各自的“机缘巧合”中。在这些事物中，我们好像突然想起了关键的一点——该原稿的基本原理。[59]

有一种自然语言和看待事物的新方式需要学习。《调制与铜绿》的结束语揭示，视觉是能够训练的，“人类的任务是培养其眼光和感知力，让它们共同正确体验这个表面世界”。[60]

对武珀塔尔的试验者来说，大自然的崇高并不明显。而对康德来说，他的眼睛虽然看见了波涛汹涌的大海、巅峰之上的白雪、海平面上巨大的浮冰、一座若隐若现的苍山、一道猝不及防的裂缝，或是带着恐惧观察到的银河，但是他的大脑却意识到他所感知的这些东西，对人类来说巨大无比却又无足轻重。相反，在被风吹得沙沙作响的沙丘表面或一段树干爆裂的表皮上，在一扇大门曲卷的油漆里、在一面混凝土墙斑驳的墙面上，或在与其背景不能结合的油画颜料散落的点点滴滴中，都能找到银河。自然之美，如同艺术之美，在相当细小的层面上都能被发觉。[61]这里所呈现的是一个可以扑捉到的自然，是一个通过天真烂漫而又原始古朴且兼收并蓄的艺术实践可以接近的自然。当然，这样的艺术实践在信奉物质特性与接纳变化的益处上，应同样前卫。

火箭人

在纳粹主义者看来，艺术是在模仿自然的外观。科学技术对自然加以改进，通过试验室发明了更好的物质、色彩和纺织品，给人类带来了进步。但是科学技术的目的是确保战争的胜利，而实际上，这如同残害生命，是对自然、对景观的施暴。这，就是隐藏在自然、鲜血与土地意识形态下的纳粹物质性。随着战争的推进，科学家发明创造的才能也不断进步。

德国东北部乌瑟多姆岛的北端，面向波罗的海，佩内明德市为V–1及V–2武器系统提供了试验场地。V–1，即通常所指的蜂音炸弹或飞行导弹，是一种带翼炸弹，装有900公斤炸药，飞行高度约600米左右，预计以每小时500～700公里的速度飞行。由于对安装在弹头上的小型推进器设定了特定转数，一旦V–1炸弹抵达目标，它们就会按照事先的设定突然冲向地面。1936年，纳粹政府在佩内明德修建了一座机场，作为空军的试验场所。带有火箭发动机、起飞助推火箭、制导武器、特别是带有“飞行炸弹”的飞机，从长长的灰色跑道上腾空而起，波罗的海便成为了朦胧的背景。试射第一枚V–1是在1942年初，试射第一枚V–2是在1942年10月3日。让这类武器见效需要时间，武器试验至关重要。在这里，武器试验没有危险，可以直接向波罗的海发射，乌瑟多姆岛的周围是方圆300公里开阔的海面，海面上只有星星点点无人居住的岛屿。一旦落入海中，这些武器会释放出一袋深绿色染料，可标注出它们在水中的方位。这些导弹有其乌托邦式的祖先。20世纪20年代，火箭爱好者就曾梦想过能够飞抵月球的火箭。这种火箭是从事星际探索的宇宙机器。尽管爱好者们做了多次尝试，但梦想并未实现。1929年，弗里茨·朗发行了电影《月球女郎》。科学顾问们帮助弗里茨·朗的团队想象太空旅行这样的未来：需要一枚能够达到脱离轨道速度的火箭，月球上引力较小的现实，以及一段有关失重的描绘。剧情是在月球上发现大量黄金，令月球探险者们穿着毛衣和皮短裤争先恐后去开采。1928年，火箭设计者赫尔曼·奥伯特（Herman Oberth）[62]开始建造一枚高空液体燃料火箭，打算在《月球女郎》首映的当天发射，以产生轰动效应。但他失败了。直到1938年，他开始为德国人在佩内明德从事军用火箭开发。奥伯特与其他火箭科学家不再关注月球，而是把注意力放在了军用火箭研究上。探索另外一个世界的飞行梦想变成了用来毁灭的军用火箭。将火箭作为武器加以研究始于20世纪30年代初期，因为《凡尔赛条约》要求德国裁军并禁止武器制造并没有提及火箭。第三帝国成立后，常规武器的生产马上开始，但对火箭技术并没有特别兴趣。直到20世纪40年代初期，在对战争进程感到绝望的情况下，纳粹政权才开始调动资源和金钱，把火箭作为一种新型武器加以研究。

这些飞行炸弹，也就是以液氧和酒精做燃料的高科技火箭，被纳粹政权看作是报复性武器。纳粹的说辞是，在佩内明德研制的武器是出于报复而开发的，因此才有了V-1及V-2的名字，即报复性武器。纳粹声称，英国人开始用飞机轰炸德国城市，袭击并屠杀平民。事实是自1940年起，纳粹与盟军一样，用有人驾驶的飞机对城市进行轰炸。纳粹曾一连数月在夜间将荷兰鹿特丹和英国伦敦作为轰炸目标，而英国皇家空军的一些军官认为，只需依靠空军力量，就可赢得战争，因此他们竭力推动一个轰炸攻势。为帮助纳粹生产新型系列远程武器，大量工人被招募。他们当中有些是强迫性劳动，有些可以得到薪水。不时有外国工人被从集中营选派到工厂，有时一次几千人，生产在附近各区域进行试验的武器。有些外国工人在氧气厂工作。为了发射火箭，需要两种溶液：纯度为98%的酒精，从马铃薯中提取；液氧，是酒精燃烧所必须的助燃剂。马铃薯从老百姓的口中掏出去制造死亡，氧气则使用原本为制冰而开发的机器，从建筑物周围的空气中直接提取。空气经过一个高压处理程序，而后将其组成成分分解出来。氧气以零下183摄氏度的温度冷冻为液态。从1942年7月开始，这个工厂每天3班24小时开工，每天制造1.3万公斤液氧。每一次火箭发射需要8000公斤液氧，而这个工厂本身就是一个能源使用大户。

接到可能来自波兰地下抵抗组织提供的情报后，英国情报机构发现了纳粹在佩内明德进行的工作。随后，一些侦察机飞抵这一区域上空，确定了轰炸目标。1943年5月，飞行军官康斯坦茨·巴宾顿-史密斯，一名伦敦盟军中央照片解读小组的成员，仔细研究了一张航拍照片，认定一个微小而弯曲的阴影是一个停机坪，停机坪上T形黑点是没有座舱的飞机。她看到了V-1炸弹。3个区域被标注出来作为轰炸目标，准备令纳粹德国的火箭科研和生产都陷于停顿，盟军对这3个标注区域将进行攻击。随后，一系列猛烈空袭开始了，包括1943年8月17日500架皇家空军重型轰炸机发起的攻击。炸弹没有击中目标，而是击中了科学家居住的房子，炸死了一些研究人员。但是，对附近外国工人居住营地的轰炸，却造成了大量伤亡，500名外国工人身亡。然而在当时，这些损失对纳粹来说无关紧要，因为他们很容易从集中营得到更多工人来填补空缺。对装置的破坏并不严重，工厂很快就恢复了运转。但轰炸产生的一个严重后果是：火箭生产地点转移了，转移到了自然的心脏——地下，一直延伸到位于诺德豪森市的哈茨山深处。歌德《浮士德》中有一幕就发生在这些群山之中，在这里，光亮不同寻常，被称为布罗肯幽灵。1777年，歌德来到这里，他在《色彩论》中写出了其观察到的太阳落山前的视觉感受：

还有太阳的光线被不断增厚的水汽严实地遮挡住，并开始向我周围的所有景物漫射出一种无比美丽的红光，阴影的颜色变成了绿色，其明亮堪比海之蓝，其娇美堪比翠之绿。这种显现变得越来越生动鲜明：人们或许以为自己是在一个童话世界，因为到最后所有的物体都披上了两种鲜艳且完美协调的色彩。当太阳落下，这一壮丽的景观消失在灰暗的暮色中，渐渐消失在一个月光柔美、星光灿烂的夜空中。[63]

歌德意识到了光与影对立统一的逻辑。他的科学观察产生于一个童话般的景色中。布罗肯幽灵也是一个罕见的光学作用的名称，这个名称曾令登山者毛骨悚然，直到人们科学地理解了它。观察者的影子投射到一层水汽或云团上面，尺寸显得异常巨大，清风吹来，影子便随风摇动。在以后的年代里，当飞机的阴影投射在云层上时，也可看到到同样的效果。那个时候，布罗肯幽灵的光线全被遮蔽，隧道挖进了深山之中，用以建造一座名为设备厂的地下工厂。布痕瓦尔德集中营的囚犯为这些“双重死亡”工厂提供了劳动力。在死亡武器生产出来之前，这些囚犯被强迫劳动，直到累得死去。法国、乌克兰、波兰、俄国以及捷克囚犯由集中营“警察”监管，这些“警察”很多是德国籍的罪犯，他们本身就是囚犯，听从党卫队的命令。一些囚犯负责筑路、铺轨或挖地窖，另一些囚犯负责修建工厂、开凿岩石、接替不能再来换班人的班。在建设期间，大多数囚犯住在隧道中。那里没有水，他们睡的草垫到处都是虱子。1943年9月底至1944年3月31日期间，来到这里的1. 75万名囚犯中，有6000名在3月底前死去。在设备工厂，有两条隧道延伸长达1800多米，宽9米至11米不等，高大约7米。46个交叉隧道与这两个主要通道相连。1943年12月底，V-2导弹的生产在隧道中开始了。党卫军发送过来更多的囚犯，用于修建多拉集中营，一旦工厂全速运转后，为工厂补充的工人便可住在这个集中营。1944年5月，全体囚犯从隧道中搬到了新的多拉集中营。生产火箭的囚犯们，仅靠很少的食物工作，每班需工作12小时，并遭受看守痛打，常常被打死。临近战争结束，当德国东部被苏联占领后，从奥斯维辛与大罗森集中营撤离的囚犯来到这里；他们中的许多人已经死去或者奄奄一息。多拉集中营焚尸厂处理不了那么多尸体，就匆忙搭建起了临时篝火炉。尸体丢满了这片地方。在附近的布兰肯贝格、埃尔里希集中营，汉斯·卡姆勒试图执行一项将整个德国航空工业转入地下的计划，他开始在柯恩斯坦及山下建造新的地下工厂。这导致很多人死亡，他们中大多是1944年春夏从布痕瓦尔德集中营发派过来的囚犯。这些受害者尸体在多拉集中营被焚烧。从1944年年中开始，有了一段暂缓期。德国政治犯掌管了工厂内部管理。火箭生产需要继续进行下去，因此党卫军不得不减少在工厂的暴力和死亡。这时，火箭开始进入试验阶段。火箭被运到了比利时海岸和加来海峡准备发射。第一枚火箭于1944年6月中旬击中了英国。到6月底，德国人每天击中英国大约50次。1944年9月，第一枚V-2导弹登场，它从海牙飞抵伦敦用时4分钟，这枚“星爆流”火箭以来福枪子弹的速度，拖着长长的尾气穿越大气层。V-1和V-2导弹在军事上的实际效果并不显著。如此效果并没有切实推动实现德国的战争目标，而盟军的空袭也没有像预期那样令德国经济崩溃。火箭武器是心理宣传战的一部分，德国报刊认为，这些武器以及由此带来的恐惧击垮了英国的决心。与此同时，德国人为他们的同胞开发出如此令人恐怖的武器而倍感骄傲。1945年初，前党卫军奥斯维辛集中营指挥官掌管了多拉集中营，镇压开始了。主要的“红色人物”遭到逮捕，并被指控为蓄意破坏和反抗。特别是苏联战俘，他们被吊在每天的点名处示以警示。这个集中营有大约2万名囚犯不幸死去。与此同时，洞穴里的帮凶下手却越来越狠，有时候无理由就把人吊在工厂现场。而就在撤离集中营的当天，1945年4月4日，党卫军在集中营的监狱里处决了七名共产党人。[64]

1945年4月1日，在美军到达的10天前，该工厂停止了生产。当有关该工厂及其生产产品的消息传出后不久，美国参众两院的高级代表就造访了此地。他们最感兴趣的是这座工厂以及用来建造火箭的技术。集中营所在的地区将由苏联掌管，因此美国人必须加紧工作，以获取这些武器技术。土地的交接推迟了，此时，美国人将剩余100枚V-2武器装上列车，运往安特卫普。在这里，这些武器被装上了船，运到了新墨西哥州的白沙基地。1945年6月，科学家韦恩赫尔·冯·布劳恩，位于佩内明德的装置技术主管，将跟随他的火箭研究同事们，很快就会开始为美军、之后为美国国家航空和航天管理局工作。与他一起工作的126名同事同他一起去了美国，而赫尔曼·奥伯特后来在亚拉巴马州亨茨维尔安顿下来。这是德国的技术出口：德国技术和科技人员背井离乡来到了新世界。战争结束时，世界四分之三的投资以及工业产能集中于这个新世界。

与此同时，在德国的武珀塔尔市，另一个项目正走向终结。在一种自然被物质化、仿制而放任的状态下，德意志种族和德意志土地的本性成为使骨肉分离和大地涂炭的合法借口。作为一个项目，在赫贝茨清漆工厂中对物质特性所进行的一系列探索取得了一些成果，在这个项目中，曾被肆意伤害并被意识形态操纵的自然获得了缓减的机会。这家清漆工厂的艺术家完成了《调制与铜绿》一书。1944年12月8日，随时可以付印的书稿连同平面设计图，一起邮寄给了一家瑞士出版商。因为战争及战争需要，在德国不可能出版这本材料。艺术家们曾试图将这一著作以战争必需品的名义出版，但在战争行将结束的最后几个月里，由于纳粹的失败显而易见，他们的争辩不可能成功。当战争行将结束时，1945年春天，在德国，有太多关于未来会怎样的问题，而这本书的出版计划被放弃了。[65]在纳粹德国内部推行的抽象主义艺术技法，以及该技法高调宣布并经官方许可对现代派风格的憎恨，再次从视线中消逝。[66]还有其他一些事情也被隐藏起来。一直为战争努力生产伪装颜料以及其它物资的赫伯茨有限公司，是数千家使用奴隶苦力[67]的企业之一。战争结束时，国际追踪局调查了集中营，包括那些关押“公民工人”或被强迫的劳力及战俘的集中营。使用被强迫的劳力的企业（许多是大公司）名称，在后来的耻辱录中[68]消失得无踪无影。

战后，胜利的色彩

在德国国内，科学战利品将在获胜的同盟国之间进行分配。1944年至1945年空袭后，许多东西都被埋在废墟中。为了防止疾病传播并重建战后经济，法本公司很快恢复了运转。同盟国占领了法本公司的工厂。1945年5月11日，占领当局签发了第一张生产许可证。1945年7月5日，同盟国没收了法本公司下属的2千家企业，并将这家化学工业联合体肢解。钢铁、煤炭工业以及大银行遭受了相同命运。各式各样的德国企业在同盟国之间按每个国家控制的区域进行分割。例如，拜耳公司在勒弗库森、埃尔伯费尔德、多而马根以及于尔丁根的工厂移交给了英国；在洛因、施科保、比特费尔德以及沃尔芬的工厂给了苏联政府；巴斯夫位于路德维希港的工厂由法国控制；赫斯特、格里斯海姆、奥芬巴赫、卡塞拉、卡勒、贝林工厂、博宾根、盖斯特霍芬以及瓦克尔都位于美国控制区。法本公司的4万个专利和几千个商标被一并没收。胜利盟国对技术人员和科学家进行了讯问，以了解他们的技术知识。军政府经济部门的构成人员主要来自金融以及大工业企业，在审理法本公司时，审判者对于针对该公司使用奴隶苦力和暴行的指控毫无兴趣。法本公司与美国杜邦公司和英国皇家化学工业公司的卡特尔协议，法本公司在美国的存在，以及战时法本公司与美国标准石油公司和英国荷兰皇家壳牌公司的种种联系，都被一一曝光。顺理成章的是，以下事实也被揭露出来：法本公司收到了其在美国生产并发送到英国的飞机燃油的全部货款。[69]工业领域的关键人物主要是企业家，他们的确干过不准工人进入工厂以及禁止建立工会的事情。[70]他们也曾试图阻止某些审判。在这些审判中，法本公司一些主要董事应该出庭受审。他们被指控犯罪，包括计划并实施对他国攻击、在德国军事占领期间侵占财产、在被占领土上以奴役平民的方式参与反人类的战争罪行。[71]最终，这些被告有些被宣告无罪，有些被判处短刑。没有人被指控计划并参与战争攻击。经理们很快就回到了各自的公司。[72]

理查德·萨苏利关于法本公司的书于1947年出版。他在书中写道："法本化学工业联合体合成产品的魔力，将成为赢得反德国法西斯主义胜利的各个国家的财产。"[73]萨苏利是美国军方财政部财政情报与联络部门的负责人。起初，美国占领者对存放在银行的黄金储备和各种材料感兴趣。而在法本公司权益主张上，美国的兴趣则表现在珀尔特齐希设计的顶级法兰克福的建筑物上。尽管法兰克福中心区的大部分地方被埋在废墟中，但该建筑物在战争中并没有遭到轰炸。美国占领当局想使这里成为一个基地，但是法兰克福行政办公室已经被1万名"流离失所者"占领。为了取暖，他们烧了无数档案文件。这一建筑被进行了清理，更多的档案箱和纸张被倾倒在走廊和地面上。调查人员需要到齐腰高的纸海中寻找历史档案。[74]从调查人员根据这些文件、采访以及在法本公司董事花园和地窖中挖掘的档案所形成的报告，萨苏利拼凑起了他的故事。因为："创作法本公司故事的机会，无论从哪种意义上讲都是战争胜利的副产品。"[75]

参议员克劳德·佩珀为该书所作的序言明确指出，这本书是对他称之为"法本公司主义"，即对卡特尔与垄断的起诉状。在他看来，"在真正意义上，德国战争的制造者不是希特勒麾下穿褐色衬衫、威风凛凛、急进如飞的骑兵，而是那些穿着朴素、表面看值得尊敬的一类人，如亚尔马·沙赫特或是法本公司的总裁赫尔曼·施米茨"。[76]

萨苏利的故事于1950年成了一部电影的题材之一，拍摄电影的是新的德意志民主共和国电影制片厂，即德国电影股份公司。这部名为《上帝的忠告》的电影，由库尔特·梅齐希执导。该影片使用了萨苏利的《法本化学工业联合体》、战后纽伦堡审判文件以及1948年路德维希港一个化工厂二甲基乙醚爆炸并造成200多人死亡事件的报告，讲述了在法本公司工作的三个人的故事。一个是毫无戒心地为奥斯维辛集中营制造毒气的化学家，一个是他那个有着阶级意识的工薪阶级的叔叔——卡尔，另一个是联合体的董事，化名为格海姆拉特·毛赫。该电影着重描述了法本公司在战争期间的盈利。德国企业家因其在战争中的作用以及对集中营囚犯死亡所负的责任受到了指控。战后路德维希港的大爆炸，被归咎为在战后继续为战争生产易爆火箭燃料。在萨苏利痛斥化工领域的托拉斯和卡特尔，赞同自由市场的同时，影片的共产主义政治信条将法本公司与资本主义制度本身联系在一起。影片表达了德意志民主共和国的路线：大企业形态的资本主义制度产生了法西斯主义，并且从中获利。冷战时期的僵局在电影中没有被直接表现出来。自始至终，法本公司与标准石油公司一直存在着紧密的合作关系。美国的代表就是个粗俗的愤青。无论在德国还是在美国，大企业从未受到过真正惩处和根除，因此它们重新犯罪的危险一直存在。只有在苏联占领区，根据斯大林路线，法西斯主义彻底绝迹了。影片虚拟再现了行业协会会议、试验室工作、家庭争论以及爱情故事，同时加入了八个纪录片单元，并通过希特勒、爆炸、难民、死亡集中营以及1950年和平大游行的实录影像来维护其真实性（尽管其中人物使用了大量假名）。影片虚构的英雄　　转过来反对其雇主的化学家，参加了游行。虚构的现实被影片资料的震撼力所遮盖，观众不由自主、不容置疑地看到了恐怖的景象和未来的希望。

1953年，前纳粹党党员卡尔·阿洛伊斯·施金格尔出版了他关于法本公司的记事，他的叙述没有一丝悔意。该书写作风格朴实无华，与他早期广受欢迎的科学小说《苯胺》如出一辙。故事没有沿着“合成科学导致战争、科学家们抛弃责任”这样的路径发展，而是讲述了化学开发、合成肥料、医药以及合成橡胶的必要性。施金格尔提到了《1929：华尔街破产》及其对化学工业的影响。法本公司的11万雇员和工人削减至1932年的6.3万人，而那些继续留用的人，每周只上5天班。纳粹上台后为所有人带来工作。纳粹禁止使用节省工作岗位的机器并开工了许多建设项目，如穿山公路和高速公路。施金格尔写道，他们还略带悔意地引入了“零容忍”。[77]该书以一名军医与一名陆军少校之间的一段对话结束。医生对于到头来一切导致毁灭而非救赎感到绝望。阿尔弗雷德·诺贝尔之所以用他的名字设立奖项，是因为他对自己发明的达纳炸药没有被用作修建山间道路，而是被用作杀戮的事实而感到内疚。飞机也是一样，原先承诺拉近各民族间的距离，带来的却是成无数城市的毁灭。人造硝酸钾本应带来双倍丰收，但却被用于生产军火。这名陆军少校回答说：“科学技术没有道德。”发明创造是用来摧毁敌人、挽救自己的。据他观察，所有生物都依照该原则进行生存繁衍。这种本能比任何说教都要强大得多。看起来，这名陆军少校，或者可能就是作者本人，不能放弃基于“兄弟之爱”狭隘版本所形成的某种思想形态。世界处于战争状态，永不停歇，仇恨是最真实的情感。但是这名陆军少校却很现实。他说：“不要绝望，继续工作。”这些就是他们的对话。书的结尾，军医回到他的皮氏培养皿前，而陆军少校则去了“他现在仍然不知所踪”[78]的前线。

好莱坞早已拍摄出了关于战后欧洲秩序的第一部影片。这部1948年由雅克·图米尔执导的电影《柏林快车》，是战后在德国拍摄的第一部美国作品。一个德国人，海因里希·伯恩哈特博士，前往柏林去宣传德国重新统一的观点，这是一个由美国国务院发起的计划。他在巴黎至柏林的列车上被绑架，他的秘书请求每一个同盟国代表帮助找到他。接下来，一个俄国人、一个英国人还有影片中的男主角——一个美国人，为寻找这个德国好人，辗转徘徊于法兰克福和柏林黑暗、东倒西歪的废墟中。在废墟中进行的现场拍摄，证实了城市遭受毁灭的严重程度。影片灰色基调的风格，将摄入镜头的现实带回到了印象派的梦魇中。在虚构的一家夜总会场景中，有一个占卜算命师和一个扮作小丑的敌方间谍，这加剧了恐怖的气氛。敌人是谁并没有被点名，可能是纳粹的残余，也可能是共产党。影片结尾的几个手势表明，苏联陆军中尉的姿态是和平合作的最大威胁。冷战的各个阵线固定下来了，战后世界是影片真正的主题。电影中既有好的德国人，如被绑架的医生，他曾是反希特勒地下组织的一员；也有坏的德国人，如绑架者，他们的政治立场和绑架动机并没有被交代清楚，但他们会被同盟国滑稽古怪的招式所击败。但是会有好的俄国人吗？这部美国影片，通过采用纪录片的惯常手法，强调其真实性。伴随着一段纪录片片段，画外音表现出了对战后欧洲局势的沉思。一群盟军到访了法本公司位于法兰克福的建筑物，与美国占领当局商讨有关事项。观众看到了在重建战后德国正常运转秩序过程中的喧闹嘈杂。当镜头拍摄到法本公司大楼的外墙和内饰时，画外音响起：

这座法本公司的大楼，是德国智慧和力量的标志，庞大的法本公司行政大本营，战争工具的制造商。就连驾驶盟军轰炸机的小伙子们对这一地点也关照多多，以确认它没有挨炸，因为武器制造者曾在这里从事征服世界的文案工作，这里将成为推进和平的理想办公场所，并将成为美利坚合众国欧洲战区司令部。在这里，美国士兵正帮助打造当今世界历史：在德国维护和平，令德国人民恢复其社会地位成为可能。占领军在这方面负有不可推卸的责任，没有哪一个城市的重要性超过法兰克福，这里是整个美国占领区的清算中心、控制中枢以及主要空港。这里就是同一屋檐下合在一起办公的美国国会、白宫及司法部。在这里，政策被制定出来并加以执行；在这里，签发工作许可；在这里，旅行指令被修改、检查；在这里，政府的敌人被传唤来承担责任。

法本公司又成了巨大权力的集中地。在这里，被塑造出的未来带有官僚主义；同时，还不得不被打上意识形态的烙印。詹姆斯·伯纳姆，是由前托洛茨基分子转变为自由派的反共人士及地缘政治家。在他1946年所著《为世界奋斗》一书的开头写道："第三次世界大战开始于1944年"。接着，他通过提及希腊水手和士兵在亚历山大港的兵变，[79]对此加以详细论述。英国军队迅速镇压了这次兵变，但在伯纳姆看来，这一事件中有一些值得普遍重视的东西。这次兵变的士兵是ELAS的成员，ELAS是希腊共产党控制的EAM的武装分支。由此分析，此次兵变存在着共产主义的影响，即来自当时还是盟国的苏维埃社会主义共和国联盟（苏联）的影响。他当时推断，一场不一样的战争正在进行："旧战争还没结束，新战争的小规模武装冲突就已经开始。"新战争当然就是冷战，或冷战前的小冲突——在一个被瓜分的欧洲夺取政治和经济控制权的战斗。伯纳姆的书宣示了美国的意图，即战胜共产主义以及战胜其他任何对美国霸权构成的威胁，并有效推动了一个更加富有侵略性的战略，这个战略名为"解放"，就是要削弱苏联的势力。美国必须击败苏联，即使这意味着发动一场战争，"一场对高加索油田、莫斯科以及十多个苏联或苏联控制的主要城市和工业集中地带的原子武器进攻，令其立刻瘫痪"。[80]该著作在最高政治圈内引起共鸣。伯纳姆在其第一篇评论《我们身处的战争》（1967年）中这样写道："《为世界奋斗》的第一部分中对共产主义和苏联意图的分析，最初是为战略支持部队办公室撰写的秘密研究报告，当时呈递到了华盛顿有关人士的办公桌上。"[81]《我们身处的战争》的前几行，重复了他所声称的第三次世界大战始于1944年的论调。当伯纳姆判断苏联政治进入一个新的侵略性时期时，他不一定是错的，但是这的确意味着那个时期没有引起重视的反叛及兵变表现出了苏联阴谋的部分特征。这样的心态最终导致战后冷战世界的产生，并在不同政权之间形成对峙。而此时此刻，某种战后解决方案正在加紧反复研究推敲——一个用统治阶级影响范国的标准来解释战后世界的晴雨表。统治阶级影响范围总是在统治人民的统治者之间进行划分，不论他们是以“民主”为名，还是借口自身就是“人民”。

战后，欧洲成为了废墟，但是美国的金钱能够以马歇尔计划的方式，令这里的工厂和办公室恢复活力。在同盟国中间，为所有人提供新的战后解决方案的需求不断增长。工人和士兵仍然记得第一次世界大战后，他们得到的物质回报十分有限。假如德国这个战利品落入他们的统治者手中，他们也很希望分得一杯羹。在所有这些牺牲之后，总要承诺些什么，甚至付出些东西。用一些看得见摸得着的东西，或许能够换取到分界线西边的人心。看看战争结束时报纸的边缝中的消息，就能感受到日常生活的磨砺与艰难：光荣榜中的死亡告知、假肢以及缓解眼睛疲劳的化学眼药水，都出现在小广告中。在这些小广告中，能够得到一些如何应付配给和短缺的提示。此外，还有推销人造短纤维纱织女套装的C&A这个牌子，而女套装总共只有两种灰色调的颜色，所有的颜色都从欧洲流失了。

第七章注释：

1 调制（modulation）在本章中主要是指一个作用的过程，以一种形态表现出来。具体内涵可参考本章第三节“调制与铜绿”部分的有关阐述。译者注。

2 戈培尔（Paul Joseph Goebbels，1897—1945），纳粹德国主要领导人，1926年被希特勒指派为柏林地区领导人。1933年纳粹上台后，负责宣传工作。1945年希特勒死后第二天，他与妻子毒死了自己的6个孩子后自杀。译者注

3 埃米尔·诺尔德（Emil Nolde，1867—1956），德国表现派油画家、版画家和水彩画家，其中木刻画最知名。虽为纳粹党员，但他的作品也被纳粹贬低为“颓废”艺术并被禁止作画。译者注

4 戈特弗里德·贝恩（Gottfried Benn，1886—1956），德国诗人和散文家。由于他的表现主义创作风格，受到纳粹的处罚。二战后出版《静态诗》（1948年）在欧洲文坛引起好评。译者注

5 奥托·迪克斯（Otto Dix，1891—1969），德国版画家，表现主义新客观社的代表人物。代表作品包括《艺术家的父母》（1921年）。1926年任德累斯顿市立学院教授，1931年被选为普鲁士科学院。1933年他的学术职位被撤销。译者注

6 恩斯特·基希纳（Ernst Ludwig Kirchner，1880—1938），德国画家、版画家和雕塑家。当纳粹宣布它的作品“颓废”后，自杀身亡。译者注

7 珂勒惠支（Käthe Kollwitz，1867—1945），德国女版画家、雕刻家。被认为是德国表现主义最后一位伟大的实践者和揭露社会矛盾的杰出艺术家。第一位被选入普鲁士艺术学院的女性，并任该院版画教研室主任。译者注

8 奥斯卡·施莱默：《通信和日记集》（米德尔顿，郡［县］，1972年），第311页。

9 同上，第309页，施莱默1933年4月2日致维利·鲍迈斯特的函。

10 同上。

11 详见彼得·博斯韦尔和玛丽亚·梅凯莱编辑的《汉娜·赫希摄影剪辑》，展览目录，沃克艺术中心，明尼阿波利斯，明尼苏达（1997年），第197页。

12 马克斯·恩斯特（Max Ernst，1891—1976），德裔法国画家和雕刻家。科隆地区达达主义运动领导人，1922年定居法国后成为超现实主义创始人之一。译者注

13 有关“堕落艺术展”的进一步讨论和赫希与鲍迈斯特的创作实践，详见本书作者埃丝特·莱斯利撰写的《菲利斯人和被颠覆的汪达尔人艺术》这篇论文，该文收录在戴夫·比奇和约翰·罗伯茨合编的《菲利斯人论战》（伦敦，2002年），第201~227页。在这篇论文中，莱斯利首次采用了讨论的形式对一些内容进行阐述。

14 详见施莱默1938年5月24日写的一封信函，该信收录在其《通信和日记集》，第371页。

15 详见施莱默1940年6月22日的信，出处同上，第381页。

16 施莱默对清漆的这段描述引自库尔特·赫贝茨编辑再版的《调制和铜绿：维利·鲍迈斯特、奥斯卡·施莱默和弗朗茨·克劳泽文稿，1937—1944年》，第19页（斯图加特，1989年）。

17 关于微观世界中的秘密，可参考自然研究专家恩斯特·海克尔的研究。

18 “物质化”问题，可参阅赫贝茨编辑再版的《调制和铜绿》，第19页。

19 施莱默：《通信和日记集》，第389~390页。

20 同上，第400~401页。

21 提姆·梅森的这些分析记录了第三帝国人民的反抗和自发性抗争的情况。这些斗争通常是为维护工人生计努力的一部分。尽管纳粹对这些政治反抗者采取监禁或处死等手段，但反抗从未停息，有些行动甚至出现在纳粹集中营里。具体情况可参阅提姆·梅森：《纳粹主义、法西斯主义和工人阶级》（剑桥，1995年）和梅森：《第三帝国的社会政策：工人阶级和“民族社会”，1918—1939年》（牛津，1993年）。

22 赫贝茨编辑的《调制和铜绿》，第66页。

23 弥诺陶洛斯（Minotaur），是希腊神话中人身牛头怪物，被弥诺斯王之孙囚禁在克里特岛上的一座迷宫中，每年要吃雅典奉送的金童玉女各7个，后被雅典王忒修斯所杀。在本文中，弥诺陶洛斯是指一个刊物的名称。译者注

24 《弥诺陶洛斯》，第8期（巴黎，1936年）。

25 伊夫·唐吉（Yves Tanguy，1900—1955），法国裔美国画家，1925年加入超现实主义画家阵营，喜欢描绘古怪、无定型的生物和无法识别的物体，并将它们放置于空旷、明亮且在无限地平线的地形中，作品具有超越时空、梦幻般的特点，主要作品是《无形的元素》（1951年）。译者注

26 赫贝茨编辑的《调制和铜绿》，第149页。

27 乔治·桑（George Sand，1804—1876），法国著名女作家。主要作品包括《安蒂亚娜》《康索埃洛》《魔沼》等。译者注

28 《聚焦弥诺陶洛斯：人身牛头评论》，艺术史博物馆（日内瓦，1987年）。

29 《弥诺陶洛斯》，第8期（巴黎，1936年），第18页。

30 保罗·克莱（Paul Klee，1879—1940），瑞士著名画家，1933年纳粹上台后，一度失去工作，一生从不追逐潮流，用表现派和抽象派手法，创作了9千多幅不同风格的油画、素描和水彩画，成为西方公认的20世纪杰出的画家。译者注

31 赫贝茨编辑的《调制和铜绿》，第224页。

32 阿尔普，法国画家、雕塑家、诗人和达达派主要创始人。他善于在木头上雕刻彩色浮雕，用碎纸作画并以抽象手法表现动物和植物。译者注

33 同注释31，第24页。

34 克莱门特·格林伯格（Clement Greenberg，1909—1994），美国艺术评论家。作为20世纪40年代至50年代美国艺术权威人士，为抽象表现主义的发展发挥了重要作用，并形成了“格林伯格形式主义”的艺术欣赏风格。译者注

35 详见克莱门特·格林伯格：《理论艺术》中《先锋派和庸俗作品》一文（牛津，1992年），第539页。

36 希特勒在德国艺术馆开幕仪式上的演讲摘要，刊登在题为“布尔什维克主义艺术的末日”的堕落艺术宣传手册中，在斯蒂芬阶·巴伦编辑的《堕落的艺术：先锋派在德国的命运》一书里进行了重印（洛杉矶，1991年），第384页。

37 详见彼得·卡米特斯基撰写的《页边评论，否定作品：维利·鲍迈斯特与纳粹艺术的抗争》，收录在《维利·鲍迈斯特：素描，水粉画，彩色拼贴画》，展览目录（斯图加特，1989年），第251页。

38 详见勒内·希尔纳：《对维利·鲍迈斯特的古代意象的说明》一文，该文收录在《维利·鲍迈斯特》第47~48页。

39 详见弗兰克·瓦格纳和古德龙·林克为雕刻现状的讨论而撰写的题为《高大的

躯体》一文，该文收录在《权力的展示：法西斯主义中的美学魅力》，第63～78页。

40 布莱希特（Bertolt Brecht，1898—1956），德国诗人和剧作家。20世纪30年代成为马克思主义者，纳粹执政后先后流亡到北欧、美国，并陆续完成《大胆的妈妈和孩子们》《高加索灰阑记》等重要作品。译者注

41 鲍迈斯特在1950年的证词中谈到了他与明信片的这件事，本文的内容引自赫尔穆特·莱曼-豪普特著的《独裁统治下的艺术》。还可参阅巴伦著的《堕落的艺术》，第201页。

42 赫贝茨编辑的《调制和铜绿》，第29页。

43 同上，第72页。

44 汉斯·希尔德布兰德转引自赫贝茨编辑的《调制和铜绿》，第222页。

45 赫贝茨编辑的《调制和铜绿》，第72页。

46 同上，第222～224页。

47 阿尔塔米拉（Altamira），指位于西班牙北部桑坦德市附近的洞穴。该洞穴中有优美的史前绘画和雕刻而闻名，这些人类早期艺术品的创作年代可追溯到公元前14000—前12000年。译者注

48 丁托列托（Jacopo Robusti Tintoretto，1518？—1594），意大利威尼斯画派画家，被现代艺术史学公认为风格主义最伟大的代表。他于1588年创作的自画像，面部的一半为胡须所占据。该幅自画像现存巴黎卢浮宫。译者注

49 戈雅（Francisco Jose de Goya，1746—1828），西班牙画家、版画家。创作了500多幅油画和壁画、300多幅蚀刻画和平版画、数百幅手绘图和200多幅肖像画。他的作品对19世纪欧洲艺术产生了较大影响。译者注

50 同注释45，第64页。

51 同注释45，第68页。

52 同注释45，第224页。

53 同注释45，第42页。

54 同注释45。

55 同注释45，第40页。

56 同注释45，第138页。

57 阿多诺对《文化景观》回归的严厉又肯定的一些分析，详见特奥多·W. 阿多诺著的《美学理论》（伦敦，1984年），第94～97页。阿多诺的德语版《美学理论》，可参阅其《文集》第7卷（法兰克福，1986年），第101～102页。

58 赫贝茨在其所编辑的《调制和铜绿》第231页中引用了叔本华的有关观点。

59 参阅诺瓦利斯著的《赛斯的门徒和其他信众》（伦敦，1903年），第91页。赫贝茨编辑的《调制与铜绿》在结论部分引用了诺瓦利斯著的《亚麻布退火炉旁的白喉卷尾猴》里的这段内容，详见《调制与铜绿》第142~143页。

60 赫贝茨编辑的《调制和铜绿》，第143页。

61 对自然的这一变化，阿多诺在《美学理论》第104页作了评论，《美学理论》德语版中的相同内容收录在其《文集》第7卷，第110页。

62 赫尔曼·奥伯特（Herman Julius Oberth，1894—1989），德国物理学家、现代航天学先驱。第二次世界大战后，曾在瑞士、意大利、美国从事火箭和航天技术研究。译者注

63 J. W. 歌德：《色彩论》（剑桥，马萨诸塞，1970年），第34~35页。

64 对多拉集中营及其劳动项目的图解，详见伊夫·勒·曼勒和安德烈·泽利尔合著的《来自多拉的照片：火箭隧道中的强制性劳动，1943—1945年》（巴德明斯特艾费尔，2001年）。

65 包括平面设计图在内的用于《调制与铜绿》一书的有关资料于1947年经辗转又回到了武珀塔尔（当时是德意志联邦共和国的一部分）。

66 1943年，奥斯卡·施莱默辞世。曾被库尔特·赫贝茨收留的部分艺术家又回到了原先的艺术实践中，放弃了与科学技术有关的创作内容和团队合作方式。维利·鲍迈斯特成为战后德国抽象艺术的主要代表直到1955年去世。

67 第二次世界大战后赫贝茨公司的情况大致是：公司不断壮大，1972年赫斯特公司从赫贝茨家族购买了赫贝茨公司51%的股份。1976年赫斯特公司又购买了赫贝茨公司剩余的股份。在20世纪90年代后期赫斯特公司卖掉了其子公司涂料工业公司，该子公司和现在的杜邦涂料运行公司有大量的业务关系。

68 这一耻辱目录是根据马丁·魏因曼、乌尔苏拉·克劳泽-施米特和安妮·凯泽在《论国家社会主义的宏观体系》（法兰克福，1990年）中的研究绘制的；1999年11月16日《德国新闻》再次刊登了该目录。

69 详见赫尔格·克龙等：《赫斯特公司颜料生产史与德国的化学工业》（奥芬巴赫，1989年），第117页。

70 卡尔·海因茨·罗特：《导读》，收录在《1945年9月对法本工业股份公司的调查取证》的第8部分（讷德林根，1986年）。

71 克龙等：《赫斯特公司颜料生产史》，第125页。

72 法本化学工业公司的一部分董事后来在联邦德国获得荣誉。

73 理查德·萨苏利：《法本化学工业联合体》（纽约，1947年），第216页。萨苏利去世后，他的书引起了好奇。托马斯·平钦在1973年出版的《万有引力之虹》中逐字逐句的引用了萨苏利《法本化学工业联合体》中的部分段落。

74 萨苏利：《法本化学工业联合体》，第12页。

75 同上，第5部分。

76 同上，第10部分。

77 K. A. 施金格尔：《关于法本化学工业联合体，艾因·罗曼》（慕尼黑，1953年），第320页。

78 同上，第378～380页。

79 詹姆斯·伯纳姆：《为世界而奋斗》（伦敦，1947年），第9页。

80 同上，第249页。

81 詹姆斯·伯纳姆：《我们所处的战争：最后10年和下一个10年》（纽约，1967年），第10页。

Chapter 8

After Germany: Pollutants, Aura andColours That Glow

· 第八章　德国之后：污染物、气味以及光彩夺目的色彩

冷冻与死亡：二战后的冷战

有一则关于沃尔特・迪斯尼（Walt Disney）[1]的传言：他在1966年12月5日，因肺癌并发症引起的内脏衰竭而不幸去世，其尸体随后被冷冻起来。他的尸身被运用新的冷冻技术和相关的人体冷藏法（急速冷冻尸体并进行适当保存，以待来日科学发达再使其复生），被放置在了一个冷冻的盒子内并存放在了某个地方——这个"假冒冰箱"最有可能的存放地点，就在迪士尼乐园"加勒比海盗"景点下面。然而，这次的"人体冷藏乌托邦"并不是某个地点而是时间——它在豪赌明天。迪斯尼静静地躺在那里，与腐烂进行着抗争，期待着科学治愈他的身体并使其复生。毕竟美国需要他，美国有许多人沉溺于迪士尼所营造的善与恶的理想化世界。一听到他的死讯，加利福尼亚州当选州长罗纳德・里根（Ronald Reagan）[2]就表达了这些美国人的情感："没有任何语言能表达我本人的悲痛。如今，世界变成了一个更为贫瘠的地方了。"[3]战后，由美国主导的国际秩序逐渐形成，迪斯尼在这一过程中发挥了自己独特的作用。J. 埃德加・胡佛（J. Edgar Hoover）[4]十分关注迪斯尼的死讯，他随后下令，将迪斯尼的名字从联邦调查局积极联系人员的记录中删除："冷战失去了一位勇士——至少现在就是如此。假如有一天他能回来就好了，哎，但愿梦想成真，他这种事也可能发生在你的身上……"

或许这个故事缘于一则绝妙的双关语。随着沃尔特大叔的离世，世界开始为动画片担忧，以为它会就此告一段落。现在，这种动感活泼的艺术一动不动地躺着。或者，这种状态至少与沃尔特・迪斯尼绘制动画的虚构故事一样，也是迪斯尼公司想要世界相信的事情。有关人体冷冻的传言最早出现在1969年的法国杂志《这里是巴黎》上，很可能就出自迪斯尼工作室某些淘气的动画制作师之手。或许，他们与那位长期兼任迪斯尼助理的动画师享有异曲同工的诙谐；据说，这位动画师曾说过，假如沃尔特真的把自己冷冻起来，那是他想成为一个更温暖的人。冰冻的过程显然是切实可行的。通过降温以及冷冻的方式保存动物组织的科学探索，自20世纪50年代后期就已经见诸医学杂志和一些普通的刊物上。第一例用人体冷冻法中止生命，出现在迪斯尼去世仅仅一个月之后，受益人是来自格兰岱尔市（Glendale）[5]的73岁的心理学家詹姆斯·贝德福德博士。

人为延长生命或延缓死亡，是科学的神奇力道所造就的另一种产品。“冷战”[6]定义了一个新的时代，在此背景下，运用冷冻偶像的方式来反映相关的能力，此种做法自有其富于想象力的道理。1964年，罗伯特·埃廷格充满乐观主义精神的书籍《不朽的展望》中讨论了，“世界历史上第一次，人们之间只有暂别而非永别”[7]的情况下，将人体冷冻并唤醒这一过程中所需面对的一系列现实、法律以及伦理道德方面的问题。

> 《事实》：现在，在极低的温度下，长期保存死者并使其不变质，是可行的。
>
> 《设想》：在文明社会能容忍的情况下，医学将最终修复人体的任何损伤，包括冻伤及年老体衰和其他原因导致的死亡。
>
> 因此，在我们死后，仅需将身体储藏在适宜的冷冻箱内，与时间赛跑，等待科学可能向我们伸出的援手。不论我们死于年老或疾病，即便在我们死去的时候冷冻技术仍不成熟，但迟早，我们未来的朋友将会胜任这项任务，唤醒并治愈我们。[8]

埃廷格这本书的最后一章，标题是“以冷冻箱为中心的社会”；它在一开始就声言：“以冷冻箱为中心的社会不仅可行，而且也令人十分向往，在任何情况下几乎都是不可避免的。”[9]他推断，被他称作“寒冷的睡眠”的这种新生事物，对人们会有很大的吸引力：

> 醒来时，这个男人和他的妻子便可期待在一个更为发达的世界里，至少可以再生机勃勃地多活几十年；此外，他可能会拥有更好的财务状况。为什么不睡上片刻，醒来后去拥抱那更长久、更光明的一天呢？[10]

这是对未来的真实信仰，而这个未来要依赖那些冻结在其影像之下的现行经济关系。获得资本红利的人，以未来的承诺为名，延缓着他们的生命和快乐；而资本家心中的人体冷冻之梦则寄希望于未来。未来的某一天，你的病就会治愈，这是一项基本法则，可以用来概括资本对富足梦想的承诺：您的利润就在眼前。但是，作为补偿，埃廷格的人体冷冻学要索取的则远不止于此。冷冻计划购买的除了时间，也买到了生命与平静的生活；并且以这种方式缓和了国际关系，防止了那些不顾一切的冒险行为，比如核战争等。

目前，用人体冷冻法中止生命的努力尚未实现，埃廷格并不为此感到困扰；实际的情况是，身体一经冷冻，冰晶就会在细胞内形成，并在一种叫作“全身性冷冻器灼伤”的过程中对细胞造成破坏；身体解冻时，剩余的细胞因缺乏氧气和养分而死亡。[11]他并没看到人体冷冻法与冰和空气，以及低温与呼吸之间互不匹配的关联性。通过精准地运用其隐喻——用令人不寒而栗的冷战来消除身处核世界的痛苦和压抑，这种荒诞的场景挥之不去。这是一幅依赖于冰川的颇为奇异的图景。这些冰川被排除在地图制作以及政治图解之外，因为它们会打乱东西方的管控范围，两个超级大国在阿拉斯加和西伯利亚几乎就重叠在了一起。所设想的解决方法，就是保持一定的距离，即保持永久冻土的静态平衡，直到科学追赶上梦想的脚步。用这种方式保存的生命，既没有死去也没有存活，而是一直徘徊在死亡的边缘。从技术上讲，他还活着，但不会腐烂或转化，也不会变得更好。它不由身体支配，而是由科学来掌控。至少这是一种比纳粹的达豪集中营所从事的研究更有雄心、更为宽厚的科学。在达豪集中营，纳粹将囚犯放在冰冷的水里进行冷冻，然后尝试各种方法让他们复活，结果却是不停地杀死他们。[12]埃廷格的冷冻箱之梦是建立在这样的假设基础上，即这个拥有大量消费者的世界比天堂还要好。很难想象在这个有空调的商品天堂里，有人会不愿延长自己的大限。

冰冷的巴黎：20 世纪 50 年代至 60 年代

正是这种延续生命的抱负，才招致战后最卓越的文艺排头兵——境遇主义者尖酸刻薄的攻击。在1957年6月的“境遇主义者国际”的创立文件里，居依·德博尔在《关于境遇的构建以及国际境遇主义趋势的组织与行动环境的报告》中谈道，只有他们赋予“生命”而非“生存”的过程，才能产生与生命相似的东西。他所引用的就是当代医学和延年益寿的各种尝试。

> 最普遍的目标一定是拓展生命中不平凡的那一部分，尽可能缩短生命中空洞的时光。因此可以说，我们的事业是一项延长人类生命的工程，它比目前正在研究的生物学方法更严肃；这项事业预示着生命的质的提升，其发展前景不可预测。[13]

对境遇主义者来说，延长生命的医疗项目延长的只是无聊的生命与苦难，这样的生命不过就是行尸走肉而已。资产阶级的民主政治和官僚资本主义把人类冷冻起来，把生命变成在冻僵状态下进行的一种延续生命的探索。一个新的文艺排头兵出现在这片永久冰冻的土地上，并自称境遇主义者国际组织。同盟国也许已经赢得了上一次热战，但在胜利的土地上，并非每个人都准备接受和平。1968年2月14日，皮埃尔·亨利·西蒙在《世界报》上发表的文章中提到了德博尔的“冰冷”论调——假如境遇主义者在辩论时冻住了血液，那是因为该辩论者呼吸的就是寒冷的空气。冷酷的社会安排，冰冻的历史，这些都是居伊·德博尔《充满奇观的社会》（1967年）这本书的主题：“冷冻社会就是那些尽量放慢其历史的活动，让其与自然和人类环境的对抗总是处于平衡的状态；其内部的对抗也是如此。”[14]这番描述开启了德博尔关于时间的浓缩历史。冷冻的社会便是早期的前资本主义社会。德博尔在其第131篇论文中提出，政治权利的诞生似乎与技术的出现有关，工业与科学的进步让世界兴奋，使物质流动起来；然而，事物之间的密切联系却消散了，并为“不可逆转的时间”的到来创造了条件。这样就取代了那种基于统治阶级特质的周期性时间，即以不同王朝进行衡量并记载于官方文件中的时间。德博尔引用了诺瓦利斯的话：“书面作品反映了国家的思想，档案便是它的记忆。”一种具有官方性质的文学资源得到了开发，与统治阶级加强控制的努力相得益彰。民众仍陷于周而复始的循环时间里，因为这是农民开展生产的时间；而统治者神秘地推广着循环的时间，作为一种加强意识形态管控的方式。后来，进入中世纪以后，民众闯入进了历史生活；然而，伴随着资本主义的崛起，循环时间让位于另一种时间，即大规模商品生产条件下的“劳动时间”以及“事物时间”。[15]随着资本主义的发展，不可逆转的时间作为世界市场的时间得以在全球范围内统一起来。[16]置历史于不顾，追求均衡以及迟滞的变化等，这些前资产阶级时代所特有的现象，在公开展现的

"伪循环时间"里不断重复着。这种公开的展现，"延迟了实实在在的日常生活"，并且依赖于"循环时间的自然遗留"，如白天、黑夜、工作与周末、年假、节日、流行时尚等，作为不同的时间段[17]，都有为其相应设计的消费品。严寒回归，带来了成倍的寒冷。资本主义政体所处的时代是一个"壮丽的时代"，它不接受任何"不安宁的状态"（黑格尔语），在一个"看得见的生命冷冻"过程中[18]，去转动时空。通过电视展播，档案被聚焦在镜头下，人们从中挖掘出全人类的生活片段。这台巨大的影像传播设备，在人类生活中亲历的场所播放着那些虚构的事件。"因为历史本身就像一个幽灵，游荡在现代社会里，在生活消费的各个层面，都会有人构建虚假的历史，以保持当前这个冷冻时代所面临的受到威胁的平衡。"[19]

冷冻是把一些东西保存起来，防止其腐烂、分解，但不是将其反转而令其复活——这是低温物理学未来要做的承诺。冷冻所传递的不只是统治阶级为了维持平衡而创造的生活世界，而且还有代表知识阶层的评论员所接受的一些东西。冷冻已经扩散到制度的每一个角落。结构主义者把世界描述为静止的、没有生命的、并由众多冻结的瞬间构成的，德博尔对此予以抨击："冷冻的历史时代在短期内具有明确的稳定性，这种主张，不管是有意识还是无意识的宣示，都为结构主义所倡导的系统化倾向奠定了基础。"[20]这样的寒冷会促使人们在睡眠中保存体能："这种奇观就是当代这个遭受禁锢的社会的梦魇，它最终要表达的不过就是对睡眠的渴望。这样的奇观便是睡眠的监护人。"[21]

拉乌尔·瓦内格姆曾暗示，德·基里科的怪诞作品刻画得十分贴切，他的油画所展现的便是已逝去的生命以及生命被冷冻的图景：

> 基里科画里的人物面无表情，是对残暴的绝妙控诉。画中废弃的广场和死气沉沉的背景，表现了人类因自己所创造的事物而丧失了人性；这些事物剥夺

了人类的本真，吸干了他的血液，让他冷冻在城市的一处空间，进而彰显了意识形态的压迫性力量。[22]

在瓦内格姆看来，身体上那质地坚硬的护甲（借用了威廉·赖希的分析），必须要打破，以解放蜷缩在里面的生命。警察和军人身着铠甲的躯体死而不僵，而真正的生命却在别的什么地方。境遇主义文艺先锋运动把重点放在具体的活动上面，放在又一次随着水流（而不是冰）去穿越时间的长河中。结构解体了，让这种僵化在"时间通道里的不安宁状态"中翩翩起舞，其中的舞步包括了解冻和防冻结；这一切让文艺先锋派的实践活动心力交瘁；曾几何时，这些活动还至关重要，如今却冻结在那些可敬的真理中，而真理现在却被当作谎言。[23]这些做法意味着，将固定的非历史景象进行解冻，打破极权主义的观念；这观念便是那些打着整体冻结旗号的伪知识在意识形态上的表现。[24]在《充满奇观的社会》这本书的第205篇和208篇论文中，德博尔把重点放在流动性上——"再现的流动性""反意识形态的流动性语言"。意识形态被冻结且僵化，它冻结了语言，使之变成谎言；字里行间充斥着刺骨的寒意。"我们生活在这样的语言环境中，就如同身在被污染的空气中"，德博尔在1963年1月第8期《国际境遇主义》杂志上《国王的臣民们》一文中写道："言辞为生命中那些占主导地位的组织发声。"然而，他也注意到，在言辞中仍残存着某些奇特和异样的东西。言辞"包含着可以挫败那些深谋远虑的力量。"事物、语言、意识形态以及强化的社会关系，都可以通过诸如改变既定方向等境遇主义的实践活动，再一次运用到各项活动当中。1966年3月（《国际境遇主义》第10期），穆斯塔法·哈亚提的《限制使用的字词：一部境遇主义字典的序言》这篇文章指明了语言的辩证特性，认为喋喋不休地念叨那些老生常谈的字词，会从中领略出新的意境：

每一种革命理论必须创造自己的术语，以摧毁其他术语的主流地位，并在“新的语境中”构建新的意境；这种新的意境要符合那些新出现的，处于发育期的现实；而需要做的，便是把这一现实从那些占主导地位的故纸堆里解放出来。

通过诗歌写作、复垦、重纺、解冻等，字词得以直击寒冷的核心，并在一场对“资本主义的革命性清算”中，[25]将那些勾勒出孤寂生命的轮廓线融化掉。

鉴于有许多关于寒冷的描述，它们寓意深刻，令人难忘，因此，当系统溶化时，冰箱就会发挥明显的辩证作用，这一点并不令人感到惊奇。1965年，在洛杉矶发生的“沃茨骚乱”[26]中，“冰上的心灵”[27]提出了“生命的问题”；正如《公开展示的商品经济之衰落》这本小册子中的条例提到的那样[28]，“真正需要的不是苟且，而是生活”。这并不是用医学手段去延长一个生不如死的生命，而是开始活着。这种需求源自与冷冻箱社会的交集，是一种在高温肆虐时，置身于严寒的远足。盗抢冰箱的行为暴露出冰冻世界的畸态。这种盗抢行为便是循着商品谎言的逻辑进行的：美国是自由的，美国人梦寐以求的商品是为所有人准备的。但是，为达目的而实施的偷窃行为，无视商品法则，将交换价值抛进垃圾堆，就连使用价值也成了问题：

沃茨的火焰把消费制度推至顶点。硕大的冰箱被人偷走，然而他们的家里没有电或是被断了电源；这是富足的谎言搞笑地变为现实最好的写照。当人们不再通过购买而获得时，不论该商品有什么特殊的形态，都会面临非议和变更的宿命。只有用货币购买时，商品才会在世俗中作为身份的象征，被奉若神明，受到人们的敬重。

这样直接采取的行动把该商品从拜物教中驱赶出来，让它走下神坛，回归使用价值；随后，又进一步把它推向使用价值的反面，以便将其安置在游戏领域，也就是生命的王国里。它反对境遇主义者国际组织英国处提姆·克拉克、克里斯托弗·格雷、查尔斯·拉德克利夫、以及唐纳德·尼克尔森–史密斯于1967年10月在《控制论工作者的庇护》一文中对生活的称谓。如果接受了该称谓，就会宣告人类“进入一个新的冰河时代”。建立在资本上的技术乌托邦太过寒冷，就像过度使用空调那样，无法栖居（然而，要注意的是，德博尔坚持认为，沃茨骚乱是第一次因缺少空调而引发的骚乱）。为了革命的实践而奋力回击，这就是20世纪60年代对未来造成冲击的乌托邦理想。英国境遇主义者写道：

> 最近成立的“2000年行动委员会”正兴高采烈地讨论着“梦想规划以及为了医学的目标而解放人类”（《新闻周刊》1967年10月16日）的可能性。相反，假如这些“控制的手段”被广大革命群众所掌握，那么人们的创作力便找到了真正的工具：每个人都自主地形成自己的体验，这种可能性实际上就是营造了造物主。现在看来，乌托邦不仅是一个很实际的计划，而且也是一个绝对必要的计划。[29]

气味阵阵徐来：阿多诺和本杰明最后的呼吸

1966年，阿多诺一边匆匆翻阅《否定的辩证法》里冰冷的画面，一边想象着，在一个冰冷刺骨的世界里，“被掌控的生命”以及“被冻结的本体”在魔咒的控制下存活的景象。[30]在这里，计算机规定思想本身效仿的原理，“对待那些更伟大的思想，它最拿手的应对方式就是自行关机”。[31]在这个没有血色的世界中，寒冷就构成了“资产阶级主观性的基本原则；没有寒冷，就不会有奥斯维辛集中营”。[32]阿多诺说，那地狱之火便是从遍布人世间的冷漠中燃烧起来的。他发现，自己在战后仍需面对沃尔特·本杰明在1934年时推崇的“缩减人”，即一种“冷冻在寒冷环境里”的人。[33]阿多诺并没接受阵营里为他保留的“位子”，他仍活着；这让他身怀负罪感，并把人体冷冻术的梦想推至反面：一场活受罪的恶梦。阿多诺这样描述自己：

> 作为报复，他深受一个梦境的困扰；在梦中，他于1944年中了煤气，不再活着，此后的生活片段只留在记忆中，里面充斥着一个在20年前被杀害者的疯狂愿望。[34]

生命成了一种愿望，而死亡却是现实。死一般的生命像是附上了咒语，确切地说，是诅咒。这些咒语来自技术和机械能力所形成的合理要求。或许这句咒语就像迪斯尼故事里，那个把白雪公主放进玻璃棺材的咒语。这便是那个陷入不死不活境地的女巫，在等候力量之吻；或者，按照格林兄弟的版本，只要取出那块卡在喉咙里的毒苹果，“如此，她睁开眼睛，推开棺盖，然后坐起来——又活过来了”。[35]这咒语便是资本所承诺的美好未来，不过从未实现而已。阿多诺的期盼并不依赖于英国境遇主义者对未来科技的信心，他要紧紧抓住而非等待。阿多诺悠闲地待在乌托邦世界的对面；他希望腐烂会进一步加剧，如此，便能打破那个魔咒。在这个寒冷的地方，“人们之间的冷漠”就是那个咒语；这一原则彰显了自己的威力，因为谁要反对它，就会被划清界限，便会受到责难。“背负着这个魔咒，所有不同的事物，哪怕有那么最小的一丁点，也是不能相容的，也会把自己变成有毒的物质。”[36]

这种毒物逃避了同一性法则。但仍存有一丝的希望，或许这种毒物——这种强制的否定，能消灭死神本身。在一个寒冷而干燥的世界里，病毒就存留在冰面上，等待时机寻到一位宿主。人们无法在未来的无菌世界里用技术的手段将这种毒物清除掉；在这个世界里，各种疾病都可治愈，生命的气味也因漱口水的防护变得清新起来。阿多诺想呼吸，要享受一种气味。他期待着在战后的时代里仅仅抓住那气味。这气味是绝妙的魔法，就是那个灵验的咒语；它会标注好艺术与生命之间的距离，测算出还有多远的路要走。在阿多诺看来，距离是艺术品中的现象，它超越了艺术本身；假如这些艺术非常接近，它们便会完全结合在一起。[37]然而，他注意到，本杰明在《摄影简史》这篇文章中所构建的气味，是一个更为辩证和适宜的说法。[38]这种释义把读者带进社会与自然、灵感与死亡的星座中。在这篇关于摄影历史的文章里，本杰明将气味建构为一种自然的身体体验，这种体验主要从本质上对身体进行构想的，而不是从视力的角度。气味对距离的感受——显然是一种身处自然或美景中的体验。1931年，本杰明曾这样描述气味与摄影：

> 到底什么是气味？那是一种时空之间奇特的交织：不论离你有多近，那就是距离的独特外观或外表。夏日里，午后小憩的时候，凝望远方地平线上的山脉或透过树枝映洒在眺望者身上的树影，直到那一刻或那一时段，时间自己成了外表的一部分——这便是呼吸了那山、那树的气味，体味了这气味的意境。[39]

在此，气味（呼吸）是生理过程的一个组成部分，对人的生命而言是必不可少的（对技术时代的艺术而言，如果日益过剩，或陷入危机）。[40]“吸入气味”，这就是本杰明所定义的空气与身体的交换，从而为我们塑造了一个整体宇宙观，即在所有的接触点上进行能量的交换。宇宙是辩证的，交互之间保持着紧密的联系。对气味的自然体验越发成为一种社会体验；这种体验要么把气味拒之门外，要么依照一个虚假的图案重新编织起来。按照本杰明的观点，科技早已在之前的世界大战中营造了一种气味，战场上释放的化学毒气让欧洲的景致面目全非；有毒的空气四处飘荡，窒息了人们对和平的期盼。人们已经开启了对艺术品进行技术复制的时代；20世纪30年代，本杰明就此发表了一篇评论文章，他宣布第一次世界大战中的毒气战再次消除了气味的死亡；毒气摧毁了作为凝思之地的自然景致。战争的规则改变了，薄雾弥漫在战场上。在此过程中，一种类似于气味的东西被大量复制出来，但性质却大相径庭：这就是阵阵徐来的气味。这气味与其他的物质相伴相生；而那些物质所释放的并不是气味，而是伪气味，也就是萦绕于商品迷恋上的那些散发着腐败气息的闪光，或者是不合时宜的艺术作品。在气味体验的尽头，现代技术正在改变事物的性质，随之而来的便是气味的重塑——人工合成。自然的气味并没有消失。对气味的体验仍是一种奇异的时空交织的体验，这便是对距离的感知。然而，不可否认的是，对自然的体验也是在现代科技和工业化的条件下进行的。气味，这股空气，夏日凉爽的微风，遭受了污染，变成了有毒气体。它弥漫在四周，我们无从逃脱，这便是我们所处的世界。这种阵阵徐来的气味极难形成，J. H. 普林在自己的诗中，给出了相应的解读。[41]

凉爽的不列颠尼亚：20 世纪 60 年代至 70 年代的英格兰

普林的《山涧溪流般的清凉》（选自1974年的诗集《创伤的回应》）。这首诗描述了自然气味体验在商业化和工业化进程中的演变。它在开篇便重复了本杰明对自然气味的描写：那是在一个夏日的午后，循着远处山脊的踪影或眼前的嫩枝，凝神望去。然而，诗文很快就写到腐烂的景象——在这样的世界里，一个衰弱的躯体正在吞噬着自己；大自然如脱缰的野马，处于失控状态，在自我毁灭：

苹果的华冠落入你渺茫的希望，
在铺满绿草山坡的阳光下蔓延，
那是柔软的衣衫。
瞄准地上这风标，根茎开始枯萎，
依格林威治标准时间如期而至的雪花，吓坏了温柔的消息——
整个地球到处都有选择。

你疾驰，带着性欲的疑惑，啊！那时候，
是歇斯底里的温柔，这是我们青春的坐骑，亦或他的身体?
他一定被慢慢地蚕食，伴随面庞的自溶被迫揭竿而起，
宣称——用他衣衫中伸出的绵软的双手；不是一头有操守的野兽。
水在茎干中腐臭。
公园得到了呼唤，
我们现在就到。
我们携带森林荷尔蒙抽排并燃烧——柔软的发丝——沉默对抗着我们的说辞。
而我们的衣衫多了层盐巴：
用呼吸反抗并倾听，你怎样了呢，
“身强体壮并微微站立”，
那个噪音又起，“柔软多汁的肉体”；
这儿的花粉是轻快的感受，湿漉漉的孢子，
践踏着被掏空的地球上的埃克曼螺旋。
此刻清一色令昆虫贪婪的暴风，
让花蕊陷入抽搐并跌落在坚硬的岩石上，
盘旋于衣衫内。

伤口乐在其中，

像一台装得满满当当的三星级冰箱。

“完美对话”/细小的纤维慢慢菌腐，

太阳贪婪地升起并伸出柔软的手指。

伤口并不难看，那是正在微笑的创伤，让人想起了冰冷的欢愉——这份愉悦来自消费对未来的承诺。我们的伤痛在冷冻食品中展现了自己，诱人异常，与之相伴的便是冻结自然进程的各种努力。微笑的创伤表明，我们拥抱着苦痛，就如同我们拥抱着冷藏带来的欢愉，拥抱着这个消费型社会。我们张开双臂紧紧抱住这一席寒冷。看似完美的保存不过是延长了腐烂的进程，让肌肉一条一条慢慢烂掉。完美的保存是一件不可能做到的事情，因为那样会导致世界的停滞，违反了历史与自然的规律。与停滞相反，静默传递出一种分离的情结；这首诗在叙事过程中还援引了性爱的热烈以及太阳抵御冰霜的例证。然而，从表面上看，这是必然的，而不是一个选项。单倍体的单组染色体正在寻找它们的另一半，这虽然不适于人类，但却适于昆虫。更为原始的，是荷尔蒙森林里的中性行为的“泵送和燃烧”，是“柔软而湿滑的肉体”，这肉体或许是人、动物，也或许是水果，是洋流上刮来的风，是埃克曼螺旋，是物质间的交易。这首诗在字里行间要传递的，似乎是要将人类贬低到直立行走和开化之前的那一刻：“身强体壮并站立着”，但尚未完全直立；一颗悸动的心，但不代表爱；蕴藏的孢子，仅是昆虫的生命而已；没有注意到身上的岩粒，这是从身体中渗出的盐分和矿物质，我们的汗水将我们之间的风流韵事出卖给了岩石。

含混的诗句催化了所谓的亲昵关系，但这关系却无从证实或进行合乎逻辑的重构（这是驾驭语言时的败笔，还在用那些“噪音”去表达身体的感受，“用一头柔发减弱我们的话语”）。但从诗中对科学与情感的兴致，可以明确地表达那些与当时的体验相契合的事物。“山涧溪流般的清凉”，普林这首诗的冠名取自领事牌香烟的广告用语。由于添加了薄荷，所以吸烟时会有一种清凉感；“泉水般的凉爽”便是其卖点，带着薄荷味的凉爽空气导入肺部时会有一种销魂的感受（这是导致迪斯尼过早死亡的那种有毒空气吗？）。吸入——空气、烟、药物——在氧气或其他气体通过肺部的细胞壁时便会与血液混合在一起。吸入这个词包含了晕圈一词，指的是呼吸及气味。普林的诗从两个方面对消费进行了解读，一是购买（装满东西的冰箱），另一个则是摄入，即吸入这些被污染的空气。商品把自己的印迹留在自然体验上面，拥有双重含义的消费则是社会性世界与自然世界之间的切换点。从这首诗凌乱的结构中，让人觉得气味的体验便是商品的体验；这无非就与马克思描述商品拜物教及其对商品的痴迷如出一辙。在这种体系里，呼吸这一生命的行为，吸入的却是污染物——生命的窒息物。污染物在薄荷味牙膏那清爽怡人的气息遮掩下，摇身一变，示人以香甜的美感。腐败的气息弥漫在诗的字里行间。冰箱“完美的保存”并不能阻止慢节奏的腐烂，并逐步走向了死亡。这是个已经腐烂的世界，将它保存起来，不过是延长那个慢慢腐朽的过程。在别的地方，纤维在炽热的阳光下逐渐腐烂，健硕的肌体也开始消融了。伤口、组织或细胞，在自身携带的酶的作用下逐渐分解，从而会“强制腐烂”。自然过程在冲击着有型的商品以及心无旁骛地埋头于自毁时，它同时也在冲击着商品的形式。贯穿整个创伤的回应的是身体的弱点、创伤、新陈代谢，以及通过验血和药物进行的诊疗。这许多的碎片进一步印证了有关生理危机的主题：“因此他/猛击那令人发狂的伤口”（“战地治疗”），“支气管坏死”，“我在与烧灼器奋力地抗争”（“送回的刀片”），“如此，房客从拱门下回来/流着血，还有脉搏；空气在剧烈地下沉/我们在屋里发冷/白茫茫一片空地/紧邻高速公路上的一座桥，公路/尚未通车”（“颜料仓库”），“认知的热情仍未平复但星光闪闪、粒粒在目”（“奔向自然场所的运动”），“利多卡因之雪/桌子下的他”，“……制一颗润喉丸，/滋润冻僵者的喉咙/鱼的盛宴”（“黄昏漫步”），“进入血液的空气/是这两个记号”，“呼喊并/大笑，狂喜戛然而止，升腾而起/自山下，像耳鸣一般”，“恐惧/绷紧眼部肌肉。损害造就完美”，“减缩的大脑血流与氧气使用量/表现在低频扑动波的增加，/减少了α节律运动，增加了/β节律，这是疾病突发的潜在表现”（“又回到乌云遮蔽当中”）。这些文字并没发出与自然进行狂热互动的信号，而是毒性的肆虐：物质在伤口上进出。它是长期的地质过程、当代科学研究、商品创新与营销以及时尚消费的转换站。所描述的这些景象既荒诞且扭曲还不通顺，但还是醒目地出现在普林的语言学神话里，与1971年布拉斯的《王紫萁》[42]中的描述如出一辙。该诗的第4节与第5节是这样的：

4

雪仍在嗡鸣，来索我性命：

苦痛将至，钥匙静静地

躲藏在麂皮箱内。

钥匙是我天数（生命）的尽头。

5

这辆菲亚特停在了路缘。

我们听见他关闭了引擎，他

正梦见孤寂。最终，

为父亲烧的汤出现在空旷绿野。

高山上的羚羊皮已来到我们中间。在周日的“自由”清晨，上百万自豪的车主们就会用这一小块柔软的皮子擦亮他们的爱车。这种鹿已经被人们驯养，但在这大雪飘落的时候，它们或许还有对自由向望。诗名所引用的植物叫“王紫萁”，其结构成分与大冰河期之前的二叠纪时期有关；因此，王紫萁曾蛰伏在冰河时代的冰天雪地下顽强地存活下来。[43]由于有很多收藏者为蕨类植物展馆搜集标本的缘故，这种植物在维多利亚时期几近灭绝。幸运的是，它又一次存活下来了。有一种可能性，就是冰冷时代也许还会再现。时下的冰雪会播下熟睡的种子，它会变成一种保护剂，让生命处于假死状态，直至更温暖的气候来临，“世界会再次流动起来的”“伤口，昼与夜”（《白色的石头》1969年）这样劝告着人们。

普林1968年的《厨房诗集》里，吸进了来自20世纪60年代政治经济和消费社会的那些狂躁的泡沫。《死为百万富翁》这一部长诗（有人戏读成“天空中的钻石”）[44]，讲述了消费欲望和社会需求。诗中多次提到不断迁徙的游牧生活，认为那才是“真正的扩张”；该诗对购买“一条自然的线路”持有异议，这里指的是作为帝国主义为了扩大贸易而开垦的苏伊士运河——这是一种占有大自然行为。

……灌溉的初衷却落得

向整个电网出售电力。

电流变成货币，流进口袋里。当我们“饥不择食”地咀嚼垃圾时，一张由所有权和商品构成的大网（电网）便束缚了我们。

不要让历史上那些

狡猾和善变的卑鄙小人告诉我们

工业化的北方与它的不幸，因为所有

鸣禽从那时起（并没对D. H. 劳伦斯网开一面）

便欢乐地歌颂那美丽的黑色，好似

那就是心中巨大的阴影。
它过去不是，现在也不是。这一切的交合点
又成了电网输送来的电力，将生命
置于一系列必然结果，置于分子组成的链条，
那链条就如同我们常为之悲伤的矿井里的小马。
煤是如此美丽，我会为与之一同闪耀的碳而伤感：
洒满这些煤炭小镇的
不是烟灰、硫磺和煤炭，也不是满是泡沫的去污剂，
而是那些废弃物。它们来自从需要（局部）
到需求（社会总体）的大规模转换过程。
所有一切，均在交合点上，通过购买来实现。系统的社会化
把贪婪的野心伪装起来，好似在地震的巨大冲击中，
游过我们所处的艰辛境遇。

我们是“一股社会的线绳”，但拉的得太远，已经“越过了交合点并且/进了熔炉”。然而，我们并没燃烧，“因为/我们彼此都看不见”。

但在最后，这种诗论如何让其读者领会个中的含义呢？如何把它变成自己的想法宣示以及合乎逻辑的叙述呢？这些诗与其他许多诗词一样，其着眼点更多地放在语言本身。这是前卫派的作品，强调的是对语言的守护和捍卫。这组诗共有三首，喋喋不休地从各个层面尽可能地传达出字里行间所包含的意境。诗词充分表达了其完整的意义，这些意义曾存在于别的什么地方，但不会在权谋或陈词滥调中。语言是讲话、写文章和学习时运用的工具。进行科学研究的专业语言把那些抒情诗和陈词滥调击得粉碎。我们发现人类对世界的了解是如此的不同，存在着如此多的分歧。知识间的界限已经固化，这样的写作方式则凸显了这种分隔。涉及权力、科学和统治的词汇，其意境已经改变了，必然会与诗歌中的相同的用词含义相

左。在这些新的语境下，文字的含义飘忽不定，让人很难揣度。这便是将字词深度冷冻进而加以保存的一种方式，以等待语言找到破解其自身腐败的良方密钥。那就是将抒情诗暂时冷冻起来。冰、雪和严寒在普林1969年出版的诗集中反复出现，这部诗集名为《白色的石头》，里面不断有关于冰、雪、苔原与冰川的遐想。正是在这种不适宜的环境里，抒情诗渴望找到一个临时的栖身之所；然而，这儿有气味出没，前景未卜。因为，如果气味的后面仍有气味，那一定混合气体，是受到污染的空气，一种非自然的呼吸。

众人的希望总是

与过往一样

黑暗的病房

冰盖将

永不融化

再者，为什么

它要融化

（节选自1969年《白色的石头》）

这儿的时间刻度属地质的范畴，但人类这种会呼吸的生物，则满怀希望地生活在自己的时光里，他们在施加影响，在改变，在交换。资本的技术乌托邦是寒冷的，而且会变得更寒冷，所以我们也身处这严寒中，无法逃避。然而，这种情形却是自相矛盾的，所以与我们也会有矛盾。也许，全球性的气候变暖将拯救我们人类。

1968年，普林写了一篇散文，题为“金属随笔”。这篇散文在许多方面附和了德博尔一年前提出的物质与力的理论。通常认为，西方的炼金术最早出现于早期的青铜器时代。随着金属冶炼技术的出现，经过熔化、捶打及以后将不同金属制成合金，人们掌握了对金属形态进行加工的神奇力道。在金属出现之前，重量是物质的关键特征；最典型例子，就是石头的坚固程度。铜、锡和锑不仅比重大，而且具有“亮度、硬度、延展性以及易于加工的特点”；用火进行技术处理便可赋予它们一些新的特性。相对于燧石或木料，人们可以用金属制作更锋利、更致命的器物。在用金属制作的犁整理土地时，人们可以犁得更深，而且也更省力。作为“物质的历史”的石器逐渐让位给金属这一“力的理论”（尽管石头作为一种标志，在陪伴人类穿越时光的长河中走过了更长的道路，正如墓碑上的铭文所记载的那样）。冶金业助推了采矿业的发展，提升了矿区的重要意义，人们得以在此向地下挖掘并定居下来。对物质的提炼引发了货币经济中的物质抽象，金属铸锭的重量让位于货币的数量。黄金及其合金铸成的金属货币并不是权力的装饰品，而是一种在交易中用来衡量其他商品的价值物。价值是一种新的制度安排，在双本位体制下，“金属在理论上的属性进一步让度给货币体系中层级化的功能主义”。[45]重量已失去了实际意义，仅作为一种乌托邦的梦想被放逐一边。金属被抽象化，变成硬币；作为金属货币，它进一步助推了这种抽象，使之成为永恒；同时，它还在居间调停各种社会关系，并把世上的一切都诱拐到交换的轨道上。

金属的价值走进了普林的诗作。普林于1975年出版了《铬合金上的粉红色》的诗集，封面便是用金属质地的粉红色硬皮制作的，书名用了朴素的黑色打印体，大胆地采用了《狂飙》封面的对角线设计。普林的这本小册子看起来颇像用金属做封面的《国际境遇主义者文集》。1958年6月的第一卷，是亮金色的；1969年9月的最后一卷，则是淡紫色的。在每一卷的中间，都会有一张载有彩虹图案的镀铬金属纸，书名总是朴素的黑体字。这些小册子与普林的那本诗集一样，惊艳异常，吸引人们驻足。长期以来，一直用金箔作画的拉尔夫·拉姆尼，因其新颖的设计而闻名。[46]克里斯托弗·格雷注意到，他这样做的目的是为了防止画作被雨水浸湿。[47]即便如此，这本书的封面就像一个外表光鲜的小玩意，比壮观的社会更鲜亮。金属封面非常诱人，甚至让人想往；但其完美的光泽并没泄露其中的任何内容：恶毒的言辞，对商品社会的谴责，以及对左派的冷嘲热讽。这些封面就像包裹在毒丸外那光鲜靓丽的糖衣。普林这首诗的标题——《铬合金上的粉红色》，一再渲染含有鉻金属材料的封面，让人联想到一个满脸通红，身上流淌着鲜血的人在面对金属的世界。这也说明他的头脑中存在着毒性。对于普林诗集光滑的外表，扬·帕特森写道：

> 本书的耀眼光泽宣示了一种危险的存在：当前，金属不仅是价值的一种换喻的象征，它还是一种环绕在食物链上的毒物；因此，人们就需要去重新定义田园诗。肝脏坏死，肇事者便是那些眼睛看不到的东西。较之以前曾成功采用过的全面清除以及圈地等形式，农业联合企业使用了更有力、更具渗透性的手法改变了自然的景观。[48]

本书封面上的“铬”这个词，源自希腊语的“颜色”一词（请参考英文原版封面）。金属铬最初称作“chrome”（颜色），因其化合物的颜色得名。所以，铬既是指金属，同时也指颜色。封面内，有句诗，乍一看为黑色，随后逐渐呈深蓝色：“绿色/消失了或因恐惧被涂抹了。”随着颜色的消退，残留的便是那些有毒的东西了。封面里的诗句捕捉到侵入人体的金属光泽；自然的产物已发生了改变，开始反作用于自然。这些诗句磕磕绊绊，十分绕口：“他用苯胺熟制皮毛”“甜瓜种子的缰绳，漂染/于谷物之中”毫无疑问，这些金属的某些毒副作用，是因人体自身蛋白质的抗原性调整，进而通过细胞进行的免疫性反应所造成的；蛋白质的抗原性调适，离不开金属的参与；这个过程在一定程度上受遗传控制。“毒素从指甲下渗出，那些应该/是为人所知的”“中毒的反应造成严重肾上腺创伤，/一碰就被腐蚀掉/一处呈黑暗色的伤疤”“空气侵蚀着他的喉咙/将他钉在地上不停地抽搐”。一处黑暗的伤疤，扭曲的词句凝结了这个时代所有的毒性以及诗人的消极和冷漠。普林回应了阿多诺对美学的态度；阿氏的这种态度体现在其未完成的《美学理论》[49]中。对阿多诺来说，唯一无可非议的颜色就是黑色。

> 为了在现实的极端和黑暗里生存，不愿被当作慰籍品售卖的艺术品必须把自己变成同样的东西。如今，激进的艺术意味着黑色艺术，其背景颜色就是黑色。许多当代艺术并不入流，原因是它们没有注意这些特点，还在天真地使用亮丽的颜色。[50]

“与现实相反但至今尚未到来”的艺术乌托邦被掩盖在黑色中。[51]暗色标注了那些用可能性来对抗现实的地方；黑色与那些披着文化外衣的虚假享乐之间势如水火。对一个看似更为花哨的世界，阿多诺秉持着对黑色的坚守与执着。他在1959年写道：“颜色在‘过多的浓墨重彩’中发出尖厉的叫声。为了摆脱一切围绕着书籍的那些散发着书卷气的、老套的以及倒退的东西。”[52]新的颜色把书皮变成了渲染自己的广告。用于诙谐模仿的色彩光鲜明亮，不致引发歧义。颜色或许是多彩生命的写照，但它也是一种技法，把人们的注意力吸引到战后营造的商品天堂。商品上这些新的颜色大多是合成的，而合成物自身则成了新生活的写照。

疯狂的色彩：荧光简史

本杰明年轻时，曾写过一篇关于奇幻色彩的浪漫对话，而这些色彩其实只存在于人们的幻想中。[53]它们都是纯净的色彩，只有孩童、艺术家和追梦者才会注意到。这些奇妙的色彩只能在梦中构想，在实验室是无法调制的。本杰明的文章意在提示人们，所有的色彩尽在梦中，或至少在某种程度上简单地存在于人们的脑海里；这是人脑在解读光频时的一种效果。色彩需要眼睛看到它们，而眼睛则要分辨出色彩。我们的眼睛里有感光接受体，其中，一组感光体对光的红色波长特别敏感，第二组善于捕捉绿色波长，第三组则能捕捉蓝紫色波长。这些感光体能感知振动并利用共振的原理进行工作。我们的眼睛要对红、绿和蓝三种光谱进行调适，并从它们不同的组合中生成各种颜色。在感知颜色的过程中，相关的步骤不是简单的只有一个。根据你的不同视角，颜色既是绝对的又是有条件的。在此过程中，光线、眼睛和大脑都在发挥作用。浪漫主义者想象着，色彩应该是看不到的，而且，具有主观性的诗歌和幻想的色调则是眼睛和大脑创造出来的；但浪漫主义者所不了解的就是未来的色彩，这色彩会在一种人们尚无法驾驭的光线里一展芳容。这便是在实验室里调制的20世纪的色彩，它们代表了能量与超越；鲜艳的梦幻之色触手可及。

斯威策家的一个男孩在从火车上为安路连锁店卸货时不慎滑倒，撞到了头部，随后便处于昏迷状态，他也因此不得不中断了在伯克利大学化学学院的学业。几个月后，当他苏醒过来时，发现眼睛遭受了永久性伤害，视力变得模糊不清，于是，只能被安置在一个昏暗的房间里。由于长期不见光，他逐渐对紫外线着迷起来。他拿着紫外灯在父亲的药店里到处转悠，发现有些化学药剂在这种神奇的黑暗环境里闪闪发光。于是，罗伯特和他的弟弟约瑟夫便开始寻找那些散发着天然荧光的有机化合物。他们用染料、树脂和荧光调剂在家里的浴缸中进行试验，想制作出比平时更明亮并能在紫外线照射下发光的颜料。20世纪30年代的这些试验催生了第一种荧光漆。他们把这种新漆应用到自己的魔幻小表演中。兄弟俩使用化学道具进行的魔术表演并无不寻常之处。化学布景是第一次世界大战后颇为流行的玩具。1909年，A. C. 吉尔伯特开始用装在箱子里的魔术道具进行表演；1917年，他制成了一种以化学材料为基础的布景。1914年，波特用两种“神奇的化学”布景便把业务开展起来；到了20世纪20年代初期，他已经有了6种不同尺寸的化学布景。而到了30年代，人们便可获得“原子能装置”。“化学道具”是波特使用的初级化学装置，其操作手册演示了“50种化学魔法”；手册在一开始就介绍了如何为朋友和家人进行“化学魔术表演”，这其中包括了宣传、服饰，同时还有布置音响效果的建议。[54]斯威策家的男孩子们把这种表演搬上了舞台。他们把试验中制成的一种荧光漆涂抹在面具和头饰上，为端坐在黑暗中的观众们营造出一种幻觉——一位舞者在向一边移动时，她的头却飘向了另一个方向。

新的荧光色彩比其他色彩更抢眼，着实令人着迷，人们仿佛发现了新的光谱。色彩是通过选择性的吸收而在普通物体上产生的。绿色的物体就是吸收了除绿色以外的全部色彩而形成的；樱桃则仅把红色反射回去，并把与其吸收的波长相同的波长发散出去。普通的漆只从白光中吸收光谱的一部分，剩余的都反射回来；这种漆只对光谱中那些可看到的部分进行吸收和反射。荧光漆并不是简单地从光谱中把那些可见的部分光线散射回去，它还能吸收那些看不见的波长较短的光线（如紫外线）。这些漆还可将能量转换成波长更大的光子，并将其再发射出去。紫外光的能量借助荧光漆中的化学制剂转化为可见光。荧光颜料将光子吸收掉，而高频率紫外辐射则会激活电子，使其处于高能振动状态。扰动中的电子会发出光波，于是人们看到了白光。这便是产生如此非凡明亮效果的过程。荧光漆让自己更多地化身为可以看得见的色彩，散发出更明亮的光芒，好似内置了一个光源。在诸如蓝光、短波紫外线、长波紫外线以及X射线等光影里，荧光正兴奋地嘶嘶作响。荧光的亮度比普通色彩高3倍之多，所以，它出落得更加灿烂，也更鲜艳。

1934年，斯威策家的厨房成了两兄弟从事紫外线研究的实验场。1936年，位于美国俄亥俄州克利夫兰市的一家公司聘用了这两位年轻人，要他们为好莱坞的电影海报制作染料。后来，公司认为荧光色彩没什么前途，两人随后就离开了。战争开始后，他们的新色彩在军方找到了用武之地；在北非作战的部队将这些色彩应用于对空信号板，以向盟军轰炸机表明自己的友军身份。另外，荧光漆还应用到在太平洋上游弋的航母上，以引导飞行员在夜间降落到甲板上，而日本人却不具备这种优势。斯威策兄弟还开发了荧光液，用以方便投弹手在灯火管制时使用；此外，还有荧光渗透剂，它可以帮助发现机械部件（如引擎活塞以及火箭液氧罐）上的裂隙。荧光对战争的胜利做出了不菲的贡献。纳粹对此也有所了解。他们陆续开发出了类似的材料，比如机场上发光的跑道，黑暗中能看见的防空洞入口，发光混凝土，屋外的便道以及街道的路边石等。[55]他们还用化学方法对牡蛎或其它的海洋贝类进行清洗，然后用火加热，并在此基础上试制了一种放射漆。其方法是，贝壳一经冷却就立刻磨成微细粉末，随后除去灰色颗粒，剩余的部分则用硫酸盐分层隔开，再放进坩埚内；最后，对坩埚进行密封并用高温加热。粉末与胶水或虫胶进行混合便可制成发光漆；如果将这种漆放置于自然光下，其发光的效果会日日常新。这种漆也被喷涂在车辆上，如此一来，纳粹的视力便可穿越黑暗的羁绊。凭借这些发光的材料，战争可以不分昼夜地进行下去。

在和平时期，荧光色还在安全标识、广告牌以及促销等民用领域找到了新的应用前景。1946年，斯威策家族企业注册为斯威策兄弟有限公司，并以“日光”作为公司染料的注册商标。公司逐渐发展壮大，家族里的第三个兄弟于20世纪50年代中期也加入了公司。日光颜料有良好的市场需求，其冷光特性又找到了新的应用领域。那时，还有其他一些从事冷光研究的学者还在进行研究，都是些以前没有的东西。马塞尔·弗格尔是一位从事磷光剂研究的化学家，激起他兴趣的是儿时家后花园里的萤火虫，以及机械学院和学校图书馆里研究冷光的一群人，他们大多操着一口德语。他的弗格尔冷光公司成立于20世纪40年代，从1944年至1957年，公司为广告栏生产了用于公告的荧光涂料及画家使用的材料，如荧光油彩、蜡笔和粉笔、磷光漆、隐形墨水；此外还有用于检测昆虫、癌症、牛奶质量的紫外线装置以及用于彩色电视机的红色色调。[56]

战后，北美大地景色靓丽，比时下许多广告上的色彩更加夺目。1947年，加拿大人第一次见识了广告牌上那些可在白昼发光的颜色。于是，切斯特菲尔德牌香烟便开始在其烟盒上使用荧光色。1959年，荧光色出现在一种肥皂粉的盒子上。这就是宝洁公司生产的第一盒汰渍洗衣粉，盒子上的颜色惊艳动人，商品看似要从货架上跳进顾客的购物篮里。战后的年代里，人们使用的东西比以往更加亮丽，包装盒内的商品与闪闪发亮的外包装相映成趣。20世纪20年代末到30年代早期，德国化学家首先开展了对光学漂白剂的研究。从20世纪40年代后期开始，人们就使用添加了“光学增亮剂”的洗涤剂来清洗衣物。这些看不见的染料在紫外线照射下发出荧光，产品在普通的日光下看起来“比白色更亮白”，这是紫外线把可见光线反射回来的缘故。在追求比白色更亮白的科学探索中，在道德领域也出现了类似的情况，这便是——德国的化学工业企图从纳粹的种种劣迹中洗刷自己的责任。一些受雇于大企业的写手们四处发表文章，力图漂白公司的历史；一些政论家还坚称，在追求美好健康的生活过程中，化学仍是不可或缺的。就连曾落入邪恶之手的齐克隆B都会被用作除虱剂。汉高公司位于英国占领区，其旗舰产品为香芹牌肥皂粉；1947年，公司在面临被肢解的情势下，极力维护自己的完整性。此前，公司被控曾生产火箭推进剂以及为制造炸弹提供大量甘油。为此，该公司印发了《死于污秽》的小册子，警告道，如果汉高解体了，社会就会面临卫生灾难。公司挤出资金向战时奴工以及被剥夺财产的人进行赔偿，这被当作一种善意与慷慨的姿态，而不是对战争的赎罪行为。

化学工业在战后为社会承诺了许多，其中的大多数，是合成世界里的美好生活。德国人穿上了用新型化纤纺织品制作的服装。1953年至1959

年，联邦德国的塑料产量增长了3倍。1951年，法本公司刚一解体，那些传统企业，如拜耳等，便与受其掌控的德国企业家一道把企业重新组建立起来，生产也随之恢复了。[57]为聚酯和其他合成丝进行染色，需要大量染料和处理剂，相应的市场需求十分强劲。聚碳酸酯（泡沫塑料）也是一个巨大的成功。截止到1962年，拜耳有6万多名工人在不停地生产合成产品。1950年代，巴斯夫将精力放在从事塑料生产，到了1960年代，它在世界上各大洲都设立了生产场所。通过收购或成立新的企业，以生产表层涂料、药品、庄稼防护剂以及化肥等产品。麦斯特、卢修斯和布吕林公司（现被称作赫斯特公司）在20世纪50和60年代发展很快。石化产品、塑料制品、胶片以及各种合成纤维，如特雷维拉聚酯纤维等，都是公司的拳头产品。

20世纪50年代的美国，以荧光呼啦圈、飞盘与大轮盘为代表的塑料制品，铸就了“快乐—好运”的美国梦；20世纪60年代美国的高速公路则配置了锥型的橙色交通路标以及安全标识。美国妇女则身穿用斯潘德克斯弹性纤维作衬底的衣服；而年轻人穿着的，则是用含有磷酸盐的洗涤剂漂洗过的衣物，这种物质在紫外线下会发出光亮。牙刷和含有单氟磷酸的牙膏将荧光带入人体。牙釉在迪厅中耀目，美国年轻人的身体看起来像是沃尔特·迪斯尼1929年的影片《骷髅之舞》中跳摇摆舞的发光骷髅。在迪士尼乐园里，人们可以畅游在用塑料做成的人造景观当中，比如爱丽丝梦游仙境之旅，便是用紫外线照射的荧光布景搭建的。日光色的制造商们坚持认为，这种色彩确保了更高的视觉冲击力，提升了能见度，即便在阴暗处也能做到这一点，从而进一步吸引了读者的注意力，延长了信息保留的时间。正如“研究已经表明的那样”，[58]这些是消费者更喜爱的色彩。

商品已经找到了完美的归宿。苯胺涂料和苯胺染料第一次作为更有价值的商品在市场上销售，因为它们更“真实”。这种“真实”的品质基于这样一个事实：不褪色。同样，不会因时间或自然的侵蚀而失去光泽，塑料就是带着这种特质被隆重推向市场的。罗兰·巴尔特[59]和特百惠[60]都在塑料的易变性和弹性上做了许多努力。应该看到，塑料的完整性是超凡的。巴尔特在1957年称之为“正宗的炼金材料”，因为，作为“地球上的材料”，塑料可以被人们自动而奇妙地塑造成桶、珠宝或任何什么东西；在这一点上，自然就显得相形见绌了。人们可以轻松愉悦地驾驭塑料。同时，巴尔特也注意到塑料的短板：不坚固、单调、化学着色、平淡无奇、没有张力。

> 物质的层次体系被打破了：一种物质替代了所有的物质，整个世界都可以塑化，甚至生命本身也是如此。因为我们听说有人已经开始制作塑料主动脉了。[61]

这是一种不奢华的物质，是一种适合大众的东西；它的存在就是为了使用，直至被用尽，即便是为活生生的生命输血也是如此。

在明亮的光线和替代物所构成的美国景观中，阿多诺觉察到一种疯狂的状态。阿多诺曾于1959年到缅因州造访过一幢别墅，他对里面的一个书柜做了详细的描述，从中传递出一种对美国这种虚假横行的社会所持的恐惧感。所有的陈列品倒了下来，它们全都是假的。对世界进行模仿是一种很疯狂的想法，但这也是一个现实。在阿多诺的故事里，还有其他一些东西在发挥着作用。它事关学习的死亡、文化的死亡，以及文化产业的胜利。但是虚假随处可见。阿多诺提到了一些狡诈的餐馆，它们为了兜售红酒，时常在瓶子上涂抹一层仿冒的灰尘。[62]在那里，时间本身被合成了出来。

1967年，帕梅拉·佐琳娜讲述了一个故事，叫作《宇宙之热寂》。她梦见，在这个看似完美的世界里，到处充斥着快捷消费品和基于化学的替代物，熵开始蜕变了。[63]有位母亲在仔细观察着一个装着玉蜀黍片的盒子：形状完美，颜色丰富奢华，支付50美分便可享受会员资格的提示，可剪裁的外模，以及配套的“惊喜礼物”等，这一切都会促使孩子们尽快吃下那些裹着糖霜的黍片。孩子的母亲听到了蛀牙的声音以及“钻牙时的鸣响声”。她担心，盒子上的那些东西，就是在这个产品含有毒性报道出现之前的一种促销手段。她用一块与其眼睛颜色相似的蓝色人造海绵，擦拭着家里的那个带黄色大理石纹路的福米加贴面桌：

> 一种优美、时尚、靓丽的合成蓝；明信片发自植被繁茂的亚热带，天空碧蓝如洗，当地人正咧嘴微笑，这笑容有些不自然，漆黑的脸庞上露出洁白的牙齿；镇静剂胶囊呈一种非自然的蓝色，其效果可期；那块厨房里的人造海绵冷艳、蓝色适中；贴满瓷砖的加利福尼亚游泳池里，没有苔藓附壁，呈现出令人难以置信的碧蓝色。

她用“夜色桃红”牌的口红在尿布箱上写道：“氮的循环是世上有机与无机进行交换的决定性的一局，是宇宙新鲜的气息。”这位母亲已经认识到宇宙的规律，这便是生命的法则，即便生命走到尽头时也是如此。作为一名家庭主妇，她已完全陷入各种去污剂和除臭剂的包围之中，与腐烂的长期抗争令她几乎崩溃。灰尘飘落在这些合成物上面，一层又一层，等待着这位母亲去擦拭，或留在那儿衬托她的“疯狂”。她在超市的荧光灯下购物，这种灯比自然光更亮、更冷艳、也更便宜。洗涤用品、窗户清洗剂、抗菌剂和肥皂等，她把这些商品各挑一种，里面每一类的不同型号也都挑选一件。加利福尼亚州到处都变成了合成的世界，这个州的伪造品简直到了登峰造极的境界，这儿的天空“充满碎屑并被其漂白，失去了所有色彩，像镜子一般泛着银白色的光，映射出嘈杂而又宁静的地球”。然而，这一切都不会长久，因为所有物质的粒子都变得更加躁动不安起来，“直到键合破裂、粘结失效、除臭剂的密封失灵”。这么多的合成，最终会再次变成一锅粥，一个水坑，这便是世界的末日。

各种荧光颜料，作为娱乐手段、战争中的指示信号、危险警示以及商品的喧嚣，充斥在美国的大地上，让美国的梦想光芒四射。反主流文化只是后来才发生的事。1957年，汉弗莱·奥斯蒙德杜撰出“迷幻”一词，用来描述精神病人的状态。10年后，这一称谓便与荧光海报上的一种典型风格联系在一起了。从20世纪30年代起，美国杜邦公司一直有这样一句口号：“让化学为更好的生活服务。”到20世纪60年代末期，这一座右铭被复制到徽章上，前面提到的化学品用来特指麻醉品。斯威策兄弟有限责任公司在20世纪60年代后期更名为日光色彩有限公司。汤姆·沃尔夫（Tom Wolfe）[64]于1968年出版了一本描述肯·基泽（Ken Kesey）[65]与顽皮一家人的书——《电冷酸性检查》，日光从此便成了一个居家生活方面的词汇。在幻觉用品商店中，精神怪诞的人会购买那些霓虹海报；这些海报只在紫外线的照射下才会显示出隐蔽着的图像。认知之门的两边便是黑光灯泡的开关。日光散发出粗俗的气息、它太过直白，尖叫着：“买我，买我！”对有些人来说，这种过度曝光的颜料太过生猛。牛津英语词典在收录“日光”一词时，引用了1968年9月19日《收听者》上的一篇文章。这篇文章认为，杰克·卡迪夫的电影摄影术里，使用闪烁的日光来表现性高潮，[66]不免有些粗俗，是不可取的。日光与粗俗、廉价和重商主义形影相随，但其制造厂商的热情却似乎没有止境，而且志向远大。为日光色彩有限公司的调色板冠名的过程，与歌颂科学、工业和太空探索的诗歌紧密地交织在一起。全系列注册的颜料包括霓红、火箭红、火光橙、火焰红、电弧黄、土星黄、信号绿、天际蓝、极光粉和日冕品红等。每种色彩都会给人以视觉上的冲击，满目皆是，让人放松的同时又令人警觉。宇宙乌托邦主义对太空旅行的梦想，以及对代表外星人声音的字母X的钟爱，体现在产品的名称里：星火、滤光、威莱克斯、光学面料等。

荧光的色彩装点了一个在太空探索方面取得了长足进步的世界。

1947年，火箭在太空中捕捉到地球的影像，此后的1954年5月，美国海军利用维京-2型火箭拍到了更清晰、更壮观的地球影像。这些火箭直接奔向月球，或用于发射卫星；而这些卫星就成了人造的星星。这些成就的取得，得益于韦恩赫尔·冯·布劳恩以及那些服务于美国军方，后于20世纪50年代后期加入美国国家航空航天局的德国人。布劳恩所进行的科学研究还支撑了最新型的娱乐形式——主题公园。20世纪50年代中期，作为沃尔特·迪斯尼的科学顾问，他与另一位来自佩内明德的科学家维利·莱一起，为明日乐园设计了月球航班。这是一个计划用于“20世纪80年代”的商用火箭模型，这种火箭将把游客送往月球，它与布劳恩所熟知的另一种火箭——V-2，有着惊人的相似之处。

反抗的色彩：20 世纪 70 年代
世界呈现日光色的那个日子

在年轻人的反叛性文化出现前的一个世纪里，“朋克”这个词要表达的意思是不一样的。它通常指无用、愚蠢、垃圾、空谈、废话等，卡莱尔称之为“散发着磷光的垃圾和虚无”。朋克就是那种在黑暗中剧烈燃烧，然后就逐渐消失的东西。然而，当涉及到未来梦想中的色彩时，与磷光自身在黑暗中断断续续的光亮相比，朋克则更青睐于荧光那迅猛和直接的冲击感。荧光不会为以后留下任何光影。20世纪70年代的朋克，其行为方式表现为排斥内在观念、拒绝浪漫，是一种低劣的欺诈、一种没有内涵的廉价旅行，是对大众情趣的一记响亮耳光。朋克所选择的色彩便是日光。朋克继承了温德姆·刘易斯（Wyndham Lewis）[67]对物质追求的衣钵，他们在战后的追求助推的不是金属—机械社会而是塑料消费型社会。就是说，朋克对塑料消费型社会既拥抱又排斥，但却始终坚定地站在里面。朋克的世界便是战后的化学世界，映入眼帘的是表面涂层与外观模仿，木头纹理图案，木浆粗纤维纸张，终极版则是福米加塑料贴面；这便是合成品的胜利，它们模仿了一切，或者说什么都没模仿。《狂飙》杂志发出的尖酸的叫声，在60年后引起了共鸣——波利·斯蒂伦娜（Poly Styrene）[68]用歌声摒弃了无菌的青春期以及战后成为新工业经济引擎的塑料。波利·斯蒂伦娜，这位来自“X-Ray Spex”乐队的歌手，在一个由合成物构成的世界中醒来。承载着金属铬梦想的美国史料已经斑驳陈旧，这种曾吸引了刘易斯目光的光鲜金属，即使还没有锈蚀，也已经苍白暗淡了。塑料成了世界经济可塑造的新朋友——而今甚至连金钱都是塑料的，自1951年起，就以信用卡的形式流通了。波利·斯蒂伦娜演唱的歌曲有《塑料袋》《遗传工程》《无菌少年》以及《脸部美容术》等，歌词十分新颖，如：“我知道我是人工合成的/但不要责怪我/我在各种器物中长大/在一个消费社会里”。她高声尖叫道：“我想成为一部傻瓜相机/我渴望成为一粒冻豌豆/我渴望脱水/在一个消费社会里。”[69]波利·斯蒂伦娜以20世纪20年代法本/道化学公司的一款产品为自己的艺名，该产品自1949年起一直作为树脂在市场上销售。她的名字便是这一切的核心，聚苯乙烯最早是由科学家马赛兰·贝尔托莱特于1869年合成的，他因力挺合成品而闻名遐迩。波利·斯蒂伦娜在《这是世界变为日光的那一天》中所唱响的歌词，便是利用化学现象对甲壳虫乐队《钻石天空中的露西》这种内在化的嬉皮之旅给予的一次回击。她攀越一座座由聚苯乙烯泡沫构成的山丘，掉进一个装满了雪绒花牌洗衣粉的游泳池里，在那儿，她看着这世界发出了日光。尼龙窗帘的后面是透明塑料窗，透过窗框，丙烯酸树脂铺就的道路尽收眼底。她驾驶着一辆安装了海绵轮胎聚丙烯汽车，来到一家汉堡牛排三明治店[70]，享用了一个橡胶做的小圆面包。

X光正穿透

乳胶味的微风

合成纤维透明的叶子

从人造丝的树上飘落

这就是世界变发出日光的那一天。

朋克倡导反自然，大量使用合成品，推崇艳丽刺眼的效果——坐拥一切粗俗及其惊悚和冲击的力量；日光在此又找到了用武之地。与许多其他朋克唱片一样，《这是世界变为日光的那天》这只单曲被灌制到着色的乙烯基树脂上。这个呈日光色的乙烯基树脂唱片并不是一个黑洞或毫无内涵的东西，而是一个反对自然，宣扬合成现实的圆形宣示。歌曲早已被忘怀，而记录着歌曲的唱片因其着色的树脂材料又重回人们的视野；当然了，那个17. 78×17. 78厘米带有图像的唱片套，也功不可没。这张有颜色的唱片期待着，当它从套里滑出来的时候，能引发一次小震动，至少是个惊喜。它藐视常规，对想当然的事不屑一顾。它再一次彰显了历史性与合成的特质。唱片的封面用各种令人震撼的色彩装扮，这便是日光；装饰这些颜色，并不是为了助力迷幻中的冥想和吸食药物后的迷幻体验，而是为了曝光和展现。“永远不要不相信嬉皮士”，这条刺眼的黄色海报就是要警示身处20世纪60年代的自然先生。朋克充分利用日光下的廉价货来装饰自己，完全是一种吸引眼球的粗俗行为。杰米·里德为性感手枪乐队的专辑《不要在意这些阉牛》设计的封面，采用了一家超市的商品展示画面，上面还伴有一条赎金启示。这是一个需要仔细端详自己脸庞的消费社会。这部喋喋不休又喊又叫的专辑灌制在一张密文唱片里，其套封使用了令人惊悚的黄色与粉色相间的封面和粗大的黑色标题，与《狂飙》杂志一样令人震撼。尽管封面的外观很刺眼，但绝不是廉价的简单拼凑，它的制作过程运用了大量现代书画印制工艺。里德说，这一印制过程异常困难，因为黄色是一个“众所周知的不好印刷的颜色，它会在印刷过程中让所有的杂质都清晰地暴露出来”。专辑的套封看起来粗糙，但在印制中进行了一系列复杂的覆盖手法。他继续道：“荧光色也难于印刷，其难度会成倍增加。”荧光的着色非常短暂并且不稳定：“印完的套封有一个特点，那就是它褪色非常迅速：假如放在阳光下，黄色与粉色会逐渐褪色，只剩下叠层里的黑色。”[71]与主题一样，套封未具名，不仅是因为上面剪下的报纸印字，而且封面上也没有“明星”。浑身散发着磷光的明星们并未将其耀眼的光芒送回，以照亮那些阴郁的青春幻想。当然，性感手枪乐队的确将他们自己展现了出来，但不是在封面上，而在其他的地方。然而，这种自我展现拒绝了内在性，将自己变成薇薇恩·韦斯特伍德服装与马尔科姆·麦克拉伦恶作剧中的人体模特。

化学与价值的教训：20 世纪 90 年代的英国

这种闹剧，也就是原始境遇主义，它反对张扬但又十分引人注目，为一项运动播下了种子。它们对社会的冲击以及抛弃传统价值观的行为令人反感，而这一切在战后并不只局限于艺术界这狭小的天地里。有些很好的例子，从不同角度为我们上了一堂生动的价值课。1994年8月22日，K基金会的吉姆·考蒂和比尔·德拉蒙德，带着一个装有100万英镑现钞的旅行箱（每张钞票面值为50英镑）到靠近苏格兰西海岸的朱拉岛旅行。随行的还有两个人，目的是要见证他们将要付诸的行动。第二天一大早，考蒂和德拉蒙德在一个废弃的船库里将这些钞票点燃。不到一小时，这些纸币便化为灰烬，他们把这些纸灰扫进一只手提箱。钱变成了垃圾，还原成化学元素。从电影画面上目睹了此过程，观众们对金钱内产生到的价值灰飞烟灭感到沮丧，但他们对比尔·拉德蒙德坚称世上的面包和米饭与以前相比并没有减少的主张，感到迷惑不解。其中的一位观众坚持认为有些东西已经从这个世界消失了。那些东西代表了资源，在毁灭它们的过程中，与资源相联系的纽带也被摧毁了。[72]但是他们并没有焚烧粮食，这种行为是粮商及其代理为维持世界市场价格每天都在做的事情。他们既没让一个人脱离贫困成为百万富翁，也没为40万人买一块巧克力。相反，在并不十分清楚为什么这么做的情况下，他们烧掉了一百万英镑，这就相当于烧掉了一种想法。拉德蒙德悲伤地谈到一百万英镑，多么不可思议的一个数字，情何以堪！但是，和赢得数百万英镑的彩票相比，这点钱就显得微不足道了。只有当赢取10亿英镑或烧掉10亿英镑成为可能之前，世上不可能有另一个神奇数字，也不可能有另一次化学反应，将金钱变成艺术品，价值被烧成垃圾。k基金会的举动只会招致更多的问题，从而进一步加剧人们的愤怒和混乱。马克思或许已经预见到了这些情况；在他的第一部政治经济学著作中，他已经认识到，金钱作为现存的、活跃的价值概念，将主导一切并可与任何东西进行交换。金钱让宇宙间的一切处于混乱和位移的状态，包括所有自然与人类的特性在内；金钱为一个倒置的世界充当了媒介物。马克思就这种令人费解的情形给出了下列箴言：

> 假如金钱是联系“我”与人类生活以及社会与“我”的纽带，从而将“我”与自然和人类联系在一起，难道金钱不是一切联系的纽带吗？它能不联系并放松所有的纽带吗？它难道因此就不是分隔的手段了吗？它是真正的分离剂同时也是真正的粘合剂，它是社会中存在的化学力。[73]

这种化学力既粘合又松弛、既分隔又粘结。而取消货币，只能造成困惑。这种社会中的化学力道变成了废弃物。

非自然的损耗：今天

我的头脑像是一个塑料袋
与那些广告相吻合
它吸入了各种垃圾
它们由我的耳朵灌入
早餐我享用了克里内克斯面纸
并使用既柔软又卫生的维多麦麦片
擦拭我的眼泪

（X-Ray Spex乐队之《塑料袋》）

在明媚的春光下，从客厅的窗户向外望去，可以看见有物体在风中摇曳，闪闪发光。仔细一看，原来是一只塑料袋轻轻地挂在树杈上，另外，还有一条细细的棕色带子缠挂在树枝间，在微风中闪耀——录音磁带。就在昨天，我还看见已经展开的录像带，像花环上的带子一般挂在楼前的树枝上轻轻飘动。这便是城市特有的新景致，也已形成了新的自然形式，主要分布于较为贫穷的区域。这就是塑料的本质：工业合成世界的边角余料、废弃物。位于坎登宫[74]外面的铺路石上到处都是被压扁的口香糖，预示着秋天来临时森林中一条由树叶铺就的地毯开始形成。橙汁瓶上的条形标签，像灌木墙上稀疏的花，紧贴在马路牙子上。包装芯片的泡沫塑料则是我们难得一见的雪花。烟蒂像等待生根发芽的种子，布满排水沟与议会大厦的公共区域。巧克力包装纸、包装薯条的袋子以及快递袋，代替了在空中扑食的麻雀，不时在风中啪啪作响、转个不停。但这种新的自然，并非所有组成部分都是有机的，并不都与动物或植物的时间周期相伴相生；它其实更像岩石。往前走几步，仔细观察一下这些垃圾，一个由不可摧毁的物质所构成的世界就展现在眼前：其时间是地质学意义上的，其生命跨度实际上是无止境的。最终，它们会走向填埋场，慢慢地自生自灭。一经埋在那儿，这些碾碎的物质就会催生出致癌的物质，发生各种说不清的化学反应。

在第二次世界大战的战火纷飞的时候，有些城市遭受直接攻击，这期间，灯火管制是夜间的常态。从那时起，这个城市被炸得支离破碎，难以修复。现代派作品中所刻画的残垣断壁便是对炸弹破坏力的真实写照。这里的孩子们在废墟中长大。破碎的城市在不断增长，带来了更多的毁灭，造成了更多的废墟。那些曾制造了商品，同时也催生了城市的工厂被摧毁后，其废墟终于有了新的用武之地：那些破砖碎瓦被重新利用起来，用于新的建筑物。伊恩·辛克莱把一处废墟带进人们的视线。在《白色的货品》（2002年）一书中，他讲述了沿着巴扎盖特北部排污口那条“朝圣通道”的一次漫步，是如何将这个游荡者带到了贝克顿山上的“荒诞之地”。[75]贝克顿山是位于贝克煤气灯与焦炭公司所在地的一座旧熔渣堆砌而成的山包。该公司在制取煤气的过程中产生大量废弃的化学物质，这些化学物质被附近的制造工厂重新利用，时间长达100年之久，直到1967年才停止。山上的土与有毒的焦油、渗出的油脂以及氰化物混合在一起；其如山的形状并不牢靠，随时会坍塌。假如真的塌了，它或许能证实这个都市传奇是否真实——在山包的深处，埋着一台老旧的蒸汽机车。从1989年至2001年间，当伊恩·辛克莱造访贝克顿山时，一条人造雪道从山顶鱼贯而下，占满了整个山坡。[76]就这位天真浪漫的游荡者对高山景致的体验而言，还有什么东西能营造出与之对比更为鲜明的景观呢？确切地说，贝克顿山一直在重复上演着一个负面的自我，一座黑色的山丘。这就是那个被广为引用的转变，即从登峰造极变为荒谬可笑。尽管浪漫主义者热衷于把废墟当作景致，然而，要想浪漫地游历于战后这些工业碎片中却是很困难的。那里几乎没有人类的空间，到处都是私人或有毒的土地。

为了进一步了解伦敦，发现其“状况”，辛克莱走出中心区域，来到城市周边，直至它的最远端。他到了那些废弃物和破烂堆积如山的地方。[77]焦点逐渐向外延伸，一个更为宽泛的土地政治问题走进了他的视野。他对城市边缘进行了特写处理。在这里，他找到了混合物、助熔剂以及一次历史记忆的危机。[78]在这里他还发现了骗局、腐败与丑闻。例如，在位于埃德蒙顿的伦敦废物有限公司，受到污染的灰粉被用来修筑道路，煤渣砌块被用来建造新卫星城里的住宅。这个卫星城很方便地修建起来并与M25号公路相连，又被称为“环绕伦敦的碎石瓦砾小行星地带”[79]在这里，人们能生动地看到新陈代谢的裂隙在这座城市里达到了极致。对辛克莱而言，假设伦敦是某种身躯，大脑是某种路线图，则裂隙本身也就被分流到没人愿意靠近的意识的外围，在辛克莱的光顾下，这个边缘之地才被发掘出来。辛克莱并不把这种景致视为风景，而称作“非景致”，[80]个中的意思，是指不在现场、不在舞台上、眼不见心不想。辛克莱记述了无记忆之地、被遗忘之地、在重建以及再次毁坏的浪潮中记忆被抹去之地、中转之地，还有诸如伦敦环城M25高速公路；M25在设计时就考虑了穿行上述地区并保持那里的畅通。建设是按照对过往的记忆进行的，然而辛克莱却发现，有些东西，没人知道它们已被忘却，然而，几年后，却突然闯进了辛克莱那充满诗意的果盘中。时间上的延迟导致了在空间上形成了不同的层次。这些分层会被逐一剥离，以获得诗情画意与心灵上的共鸣。如此，便能发现忘却的社会过程，即边缘化的过程。这一过程以多种方式将那些社会所需但外表丑陋的工业及其工人推至边缘地带；将垃圾及处理它们的设施推向边缘地带；将那些被剥夺公民权的人以及疯子们驱赶到边缘地带。接下来，雪上加霜的是，从另一个遗忘过程中残留下来的东西，又添加了一层：以前的疯人院摇身一变，成了住宅开发项目；在这儿，交通和逃避都很便利。该项目的宣传手册隐逸了那里一度充斥着尖叫声的过去。M25高速公路从中间穿城而过，于是，这些城镇便成了人们匆匆驶过却不知其名号的地方。有些被忘却的东西，因不合时宜而错过了某些空间，而那段时间就是商业合理性的时代；辛克莱对此进行了深入的研究。现代商业体验，就是那些招揽业务、吸引游客、在市中心并进行大肆宣传的住院医生、虚幻的旋转诊疗等[81]，都信誓旦旦地宣称自己的纯净、高效、同质、不逾矩。相反，重新找到的空间，常常面对迟滞和耽搁，便成了被别人掠夺的对象。

本杰明离开了家乡，开始了流亡的生涯。在伦敦环城路上，我们碰见一位孤独的流放者。多年以来，这位流浪者一直居住在这座城市。在描述伦敦时，辛克莱对其中的一些枝节末梢的刻画经常快速切换，在此过程中，一种经历了消毒处理、让人感到异样的形象，却被拒之门外。其结果便是塑造了一种拒绝的美学，更重要的是，从“拒绝”或者“被拒绝”的角度营造出一种对城市的看法。这种癫狂状态需要一定的方法才能进入。疯子提供了一种方法，这便是从精神分裂症与精神病患者的角度去看问题。除了一个神经病患者，谁还会如此偏执，竟会面对这种“非景致”？辛克莱找到一个模仿的对象：漫游症患者，一种典型的出行者。阿尔贝·达达什是漫游症患者的一位“前辈”，他曾是19世纪晚期波尔图的一名煤气装配工。他会在没有任何前兆或准备的情况下，突然动身出发，长距离徒步行走，将日常生活抛在脑后。辛克莱将这种徒步者称作“患遗忘症的朝圣者”。这里暗指一种欺瞒的可能性，就是以精神病为借口，以期逃避艰苦的工作。漫游症患者放弃了自己的记忆，这样便可“在更高的层次上体验一下眼前的紧张状态”。活在每一个瞬间，其结果就是丧失连续性和所处的环境的，正如一系列不连贯的、呈碎片化的印象所导致的效果。因此，由于辛克莱的原因，这个旅行的故事不得不运用催眠或记忆提示的形式进行重新构建：一摞匆忙间拍摄的照片，以至于他都不记得曾经拍过这些照片。离家出走就是一次漂泊。这是达达什于1953年写作《新都市生活处方》时自我构建的理论，并应用到令境遇主义者兴奋异常的“迷失方向的旅行”中。辛克莱认为，离家出走不只是一次漂泊，它还是一次脱臼，也是一次骨折。这条裂缝就出现在离家出走的过程中。这就是为什么这个漫游症患者会引导《伦敦环城高速公路》的读者来到避难所，因为骨折表明了一种自身的分裂，或自身与世界的分裂，这种情形或许就可称作疯癫。谈论、写作以及了解这座城市的人们为此争论不休，各抒己见。从不同方面来说，如今的典型城市居民便是那些寻求庇护的人：逃离市中心那些令人狂乱的虚假造作，或逃离地球的毁灭，也就是逃离经济和军事意义上的战争。避难是贯穿于《伦敦环城高速公路》中一项动机明确的原则，它同样贯穿于诸如《白色的货品》这一类枝节末梢的描述里。这些寻求避难的人一度回到各类作品中，他们是城市里的受压迫者、被剥夺公民权的人、垃圾、被排斥的人、不需要的人；他们是承载这些荒诞投影的一块幕布——讲述东欧移民境遇的德拉库拉便是一个例证。这些避难所位于M25公路边上那些已经关闭的精神病院里，辛克莱偶然发现了它们，但现在这些避难所已被废弃了。就好比，辛克莱也在寻找避难所，以暂时从日常的喧嚣中逃脱。正如他记述的那样：“漫游就是一段超乎常人的突击队员的行程——阿尔贝·达达什，满脚是血，迈着沉重的脚步，日行70公里——个中的艰辛不亚于作为煤气装配工、医院护工或文字写手的生活。”

辛克莱便是这个写手，不管是谁，只要给钱，他都会提供写作服务。他是一个文学苦力。但“写手”这个词还有另外一层含义：指的是切开、击碎、断裂或裂纹等，所以，可以用做一种攻击手段，将经过消毒处理，表面上又无缝隙，同时又具有同质性的当代生活方式，辟砍出几道裂缝出来。辛克莱的伦敦边缘之旅所反馈出来的城市图景呈现出一种整体感，表现为一个密集的相互连通的网络。在这个网络中，尽管官方试图进行压制，但一切都不失其意义和价值。事实上，伦敦就是这样一种地方，在那里，所有事物都具有不言而喻的作用；其结果便是，都市的景致显得过于决然，它与权力、腐败、政治、幻想一起脉动，此情此景，看起来与一个偏执型精神分裂症患者的实地体验如出一辙。这种精神错乱的看法在艺术家群体中也是司空见惯的。他们试图从各种材料，特别是人类的材料，尤其在垃圾、废物以及疯癫中，找到艺术价值——全息的含义。辛克莱对斯图尔特·霍姆的工作进行了一番描述。他是一名哈克尼纸浆艺术先锋队的成员。伦敦的哈克尼区[82]为他提供了丰富的素材：被擅自占用的空房、烂在沼泽中的维多利亚时代房产、民风败坏、乞丐、瘾君子、酒鬼以及精神健康体系的受害者。“霍姆只需打开自家的窗户，接通文字处理软件，书籍便开始自行书写起来。”[83]

有些人想一睹平时不太被人留意的区域，对他们而言，城市的某些去处笼罩着神秘的色彩。在恣肆随意且并不被公开认可的日常生活中，这个城市在书写自己的故事。擅长蒙太奇手法的文艺家们，他们不需说些什么，展示即可。他们既没盗取金银珠宝，也没有盗用什么创意和构想。但是，碎布与垃圾——他们并不储存这些东西，但却会以唯一可行的方式将其置于自己的掌控之下：对它们加以利用。霍姆与辛克莱只简单地重复利用那些现成的、不值钱的东西，这与库尔特·施维特斯在其位于梅茨工厂的所作所为一脉相承。在循环利用垃圾、丢弃物、废渣时，他们并没有放弃那些已经破碎的看法；这种看法曾让他们认识到还会有多少潜在的重要意义栖息于这些渣滓中。他们要感谢这些裂缝与垃圾，它们才是我们的日常生活、我们的化学生活以及废品的生活。在当代人们脑海中，这是一个充斥着废旧物品的世界，在这里，各种新的看法就会从各种新旧材料中跃然纸上。

色彩依然

日光的制造者和所有研究色彩的化学家们，纷纷推出那些令人怀疑、反差过于强烈、似是而非、古怪和非正常的色彩，这些化学色彩过于明亮、刺眼，它们扭曲了棱镜、亵渎了彩虹、把光谱击得粉碎；所有这一切被一股脑地倒入一个满是垃圾的世界。这些色彩来自其他的什么地方，只在梦境里或怪诞的视野中隐隐闪现；有些仅凭想象，有些则是为了超越自然而在试验室里调制出来的。正如日光色彩公司——这个坐落于俄亥俄州克利夫兰的色彩调制者[84]，在其公司手册中所宣称的那样，该公司为照亮这个世界做出了特殊的贡献：

> 日光公司出产的荧光色与地球上所有色彩都不一样，你在彩虹里找不到它们的身影，是我们让它们与众不同。[85]

色彩非常脆弱、难以预料，它们转瞬即逝、变化无常、令人捉摸不定。色彩更适宜人的记忆而不是客观的世界；每当夜幕降临或艳阳高照的时候，它们总会逃之夭夭或在不经意间悄悄溜走，或是褪去容颜。色彩是有活力的。在天然色彩、化学色彩以及合成色彩共同组成的王国里，没有什么能历久弥新。化学家们想方设法让色彩持久耐用。日光色彩公司对其生产的颜料和染料进行深入的研究，让它们牢牢地附着在钢笔、油漆、塑料以及纺织品上面。这不是“第二自然”（次自然）——它们并没复制那些已经存在的色调，而是在另一个层面上别的什么东西——这就是一种“第三自然”。

然而，在一个平顺的世界里，面对过于简单的吸收与消化，这些最疯狂的色彩也会进行抵制。日光色彩公司运用网络销售其产品，但个人电脑和互联网——这些在20世纪90年代初期，被捧为纯粹的发光世界里，能成就幻想的万能媒介——却不能令人信服地应对日光公司的简单伎俩。在电脑屏幕上，并没有真正的日光显示，只是模拟而已。显示器里的磷，处在视觉的耐受范围内，但这要取决于光线或显示器；但是，真正炽烈的荧光并没在那儿。这就是色彩问题的所在——可遇不可求、非常依赖环境、极其难以驾驭。或许，明智之举是，只依赖梦境与意念中的色彩，这便是幻想、想象或记忆中的色彩，即使关了灯、闭上眼，它们仍灿烂依然。

第八章注释：

1 沃尔特·迪斯尼（Walt Disney，1901—1966），美国著名动画作家和娱乐产业家。20世纪20年代，他与哥哥罗伊及友人U. 伊沃克斯创立动画工作室，共同创作了“米老鼠”，伊沃克斯画出“米老鼠”，迪斯尼为其配上声音和音乐，引起轰动。1929年兄弟二人创办“沃尔特·迪斯尼制作公司”，后改名“迪斯尼公司”，其创作的唐老鸭、高飞狗、普鲁托等动物角色和《三只小猪》《白雪公主和七个小矮人》《木偶奇遇记》和《灰姑娘》等经典动画片影响了几代美国儿童。译者注

2 罗纳德·里根（Ronald Reagan，1911—2004），1937年闯荡好莱坞，曾在50多部电影中担任过角色。1967年当选加利福尼亚州州长。1981年至1989年任第40任美国总统。译者注

3 马克·埃利奥特：《沃尔特·迪斯尼，好莱坞的黑色王子》，第267页。

4 J. 埃德加. 胡佛（J. Edgar Hoover，1895—1972），1924年任美国联邦调查局局长后，建立了许多美国政治人物的秘密档案，将其作为这些政治人物的短处，甚至总统都对他奈何不得。虽然各方对他批评不断，但他在联邦调查局局长位置的任期长达48年，直到1972年去世。译者注

5 格兰岱尔市（Glendale），美国有两个城市称为“格兰岱尔”，一个是位于加利福尼亚州西南部，靠近洛杉矶；另一个位于亚利桑那州中南部，在菲尼克斯城旁。本文应该是指前者。译者注

6 乔治·奥威尔、温斯顿·丘吉尔和伯纳德·巴鲁克分别于1945年、1946年和1947年首先使用“冷战”（Cold War）一词。

7 罗伯特·C. W. 埃廷格：《不朽的展望》（伦敦，1965年），第180页。

8 同上，第1页。

9 同上，第170页。

10 同上，第171页。

11 在21世纪初，人体冷冻学家们声称已经解决了冷冻人体时冰晶在细胞内形成并且破坏细胞这一问题，具体方法是通过“玻璃化”方式，将人体所有器官冷冻，使它们形成玻璃状，从而去除冰晶结构。通过这种方式，体内细胞的分子继续保持无序状态，如同在流动中一般，而不会形成结构性结晶体。

12 详见马克斯·魏因赖希：《希特勒的教授们：关于德国对犹太人所犯罪行中的学术角色》（1946年；纽黑文和伦敦，1999年）。

13 互联网中有关境遇主义者的信息随处可见，且版权都受到保护。

14 居伊·德博尔：《充满奇观的社会》，论文第130号。

15 同上，论文第142号。

16 同上，论文第145号。

17 同上，论文第150号。

18 同上，论文第170号。

19 同上，论文第200号。

20 同上，论文第201号。

21 同上，论文第21号。

22 拉乌尔·瓦内格姆：“角色”，该文收录在《日常生活的革命》一书（1967年）。互联网上可查阅。

23 同注释14，论文第130号。

24 同注释14，论文第214号。

25 正如德博尔在1958年第1期《国际境遇主义》杂志中的《定义》一文中对资本主义革命性清算等问题所作的阐述。

26 沃茨骚乱（Watts Riots），沃茨是美国加利福利亚洛杉矶市的西南区，沃茨骚乱指1965年8月发生在该区的种族暴乱。当时居住在该区的黑人因长期受歧视而焚烧商店并进行抢劫，此次骚乱造成大量人员伤亡。译者注

27 埃尔德里奇·克利弗将在洛杉矶“沃茨骚乱”中提出的“生命问题”称作“冰冷的心灵”。

28 难道迪斯尼与“沃茨骚乱”有某种关联吗？1966年12月沃尔特·迪斯尼在生前最后一次电视节目中宣称：“城市问题已经成为今天的主要社会问题。”“沃茨骚乱”即是一个例证。1965年纽约世界博览会遭到了民权示威活动的抗议，

迪斯尼在博览会上为百事可乐、通用电气、福特汽车公司和伊利诺斯州馆制作了有声动画展示。1966年11月，林顿·约翰逊总统签署《示范城市和大都市发展法案》（“样板城市”）。要保持城市的稳定，就要解决好城市发展滞后问题，特别是要改善城市贫民窟生活条件，同时还必须提供资金和技术帮助以实现“建设性的新倡议”。迪斯尼创建了像“迪斯尼乐园”这样家庭友好型的游乐园，还在他制定的“未来世界”项目中希望探索将颓废的城市建成清洁、有序、和谐的都市。详见史蒂芬·曼海姆：《沃尔特·迪斯尼及其对社会的探索》（奥尔德肖特，2002年）。

29 “现代艺术革命和革命的现代艺术”，互联网上可以查阅。

30 例如，参阅阿多诺：《否定之辩证法》（伦敦，1973年），第68页和163页。也可参阅阿多诺的德语版《否定之辩证法》，详见其《文集》第6卷（法兰克福，1986年），第75和165页。

31 阿多诺：《否定之辩证法》，第206页（译文有更改）。德语版《否定之辩证法》，参阅阿多诺《文集》第6卷，第206页。

32 阿多诺：《否定之辩证法》，第363页。德语版《否定之辩证法》，参阅阿多诺《文集》第6卷，第356页。

33 沃尔特·本杰明：《作家兼生产者》（1934年），参阅本杰明《文选》第2卷第2部分，（法兰克福，1991年），第699页。也可参阅英语版瓦尔特·本杰明《文选》第2卷（1927—1934年）（剑桥，马萨诸塞，1999年），第779页。

34 阿多诺：《否定之辩证法》，第363页（译文有更改）。德语版《否定之辩证法》，参阅阿多诺《文集》第6卷，第356页。

35 例如，详见格林著的《精灵故事集》一书。该书由L. L. 威登翻译，埃达·丹尼斯等提供插图（伦敦，1898年）。

36 阿多诺：《否定之辩证法》，第347页（译文有更改）。德语版《否定之辩证法》，参阅阿多诺《文集》第6卷，第340页。

37 详见阿多诺：《美学理论》（伦敦，1984年），第429页。德语版阿多诺《美学理论：补遗内容》，参阅阿多诺《文集》第7卷（法兰克福，1986年），第460页。

38 阿多诺：《美学理论》，第82页。德语版《美学理论》，参阅阿多诺《文集》第7卷，第89页。

39 沃尔特·本杰明：《文选》第2卷，第1部分（法兰克福，1991年），第378

页。英语版本杰明《文选》，第2卷，第518～519页。本杰明在1935年撰写的《艺术随笔》一文中对他在1931年对气味所作的定义略加修改并以相同的方式作了重申，他在1938年撰写有关法国现代派诗人查尔斯·皮埃尔·波德莱尔的著述里再次引用了这个关于气味定义。

40 对本杰明而言，身体呼吸是一个反复思考的载体。这种关键性的呼吸与思考本身紧密相连。正如本杰明在《德国悲剧的起源》一书中描述的："思考的连续性决定着常思常新的效果，要琢磨透事物的本质需要一定的时间；而呼吸的连续性是思考存在的理想方式。"参阅本杰明《文集》第1卷，第1部分（法兰克福，1991年），第208页。

41 普林的诗歌收录在《J. H. 普林，诗歌集》（泰恩河边的纽卡斯尔港和弗里曼特尔南部，2005年）。

42 "王紫萁"（Royal Fern），"fern"是蕨类植物。译者注

43 详见N. H. 里夫和理查德·克里奇撰写的《万事别过头：J. H. 普林的诗歌》（利物浦，1995年），第80页。

44 "Die A Millionaire"的读音与"Diamonds in the air"相近。译者注

45 功能主义（functionalism）是指19世纪后期再美国兴起的一个思想广阔的心理学派，主要对抗德国的构造主义学派。功能主义者代表人物包括詹姆斯（William James，1842—1910）、米德（George Herbert Mead，1863—1931）和杜威（John Dewey，1859—1952）等，他们强调依靠经验的理性思维而不追求实验哲学。译者注

46 详见拉尔夫·拉姆尼：《领事》（伦敦，2002年），第40页。

47 克里斯托弗·格雷：《辞别20世纪》（伦敦，1974年），第1页。

48 详见伊恩·帕特森撰写的《"媒体的意义，拉比特的代言人"：读 J. H. 普林作品的一些感悟》一文，该文收录在丹尼丝·赖利编辑出版的《论英国1970年—1991年诗歌的创作风格》（贝辛斯托克，1992年）第243页。

49 特奥多·W. 阿多诺的《美学理论》在他去世后的第二年（1970年）出版。

50 特奥多·W. 阿多诺：《美学理论》，第58页（译文有更改）。德语版《文集》第7卷，第65页。

51 特奥多·W. 阿多诺：《美学理论》，第196页。德语版《文集》第7卷，第204页。

52 特奥多·W. 阿多诺：《文集》第6卷（法兰克福，1986年），第345页。

53 详见沃尔特·本杰明的短文《彩虹》（1914—1915年），该文收录在其《文

集》第7卷，第1部分（法兰克福，1991年），第19~26页。也可参阅埃丝特·莱斯利对这篇文章的有关评论，这些评论在莱斯利所撰写的《平庸之地——好莱坞：卡通、批判理论和先锋派》一书中（伦敦，2002年）。

54 这类化学道具等装置最早出现在18世纪晚期。这类装置的使用者主要是药剂师和医学专业的学生，同时它们还作为娱乐道具和金银物件的翻新等。在这些化学设备问世之前，欧洲有一些与化学实验有关的指导书籍，例如，17世纪欧洲与自然魔术有关的一些书，这些书中有一些利用化学反应原理表演的一些魔术技巧的内容。

55 奥拉夫·尼生：《德国：土地代理人》（伦敦，1994年）对这些发展进行了报道。

56 弗格尔为国际商业机器公司从事研究工作，他帮助该公司开发出一种用于电脑硬盘的磁性涂料，这是一种由两种看上去互不相溶的化学物质制成的材料，据说这种材料是他在一次梦中梦见的。他卖掉了自己的公司，从而能为国际商业机器公司全职工作。在国际商业机器公司工作期间，他在磁性录音机、液态水晶和土壤中稀有磷元素邻域里取得的成果注册了专利权。受自己对植物的“钟爱”而做的一些最初令人怀疑的实验的影响，他最终走向了形而上学。他坚持认为，思想是一种可转换的生物能量。他对晶体的治疗能力进行了研究。晶体的称谓意味着“冻结的光”：一些人认为晶体反射光的强度随晶体密度的增大而降低。弗格尔发明了切割水晶的模式，以利用水晶的能量达到治疗的效果。

57 当时成立法本化学工业股份公司（当时该法本化学工业联合体正处在破产清算中）的唯一目的，是满足主要债权人和受损害方未解决的损失追索。该公司2003年宣布破产。

58 日光色制造商的这些说法来自“日光色彩有限公司”的宣传材料。

59 罗兰·巴尔特（Roland Barthes，1915—1980），法国作家、文艺批评家，主张文学批评中的结构主义，其作品对解构主义和后结构主义的发展产生了较大影响。译者注

60 “Tupperware”，通常指特百惠家用塑料制品。译者注

61 罗兰·巴尔特：《神话》（1957年）中的《塑料》一文（伦敦，1973年），第104~106页。

62 详见特奥多·W. 阿多诺：阿多诺《文集》，第6卷，第349页。

63 帕梅拉·佐琳娜著的“宇宙之热寂”一文被收入多种文集中。可参阅布莱恩·W. 奥尔迪斯和哈里·哈里森合编的《10年：20世纪60年代》（伦敦，

1977年）。

64 汤姆·沃尔夫（Tom Wolfe，1900—1938），美国小说家，主要作品包括自传性长篇小说《向家乡看吧，安琪儿》。译者注

65 肯·基泽（Ken Kesey，1935—2001），美国小说家，根据自己在精神病院的工作经历创作了《飞越疯人院》（1962），该书成为其代表作。译者注

66 关于“杰克·卡迪夫的电影摄影术中使用闪烁的日光表达性高潮”的说法可能参考了《摩托车上的女孩》一书的有关内容。

67 温德姆·刘易斯（Wyndham Lewis），详见第五章译者注。译者

68 波利·斯蒂伦娜（Poly Styrene），原意为聚苯乙烯。译者注

69 X-Ray Spex，“人造术”，《青春期》（1978年）。

70 汉堡牛排三明治（Wimpy bar），“Wimpy bar”是指美国漫画家（Elzie C. Segar，1894—1938）创作的连环漫画“Thimble Theatre”中的人物：J. Wellington Wimpy，此人物有嗜汉堡包之癖。在英语中“Wimpy bar”是汉堡牛排三明治的商标名。译者注

71 杰米·里德：《杰米·里德的未尽事业》（伦敦，1987年），第79页。

72 克里斯·布鲁克编辑的《K基金会烧毁了一百万英镑钞票》（伦敦，1997年），第18页。

73 卡尔·马克思：《1844年经济学哲学手稿》（哈蒙斯沃斯，1997年），第337页。

74 坎登宫（Camden Palace），指英国英格兰东南部坎登市的一座古堡。译者注

75 伊恩·辛克莱和埃玛·马修合著的《白色的货物》（阿平厄姆，2002年），第20页。

76 原来的计划是在晚些时候用自然的雪制造一个“雪圆顶”来取代人造雪坡。

77 伊恩·辛克莱：《伦敦环城高速公路》（伦敦，2002年），第82页。

78 例如，详见《伦敦环城高速公路》，第39~40页。

79 同注释77，第51~54页。

80 伊恩·辛克莱和埃玛·马修：《白色的货物》（阿平厄姆，2002年），第22页。

81 伊恩·辛克莱：《伦敦环城高速公路》，第120页。

82 伦敦的哈克尼区（London Borough of Hackney），位于伦敦城东部，历史上以培育良马著名。译者注

83 伊恩·辛克莱：《灯光熄灭的地区》（伦敦，1998年），第216页。

84 自1991年以来，拉斯顿堡铂矿有限公司（RPM）拥有日光色彩公司，主要产品包括涂料、密封剂和特殊化学制品等。

85 引自日光色彩有限公司发行的宣传材料。

Conclusion

Nature's Beautiful Corpse

· 结束语　大自然的美丽胴体

时光倒流

在采矿业豁然崛起这个大背景下，围绕着炼金术思想、浪漫的自然历史与哲学，通过本书跌宕起伏的叙事，一首碳的诗论便如此构想出来了。地壳下面，是一个无尽的财富王国，虽然它只现身于童话与浪漫故事中。这个地下的财富世界与无意识的精神王国如影随形；矿藏与精神之间存在着诸多的共同之处。对浪漫主义者而言，想象中的矿产资源同样是触手可及的。诗人们则热衷于寻找深入自然的途径，去接近自然界，接近矿产、金属和元素，去找到它们，将它们带往地表；如有必要，还要为它们冠名，研究分析并合成它们。自然哲学认为，在客观世界中，万物皆有灵；同时，动态和极性力也在发挥作用。研究者在自然哲学的指引下，逐步了解了这个美丽而多彩的世界。就化学而言，这种努力富有成效，具体表现为F. F. 伦格的各种实验，而这些实验被认为深受歌德自然观的影响。伦格在合成色彩领域的突破，为庞大的德国化学工业奠定了基础，并催生出在试管和容器中复制整个自然的商业梦想。伦格的自我激励试验论，清晰地体现在其化学自行推进的观念中，却在以追逐利润为目标的规模化生产中黯然失色。

合成色彩闯入了世界，实验室忙着模仿自然，到处都有光怪陆离的景色。然而，从资本主义工业生产的角度看，自然是可以开发和利用的。合成化学不仅替代了色彩而且还替代了各种材料，如此，自然似乎就变得完全可有可无了。试验室里对自然的模仿，预示着人类摆脱自然并生活在一个合成国度的可能性。自然界的一部分正在合成其他的部分；这就是人类，他们尽其所能改造着自然。从身体的角度看，花费力气最多的就是工人，他们集中在工厂、矿山以及各种工业设施，为模仿自然以及合成商品创造了前提条件。

纵观整个人类的历史，生产领域终于有了一位通才理论家——卡尔·马克思。工业生产体系造就了一个人间的地狱，荼毒了自然的各个方面。马克思的目的，是要将感官和审美体验回归于生产性的个体。从自由的角度来看，他所秉持的基本主张之一是，自然的不同部分之间存在着真正意义上的交换，自然在感官上，对同属自然的人类是有吸引力的。马克思有关人类生产和生活方面的审美观，在其关于黄金与宝石的材料特性（特别是美学特质）的真知灼见中，表露无遗。然而，纵观资本主义的政治和经济，“外表”的观念开始在工业与金融领域日益占据支配的地位。在商品那五光十色的光鲜外表下，是一个工业废料与污染不断增加的世界。马克思与恩格斯与那些研究色彩的化学家们一样，都认识到了这一点，所不同的是，这些化学家只对生产中的废弃物感兴趣，而对消费垃圾却无动于衷。

马克思将人类现实当作乌托邦，这并不是孤立的现象。从马克思或傅立叶开始，直到法兰克福学派的理论家，他们就人与自然之间以科学技术为媒介的互动关系，一直进行着理论上的跟踪研究。科学就是正在增长的自然知识。技术取代了自然的力量并将科学的智慧付诸实践。在历史上的某些时刻，正是宇宙间的乌托邦火花引领了人类的技术进步与科学探索。因为有了望远镜，星辰与人类便有了更紧密的关系。有的人则认为，星辰与人类是由同一种物质构成的。为满足人们的消费需求，摄影这种在化学纸张上捕捉光线的技法，让外部世界呈现在我们的眼前，我们得以捕捉、拥有、放进画框仔细凝视这个世界。这是一首用无机材料书写的诗歌，所展现的是一个由人造光线塑造的城市，里面星辰寥寥，没有汽灯的光亮；在这座城市里，月亮和遥远的星辰可以在便携图版上用化学方式压印出来。尺寸被最大限度地改变，遥不可及的景物被拉近了，最后，进入人类的手中。一时间，有众多的发明和承诺涌现出来，这项技术奇迹只是这一时期众多惊人成就中的一例，它引发了将人类、自然与技术世界进行重新整合的乌托邦幻想。希尔伯特的主张便是这样的一个乌托邦幻想——用技术把世界解放出来，使其远离对自然的依赖，不受光线和物理固定性的羁绊。在这样一个对未来的憧憬中，玻璃就会在那样的时代背景下，获得相应的道德品性；那时，战争即使不能被消弭，其结果也可能是无害的。正如本杰明评论的那样，这个技术乌托邦具有深厚的人文情怀，因为它所设想的，是让技术与包括人类在内的自然携手努力，在“与人性联手共建了一个身躯”的地球上，发挥应有的作用。[1]在这种梦幻中，人们或许会憧憬出这样的一幅图景：人类不再依赖自然，而且还要在用化学手段营造的超越自然的美景中，去重新定位生活的方向。未来派与漩涡派艺术家从审美角度对此做出了回应，他们不接受月亮和星星，因为对它们的渲染是不可信的，多少有媚俗的嫌疑；这是因为，新的工业盛行于世，这种情感便显得多余了，或者，在里面过多地渲染了那些早已稀松平常且落入俗套的浪漫主题。美学争论是现代主义在形式与风格上不断革命的组成部分，漩涡派画家在法国的土地上遭遇了未来派画家与表现派画家的挑战，不论信奉哪种主义，到处是刀光剑影，血光四溅。此外，战争还是笔大买卖，让财源滚滚而来。战争破坏了自然，让人类生灵涂炭，人类循环的新陈代谢支离破碎到极点，其结果便是人类葬送了自己。

战争结束了，接踵而来的就是革命；这种以消灭阶级社会、解放被压榨的大自然为目标的尝试带着一份决绝，但还是归于失败。这样的革命没能把工人阶级团结在一起，却让民族主义大行其道并催生了法西斯主义。在这种思想意识产生的过程中，工业的发展方兴未艾，而眼前的现实较之

---

① 参见沃尔特·本杰明:《文选》第 6 卷 (法兰克福，1991 年)，第 147 ~ 148 页。

乌托邦的理想却相去甚远；这一点，从合理化的日常生活中可见一斑，不论白领工人的工作环境，还是他们的休闲时间都是很好的例证。在诸如法本公司位于法兰克福总部那样的大厦里，崭新的办公室里闪烁的人造荧光，不仅暴露出里面的官僚主义作风——办公室的职员们得以清晰地审阅发票和备忘录，而且还照亮了一个危机重重的“合理化的世界”；在这个世界里，霓虹映衬下的“消遣”就是一种苟且；在第三帝国，人们可以找到这种合理化的更高层次。合成产品可以抵御时光留下的铜绿以及自然的不确定性，因此，合成产品在第三帝国备受珍爱，人们在此基础上仍在孜孜不倦地改进。替代品破坏了历史和自然，它们承诺进一步加强纳粹对自然世界统治，其中也包括了人民。一切自然的东西都可以用化学方式祛除，所有的短缺问题也能用替代科学去解决。技术刻意采用了人类生命的形态，大张旗鼓地对自然进行改造，可以说，这比资本主义的其他形态更加残酷，程度也更高。在这种情况下，第三帝国的科学家与科技新闻记者根据种族和民族主义的需要，开始重新讲述化学的故事。法本集团对这个帝国具有举足轻重的意义。在战争年代，化学工业通过强迫劳动、征召妇女以及战俘来满足战时经济的需要。战后的审判表明，法本公司在战争中扮演了重要角色。但在得到国家庇护的少数几个领域中，有些就陷入了20世纪30和40年那些艺术和科学的似是而非的争论中。在科学技术的名义下，一项隐秘的艺术实践来到第三帝国。这些现代派践行者深受伦格、歌德以及浪漫主义艺术家的影响。从某种意义上说，胜利者之所以成功，是因为，他们明知不可为而为之，且不惜一切代价；但他们对科学与艺术的美好梦想在战后却成了昨日黄花，无疾而终。第二次世界大战行将结束的时候，科学活动的中心便从德国转移到美国。血腥的战争一结束，人们迎来了冷战的时代。在获胜的同盟国，冷冻与寒冷不仅开始主导诗歌与批判性的虚幻世界，它们还主导了其他一般性领域。寒冷支配着资本的敌人，就如同支配其朋友一般。从境遇主义者和J. H. 普林在战后的著述中，人们能明显地体验到冷冰冰的污染与革命的审美观。境遇主义者吸入一口冷气，喷吐出来的则是冷若冰霜的批判，直击具体化的日常生活以及知识分子的科学幻想；这些知识分子出于分析的目的，将世界作为一个无生命体冷冻起来。普林的诗篇采用了大量科技术语，读起来晦涩难懂，知识的“裂隙”便随之显现出来了。身处当代生活的寒意中，要想概述一下这些知识的“裂隙”，也许要对整个知识体进行重新充实。朋克钟情于那些垃圾般的超级亮白色彩，真心拥抱这个塑料与合成的世界。因此，用白色涂改液更改并否定的东西，还会被朋克所否定。那些尖声怪叫着反对传统价值的人，用非自然、反自然、粗俗与廉价的色彩把自己装点起来。这些垃圾永远不会远去，它们那脏兮兮、可怜巴巴的身影还会从辛克莱的作品中折返回来。在此，垃圾呈现出不能被降解和吸收的形状，也就是说，在一定时间内不能再循环利用。垃圾是资本主义的残留物，从某种角度讲，也是人的残留物。自然与人类的综合体还不能真正形成，二者之间的裂隙还会继续存在下去。

来世

死亡，这个人类本体最后制造的垃圾，又会怎样呢？人们对殡葬与遗体的保存越来越有创意。多伦多的“不朽形象”公司以及其他一些企业，利用火化后的残留物制作工艺品，并制作死者的画像。他们将骨灰用若干层密封剂固定在艺术品的顶端，或掺入颜料中。天国公司提供太空葬礼服务，其方法是，将骨灰封装到一个小盒里，然后送入轨道（在重返大气层前），或者发射到月球及深空（永远）。那些法律意义上的“最终沉积物”，还能进一步商品化，从而在技术的保障下，实现升华。此外，这些公司还提供星体命名的服务。

21世纪初，一家芝加哥的公司宣布，该公司新近发明了一种纪念已故爱人的方式：将他们火化后的骨灰制成一颗宝石。这项称作生命宝石的专利正处在审批的过程中，其要义是将死者的骨灰挤压进一枚钻石。你可以在任何时候选择与你的爱人在一起，“还没有哪家公司能提供这种纪念品”——生命宝石公司首席执行官格雷格·赫罗如是说。“没有什么东西能承载那份永恒的爱。”

这是一个很简单的概念，因为人是由碳构成的，而钻石也是碳构成的。那么，为什么不用人去制造钻石呢？其实这个制作过程与20世纪50年代中期以来，人们利用碳来制造人工钻石的方法并没有什么不同；当时通用电气公司开发了这套生产工艺，用于制造工业上应用的小钻石。其方法是，将骨灰加热到摄氏5400度，这样就会烧掉骨灰中的大量杂质，而骨灰中的碳转化成石墨；然后，将这些石墨被运往莫斯科附近的超硬及新型碳材料技术研究所或运往德国的一家秘密试验室（还能在哪儿处理这些材料呢？）。下一步，将石墨紧紧包裹在一颗直径仅千分之几毫米的钻石上，然后启动结晶程序。接着，用几个星期的时间，将这种物质置于巨大的压力（大气压的8万倍）和超高温之下，这一过程就是模仿天然钻石在地球内部形成的过程。正如生命宝石公司的网站上宣称的那样：“生命宝石公司拥有独特的技术，我们可以在几个月的时间里加工出合格的、高质量的钻石，而这一过程在自然状态下需要几十亿年的时间。”

经历了高温高压的洗礼，一颗微蓝色的钻石呈现在眼前。其微蓝的色调源于人体中微量的硼元素。至于里面的其他颜色——黄色与红色，则要到未来的书里才能寻到答案；人们仍在孜孜不倦地努力，祛除各种杂质，收获透亮的钻石。其制造商声称，这些钻石与其他钻石一样真实可靠，与蒂芙尼公司的钻石拥有同样的辉度、硬度且光彩夺目。这些钻石可以加工成圆形、发光型或者公主型。一组独一无二的号码以及一条不超过75个字母的铭文可以用激光蚀刻在钻石的周边。这些铭文很小，用肉眼几乎看不到。科学家们正想方设法将钻石做得更大，你付的钱越多，钻石就越大。2003年，买一颗四分之一克拉重的蓝钻要花4000美元，但要求一次至少购买两颗。一颗四分之三克拉的蓝钻则要花费17000美元。该公司的网站推出的黄色钻石（每克拉18000美元），其颜色就像“一抹夕阳”；此外，还推出了红色钻石（每克拉22000美元）。生命公司的“产品奇货可居，这是因为其颜色在自然中很难找到”。在这种对自然的模仿中，稀有性和独特性值得期待：

> 鉴于我公司独特的科学工艺，每一颗生命宝石都具有独一无二的色调。你所钟爱的人，其碳元素里所含的成分与杂质，将直接决定生命宝石的色彩。

钻石可以在人们去世之前订购，这样就能锁定当前的价格。每一具尸体大概可以产出1百多颗钻石；对于那些拥有“钻石制造业中最先进技术与知识”的人来说，每个人都是一座富矿。被压缩进珠宝中的东西似乎比其他物质更真实，也更重要。“生命宝石的专有工艺，将爱人的真正精华——碳，变成了钻石。”①

碳就是爱人的精髓，其实它就是生命本身的精髓，这并不仅限于“我们所爱的人”；但我们对那些存活的东西却没有这种认识。浪漫主义者已经认识到自然的同一性，他们的真知灼见在此得到了回应，人们在获得这些认识的过程中也走不少的弯路。对个体而言，这是一座令人伤感的纪念碑，其造价也太过高昂。尽管如此，价格也有可能回落。2004年4月5日，钻石精华公司在《纽约时报》上用了整整一个版面来推介自己：“现在，我们首次推出令人惊艳的杰作，它灿烂夺目，足以挑战天然钻石

---

① 该段引言如同2004年2月英国互联网网站上“生命宝石公司”所述。

的质地。” 试验室里的钻石要优于真正的钻石，辉度几乎相同，但更加夺目；不同于天然钻石的是，它们“近乎完美”。钻石精华公司的珠宝是“非规模化的产品”，可以说，是基于矿物提取、精炼以及超高温加热集一身的“一种新颖且独有的工艺”打造的结果。天然钻石难免存在瑕疵，而这种钻石的“精华”比起天然钻石则更为优越，以至王室、影视明星、名流等富贵人士纷纷选用。再者，这种钻石要便宜得多。

让我们再回到起点——回到煤炭挖掘，回到科学的转换中，这种转换放弃了丰富多彩的反射，得以在死亡中发现生命，在黑暗中发现色彩、同时也发现了矿物与人类之间的类同关系。所有这一切既虚无缥缈，又科学有序；既离奇诡异，又富有成效。人与自然的联系无处不在，虽不像生命宝石公司那般矫揉造作，透过二者之间的联系与裂隙，双方都已经放弃了许多。

参考文献

Theodor W. Adorno, *Negative Dialectics* (London, 1973)

——, *Minima Moralia*: *Reflflections from Damaged Life* (London, 1978)

——, *Aesthetic Theory* (London, 1984)

——, *Gesammelte Schriften* (Frankfurt am Main, 1986)

Theodor W. Adorno and Max Horkheimer, *Dialectic of Enlightenment* (1944) (London, 1995)

Brian W. Aldiss and Harry Harrison, eds, *Decade: The 1960s* (London, 1977)

Bertold Anft, *Friedlieb Ferdinand Runge: Sein Leben und Sein Werk* (Berlin, 1937)

Andrej Anikin, *Gold* (Berlin, 1980)

Anon., *Erzeugnisse unserer Arbeit* (Frankfurt am Main, 1938)

Stephanie Barron, ed., *Degenerate Art: The Fate of the Avant Garde in Germany* (Los Angeles, 1991)

Roland Barthes, *Mythologies* (1957) (London, 1973)

Bayer-Gefahren, ed., *IG Farben, von Anilin bis Zwangsarbeit: Zur Geschichte von BASF, Bayer, Hoechst und anderen deutschen Chemie-Konzernen* (Stuttgart, 1995)

Michael Baxandall, *Painting and Experience in Fifteenth Century Italy* (Oxford, 1988)

John Bellamy Foster, *Marx's Ecology: Materialism and Nature* (New York, 2002)

Walter Benjamin, *Briefe,* 2 vols (Frankfurt am Main, 1978)

——, *Selected Writings,* vol. i: *1913–1926* (Cambridge, ma, 1996)

——, *Selected Writings,* vol. ii: *1927–1934* (Cambridge, ma, 1999)

——, *Selected Writings,* vol. iii: *1935–1938* (Cambridge, ma, 2002)

——, *Selected Writings,* vol. iv: *1938–1940* (Cambridge, ma, 2003)

——, *The Arcades Project* (Cambridge, ma, 1999)

John Desmond Bernal, 'The Flesh', in *The World, the Flesh and the Devil: An Enquiry into the Future of the Three Enemies of the Rational Soul* (London, 1929)

F. J. Bertuch, *Über die Mittel Naturgeschichte gemeinnütziger zu machen und in das practische Leben einzuführen* (Weimar, 1799)

Wiebe E. Bijker, *Of Bicycles, Bakelites and Bulbs: Toward a Theory of Sociotechnical Change* (Cambridge, ma, 1997)

Gustav Bischof, *Populäre Briefe an eine gebildete Dame über die gesammten Gebiete der Naturwissenschaften* (Pforzheim, 1848)

Blast: Review of the Great English Vortex (London, 1914)

Blast: War Issue (London, 1915)

Ernst Bloch, *Erbschaft dieser Zeit* (Frankfurt am Main, 1985)

Joseph Borkin, *The Crime and Punishment of IG Farben* (New York, 1978)

Peter Boswell and Maria Makela, eds, *The Photomontages of Hannah Höch,* exh. cat., Walker Art Center, Minneapolis, mn (1997)

Robert Boyle, *Occasional Reflflections upon several subjects whereto is premis'd a discourse about such kind of thoughts* (London, 1665)

André Breton, *Nadja* (1928) (Paris, 1964)

——, *The Second Manifesto of Surrealism* (1930), in his *Manifestos of Surrealism* (Ann Arbor, mi, 1972)

Chris Brook, ed., *K Foundation Burn A Million Quid* (London, 1997)

Franco Brunello, *The Art of Dyeing in the History of Mankind* (Venice, 1973)

N. I. Bukharin *et al* ., *Marxism and Modern Thought* (London, 1935)

James Burnham, *The Struggle For the World* (London, 1947)

Bozena Choluj, *Deutsche Schriftsteller im Banne der Novemberrevolution 1918* (Wiesbaden, 1991)

A. Clarke, *Coal Tar Colours in the Decorative Industries* (London, 1922)

Richard Cork, *Vorticism and Abstract Art in the First Machine Age,* vol. i: *Origins and Developments* (London,1976)

Hans Dominik, *Vistra - das weisse Gold Deutschlands* (Leipzig, 1936)

Walter Dornberger, *Peenemünde: Die Geschichte der V-Waffen* (Berlin, 2003)

Carl Duisberg, *Abhandlungen, Vorträge und Reden aus den Jahren 1923–1933* (Berlin, 1933)

Bob Edwards, *Chemicals: Servant or Master? Life or Death?,* (London, 1947)

Marc Eliot, *Walt Disney, Hollywood's Dark Prince* (London, 1994)

Friedrich Engels, *The Condition of the Working Classes in England* (1844) (London, 1936)

——, *Ludwig Feuerbach and the Outcome of Classical German Philosophy* (1888) (London, 1941)

Robert C. W. Ettinger, *The Prospect of Immortality* (London, 1965)

Gerald D. Feldman, *The Great Disorder: Politics, Economics, and Society in the German Inflflation, 1914–1924* (Oxford,1997)

Ludwig Feuerbach, *The Essence of Christianity,* 2nd edn, trans. Marian Evans (London, 1881)

Focus on Minotaure: The Animal-Headed Review, exh. cat., Musée d'Art et d'Histoire (Geneva, 1987)

Donny Gluckstein, *The Nazis, Capitalism and the Working Class* (London, 1999)

J. W. Goethe, *Theory of Colours,* trans. Charles Lock Eastlake (Cambridge, ma, 1970)

——, *Werke in 14 Bänden,* 9th edn, vol. xiii (Hamburg, 1981)

——, *Faust I & II,* vol. ii: *The Collected Works,* ed. and trans. Stuart Atkins (Princeton, nj, 1994)

Christopher Gray, ed., *Leaving the Twentieth Century* (London, 1974)

Walter Greiling, *Chemie Erobert die Welt* (Berlin, 1943)

Grimm brothers, *Grimm's Fairy Tales,* trans. L. L. Weedon, illustrated by Ada Dennis *et al* . (London, 1898)

Otto-Joachim Grüsser, *Justinus Kerner, 1786–1862: Arzt, Poet, Geisterseher* (Heidelberg, 1987)

Erich Haeckel, *Riddle of the Universe* (New York, 1992)

Chris Harman, *The Lost Revolution: Germany, 1918–1923* (London, 1982)

Charles Harrison and Paul Wood, *Art In Theory, 1900–1990* (Oxford, 1992)

G.W.F. Hegel, *Lectures on the History of Philosophy* (1805–17) (London, 1896)

——, *Philosophy of Nature,* vol. iii, ed. and trans. M. J. Petry (London, 1970)

Martin Heidegger, *Basic Writings (* London, 1977)

Agnes Heller, ed., *Lukács Revalued* (Oxford, 1983)

Holly Henry, *Virginia Woolf and the Discourse of Science: The Aesthetics of Astronomy* (Cambridge, 2003)

Kurt Herberts, ed., *Modulation und Patina: Ein Dokument aus dem Wuppertaler Arbeitskreis um Willi Baumeister, Oskar Schlemmer, Franz Krause,1937–1944,* exh. cat. (Stuttgart, 1989)

Raul Hilberg, *The Destruction of European Jews* (New York, 1985)

Hoechst Aktiengesellschaft, *Farb Werke: Historische Etiketten* (Frankfurt am Main, 1985)

E. T. A. Hoffmann, *Hoffmanns Werke,* vol. ii (Leipzig, 1896)

Max Horkheimer, 'The Jews and Europe' (1939), in *Critical Theory and Society: A Reader,* ed. Stephen Bronner and Douglas Kellner (New York,1989)

Frank A. Howard, *Buna Rubber: The Birth of an Industry* (New York, 1947)

Kathleen James, *Erich Mendelsohn and the Architecture of German Modernism* (Cambridge, 1997)

Peter Jelavich, *Berlin Cabaret* (Cambridge, ma, 1993)

James Joll, *Europe Since 1870: An International History* (Harmondsworth, 1990)

Franz Jung, *Die Eroberung der Maschinen* (Berlin, 1923)

——, *Der Weg nach Unten* (1961) (Hamburg, 1988)

Ernst Jünger, *In Stahlgewittern: Aus dem Tagebuch eines Stosstruppführers* (Berlin, 1922)

Anton Kaes, Martin Jay and Edward Dimendberg, eds, *The Weimar Republic Sourcebook* (Berkeley, ca, 1994)

Karl Kraus, exh. cat. (Marbach am Neckar, 1999)

Siegfried Kracauer, *Schriften 5,* vol. V (Frankfurt am Main, 1990)

——, *The Mass Ornament: Weimar Essays* (Cambridge, ma, 1995)

——, *The Salaried Masses: Duty and Distraction in Weimar Germany* (London, 1998)

Helga Krohn *et al* . *Geschichte der Farbwerke Hoechst und der chemischen Industrie Deutschland* (Offenbach,1989)

A. Laing, *Lighting* (London, 1982)

Yves Le Maner and André Sellier, *Bilder aus Dora: Zwangsarbeit im Raketentunnel, 1943–1945* (Bad Münstereifel,2001)

V. I. Lenin, 'The Importance of Gold Now and After the Complete Victory of Socialism' (1921), in *Collected Works,* vol. xxxiii (Moscow, 1965)

——, *Materialism and Empirio-criticism* (1908) (Beijing, 1972)

Esther Leslie, *Hollywood Flatlands: Animation, Critical Theory and the Avant-Garde* (London, 2002)

Wyndham Lewis, *Blasting and Bombardiering* (1937) (London, 1967)

——, *Rude Assignment: An Intellectual Autobiography* (1950) (Santa Barbara, ca, 1984)

Justus von Liebig, *Letters on the Subject of the Utilization of the Municipal Sewage* (1865) (London, 1865)

John Locke, 'Further Considerations Concerning Raising the Value of Money', in *Essays* (London, 1883)

Matthew Luckiesh and Frank K. Moss, *The Science of Seeing* (London, 1937)

Georg Lukács, *A Defence of History and Class Consciousness: Tailism and the Dialectic,* trans. Esther Leslie (London,2000)

Steve Mannheim, *Walt Disney and the Quest For Community* (Aldershot, 2002)

Karl Marx, *Capital,* vol. i (New York, 1906)

——, *Capital,* vol. iii (Moscow, 1971)

——, *Grundrisse: Foundations of the Critique of Political Economy* (1857–8) (Harmondsworth, 1973)

——, *Collected Works,* vol. i (London, 1975)

——, *Early Writings* (London, 1975)

——, *A Contribution to the Critique of Political Economy* (1859) (Moscow, 1977)

——, *The Eighteenth Brumaire of Louis Bonaparte* (1852) (London, 1984)

Karl Marx and Friedrich Engels, *Correspondence of Marx and Engels: Selected Correspondence, 1846–1895* (London,1941)

——, *The Holy Family; or, Critique of Critical Criticism* (1844) (Moscow, 1975)

——, *Collected Works,* vol. xxxix (London, 1987)

Tim Mason, *Social Policy in the Third Reich: The Working Class and the 'National Community', 1918–1939* (Oxford,1993)

——, *Nazism, Fascism and the Working Class* (Cambridge, 1995)

Werner Meissner *et al* ., eds, *Der Poelzig-Bau, vom IG Farben-Haus zur Goethe-Universität* (Frankfurt am Main,1999)

Erich Mendelsohn, *Amerika* (New York, 1993)

——, *Gedankenwelt: Unbekannte Texte zu Architektur, Kulturgeschichte und Politik* (Ostfifildern-Ruit, 2000)

Minotaure, no. 8 (Paris, 1936)

Jeremy Naydler, ed., *Goethe on Science: An Anthology of Goethe's Scientifific Writings* (Edinburgh, 1996)

Michael Neary and Graham Taylor, 'Marx and the Magic of Money: Towards an Alchemy of Capital', in *Historical Materialism,* 2 (Summer 1998), pp. 99–117

ngbk, ed., *Inszenierung der Macht: Ästhetische Faszination im Faschismus* (Nischen, 1987)

Olaf Nissen, *Germany: Land of Substitutes* (London, 1944)

Novalis (Friedrich von Hardenberg), *Henry of Ofterdingen* (1802, incomplete) (Cambridge, ma, 1842)

——, *The Disciples at Sais and Other Fragments* (1798), trans. F.V.M.T. and U.C.B. (London, 1903)

Paul O'Keefe, *Some Sort of Genius: A Life of Wyndham Lewis* (London, 2000)

Michael Opitz and Erdmut Wizisla, eds, *Benjamins Begriffe* (Frankfurt am Main, 2000)

Peter Pachnicke and Klaus Honnef, eds, *John Heartfifield* (New York, 1992)

Robert Payne, *The Life and Death of Adolf Hitler* (New York, 1973)

William Petty, 'Quantulumcunque Concerning Money' (1682), in *The Somers Collection of Tracts,* vol. viii (London,1812)

Detlev Peukert, *Inside Nazi Germany: Conformity, Opposition and Racism in Everyday Life* (Harmondsworth,1989)

——, *The Weimar Republic: The Crisis of Classical Modernity* (Harmondsworth, 1993)

Lothar Pikulik, *Frühromantik: Epoche, Werke, Wirkung* (Munich, 1992)

Edgar Allan Poe, *The Works of Edgar Allan Poe* (London, 1873)

Jean Claude Pressac, *Auschwitz: Technique and Operation of the Gas Chambers* (New York, 1989)

J. H. Prynne, 'Stars, Tigers and the Shape of Words', William Matthews Lecture, Birkbeck, University of London,1993

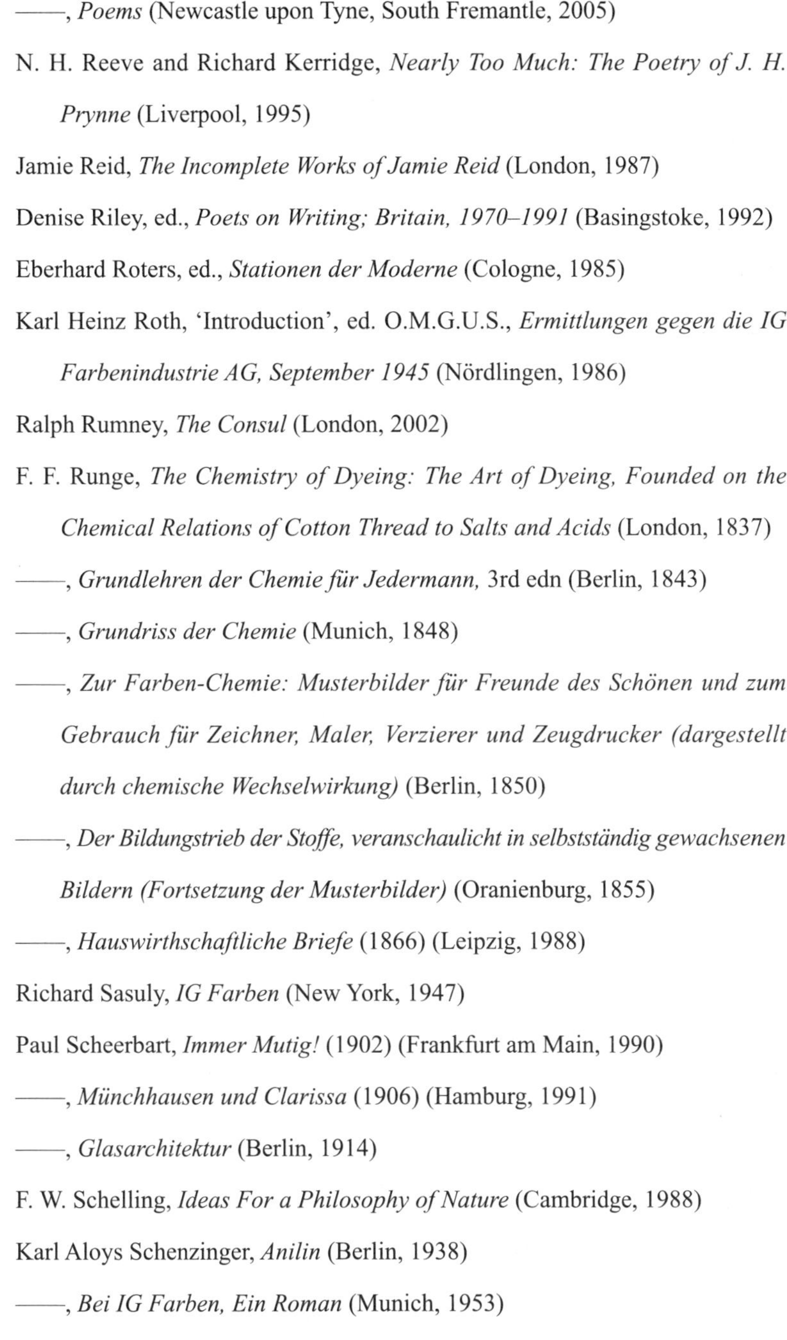

——, *Poems* (Newcastle upon Tyne, South Fremantle, 2005)

N. H. Reeve and Richard Kerridge, *Nearly Too Much: The Poetry of J. H. Prynne* (Liverpool, 1995)

Jamie Reid, *The Incomplete Works of Jamie Reid* (London, 1987)

Denise Riley, ed., *Poets on Writing; Britain, 1970–1991* (Basingstoke, 1992)

Eberhard Roters, ed., *Stationen der Moderne* (Cologne, 1985)

Karl Heinz Roth, 'Introduction', ed. O.M.G.U.S., *Ermittlungen gegen die IG Farbenindustrie AG, September 1945* (Nördlingen, 1986)

Ralph Rumney, *The Consul* (London, 2002)

F. F. Runge, *The Chemistry of Dyeing: The Art of Dyeing, Founded on the Chemical Relations of Cotton Thread to Salts and Acids* (London, 1837)

——, *Grundlehren der Chemie für Jedermann,* 3rd edn (Berlin, 1843)

——, *Grundriss der Chemie* (Munich, 1848)

——, *Zur Farben-Chemie: Musterbilder für Freunde des Schönen und zum Gebrauch für Zeichner, Maler, Verzierer und Zeugdrucker (dargestellt durch chemische Wechselwirkung)* (Berlin, 1850)

——, *Der Bildungstrieb der Stoffe, veranschaulicht in selbstständig gewachsenen Bildern (Fortsetzung der Musterbilder)* (Oranienburg, 1855)

——, *Hauswirthschaftliche Briefe* (1866) (Leipzig, 1988)

Richard Sasuly, *IG Farben* (New York, 1947)

Paul Scheerbart, *Immer Mutig!* (1902) (Frankfurt am Main, 1990)

——, *Münchhausen und Clarissa* (1906) (Hamburg, 1991)

——, *Glasarchitektur* (Berlin, 1914)

F. W. Schelling, *Ideas For a Philosophy of Nature* (Cambridge, 1988)

Karl Aloys Schenzinger, *Anilin* (Berlin, 1938)

——, *Bei IG Farben, Ein Roman* (Munich, 1953)

Oskar Schlemmer, *The Letters and Diaries* (Middletown, ct, 1972)

Eric Schlosser, *Fast Food Nation: What the All-American Meal is Doing to the World* (Harmondsworth, 2001)

Anna Elisabeth Schreier and Manuela Wex, *Chronik der Hoechst Aktiengesellschaft, 1863–1998* (Frankfurt am Main,1990)

G. H. Schubert, *Ansichten von der Nachtseite der Naturwissenschaft* (Dresden, 1808)

——, *Die Symbolik des Traumes* (Bamberg, 1814)

Mary Shelley, *Frankenstein; or, The Modern Prometheus* (Harmondsworth, 1985)

Friedrich Sieburg, *Revolution im Unsichtbaren* (Bayer, 1963)

Bernhard Siegert, *Relais: Geschicke der Literatur als Epoche der Post, 1751–1913* (Berlin, 1993)

Iain Sinclair, *Lights Out For the Territory* (London, 1998)

——, *London Orbital* (London, 2002)

Iain Sinclair and Emma Matthews, *White Goods* (Uppingham, 2002)

Ann Taylor and Jane Taylor, *Rhymes for the Nursery* (London, 1814)

Edward Timms, *Karl Kraus: Apocalyptic Satirist* (New Haven, 1989)

Samuel Christoph Wagener, *Das Leben des Erdballs und aller Welten: Neue Ansichten und Folgerungen aus Thatsachen* (Berlin, 1828)

Rose-Carol Washton-Long, ed., *German Expressionism: Documents from the End of the Wilhelmine Empire to the Rise of National Socialism* (New York, 1993)

Ben Watson, *Art, Class and Cleavage: A Quantulumcunque Concerning Materialist Esthetix* (London, 1998)

E. Barth von Wehrenalp, *Farbe aus Kohle* (Stuttgart, 1937)

Max Weinreich, *Hitler's Professors: The Part of Scholarship in Germany's Crimes against The Jewish People* (1946) (New Haven and London, 1999)

Gerhard Wietek, *Gemalte Künstlerpost: Karten und Briefe deutscher Künstler aus dem 20. Jahrhundert* (Munich,1977).

S. J. Woolf, ed., *The Nature of Fascism* (London, 1968)

Theodore Ziolkowski, *German Romanticism and its Institutions* (Princeton, nj, 1990)

致 谢

《合成的世界》的作者和负责出版事宜的各位人士，向为本书提供插图和允许复制并使用相关资料的机构的慷慨帮助表示衷心的谢忱。相关资料的来源或机构具体如下：

选用了斯图加特鲍迈斯特档案馆的部分图档和文字资料；引用了法本化学工业联合体出版的《我们的劳动果实》（法兰克福，1938年）；选用了J. I. G. 格兰德韦尔所著的《另一个世界》（巴黎，1844年）；经法兰克福大学森肯伯格伊斯图书馆（法兰克福）的许可，选用了F. F. 伦格的部分著作和《论颜色化学》（柏林，1850年），及其《物质构成的动力》（奥拉宁堡，1855年）；选用了卡尔·舍费尔所著的《111幅航拍照片中的德国大地》（柯尼希施泰因，托尼兹/莱比锡，1933年）。

本书中所引用的J. H. 普林的诗歌均选自普林的《诗歌集》（弗里曼特尔艺术中心出版社，2005年），并获再版授权。